Zur Erforschung des Weltalls

Acht Vorträge über Probleme der Astronomie und Astrophysik

von

**P. ten Bruggencate · E. F. Freundlich
W. Grotrian · H. Kienle · A. Kopff**

Veranstaltet durch den
Elektrotechnischen Verein, e. V. zu Berlin in Gemeinschaft
mit dem Außeninstitut der Technischen Hochschule zu Berlin

Herausgegeben von

W. Grotrian und **A. Kopff**
Potsdam   Berlin

Mit 153 Abbildungen

Berlin
Verlag von Julius Springer
1934

ISBN-13: 978-3-642-98768-7   e-ISBN-13: 978-3-642-99583-5
DOI: 10.1007/978-3-642-99583-5

Vorwort.

Dies Buch verdankt seine Entstehung einer von dem Außeninstitut der Technischen Hochschule Charlottenburg und dem Elektrotechnischen Verein Berlin im Frühjahr 1933 in Charlottenburg veranstalteten Vortragsreihe, in der an acht Abenden fünf Redner über Probleme der Astronomie und Astrophysik sprachen. Entsprechend den zwischen den veranstaltenden Organisationen und den Rednern vereinbarten Richtlinien sollte es der Zweck dieser Vortragsreihe sein, in einer dem Verständnis des naturwissenschaftlich interessierten Ingenieurs angepaßten Form einen Überblick zu geben über die Forschungsgebiete der Astronomie und Astrophysik unter besonderer Berücksichtigung der zur Zeit im Vordergrund des Interesses stehenden Probleme und Ergebnisse. Durch diese Gesichtspunkte war zwar in großen Zügen eine klare Aufgabe umrissen, die Lösung derselben bereitete aber mancherlei Schwierigkeiten. Denn einerseits schien es erwünscht, die ganze Vortragsreihe nach einem einheitlichen Plane aufzubauen, andererseits ergab sich aus der Beschränkung der Zeit und durch den Wunsch nach Sonderbehandlung bestimmter neuzeitlicher Probleme die Notwendigkeit, aus der Fülle des Stoffes gewisse Teilgebiete auszuwählen.

Die Einteilung der Vortragsabende ergab sich schließlich aus folgendem Programm:

1. Die Erforschung des Weltalls erfordert besondere Instrumente und Beobachtungsmethoden. Die wichtigsten, insbesondere die nicht allgemein bekannten, sollen beschrieben und ihrer Bedeutung und Leistungsfähigkeit nach besprochen werden. (Erster Vortrag.)

2. Der normale Baustein der Materie im Weltall ist der Fixstern. Es soll gezeigt werden, was wir auf Grund von Beobachtung und Theorie über die physische Beschaffenheit des einzelnen Fixsternes aussagen können. (Zweiter, dritter und vierter Vortrag.)

3. Die Fixsterne treten im Raume zu neuen Einheiten zusammen. Es soll dargelegt werden, auf welche Weise es gelingt, die räumliche Anordnung der Fixsterne zu ermitteln, welcher Art diese Anordnung in kleineren, großen und größten Raumgebieten ist und welche Bewegungsgesetze diese Sternsysteme beherrschen. (Fünfter und sechster Vortrag.)

4. Die Verteilung der Materie im Raum ist nicht auf die Konzentration großer Massen in Fixsternen beschränkt. Es soll gezeigt werden, welche Beobachtungstatsachen Aufschluß geben über das Vorhandensein fein verteilter Materie in weiten Raumgebieten. (Siebenter Vortrag.)

5. Die Beobachtungen ergeben ein Augenblicksbild des einzelnen Sternes und der Sternsysteme. Es soll gezeigt werden, was wir über die Entstehung und Entwicklung derselben auf Grund von Theorie und Beobachtung aussagen können. (Achter Vortrag.)

Im Rahmen dieses Programms ließen sich die wichtigsten, heute im Vordergrund des Interesses stehenden Probleme behandeln, aber natürlich keineswegs alle. Wir sind uns auch durchaus bewußt, daß selbst manches Teilgebiet unberücksichtigt geblieben ist, das sich in den Rahmen des Programms hätte einordnen lassen. Dies erklärt sich einerseits durch die beschränkte Zeit, andererseits aber auch durch die menschlich verständliche Einstellung der Vortragenden, aus dem ihnen zugefallenen Teilgebiet die Probleme und Ergebnisse besonders ausführlich zu behandeln, die ihrem eigenen Arbeitsgebiet am nächsten stehen. So kann diese Vortragsreihe nicht den Anspruch erheben, über alle Zweige der Astronomie und Astrophysik Auskunft zu geben, wir hoffen aber doch, daß dieselbe wenigstens einen Einblick in die Werkstätte der Astronomen vermittelt und zeigt, welche Arbeiten dort zur Zeit im Gange sind.

Nur schwer haben sich die Vortragenden entschlossen, dem Wunsche der veranstaltenden Organisationen nach Drucklegung der Vorträge stattzugeben. Es gibt ja eine Fülle ausgezeichneter astronomischer Literatur populären Charakters, die den Wünschen weiter Leserkreise gerecht wird. Diese noch zu vermehren, liegt kein Bedürfnis vor. Entscheidend für den Entschluß war die Erwägung, daß diese Vorträge nicht rein populären Charakters waren, sich vielmehr an mathematisch und physikalisch vorgebildete Hörer wandten, wie wir sie in den Ingenieuren vor uns hatten. Die Veranstalter ebenso wie wir glaubten daher, daß die gedruckten Vorträge auch bei einem dem Hörerkreise analogen, erweiterten Leserkreise Anklang finden könnten. Gerade bei den Ingenieuren für die Probleme der Astronomie Interesse zu wecken, schien uns auch deshalb ein nützlicher Zweck, weil die astronomische Forschung der Mitarbeit des Ingenieurs nicht entraten kann, wenn anders die Instrumente, die der Astronom für seine Beobachtungen braucht, technisch vollkommen sein sollen. Der Bau des 5-m-Spiegels in den Vereinigten Staaten von Amerika, bei dem die führenden Fachleute der Technik und der Astronomie sich zu gemeinsamer nationaler Arbeit vereinigen, ist in dieser Hinsicht ein nachahmenswertes Beispiel.

Selbstverständlich mußten die Vorträge für den Druck vollständig neu bearbeitet werden. Wir haben es dabei vermieden, den Stil des gesprochenen Wortes in den Druck zu übernehmen. Das bedeutet in manchen Fällen einen Verlust an Lebendigkeit, dafür aber hoffentlich einen Gewinn an Präzision und Knappheit der Darstellung.

Völlige Einheitlichkeit in der Art der Darstellung, insbesondere hinsichtlich der Kenntnisse mathematischer, physikalischer und astronomischer Art, die beim Leser vorausgesetzt werden müssen, haben wir nicht angestrebt. So mag es kommen, daß manchem Leser der eine Vortrag als zu hoch, der andere als zu populär erscheinen wird. Man kann dies bemängeln, aber demgegenüber auch ins Feld führen, daß von verschiedenartig eingestellten Lesern jeder in bestimmten Teilen des Buches etwas seinem Interessenkreis Naheliegendes finden wird. Auch in der Reihenfolge der Vorträge ist bei der Drucklegung eine Änderung insofern eingetreten, als der erste Vortrag ursprünglich an sechster Stelle stand. Das war bei den Vorlesungen notwendig, weil in diesem Vortrage die Kenntnis mancher Begriffe vorausgesetzt werden muß, die erst in den späteren Vorträgen erläutert werden. Bei der Drucklegung schien es zweckmäßiger, den Vortrag über die Beobachtungsmethoden an die erste Stelle zu setzen und dem Leser durch Hinweise auf die späteren Teile des Buches die Kenntnisnahme der noch nicht erläuterten Begriffe zu erleichtern.

Äußere Umstände haben die Drucklegung der Vorträge erheblich verzögert. Im Auftrage der die Vortragsreihe veranstaltenden Organisationen hatte zunächst E. F. FREUNDLICH die Herausgabe übernommen. Nach dessen Übersiedlung nach Istanbul haben die Unterzeichneten dieselbe weitergeführt. Die Askaniawerke Berlin und die Firma Carl Zeiß, Jena haben einige Abbildungen ihrer Instrumente zur Verfügung gestellt. Eine größere Zahl von Abbildungen ist dem Handbuch der Astrophysik (Verlag Julius Springer) entnommen. Jedem Leser, der über die Lektüre der Vorträge hinaus seine Kenntnisse vertiefen will, sei dies Werk zum Studium empfohlen.

Dem Außeninstitut der Technischen Hochschule Charlottenburg und dem Elektrotechnischen Verein Berlin gebührt der Dank der Vortragenden, daß sie ihnen durch Veranstaltung dieser Vortragsreihe die Möglichkeit gaben, vor dem Kreise der Ingenieure über ihr Fachgebiet zu sprechen. Ebenso danken wir ihnen für das fördernde Interesse während der Drucklegung. Der Verlag Julius Springer, Berlin, ist in dankenswerter Weise allen Wünschen der Autoren großzügig entgegengekommen.

Berlin und Potsdam, im Mai 1934.

W. GROTRIAN. A. KOPFF.

Inhaltsverzeichnis.

Dritter Vortrag.

Der innere Aufbau der Sterne.

Von Professor Dr. H. KIENLE, Göttingen. (Mit 7 Abbildungen.)

Vierter Vortrag.

Die Sonne.

Von Professor Dr. W. GROTRIAN, Potsdam. (Mit 63 Abbildungen.)

Inhaltsverzeichnis. IX

Fünfter und sechster Vortrag.

Der Aufbau des Sternsystems.

Von Professor Dr. E. F. FREUNDLICH, Istanbul. (Mit 14 Abbildungen.)

Fünfter Vortrag.

Sechster Vortrag.

Siebenter Vortrag.

Besondere Leuchtvorgänge im Weltraum.

Von Professor Dr. W. GROTRIAN, Potsdam. (Mit 31 Abbildungen.)

Die Bedeutung astrometrischer Methoden für die heutige Astronomie.

Von **A. Kopff**, Berlin-Dahlem.

Mit 18 Abbildungen.

a) Einleitung.

Dieser erste Vortrag war als einziger ganz der methodischen Seite des Aufgabenkreises der Astronomie gewidmet. Sicher müssen wir die Methoden kennen, durch welche die Ergebnisse gewonnen werden, um diese selbst verstehen und würdigen zu können. Wenn hier eine Beschränkung auf die Darstellung *astrometrischer* Methoden eingetreten ist, so geschah dies aus dem Gesichtspunkte heraus, daß die *astrophysikalischen* Methoden weit bekannter sind, weil sie sich vielfach mit den rein physikalischen Methoden decken, während die astrometrischen Methoden, die sich auf einen engeren Anwendungsbereich beschränken, von Physikern und Ingenieuren verhältnismäßig wenig beachtet werden. Dabei ist es von besonderer Bedeutung, daß wir augenblicklich bei den astrometrischen Problemen an einem Wendepunkt stehen, wodurch das allgemeine Interesse wieder stärker auf diese hingelenkt wird; es gilt die Beobachtungsmethoden und Beobachtungswerkzeuge zu verfeinern, und wir werden hierbei die Hilfe des Ingenieurs nicht entbehren können.

Die *Astrometrie* umfaßt die Methoden, welche der *Festlegung der Richtung der von den Gestirnen kommenden Lichtstrahlen* dienen. Als Probleme der Astrometrie in weiterem Sinne sind alle diejenigen Probleme anzusehen, welche sich mit dem *Ort* und der unmittelbar durch Beobachtungen festzustellenden Ortsveränderung der Gestirne befassen. Zur Astrometrie rechnen ferner die Probleme der *Zeit*bestimmung und der zeitlichen Festlegung astronomischer Vorgänge. Im Gegensatz dazu analysiert die *Astrophysik* die Lichtstrahlen und untersucht hierdurch die physikalischen Eigenschaften der Gestirne.

Jedoch stehen Astrometrie und Astrophysik keineswegs unvermittelt nebeneinander; vielmehr greifen sie stark ineinander über. So kommen

z. B. bei der Bestimmung von Radialgeschwindigkeiten[1] (d. h. der Komponenten der Sternbewegung in der Richtung des Visionsradius) auf Grund des Dopplereffekts rein astrophysikalische Methoden zur Anwendung. Auch bei der Diskussion der Beobachtungsergebnisse sind beide Gebiete eng miteinander verbunden; es sei nur an die Abhängigkeit der Sternbewegungen vom Spektraltypus erinnert.

Durch die in der Stellarastronomie neuerdings aufgeworfene Frage nach den *dynamischen Gesetzmäßigkeiten der Bewegungen im Sternsystem*[2] ist die eigentliche Astrometrie wieder stark in den Vordergrund getreten. Die bisherige Genauigkeit der Beobachtungen reicht zwar aus, um die Bewegungsverhältnisse innerhalb des Sonnensystems hinreichend zu erfassen, aber sie ist nicht genügend, wenn es sich um das Studium der Bewegungsverhältnisse der Sterne, besonders von Sternen schwacher Größenklassen handelt. Wir müssen also die *Steigerung der Genauigkeit* astronomischer Messungen fordern.

Es ist wohl von Interesse, darauf hinzuweisen, daß in der Astronomie, wie in den physikalischen Wissenschaften überhaupt, gerade die neuen *von der Theorie kommenden Fragestellungen* den eigentlichen Anstoß zu einem weiteren Ausbau der Beobachtungsmethoden gegeben haben. Zu Beginn der neuen Zeit schuf Kopernikus aus rein theoretischen Überlegungen heraus sein neues Weltbild und gab dadurch Tycho Brahe den Anstoß, die Beobachtungsgenauigkeit so erheblich zu steigern, daß es Kepler dann gelang, auf rein empirischem Wege die Gesetze für die Planetenbewegung um die Sonne zu ermitteln. Wir erleben eine ähnliche Erscheinung etwa 200 Jahre später, als man nach Aufstellung der Newtonschen Mechanik die Konsequenzen dieser Theorie bis in das Letzte durchprüfen wollte. An Stelle der reinen Kepler-Bewegung der Planeten war die durch deren gegenseitige Anziehung bedingte *gestörte Bewegung* getreten; der Nachweis derselben im einzelnen verlangte wiederum eine Erhöhung der Beobachtungsgenauigkeit. Das führte zur weiteren Entwicklung der astronomischen Meßkunst durch Bessel gemeinsam mit Gauss, und damit war eine neue Periode der Astrometrie eingeleitet, die bis in unsere Zeit reicht.

Es sei nur daran erinnert, daß es durch diese Erhöhung der Beobachtungsgenauigkeit nicht nur gelungen ist, die Bewegung der Planeten durch die Theorie zu erfassen, sondern daß mit deren Hilfe die Existenz noch unbekannter Körper vorausgesagt werden konnte. So wurde die Auffindung des Planeten *Neptun* durch die Berechnung seiner Bahn aus den beobachteten Störungen der Uranusbahn ermöglicht. In neuester Zeit ist durch die Entdeckung des *Pluto* ein zweites Beispiel hinzugekommen. Auch die Existenz des Pluto ist aus den Restschwankungen

---

[1] Vgl. 5. Vortr. S. 172.   [2] Vgl. 6. Vortr. S. 192ff.

vorhergesagt worden, die sich in der Bahn des Uranus noch nach Berücksichtigung der Störungen durch Neptun gezeigt haben.

Die Übereinstimmung der beobachteten Bewegungen im Planetensystem mit dem NEWTONschen Gesetz ist also so weitgehend, daß wir nicht nur die Beobachtungen durch die Theorie befriedigen, sondern sogar die Frage nach den Grenzen der Gültigkeit der NEWTONschen Mechanik aufwerfen können und anscheinend diese Grenzen auch aufgedeckt haben. Die durch BESSEL und GAUSS eingeleitete Periode der Astrometrie hat also in gewissem Sinne zu abschließenden Ergebnissen über unsere Kenntnis der Bewegungsverhältnisse im Planetensystem geführt.

Nun stehen wir vor ganz anderen Problemen, vor der Frage nach den *Bewegungsvorgängen im Sternsystem*. Sind die Beobachtungen der Sterne, wie wir sie gegenwärtig anstellen und wie sie zur Festlegung der Planetenbewegungen im allgemeinen genügen, so genau, daß auch das Problem der Gesetzmäßigkeiten der Sternbewegung gelöst werden kann? Wir werden sehen, daß die Beobachtungen im Augenblick gerade hinreichen, um dieses Problem überhaupt angreifen zu können, daß wir in der Astrometrie wieder vor der Aufgabe einer neuen Steigerung der Beobachtungsgenauigkeit stehen.

Der Zweck der folgenden Ausführungen soll es sein, die gegenwärtig benutzten astrometrischen Methoden darzustellen und auf die Grenzen und Schwierigkeiten hinzuweisen, auf die wir stoßen, wenn wir die Messungen so weit treiben wollen, daß das vorliegende Problem in seinen Einzelheiten in Angriff genommen werden kann.

b) Die Aufgabe der Astrometrie.

Die Aufgabe, die wir uns in der Astrometrie stellen, besteht in engerem Sinne darin, für bestimmte Zeitmomente durch sphärische Koordinaten die Richtung festzulegen, in der wir ein Gestirn wahrnehmen. Da wir uns hier im wesentlichen mit derjenigen Seite der Astrometrie beschäftigen wollen, die zu dem Problem der Dynamik des Sternsystems in Beziehung steht, so gehen wir auf die mit der Festlegung der *Zeit* in Verbindung stehende Aufgabe nicht ein. Aus der Messung der Koordinaten ist dann der *Ort* des Gestirns *im Raum* und seine *Bewegung* herzuleiten. Allerdings gibt die Änderung der Richtung nur die Bewegungskomponente senkrecht zum Visionsradius, während die Bewegung im Visionsradius als *Radialgeschwindigkeit* auf spektroskopischem Wege ermittelt wird. Bei der Festlegung der sphärischen Koordinaten beschränkt man sich meist auf die Bestimmung von Koordinatendifferenzen in bezug auf Gestirne, deren Koordinaten schon als bekannt angenommen werden können.

Zur Lösung der vorliegenden Aufgabe sind möglichst einfache Methoden zu benutzen. Alle Methoden, die eine komplizierte Apparatur verlangen, müssen abgelehnt werden. Vor allem handelt es sich darum, ein für die Beobachtung möglichst einfaches Koordinatensystem zugrunde zu legen. Als solches ist das *äquatoreale* System mit den Koordinaten *Rektaszension* (RA oder α) und *Deklination* (Dekl. oder δ) anzusehen (vgl. Abb. 1). Dieses Bezugssystem, *von dessen zeitlicher Veränderung wir zunächst absehen*, ist durch den *Himmelsäquator* als Fundamentalebene und durch den *Frühlingspunkt* ($\vee$) als Nullrichtung der Zählung in dieser Ebene festgelegt. Der Frühlingspunkt ist durch den Schnitt des Äquators mit der Ekliptik gegeben; der Winkel zwischen den beiden letzteren Ebenen heißt die *Schiefe der Ekliptik* (ε). Die Lage von Äquator und Frühlingspunkt kann durch Beobachtungen der Fixsterne und der Sonne bestimmt werden. Zunächst

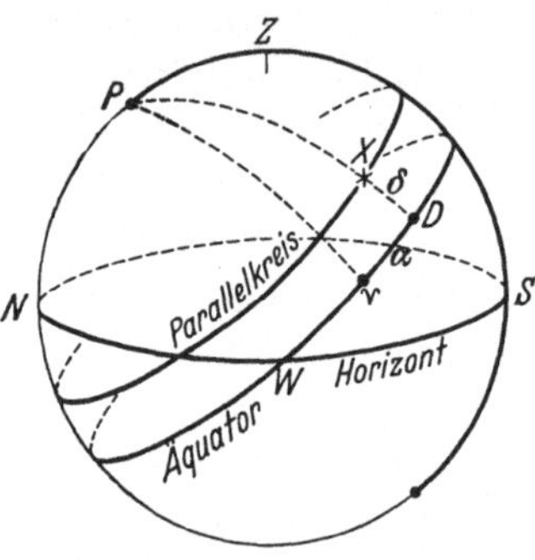

Abb. 1. *Äquatoreale sphärische Koordinaten.* $\vee D$ = Rektaszension α, DX = Deklination δ eines Gestirns X.

soll nur über die Ermittlung der *Differenzen der Koordinaten* gesprochen werden. Es wird sich später zeigen, wie schwierig es ist, auf absolute Koordinaten selbst überzugehen.

c) Die Methoden der Astrometrie.

Wir müssen uns hier auf die wesentlichsten Methoden der Ortsbestimmung an der Sphäre beschränken: auf die Messungen mit den Meridianinstrumenten, mit dem Refraktor und auf der photographischen Platte. Die speziellere Aufgabe der Zeitbestimmung soll hier nicht behandelt werden.

Ebenso soll im folgenden auf die *Radialgeschwindigkeiten* nicht eingegangen werden, deren Bestimmung methodisch in die Astrophysik gehört. Aber es sei doch ausdrücklich darauf hingewiesen, daß den Radialgeschwindigkeiten für die Aufgabe der Untersuchung der Sternbewegungen eine ausschlaggebende Bedeutung zukommt. Die Messung der Radialgeschwindigkeiten ist in hohem Maße von systematischen Fehlern frei. Hierdurch haben gerade diese Messungen in den letzten Jahren wichtige Erkenntnisse über die Gesetzmäßigkeiten der Sternbewegung geliefert. Allerdings wird man bei der großen Masse der schwachen Sterne sich auf die Bestimmung der Bewegungskomponente senkrecht zum Visionsradius beschränken müssen.

1. Meridianinstrumente. Die Differenz der Durchgangszeiten zweier Gestirne durch den Meridian, gegeben in Sternzeit, ist zugleich deren Rektaszensionsdifferenz; die Differenz der Höhen oder Zenitdistanzen im Meridian deren Deklinationsdifferenz.

Zur Messung von Rektaszensionsdifferenzen dient in Verbindung mit der *Uhr* das *Durchgangsinstrument* (Abb. 2) oder *Passageinstrument*

(Transitinstrument). Dieses Instrument ist nur um eine auf der Meridianebene senkrechte Achse drehbar; seine Aufstellung ist also derart vorzunehmen, daß sich die optische Achse dauernd im Meridian befindet. Die Drehachse ruht in zwei Lagern. Das Instrument ist *umlegbar*, d. h. die Achse kann in zwei um 180⁰ verschiedene Richtungen in die Lager gebracht werden. Der Durchgang der Gestirne durch den Meridian ist *zeitlich* festzulegen.

Da jedoch eine dauernde genaue Aufstellung des Instruments im Meridian sich in Wirklichkeit nicht durchführen läßt, so muß man sich darauf beschränken, die Beobachtungen in unmittelbarer Nähe des Meridians auszuführen und auf diesen zu reduzieren. Es werden hierbei folgende drei Fehler des Instruments zu berücksichtigen sein: seine Drehachse wird nicht genau von Ost nach West gehen, sondern sie ist erstens geneigt (Neigungsfehler i) und zweitens im Azimut verdreht (Azimutfehler k).

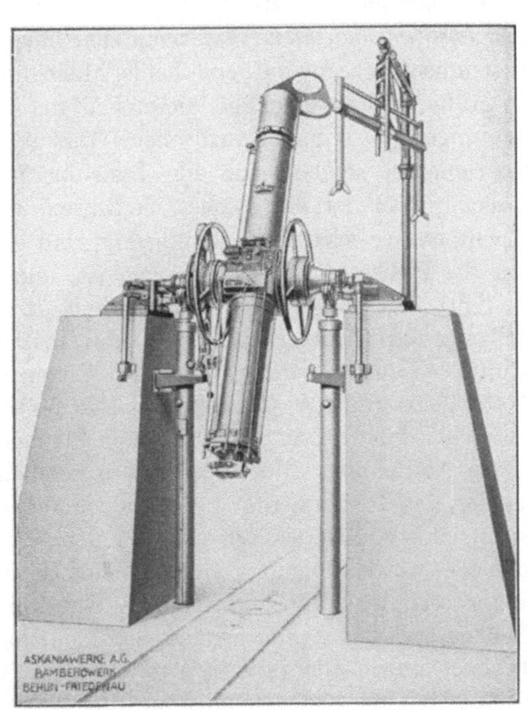

Abb. 2. *Passageinstrument* nach BAMBERG (Askania-Werke) mit Umlegevorrichtung und aufsetzbarer Libelle.

Der dritte Fehler liegt im Instrument selbst; es wird nicht möglich sein, die optische Achse genau senkrecht zur Drehachse zu halten (Kollimationsfehler c, der durch Umlegen bestimmt werden kann). Für die Reduktion auf den Meridian werden verschiedene Reduktionsformeln benutzt; erwähnt seien die folgenden:

Reduktionsformeln nach TOBIAS MAYER

Obere Kulmination:

$$\alpha = T + \varDelta T + i\,\frac{\cos(\varphi - \delta)}{\cos\delta} + k\,\frac{\sin(\varphi - \delta)}{\cos\delta} \pm c\sec\delta\,.$$

Untere Kulmination:

$$\alpha - 12^{\mathrm{h}} = T + \varDelta T + i\,\frac{\cos(\varphi + \delta)}{\cos\delta} + k\,\frac{\sin(\varphi + \delta)}{\cos\delta} \mp c\sec\delta\,.$$

Hierbei bedeutet: $\alpha =$ Rektaszension, $T =$ Uhrzeit des Durchgangs durch den Mittelfaden des Instruments, $\varDelta T =$ Uhrstand (Uhrkorrektion).

Die in den Formeln folgenden Glieder sind die durch die Aufstellungsfehler bedingten Korrektionen, die von der Deklination δ des beobachteten Sternes und der Breite φ des Beobachtungsortes abhängen.

Wir kommen nun zu der Frage nach der *Bestimmung der Aufstellungs- und Instrumentalfehler.* Man neigt sehr häufig dazu, ein astronomisches Instrument in bezug auf seine Fehler allein durch physikalische Methoden zu prüfen und das Ergebnis dieser Prüfung als maßgebend für die Beobachtungen am Himmel anzusehen. Das gilt nicht nur für die Passageinstrumente, sondern für alle Instrumente in ihren verschiedensten Teilen. Doch ist ein solches Verfahren ungenügend. Der Astronom macht immer wieder die Erfahrung, daß ein Instrument, das geprüft aus der Werkstatt hervorgegangen ist, und das sich im Laboratorium bewährt hat, sich ganz anders verhält, sobald man es bei der Beobachtung am Himmel benutzt. Jedes Instrument ist starken äußeren Einflüssen unterworfen, es ist der Witterung ausgesetzt und erleidet Materialspannungen, die durch rasche Temperaturunterschiede hervorgerufen werden. Dies gilt z. B. auch für das Objektiv bei photographischen Aufnahmen. Wir müssen also versuchen, die verschiedenartigen Fehler des Instruments durch astronomische Beobachtungen zu bestimmen, um das Instrument unter den Verhältnissen zu prüfen, unter denen es wirklich benutzt wird. Freilich ist diese Bedingung nicht durchweg zu erfüllen. Wir sind schon bei den drei einfachen, oben erwähnten Fehlern des Durchgangsinstruments nicht in der Lage, diese aus Sternbeobachtungen allein zu ermitteln, so daß wir doch physikalische Methoden mit heranziehen müssen. Meist benutzt man zur Bestimmung der Neigung (i) der Achse die *Libelle,* die auf ihre Fehler genau zu untersuchen ist (Libellenprüfer). Durch diese Methode wird in die astronomischen Beobachtungen ein fremdes Element getragen, das sich wiederholt als recht störend erwiesen hat.

Die Unzulänglichkeiten in der Bestimmung der instrumentellen bzw. Aufstellungsfehler des Durchgangsinstruments machen sich besonders bei den älteren Beobachtungsreihen in starkem Maße geltend. Hier sind es die durch Temperatureinflüsse bedingten Änderungen des Instruments im Laufe der Nacht und mehr noch im Laufe der Jahreszeiten, die nicht völlig sicher zu ermitteln sind und die in unseren Sternkatalogen dann als systematische Fehler von nahe periodischem Charakter in Erscheinung treten. Wenn es auch bei den modernen Beobachtungsreihen mehr und mehr gelungen ist, diese systematischen Fehler weitgehend herabzudrücken, so sind doch die älteren Reihen zur Bestimmung der Eigenbewegung der Sterne notwendig, und die mangelhaft bestimmten Instrumentalfehler älterer Reihen verfälschen heute noch die Eigenbewegungen in systematischer Weise. So können systematische Beziehungen in den Sternbewegungen vorgetäuscht werden, die in Wirklichkeit nur systematische Fehler älterer Beobachtungsreihen sind.

Ähnlich liegen die Verhältnisse auch bei der *Uhr*, die in Verbindung mit dem Durchgangsinstrument die Rektaszensionsdifferenzen liefert. Die *Fehler der Uhr* (Uhrstand, Uhrgang) werden in gewissen Zeitintervallen aus Sternbeobachtungen ermittelt. Aber Schwankungen im Uhrgang mit der Tageszeit (und der Jahreszeit) werden übrigbleiben, und diese treten wieder als systematische Fehler in den Rektaszensionen der Beobachtungskataloge zutage.

Nun hat man gerade in den letzten Jahren der Verbesserung der *astronomischen Uhren* und deren Aufstellung besondere Aufmerksamkeit geschenkt. In weitgehendem Maße werden Temperatur und Druck im Uhrgehäuse konstant gehalten, und auch die Konstruktion der Uhren hat wesentliche Fortschritte erfahren. Zuerst hat S. RIEFLER das Nickelstahl-Kompensationspendel eingeführt und durch sein Pendel-

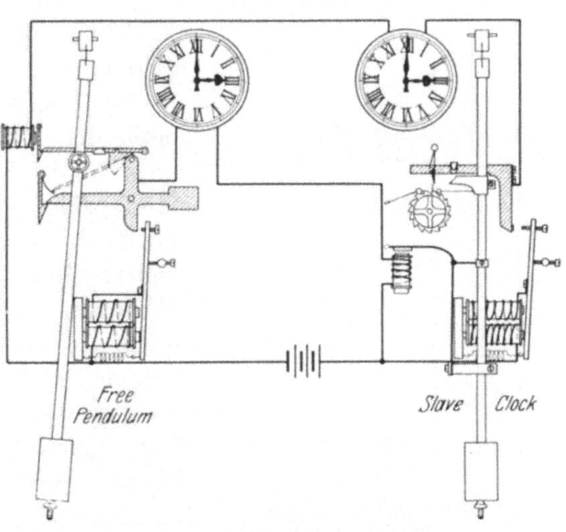

Abb. 3. SHORTT-*Uhr*. Freies Pendel und Sklave. Schaltung für die Synchronisierung des Sklaven (rechts) und den Impulshebel für das freie Pendel (links).

Echappement erreicht, daß das frei schwingende Pendel mit dem Uhrwerk nur noch durch die Aufhängefeder in Verbindung steht, durch die es zugleich den Antrieb erhält.

Noch in viel weitergehender Weise ist das Pendel von den störenden Einflüssen des Uhrwerks bei der Konstruktion von W. H. SHORTT (Abb. 3) befreit[1]. Hier schwingt das „freie Pendel" (master clock) gänzlich unabhängig von der Uhr, die als Arbeitsuhr (slave) vom freien Pendel aus synchronisiert wird, und die andererseits wieder dem freien Pendel in Zwischenräumen von einer halben Minute durch elektromagnetische Auslösung eines mechanischen Hebels einen Impuls erteilt. Die Gangergebnisse der SHORTT-Uhren sind außerordentlich günstig; als größte tägliche Gangänderung wird 0^s,003 angegeben.

---

[1] Vgl. H. C. FREIESLEBEN: Naturwiss. **20**, 166 (1932). — E. LANGE: Das Weltall **32**, 105, 144 (1933). — J. JACKSON: Monthly Notices R. Astron. Soc. **89**, 239 (1929); **90**, 268 (1930).

Die neuerdings von M. SCHULER konstruierte Uhr[1] geht über die von SHORTT durchgeführte Konstruktion insofern noch hinaus (Abb. 4), als der von der Arbeitsuhr dem freien Pendel — SCHULER benutzt hierfür ein Ausgleichspendel — erteilte Impuls ein elektromagnetischer ist; der mechanische Eingriff bei der SHORTT-Uhr ist dadurch vermieden. Die Synchronisierung der Arbeitsuhr erfolgt bei SCHULER durch die RIEFLERsche Synchronisierungseinrichtung in Verbindung mit einem lichtelektrischen Kontakt, während SHORTT hierfür einen besonderen elektromagnetischen Synchronisator (hit and miss synchroniser) konstruierte. Soweit bisher Ergebnisse vorliegen, sind auch von der SCHULER-Uhr günstige Gangergebnisse zu erwarten.

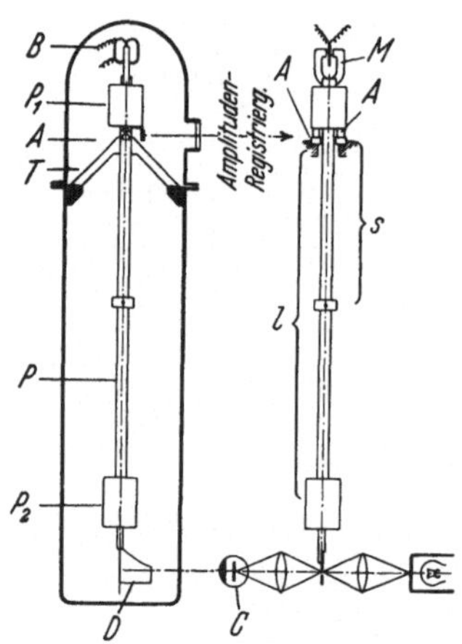

Abb. 4. SCHULER-*Uhr* (Ausgleichspendel). Synchronisation auf lichtelektrischem Weg (Zelle *C*). Antrieb des freien Pendels auf elektromagnetischem Weg (Hufeisenmagnet *M* am Pendel befestigt; Magnetspulen *B* fest).

Die Registrierung der Durchgangszeiten der Gestirne durch den Meridian sowie die der Sekundenschläge der Beobachtungsuhr erfolgt durch *Chronographen* verschiedener Konstruktion. Bei der Registrierung der astronomischen Beobachtungen verwendet man einfache Systeme, da es sich nur darum handelt, etwa das Hundertstel einer Sekunde für den einzelnen Kontakt festzulegen. Neuerdings geht man auch bei Uhrvergleichungen dazu über, genauer arbeitende Chronographen in der Astronomie zu verwenden (z. B. LOOMIS-Chronograph[2]).

Die *Deklinationsdifferenzen* können wir leicht dadurch bestimmen, daß wir die Höhen der Gestirne im Meridian messen und dann die Höhendifferenzen bilden. Zur Bestimmung der Höhen über dem Horizont (bzw. der Zenitdistanzen) dient der *Vertikalkreis* (Abb. 5). Das ebenso wie das Durchgangsinstrument nur im Meridian drehbare Fernrohr (es ruht auf einer Säule) ist fest mit dem Meßkreis verbunden. Die Stellung des Kreises wird durch (meist 4) symmetrisch angeordnete, an einer Trommel befestigte Mikroskope ermittelt. Die Abweichung der Aufstellung vom Meridian erfordert wiederum eine Korrektion, die jedoch von geringerer Bedeutung als bei den Durchgangsbeobachtungen ist. Dafür spielen aber bei der Beobachtung der Deklinationen andere Fehlerquellen eine erhebliche Rolle. Als Fehler sind zu nennen:

---

[1] Vgl. G. TH. GENGLER: Astron. Nachr. **247**, 185 (1932). — J. WEBER: Naturwiss. **21**, 543 (1933).

[2] Vgl. Monthly Notices R. Astron. Soc. **91**, 569 (1931).

1. *Fehler des Instruments.* Die reinen *Teilungsfehler des Kreises* lassen sich zwar im Laboratorium ohne Schwierigkeit bestimmen, aber beim Messen von Höhen am Himmel ändert sich der Kreis unter dem Einfluß der Schwere, die in verschiedenen Lagen des Kreises verschiedene Wirkung ausübt, ebenso wie auch die Schwere auf das Fernrohr einwirkt und so eine erhebliche Unsicherheit in die Höhenmessungen trägt (*Biegung* des Kreises und des Fernrohrs). Es gibt Instrumente, die eine Unsicherheit von einer Bogensekunde und darüber für die Lage des Himmelsäquators liefern, und wir haben keine Möglichkeit, diese Fehler herabzudrücken oder auch nur in ihrem Verlauf über alle Deklinationen hinweg genügend scharf zu bestimmen.

2. *Fehler*, die durch die Wirkung der *Refraktion* entstehen. Die Höhenmessung ist dadurch verfälscht, daß der Lichtstrahl durch die Atmosphäre geht und hierbei eine Krümmung erleidet. Wir müßten die Verhältnisse in den einzelnen

Abb. 5. *Vertikalkreis* (Askaniawerke), Sternwarte München. Die auf der Säule ruhende Trommel trägt die Mikroskope für die Ablesung des fest mit dem Fernrohr verbundenen Kreises. Rechts das Gegengewicht zur Entlastung des Fernrohrs.

Luftschichten bis in die größeren Höhen in jedem Augenblick genau kennen, um die dadurch zustande kommenden Fehler bestimmen zu können. Da diese Forderung nicht erfüllbar ist, müssen wir mit einem Durchschnittszustand der höheren Teile der Atmosphäre rechnen, der einem gewissen Zustand in den bodennahen Schichten entspricht. Von dem Einfluß der Unsicherheit der Refraktion können wir uns aber doch weitgehend befreien, wenn wir die Messungen in nicht allzu großen Zenitdistanzen vornehmen, und wenn die Messungen genügend oft wiederholt werden.

Dem Vertikalkreis ist für Deklinationsmessungen der *Meridiankreis* der stabileren Aufstellung wegen bei weitem überlegen. Dieser (Abb. 6) stellt eine Verbindung von Durchgangsinstrument und Vertikalkreis dar und ist das für die Festlegung der Örter hellerer Sterne am meisten gebrauchte Instrument. Es ermöglicht die gleichzeitige Bestimmung von Rektaszension und Deklination während desselben Meridiandurchganges.

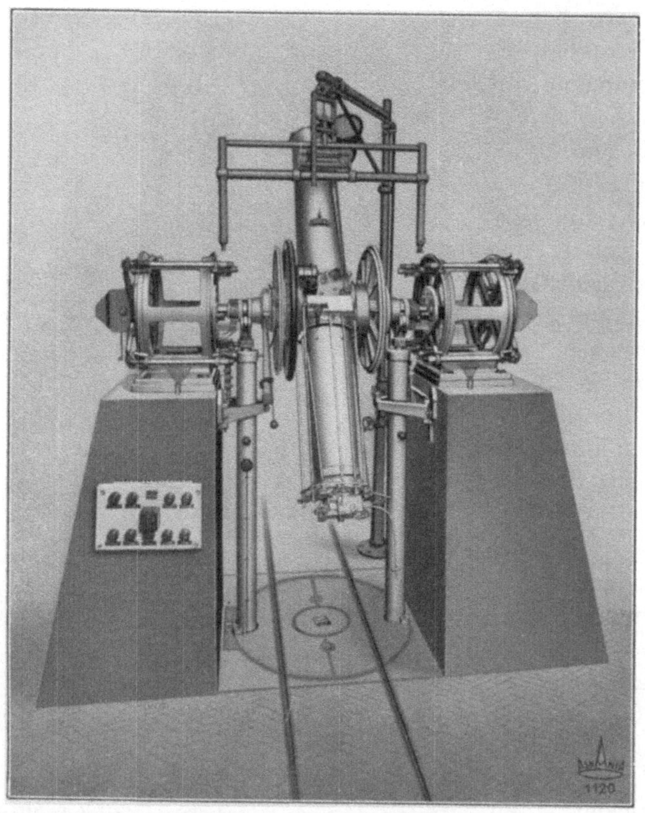

Abb. 6. *Meridiankreis* (Askaniawerke), Sternwarte Brüssel-Uccle. Umlegevorrichtung und Libelle wie beim Passageinstrument. Die mit den Lagern für die Drehachse verbundenen Trommeln sind symmetrisch angeordnet und tragen je 4 Mikroskope für die Kreisablesung. Die Kästen an den äußeren Enden der Trommeln enthalten die Einrichtung zur photographischen Registrierung der Kreiseinstellung.

Der Meridiankreis unterscheidet sich in der Konstruktion vom Durchgangsinstrument im wesentlichen dadurch, daß wie beim Vertikalkreis ein Kreis zum Messen der Höhen im Meridian mit dem Fernrohr fest verbunden ist (oder auch zwei Kreise auf beiden Seiten des Fernrohrs). Die Fehler des Instruments und der Aufstellung werden in derselben Weise wie bei dem Durchgangsinstrument und Vertikalkreis bestimmt.

2. Der visuelle Refraktor. Für Messungen außerhalb des Meridians bedienen wir uns des *Refraktors*. Die Montierung ist eine *parallaktische*, d. h. die Hauptdrehungsachse (Stundenachse) ist der Rotationsachse der Erde parallel, die zweite Drehungsachse steht senkrecht dazu. Durch ein Uhrwerk wird das Instrument um die Stundenachse gleichmäßig gedreht, so daß das Fernrohr der täglichen Bewegung des Himmels folgt. Mit Hilfe eines am Okularende angebrachten Mikrometers können die Rektaszensions- und Deklinationsdifferenzen benachbart stehender Gestirne gemessen werden. Für die Probleme des Sternsystems spielt das Instrument eine weniger große Rolle. Es dient hauptsächlich zum Anschluß der Körper des Sonnensystems an Fixsterne. Doch wird es auch zur Messung der relativen Lage von Doppelsternkomponenten benutzt und liefert damit vorwiegend die Beobachtungsdaten zur Bahnbestimmung der Doppelsterne, denen in der modernen Stellarastronomie eine erhebliche Bedeutung zukommt (Bestimmung der Massen der Sterne[1], Sternparallaxen[2]).

3. Der photographische Refraktor. Neben dem Meridiankreis ist für die Aufgaben der Stellarastronomie das wichtigste Instrument der *photographische Refraktor*, der *Astrograph*, der eine Verbindung des Refraktors mit der photographischen Kamera darstellt. Die Bedeutung des photographischen Refraktors ist in den letzten Jahren mehr und mehr gewachsen; ihm fällt die genaue Festlegung der Sternörter in weitestem Maße zu. Die älteren Sternkataloge (Verzeichnisse der Sternörter an der Sphäre) sind noch ausschließlich mit den Meridianinstrumenten erhalten worden, deren Optik zeitweise auch für die Beobachtung lichtschwacher Objekte durchgebildet war. Jetzt beschränkt man sich darauf, mit dem Meridiankreis nur hellere Sterne, und zwar soweit als möglich deren absolute Koordinaten zu beobachten, die das *fundamentale* Koordinatensystem der Astronomie festlegen, und die auch die Fixpunkte für die Vermessung der photographischen Platten liefern. Die Hauptmasse der Sterne wird auf den Platten selbst vermessen, so daß es gerade die Aufgabe der nächsten Zukunft sein wird, die Hilfsmittel der Himmelsphotographie nach der Seite der Präzisionsmessung hin noch weiter auszubauen.

Unter Hinweis auf die beigegebenen Abbildungen photographischer Refraktoren (Abb. 7 und 8) sei das für diese Instrumente Wesentliche hervorgehoben. Unter Benutzung eines Leitfernrohrs (oder auch sonstiger Vorrichtungen) wird die photographische Kamera der täglichen Bewegung des Sternhimmels exakt nachgeführt, so daß auch bei Aufnahmen von langer Dauer die Sterne als Punkte auf der Platte abgebildet werden. Das auf der photographischen Platte abzubildende

---

[1] Vgl. 2. Vortr. S. 62.	[2] Vgl. 2. Vortr. S. 34 u. 5. Vortr. S. 169.

Gesichtsfeld ist je nach der Aufgabe, für welche das Instrument benutzt wird, verschieden groß. Für die Bestimmung von Fixsternparallaxen (oder auch für Messungen von Doppelsternen) benutzt man langbrennweitige Instrumente, deren Gesichtsfeld etwa dem der visuellen Refrak-

Abb. 7. *Photographischer Refraktor* (Töpfer-Bamberg; Askaniawerke), Sternwarte Berlin-Babelsberg. Die Stundenachse (Polachse) ruht in der geknickten Säule. Die dazu senkrechte Deklinationsachse trägt auf der einen Seite Leitfernrohr und photographische Kamera in einem Mantel (Kassette am unteren Ende), auf der anderen Seite das Gegengewicht.

toren entspricht; zuweilen zieht man auch visuelle Refraktoren unter Verwendung von Farbenfiltern heran. Bei der Herleitung der Koordinaten einer größeren Anzahl von Sternen für Katalogzwecke benutzt man Objektive mit großem Gesichtsfeld. Einige Angaben über verschiedene

in der Astronomie benutzte moderne photographische Objektivtypen
seien nachstehend gegeben (nach Mitteilung der Firma Carl Zeiss, Jena).

1. Triplet. 2 Kronlinsen von sammelnder Wirkung, dazwischen eine
negative Flintlinse. Die 3 Linsen sind durch große Luftabstände ge-

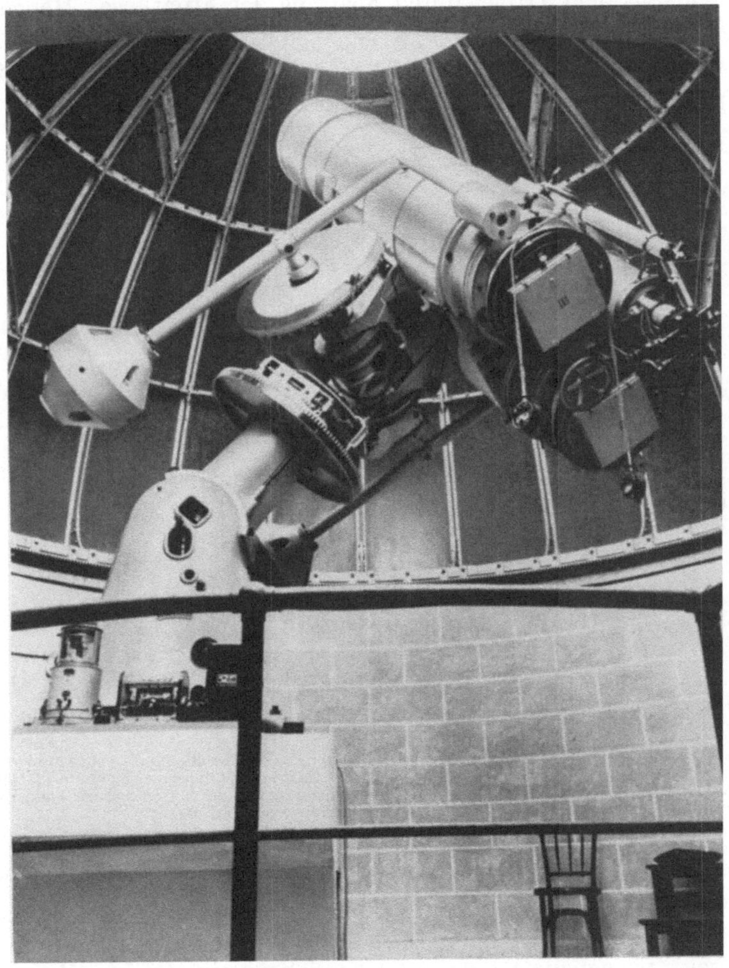

Abb. 8. *Photographischer Refraktor* (Zeisswerke), Sternwarte Brüssel-Uccle. Aufnahme von
E. DELPORTE, Brüssel-Uccle. Erläuterung s. Abb. 7.

trennt. Öffnungsverhältnis läßt sich bis 1 : 4 steigern; Brennweiten bis
über 4 m hergestellt. Nicht korrigierbar ist die Verzeichnung, was die
Verwendung der Triplets für astrometrische Zwecke erschwert.

2. Vierlinsiges Objektiv vom Rossschen *Typus.* Entsteht aus dem
Triplet durch Spaltung der Mittellinse. Öffnungsverhältnis kleiner als

beim Triplet (bis 1 : 8). Brennweiten bis 2 m sind hergestellt (für die Wiederholung des Zonenunternehmens der Astronomischen Gesellschaft, vgl. S. 16). Verzeichnung ist gut zu korrigieren (etwa $0'',3$ in 3^0 Achsenabstand).

3. Vierlinsiges Objektiv vom Zeiss-Typus (Zeiss Astro-Vierlinser). Entsteht aus dem Triplet durch Spaltung der Frontlinse. Hergestellte Typen: Öffnungsverhältnis 1 : 3 bei 0,36 m Brennweite und 1 : 5 bei 2 m Brennweite. Verzeichnung in einem Feld von 10^0 vollständig be-

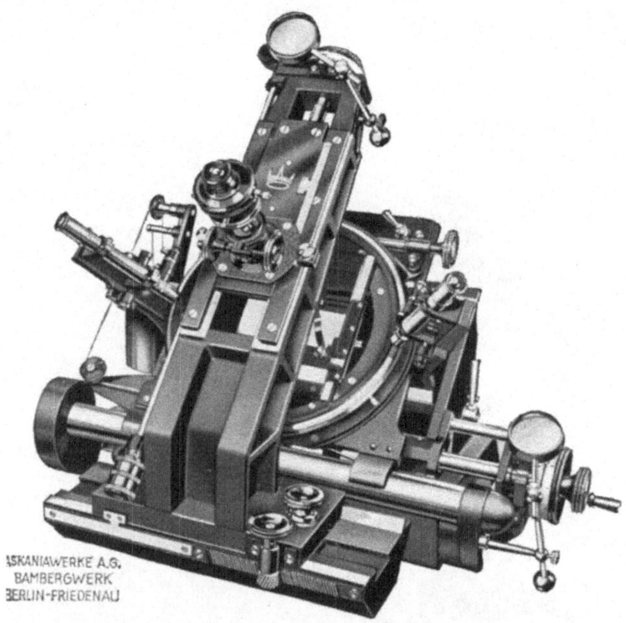

Abb. 9. *Photographischer Plattenmeßapparat* (Askaniawerke) zur Messung rechtwinkliger Koordinaten. Messung jeweils einer Koordinate mittels Schraube (Ablesung rechts). Plattenträger drehbar, so daß die Platte in vier um 90^0 verschiedene Lagen vermessen werden kann. Genaue Einstellung der Plattenlage durch einen Kreis.

seitigt, so daß diese Objektive für astronomische Zwecke besonders brauchbar sind[1].

Die für Himmelsaufnahmen zu benutzenden Platten müssen streng eben sein; für genaue Messungen wird vielfach eine Prüfung der Platten vor dem Aufgießen der Emulsion vorgenommen.

Die photographische Platte liefert eine ebene Abbildung der Sphäre, und zwar eine zentrale Projektion auf eine Tangentialebene, welche die Sphäre im optischen Mittelpunkt der Platte berührt. Meist legt man die Lage der Gestirne auf der Platte durch rechtwinklige Koordinaten ξ, η (als *Ideal-* oder *Standardkoordinaten* bezeichnet) fest. Die Idealkoordi-

---

[1] Vgl. A. Sonnefeld: Zeiss-Nachr. **1932**, H. 2.

naten beziehen sich auf den optischen Mittelpunkt als Nullpunkt. Die Beziehung zwischen den Idealkoordinaten ξ, η und den sphärischen Koordinaten α und Poldistanz $p = 90^0 - \delta$ ist durch die Gleichungen gegeben:

$$\xi = \frac{\tan(\alpha - A)\sin q}{\cos(P - q)}$$

$$\tan q = \tan p \cos(\alpha - A)$$

$$\eta = \tan(P - q)$$

Rektaszension A und Poldistanz P sind die sphärischen Koordinaten des optischen Mittelpunkts, die als bekannt anzunehmen sind.

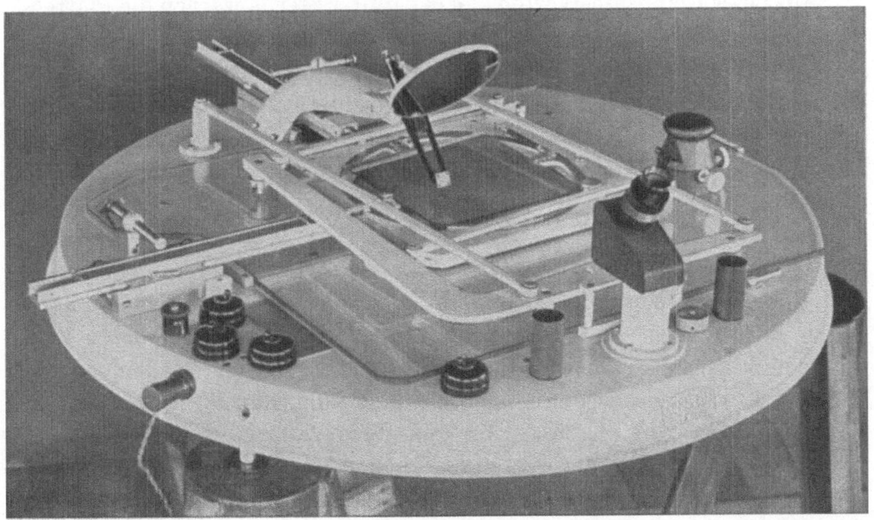

Abb. 10. *Photographischer Plattenmeßapparat* (Zeisswerke). Gleichzeitiges Ausmessen der Platte in zwei zueinander senkrechten Richtungen. Prinzip des Komparators nach ABBE in zwei zueinander senkrechten Richtungen. Die Ablesung erfolgt durch dasselbe Okular.

Die Ermittelung der rechtwinkligen Idealkoordinaten erfolgt durch besondere *Meßapparate*. Auf die Konstruktion von sogenannten *parallaktischen* Meßapparaten (KAPTEYN, M. WOLF), welche bei der Messung der Platten unmittelbar sphärische Koordinaten ergeben, soll hier nicht eingegangen werden. Der bisher am meisten gebrauchte Typ eines Meßapparats für rechtwinklige Koordinaten ist durch Abb. 9 veranschaulicht. Eine neue Konstruktion von F. MEYER, auf dem ABBEschen Komparatorprinzip beruhend, ist durch Abb. 10 gegeben[1].

Die rechtwinkligen Meßapparate ergeben nun allerdings nicht unmittelbar die ξ, η, sondern nahezu rechtwinklige Koordinaten x, y in einem Koordinatensystem, dessen Nullpunkt möglichst nahe mit dem

---

[1] Vgl. A. KÖNIG: Astron. Nachr. **246**, 237 (1932).

optischen Plattenmittelpunkt zusammenfallen soll. Die Orientierung und der Skalenwert der Platten müssen mit Hilfe von Sternen hergeleitet werden, deren sphärische Koordinaten bekannt sind, so daß die Idealkoordinaten dieser Sterne daraus zunächst rechnerisch gewonnen werden. Der Übergang von den gemessenen Koordinaten x, y zu den Idealkoordinaten ξ, η erfolgt in der Regel nach Formeln, die einen linearen Zusammenhang zwischen beiden Koordinatensystemen voraussetzen. Man setzt etwa:

$$\xi - x = a\,x + b\,y + c,$$
$$\eta - y = d\,x + e\,y + f.$$

Aus einer Reihe von Werten ξ, η bekannter Sterne werden die Plattenkonstanten a bis f rechnerisch ermittelt, so daß dann für weitere gemessene Sterne aus den x, y die ξ, η und damit die α, δ hergeleitet werden können. Diejenigen Größen, die über die Platte hinweg nicht linear verlaufen (höhere Glieder der differentiellen Refraktion und Aberration) müssen unter Umständen vor der Ermittelung der Plattenkoordinaten durch Rechnung berücksichtigt werden.

Die photographische Platte bietet auf diese Weise die Möglichkeit, die Sternörter in großer Zahl direkt an eine Anzahl von bekannten Anhaltsternen anzuschließen und so ein homogenes System von sphärischen Koordinaten zu erhalten, das unter Beachtung geeigneter Vorsichtsmaßregeln an innerer Genauigkeit den visuellen Beobachtungen überlegen ist. So werden augenblicklich alle Sterne bis herab zur 9. Größenklasse auf photographischem Wege festgelegt und damit ein Bild des Fixsternhimmels in einem homogenen System festgehalten. Für den Nordhimmel werden die Arbeiten an einer Reihe deutscher Sternwarten (und Pulkowo) durchgeführt, und hier bilden sie die Wiederholung des etwa ein halbes Jahrhundert zurückliegenden *Zonenunternehmens der Astronomischen Gesellschaft.* Für den Südhimmel haben sich die Kapsternwarte und die Filialsternwarte des Yale-Observatoriums (Newhaven, Conn.) in Johannesburg in die Arbeit geteilt. Das Yale-Observatorium hat auch eine Anzahl von Zonen des Nordhimmels bearbeitet.

4. Die Ortsveränderungen. Wenn heute in der Astronomie auf die genaue Festlegung der Örter von möglichst vielen Sternen zu verschiedenen Zeiten Wert gelegt wird, so geschieht dies mit der besonderen Absicht, die *Ortsveränderung* dieser Sterne in aller Schärfe festzulegen. Die Bewegungen der Sterne sind sogar von größerer Wichtigkeit als die Örter selbst; deshalb hat man auch Methoden entwickelt, die durch Vergleich der zu verschiedenen Zeiten erhaltenen Platten (hierfür genügt schon ein Zeitraum von 10—15 Jahren) lediglich die Ortsveränderungen ergeben. Einmal lassen sich mit

Hilfe des *Stereokomparators*, der neuerdings vielfach auch durch den *Blinkkomparator* (beide von Carl Zeiss, Jena) ersetzt wird, die Ortsveränderungen stärker bewegter Sterne in bezug auf die große Mehrheit der Sterne mit geringer Eigenbewegung ermitteln. Um aber die relative Bewegung aller Sterne aus zwei zu verschiedenen Zeiten erhaltenen Platten herzuleiten, macht man die eine der Aufnahmen durch das Glas und bringt die beiden Platten Schicht gegen Schicht nahe zur Deckung, oder es wird auch die zu untersuchende Sterngegend zweimal zu verschiedenen Zeiten auf dieselbe Platte aufgenommen und erst nach der zweiten Aufnahme entwickelt.

Die Ortsveränderungen der Sterne sind zum Teil *periodische*. Diese sind durch die *Sternparallaxe*[1] bedingt, und sie bieten eine Möglichkeit, die *räumliche Entfernung* der Sterne zu ermitteln. Teils sind die Ortsveränderungen *säkulare*. Letztere bezeichnet man als *Eigenbewegungen*[2] (EB), die sowohl durch die Bewegung der Sonne im Raum (*parallaktische* EB), als auch durch die Bewegung der Sterne selbst (systematische *pekuliare* EB) hervorgerufen sind[3].

5. Absolute Koordinaten. Die bisher besprochenen Methoden liefern immer nur die gegenseitige Lage der Sterne, also relative RA und Dekl. und damit auch relative EB. Zu *absoluten* Koordinaten und Eigenbewegungen gelangt man durch den direkten Anschluß der Koordinaten an den Äquator und den Frühlingspunkt (♈).

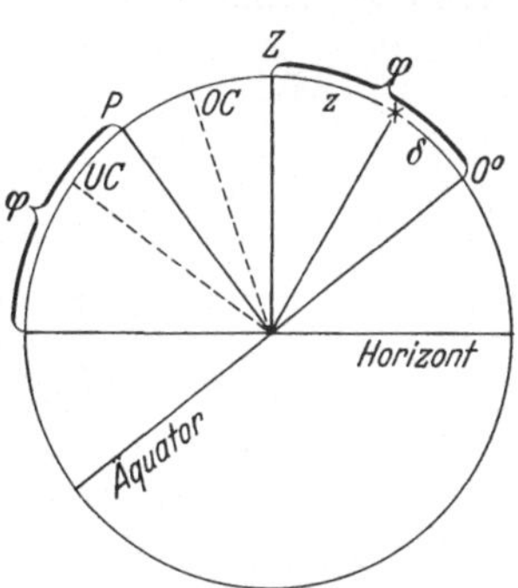

Abb. 11. *Absolute Deklinationen.* Bei bekanntem φ folgt aus der Zenitdistanz z die Deklination δ. Die Breite φ ergibt sich aus der Beobachtung von z eines Sternes in OC und UC. P = Pol; Z = Zenit.

Verhältnismäßig einfach liegt die Aufgabe bei der Bestimmung *absoluter Deklinationen*. Man führt hierzu Höhenmessungen im Meridian aus (mit Vertikalkreis oder Meridiankreis). Aus Beobachtungen von Zirkumpolarsternen in oberer (*OC*) und unterer Kulmination (*UC*) bestimmt man die Polhöhe φ für den Beobachtungsort, wodurch zugleich die *Lage des Himmelsäquators* in bezug auf den Meßkreis und damit der absolute Wert der Deklinationen festgelegt ist (Abb. 11). Die Deklinationen selbst sind dann bei gemessener Zenitdistanz z durch

$$\delta = \varphi \mp z \text{ (obere Kulmination)}$$

oder

$$\delta = \varphi + z - 180° \text{ (untere Kulmination)}$$

---

[1] Vgl. S. 11, Anm. 2.   [2] Vgl. 5. Vortr. S. 172.
[3] Die Abkürzung EB wird weiterhin ständig benutzt.

gegeben. Bei absoluten Messungen sind die Instrumentalfehler und die Beträge der Refraktion mit besonderer Sorgfalt zu ermitteln, da keinerlei differentieller Anschluß an die Örter bekannter Sterne stattfinden darf.

Zu *absoluten RA* kommt man durch Sonnenbeobachtungen in Verbindung mit der Beobachtung heller Sterne am Taghimmel. Die absoluten Sonnendeklinationen δ geben in Verbindung mit der als bekannt anzusehenden Schiefe der Ekliptik ε (aus dem Dreieck $\vee\, A \odot$ in Abb. 12) die absolute RA (α) der Sonne und damit die *Lage des Frühlingspunktes*, an den dann differentiell die unmittelbar vorher und nachher beobachteten hellen Sterne anzuschließen sind. An die Gruppe der als fundamental ausgewählten hellen Sterne werden die übrigen Sterne durch Beobachtung am Nachthimmel angeschlossen, wodurch man die absoluten Koordinaten und damit die Grundlagen für die Bestimmung der absoluten EB gewinnt.

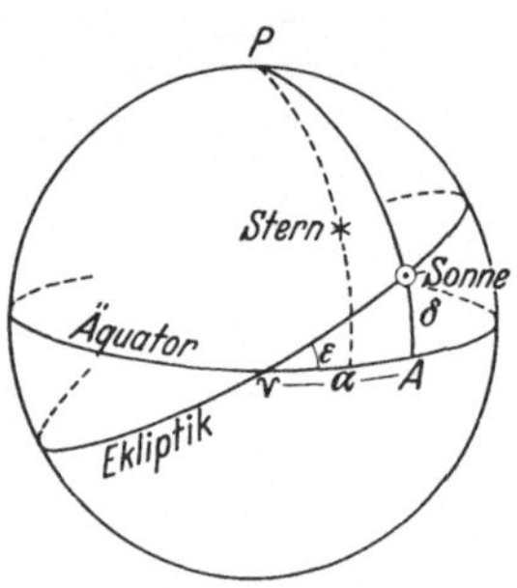

Abb. 12. *Absolute Rektaszensionen.* Festlegung des Frühlingspunktes durch Beobachtung von RA (α) und Deklination (δ) der Sonne $(\odot)$. P = Pol; $\vee$ = Frühlingspunkt.

Auch bei den trigonometrischen Parallaxenbestimmungen erhält man durch differentielle Anschlüsse nur *relative Parallaxen* der näheren gegen die weiter entfernten schwachen Sterne. Man wählt für Parallaxenmessungen meist hellere Sterne aus oder solche, für die aus anderen Umständen (z. B. große EB) auf eine geringe Entfernung geschlossen werden kann. Für diese Sterne mißt man die jährliche relative Verschiebung gegen eine Gruppe von schwachen, im Durchschnitt weit entfernten Sternen. Die Entfernung der letzteren, deren Kenntnis für den Übergang auf *absolute Parallaxen* notwendig ist, kann nur mit Hilfe von Hypothesen ermittelt werden[1].

6. Systematische Fehler. Die Bestimmung der Sternkoordinaten und deren Änderungen geht auf prinzipiell einfache Methoden zurück. Die eigentliche Schwierigkeit der Messung liegt in zwei verschiedenen Umständen; einmal ist es notwendig, das Verhalten des Instruments völlig zu beherrschen und die durch die Unsicherheit der Fehlerbestimmung bedingten systematischen Fehler möglichst herabzudrücken. Hiervon war bereits früher die Rede (Abschn. c) 1.

Außerdem aber haften den Messungen *systematische Fehler* an, die in der Person des *Beobachters* liegen. Diese letzteren sind im wesentlichen die *Helligkeitsgleichung* und der *persönliche Fehler*. Unter *Helligkeitsgleichung* versteht man die Eigentümlichkeit, daß *derselbe* Beobachter verschieden helle Objekte bei mikrometrischen Messungen verschieden

---

[1] Vgl. 5. Vortr. S. 173 (Säkulare Parallaxen).

beobachtet, und zwar sowohl bei Durchgangsbeobachtungen mit ruhendem Fernrohr und festem Fadennetz als auch bei Bisektionen. Da im letzteren Falle die Fehler geringer sind, so benutzt man jetzt bei der Beobachtung von Durchgängen vorwiegend das unpersönliche (REPSOLDsche) Mikrometer, bei dem der Meßfaden sich mit dem Objekt bewegt, und die Stellung des Fadens für einzelne Momente durch Kontakte zeitlich festgelegt wird. Vor allem empfiehlt es sich, durch *Blenden* (Gitterblenden) verschiedener Stärke die Sterne auf möglichst gleiche Helligkeit zu bringen.

Unter *persönlichem Fehler* oder *persönlicher Gleichung* andererseits versteht man die Eigentümlichkeit, daß *verschiedene* Beobachter dasselbe Objekt verschieden einstellen. Man kann die relativen Einstellungsfehler durch besondere Apparate messen (z. B. die mit großem Vorteil verwendete „personal machine" des U.S. Naval Observatory in Washington). Das *Reversionsprisma* vor allem, das am Okular angebracht ist, und durch welches das Bild in sein Spiegelbild vertauscht wird, ist die geeignetste Vorrichtung, solche persönlichen Fehler auszuschalten. Man sollte es bei astronomischen Messungen unter allen Umständen benutzen.

Auch bei der *Messung von photographischen Platten* treten Helligkeitsgleichung und persönlicher Fehler auf; doch werden hier die Fehler durch das Meßverfahren eliminiert. Hier sind wieder Fehler der Optik und Farbenfehler von größerer Bedeutung. Letztere können durch Benutzung von Farbenfiltern oder durch besondere Maßnahmen bei der Aufnahme (kurze Expositionen symmetrisch zum Meridian) herabgedrückt werden.

d) Das fundamentale Koordinatensystem der Astronomie.

Die vorangehenden Ausführungen haben sich mit den Methoden zur Bestimmung der Koordinaten der Gestirne, insbesondere der Fixsterne, beschäftigt. Wir haben die Lage jedes Gestirnortes (RA und Dekl.) auf den aus den Beobachtungen selbst zu bestimmenden Äquator und Frühlingspunkt bezogen. Unser Hauptinteresse lag bei der genauen Bestimmung der zeitlichen Änderung der Koordinaten, wodurch die Grundlage für die Auffindung der Gesetzmäßigkeiten in der Bewegung gewonnen wird.

Nun ist die Festlegung der Koordinaten dadurch wesentlich erschwert, daß *das fundamentale Koordinatensystem des Äquators und Frühlingspunktes selbst sich stetig ändert.* Sowohl die Rotationsachse der Erde und damit der Äquator als auch die Ebene der Erdbahn ist veränderlich (vgl. Abb. 13); die Änderungen der ersten Art sind durch die Anziehungskraft der Sonne und des Mondes auf das Erdellipsoid bedingt, die letzteren durch die Anziehung der Planeten auf die Erde bei ihrer Bahnbewegung

um die Sonne. Die durch die mechanischen Bewegungsvorgänge im
Sonnensystem bedingten Änderungen der Lage von Äquator und Frühlingspunkt sind teils säkulare (*Präzession*), teils periodische (*Nutation*).
Die Nutation, welche der Präzession überlagert ist, soll hier nicht weiter
betrachtet werden; ihr Einfluß ist genügend genau festzustellen und hebt
sich außerdem bei der Betrachtung der Sternbewegung über längere
Zeiträume heraus. Die von dem Einfluß der Nutation befreiten Sternörter werden als *mittlere* bezeichnet (bezogen auf den von Nutation
freien *mittleren* Äquator).

Die gesamte sogenannte *allgemeine Präzession* setzt sich aus der
Lunisolarpräzession und der *planetarischen Präzession* zusammen
(vgl. Abb. 13). Der zweite, durch die Pla-
netenanziehung bedingte Teil (Änderung der
Lage der Ekliptik) ist theoretisch mittels der
bekannten Planetenmassen bestimmbar; der
erste dagegen (Änderung der Lage der Rotationsachse der Erde) nicht, weil unsere Kenntnis von der Verteilung der Massen im Erd-
innern ungenügend ist. Wir sind also nicht
in der Lage, die Änderungen des Koordinatensystems aus der Mechanik des Planetensystems hinreichend genau herzuleiten; ein
Inertialsystem der Planetenastronomie ist also
nicht realisierbar. Wir können aber zu
einem weitgehend brauchbaren *Näherungs-
wert* für die *Lunisolarpräzession durch die
Beobachtung der Sterne gelangen* und kommen
damit zu einem *gemischten* (*empirischen*) *Inertialsystem.*

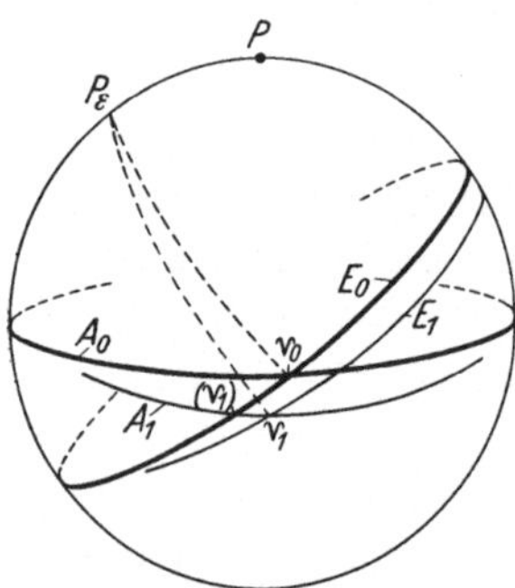

Abb. 13. *Präzession.* A_0 und A_1
die Lage des mittleren Äquators
zur Zeit t_0 und t_1; E_0 und E_1 die
entsprechende Lage der Ekliptik.
$♈_0$ und $♈_1$ der mittlere Frühlingspunkt zur Zeit t_0 und t_1.
P = Pol des Äquators; $P_ε$ der-
jenige der Ekliptik. Es bedeutet
$♈_0(♈_1) = (ψ_1) =$ Lunisolarpräzession in Länge; $—♈_0(♈_1)♈_1 = (ε_1)$
= lunisolare Schiefe; $(♈_1)♈_1 = (a)$
= planetarische Präzession in RA.

Hierzu beobachten wir die absoluten Koordinaten der Sterne zu
verschiedenen Zeiten und bringen den durch die Änderung des Systems
bedingten Unterschied der Koordinaten in Rechnung, soweit dieser
durch die Himmelsmechanik mit genügender Sicherheit erfaßbar ist
(hierzu gehört auch die *Änderung* der Schiefe der Ekliptik). Dann bleiben
noch Unterschiede in den Koordinaten bestehen, die durch die EB der
Sterne und die Lunisolarpräzession bedingt sind. Die Beobachtung
liefert uns also die Koordinatenänderung, welche aus der Summe von
EB und Lunisolarpräzession gebildet ist.

Eine Trennung der gesuchten Größen kann nur auf rechnerischem
Wege erfolgen, und wir müßten dazu das Gesetz der Sternbewegung
bereits kennen. In der Gegenwart können wir nur mit einer Voraussetzung über die Bewegungsgesetze der Sterne arbeiten. Bisher wurde
meist angenommen:

a) die Sterne sind unregelmäßig bewegt, so daß sie im Durchschnitt als ruhend angenommen werden können. Infolge der geradlinigen und gleichförmigen Bewegung der Sonne in bezug auf die im Durchschnitt ruhenden Sterne wird eine scheinbare *parallaktische* Bewegung der letzteren hervorgerufen.

An Stelle der sicher nicht zutreffenden Annahme a sind neuerdings die nachstehenden Voraussetzungen b oder c getreten.

b) Das Sternsystem hat eine rotierende Bewegung um einen entfernten Mittelpunkt, die von der parallaktischen Bewegung überlagert wird.

c) Die Bewegungen senkrecht zur galaktischen Ebene sind regellos und von der parallaktischen Bewegung überlagert. In diesem letzten Fall muß sich also die Diskussion auf die Bewegungskomponenten senkrecht zur Milchstraßenebene beschränken.

Immer bleibt aber das auf eine solche Weise bestimmte fundamentale Koordinatensystem ein *gemischtes* in dem Sinne, daß sowohl die Mechanik des Planetensystems als auch Sternbeobachtungen herangezogen werden, um die Änderungen des Systems festzulegen.

Gegenwärtig sind in der Astronomie die numerischen Präzessionswerte von S. NEWCOMB in Benutzung. Die *jährliche Bewegung* des Frühlingspunktes in bezug auf die Ekliptik bzw. den Äquator ist durch folgende Werte der allgemeinen *jährlichen* Präzession (der erste der folgenden Werte wird häufig als die *Konstante der allgemeinen Präzession* bezeichnet) gegeben:

Allgemeine Präzession in Länge $\psi = 50'',2564 + 0'',0222\,t$,

Allgemeine Präzession in RA $m = 46'',0850 + 0'',0279\,t$,

Allgemeine Präzession in Dekl. $n = 20'',0468 - 0'',0085\,t$.

Dazu kommt die mittlere Schiefe der Ekliptik

$$\varepsilon = 23^0\,27'\,8'',26 - 46'',84\,t.$$

Die Zeit t ist von 1900,0 ab in Jahrhunderten zu zählen.

Unter Hinweis auf Abb. 13 seien auch die numerischen Werte der drei EULERschen Winkel (ψ_1), (ε_1), (a) angeführt. Die nachfolgenden Formeln liefern die Werte dieser Beträge zwischen den Zeitmomenten $t_0 = 1900,0 + t$ und $t_1 = (1900,0 + t) + T$, wo die Zeiten t und T in Jahrhunderten anzusetzen sind. Die höheren Glieder nach der Zeit sind vernachlässigt worden.

Lunisolarpräzession in Länge $(\psi_1) = (5037'',08 + 0'',49\,t)\,T - 1'',07\,T^2$,

Lunisolare Schiefe $(\varepsilon_1) = 23^0\,27'\,8'',26 - 46'',84\,t + 0'',07\,T^2$,

Planetarische Präzession in RA $(a) = (12'',48 - 1'',89\,t)\,T - 2'',38\,T^2$.

Es ist sehr wohl zu beachten, daß diese Formeln nur die Bedeutung von Interpolationsformeln besitzen, die für mehrere Jahrhunderte vor und nach 1900,0 gelten.

Für die Untersuchung der Bewegungsvorgänge im Sternsystem wäre es von Bedeutung, ein von der Mechanik des Planetensystems unabhängiges *Inertialsystem der Stellarastronomie* herzustellen. Doch könnte eine solche Aufgabe erst begonnen werden, wenn wir tiefer in die Dynamik des Sternsystems eingedrungen sind[1]. Allem Anschein nach sind aber die Bewegungsvorgänge in diesem sehr komplizierter Natur und keineswegs als einfache Rotation aufzufassen[2]. Die Herstellung eines solchen Inertialsystems stößt also auf unüberwindliche Schwierigkeiten. Vielleicht aber ist in Zukunft die Festlegung eines fundamentalen Koordinatensystems der Stellarastronomie auf einer ganz anderen Grundlage möglich — durch das System der Spiralnebel — worauf noch im Abschnitt f einzugehen ist.

Wir müssen uns gegenwärtig darauf beschränken, die in großer Annäherung geltenden Präzessionsgrößen des gemischten Inertialsystems unseren Untersuchungen über die Sternbewegungen zugrunde zu legen. Sobald aber die Präzessionswerte festliegen, geben die in einer Reihe von Sternkatalogen enthaltenen absoluten Ortsbeobachtungen die Möglichkeit, ein mittleres System von Örtern und EB zu bestimmen. Man erhält einen *Fundamentalkatalog* von Sternen. Mittlere Örter und EB des Fundamentalkatalogs stellen in Verbindung mit der Präzessionskonstante ein *empirisch* festgelegtes fundamentales Koordinatensystem der Astronomie dar, das näherungsweise als Inertialsystem anzusehen ist. Zur Zeit sind drei verschiedene Fundamentalkataloge in Gebrauch.

1. Fundamental-Katalog von A. AUWERS. Dieser wurde bisher in der Form des Neuen Fundamental-Katalogs des Berliner Astronomischen Jahrbuchs (NFK) benutzt[3]. Der Katalog enthält die Örter und Eigenbewegungen von 925 Sternen beider Hemisphären. Eine umfassende Verbesserung dieses Fundamentalkatalogs ist in den letzten Jahren am Astronomischen Recheninstitut zu Berlin-Dahlem vorgenommen worden. Vom Jahre 1934 ab wird der verbesserte Fundamentalkatalog (Dritter Fundamental-Katalog des Berliner Astronomischen Jahrbuchs) in Benützung kommen.

2. Fundamental-Katalog von L. Boss: Preliminary General Catalogue of 6188 Stars for the epoch 1900 (Washington 1910). Der Katalog wird zur Zeit von B. Boss neu bearbeitet und in der Zahl der Sterne erheblich erweitert; der neue General Catalogue (etwa 30 000 Sterne) soll in einigen Jahren erscheinen. In strengem Sinne als Fundamentalkatalog ist

---

[1] Vgl. 6. Vortr. S. 200.

[2] Vgl. K. PILOWSKI: Astron. Nachr. **245**, 121 (1932); **247**, 329 (1933).

[3] Veröff. des Astronomischen Recheninstituts Nr. 33, 1907.

allerdings nur der „Catalogue of 627 Principal Standard Stars" von L. Boss anzusehen, der die Grundlage des Prel. Gen. Cat. bildet.

3. *Fundamental-Katalog von* W. S. EICHELBERGER[1]. Die Örter dieses Fundamentalkatalogs (1504 Sterne) beruhen nur auf je zwei Beobachtungskatalogen von Washington und der Kapsternwarte. Er besitzt deshalb nur vorläufigen Charakter. Er dient gegenwärtig als Grundlage der Sternephemeriden der meisten Jahrbücher mit Ausnahme des Berliner Astronomischen Jahrbuchs, das den Fundamentalkatalog von AUWERS beibehalten hat.

e) Die Sicherheit der Beobachtungen.

Die bisherigen Ausführungen beschäftigten sich vorwiegend mit der Bestimmung der Örter der Sterne an der Sphäre, eine Aufgabe, die wieder stark in den Vordergrund der astronomischen Forschung getreten ist. Wir müssen nun versuchen, Klarheit darüber zu gewinnen, wieweit unsere Beobachtungen ihrer Genauigkeit nach hinreichen, um die Gesetzmäßigkeiten in den Sternbewegungen auffinden zu können, soweit wir diese *von den EB her erschließen* wollen. Völlig richtige Angaben über die Sicherheit der uns bekannten EB zu machen, ist freilich nicht möglich, da wir die systematischen Fehler der EB noch nicht hinreichend kennen. Wir können nur versuchen, den Stand der Beobachtungsgenauigkeit in großen Zügen anzugeben; hierbei zeigt es sich, daß zur Erfassung der groben Bewegungen der helleren Sterne das Beobachtungsmaterial als genügend genau anzusehen ist.

Wir können einmal die mittleren Fehler angeben, welche den Beobachtungen im Durchschnitt anhaften. Man kann sie etwa folgendermaßen ansetzen:

Mittlere Fehler der Sternörter.

Meridiankreis:	in RA $0^s{,}03 \cdot \sec \delta$	in Dekl. $0''{,}5$,
Photographische Örter:	$0^s{,}02 \cdot \sec \delta$	$0''{,}3$,
Fundamentalkataloge:	$0^s{,}005 \cdot \sec \delta$	$0''{,}05$.

Für die *100jährige EB* ist der mittlere Fehler etwa das 4—5fache dieser Werte. Diese Angaben beziehen sich auf die innere Genauigkeit der einzelnen Sterne und sind nur als rohe Durchschnittswerte anzusehen. Sie gehen nicht auf den Kern dessen, was wir eigentlich wissen wollen. Mehr sagt in dieser Beziehung die Tabelle 1 aus, die von P. J. VAN RHIJN herrührt und die eine Übersicht über die wahrscheinlichen Fehler (= 0,6745 mal mittlerer Fehler) der EB gibt, und zwar nicht den Fehler, welcher der einzelnen EB anhaftet, sondern dem Mittelwert aus den EB einer örtlich begrenzten Gruppe von 100 Sternen entspricht. Da alle

---

[1] Astron. Papers of the Amer. Ephemeris a. Naut. Alm. **10**, 1 (1925).

Tabelle 1. Wahrscheinliche Fehler der Eigenbewegungen
(Gruppenwerte nach P. J. van Rhijn).

m	Gal. Br. $0° \pm 20°$			Gal. Br. $\pm 40° \pm 90°$		
	$\bar\mu$	$\varrho_{\text{ber.}}$	$\varrho_{\text{beob.}}$	$\bar\mu$	$\varrho_{\text{ber.}}$	$\varrho_{\text{beob.}}$
3	$0'',103$	$0'',033$	$0'',003$	$0'',204$	$0'',065$	$0'',003$
4	,115	,036	,003	,196	,063	,003
5	,066	,021	,005	,106	,034	,005
6	,058	,019	,006	,093	,030	,006
7	,041	,013	,010	,063	,020	,010
8	,028	,009	,010	,046	,015	,012
9	,020	,006	,010	,042	,013	,012
10	,016	,005	,007	,034	,011	,007
11	,013	,004	,007	,027	,009	,007
11,26	,009	,003	,002	—	—	—
12	,008	$,002^1/_2$	,007	,025	,008	,007

Untersuchungen über die Bewegungsgesetze des Sternsystems sich nicht
mit dem einzelnen Stern beschäftigen, sondern statistische Untersuchungen sind, so gibt die Diskussion der Fehler von Gruppenmitteln einen
besseren Einblick in die durch die Beobachtung erreichte Genauigkeit.
Für zwei verschiedene galaktische Zonen ist für Sterne der Größenklassen
$m = 3$ bis $m = 12$ neben der durchschnittlichen EB (μ) dieser Sterne der
wahrscheinliche Fehler ($\varrho_{\text{ber.}}$) gegeben, den die Beobachtungen haben
müßten, damit die mittleren EB noch als reell angesehen werden können.
Daneben sind die wahrscheinlichen Fehler der beobachteten Mittelwerte
der Gruppen ($\varrho_{\text{beob.}}$) gesetzt. Die Tabelle ist nicht mehr ganz den heutigen
Verhältnissen entsprechend; zum Teil sind die beobachteten EB schon
besser bekannt als es den Werten $\varrho_{\text{beob.}}$ entspricht und ein besonders
günstiger Wert ist für die Helligkeit $m = 11{,}26$ beigefügt. Aber im
ganzen gibt die Tabelle doch ein Bild der wirklichen Verhältnisse.
Selbst unter Berücksichtigung der jetzt besten Werte zeigt sich, daß für
Sterne schwächer als 12. Größe die EB für statistische Untersuchungen
nur noch in günstigen Fällen brauchbar sind.

Zu denselben Ergebnissen führt auch eine Untersuchung von H. Müller[1]. Bestimmt man die mittleren EB von schwachen Sternen (etwa
zwischen der 10. und 15. Größenklasse) aus photographischen Aufnahmen, so zeigt sich, daß bei den *Grenzhelligkeiten* der photographischen
Aufnahmen die gefundenen mittleren EB ihren systematischen Charakter
gänzlich verlieren und nur als Mittelwert der Beobachtungsfehler selbst
anzusehen sind. Je nach den benutzten Aufnahmen liegen diese Grenzhelligkeiten bei der 12. bis 15. Größenklasse. In den günstigsten Fällen
ist also bis etwa in die Nähe der 13. Größenklasse die EB, soweit es sich
um *relative* EB der Sterne verschiedener Helligkeiten gegeneinander

---

[1] Müller, H.: Z. Astrophysik **2**, 254 (1931).

handelt, für statistische Untersuchungen brauchbar. Über die Bewegungen schwächerer Sterne vermögen wir keinerlei Angaben zu machen.

Noch schwieriger liegen die Verhältnisse, wenn wir die Frage aufwerfen, wieweit die vorliegenden EB *absolut* als gesichert angesehen werden können. Da die Beobachtungen der Sterne in irgendeiner Weise an vorhandene Fundamentalkataloge angeschlossen sind, so rühren die *systematischen Fehler in den EB* teils von den Fehlern der Fundamentalkataloge her, teils sind sie auch durch die Art des Anschlusses bedingt. Nun ist allerdings hervorzuheben, daß die gegenwärtigen Beobachtungen

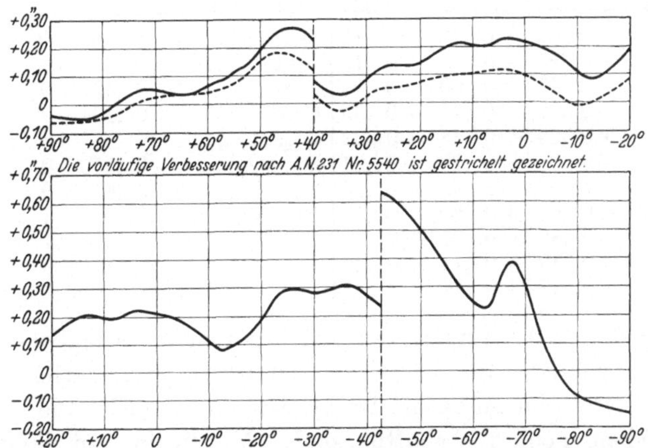

Abb. 14. *Systematische Verbesserungen der Deklinationen des NFK* (nach K. HEINEMANN). Die ausgezogene Kurve gibt den vorläufigen Verlauf der Korrektionen nach Deklination.

sowohl absoluter Art als auch die Anschlußbeobachtungen von systematischen Fehlern erheblich freier sind als die früheren, aber da — wie bereits betont — die EB gerade auf der Verbindung der älteren mit modernen Katalogen beruhen, so spielen doch die systematischen Fehler der älteren Kataloge auch jetzt noch eine bedeutende Rolle.

Daß selbst bei den besten heute vorhandenen Fundamentalkatalogen die Örter und EB noch mit erheblichen, durch die älteren Beobachtungskataloge bedingten Unsicherheiten behaftet sind, soll an einigen Beispielen erläutert werden. Es handelt sich zunächst um die Diskussion der Fehler des Fundamentalkatalogs von AUWERS (NFK), wie sie am Astronomischen Recheninstitut in Berlin-Dahlem durchgeführt worden ist. Die beigefügte graphische Darstellung (Abb. 14) gibt eine *vorläufige Verbesserung der Deklinationen* des NFK (vgl. S. 22) in ihrem mittleren Verlauf vom Nordpol zum Südpol des Himmels, wie sie von K. HEINEMANN[1] auf Grund einer Anzahl moderner Beobachtungsreihen her-

---

[1] HEINEMANN, K.: Astron. Nachr. **241**, 145 (1931).

geleitet worden ist. Es zeigt sich, daß die Deklinationen des NFK besonders des Südhimmels noch recht stark verbesserungsbedürftig sind. Dabei ist zu beachten, daß die Werte der Korrektionen Mittelwerte aus einer Anzahl von Beobachtungskatalogen sind, die untereinander selbst noch erhebliche systematische Unterschiede aufweisen. Eine Vorstellung von der Streuung der einzelnen Kataloge gibt die Tabelle der Verbesserungen für den Äquator des NFK (Tab. 2). In der

Tabelle 2. Verbesserung des NFK in Dekl. am Äquator.

Katalog	$\varDelta\,\delta_\delta$	Fehler des Äquatorpunktes	Syst. Verb. NFK	Katalog	$\varDelta\,\delta_\delta$	Fehler des Äquatorpunktes	Syst. Verb. NFK
Gr_{00}	$+0'',02$	$+0'',10$	$+0'',12$	$Wash_{10}$ II .	$-0'',06$	$+0'',19$	$+0'',13$
Od_{00} . . .	$+0\ ,95$	$-0\ ,83$	$+0\ ,12$	Cp II . . .	$-0\ ,25$	$+0\ ,47$	$+0\ ,22$
Wash (V-K)	$+0\ ,17$	$0\ ,00$	$+0\ ,17$	Alg	$+0\ ,42$	$-0\ ,17$	$+0\ ,25$
Pu_{05} . . .	$-0\ ,09$	$+0\ ,44$	$+0\ ,35$	Cord . . .	$+0\ ,10$	$+0\ ,11$	$+0\ ,21$
$Wash_{00}$ . .	$+0\ ,80$	$-0\ ,48$	$+0\ ,32$	Gr_{25}	$+0\ ,08$	$+0\ ,01$	$+0\ ,09$
Cp I . . .	$-0\ ,05$	$+0\ ,26$	$+0\ ,21$	Babg . . .	$+0\ ,55$	$-0\ ,18$	$+0\ ,37$
Od_{10} . . .	$+1\ ,59$	$-1\ ,43$	$+0\ ,16$	Cp_{25}	$-0\ ,43$	$+0\ ,57$	$+0\ ,14$
S. Luis . .	$-0\ ,06$	$+0\ ,25$	$+0\ ,19$	Breslau . .	$+1\ ,18$	$-1\ ,01$	$+0\ ,17$
Gr_{10}	$+0\ ,30$	$-0,\ 01$	$+0\ ,29$	Posen . . .	$+1\ ,31$	$-1\ ,07$	$+0\ ,24$
Paris . . .	$+0\ ,10$	$+0\ ,14$	$+0\ ,24$	Hdlg . . .	$-0\ ,42$	$+0\ ,62$	$+0\ ,20$
Pu_{15} . . .	$-0\ ,17$	$+0\ ,44$	$+0\ ,27$				

zweiten Spalte ($\varDelta\,\delta_\delta$) finden sich die aus den ursprünglichen Einzelkatalogen (abgekürzte Bezeichnung in der ersten Spalte) erhaltenen Verbesserungen für den Äquator des Systems des NFK, die noch mit systematischen Fehlern behaftet sind. Mit Hilfe von Sonnenbeobachtungen ist es dann gelungen, die Fehler der einzelnen Kataloge am Äquator (dritte Spalte) zu ermitteln. Die hieraus sich ergebenden Systemverbesserungen des NFK am Äquator sind in der letzten Spalte enthalten; diese zeigt, daß durch die angebrachten Verbesserungen für den Äquatorpunkt die Streuung ganz erheblich verringert ist. Der Mittelwert aus diesen Verbesserungen ist als Verbesserung des NFK am Äquator anzusehen.

Aus den systematischen Fehlern, welche die Örter eines Fundamentalkatalogs zu verschiedenen Zeiten besitzen, erhält man auch die systematischen Fehler der EB. Welche Bedeutung der Ermittelung solcher systematischen Fehler für die Untersuchung der Bewegungsverhältnisse im Sternsystem zukommt, sei an einem besonders auffallendem Beispiel gezeigt. Die Bestimmung der räumlichen Bewegung der Sonne in bezug auf das Sternsystem (Größe der Geschwindigkeit $= V$, Richtung in RA $= A$ und in Dekl. $= D$) hat je nach den benutzten Methoden zu widersprechenden Ergebnissen geführt; insbesondere haben die Eigenbewegungen einerseits und die Radialgeschwindigkeiten andererseits auch bei Benutzung ganz modernen Materials für die Richtung der Sonnengeschwindigkeit zu Widersprüchen in der Deklination geführt

Tabelle 3.
Sonnengeschwindigkeit nach verschiedenen Untersuchungen.

A	D	V	Grundlage
270°,5	+ 34°,3	—	aus EB des Boss-Katalogs
268 ,5	+ 25 ,3	19,5 km/sec	aus Radialgeschwindigkeiten (CAMPBELL)
270	+ 27	22,0	aus Radialgeschwindigkeiten (FORBES)
270 ,9	+ 27 ,2	19,0	aus Radialgeschwindigkeiten (R. E. WILSON[1])
270 ,8	+ 27 ,0	—	aus systemat. verbesserten EB (R. E. WILSON[1])

(vgl. die beigefügte Tabelle 3); die EB ergaben höhere Deklinationswerte als die Radialgeschwindigkeiten. Erst durch die von H. RAYMOND[2] durchgeführte Verbesserung der EB des benutzten Fundamentalsystems (Boss) sind die Deklinationen nach beiden Methoden in Übereinstimmung gekommen, und damit ist eine Unklarheit in einer für die Dynamik des Sternsystems wesentlichen Größe beseitigt worden.

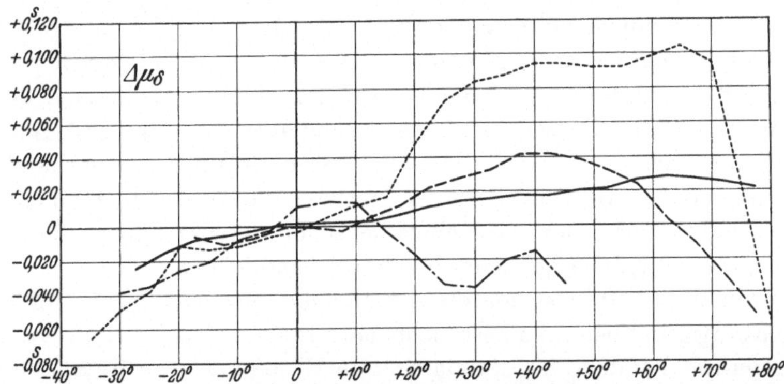

Abb. 15. *Systematische Fehler der Eigenbewegungen des NFK in RA* (nach A. KAHRSTEDT). Die ausgezogene Linie gibt die Verbesserung des Ortes in ihrem Verlauf nach Dekl.; die drei übrigen Kurven die entsprechenden Verbesserungen der EB getrennt nach den Beobachtungen von Greenwich (oben), Pulkowo (Mitte) und Kap (unten).

Von der Unsicherheit, die aber heute noch immer der Verbesserung der Eigenbewegungen unserer Fundamentalkataloge anhaftet, vermag die beigefügte Abbildung 15 ein anschauliches Bild zu liefern. Es handelt sich um eine Untersuchung von A. KAHRSTEDT[3] über die systematische Verbesserung der Eigenbewegungen des Rektaszensionssystems von AUWERS im Verlauf vom Äquator nach dem Nordpol. Die ausgezogene Kurve gibt die Verbesserung des Rektaszensionssystems selbst bis in die Nähe des Poles; die übrigen drei Kurven zeigen die Verbesserungen, welche die EB auf Grund der Beobachtungsreihen von Greenwich, Pulkowo und am Kap der guten Hoffnung verlangen. Diese drei Reihen sind die einzigen, die sich über eine große Reihe von Jahren erstrecken,

---

[1] WILSON, R. E.: Astron. J. **36**, 138 (1926).
[2] RAYMOND, H.: Astron. J. **36**, 129 (1926).
[3] KAHRSTEDT, A.: Astron. Nachr. **235**, 369 (1929).

und sie gehören systematisch zu den besten, die wir besitzen. Trotzdem ist die Verbesserung der EB, die sich auf diesen Grundlagen aufbaut, noch als recht wenig gesichert anzusehen.

f) Ausblick.

Wir hatten eingangs darauf hingewiesen, daß die astrometrische Messung, vor allem die genaue Festlegung von Fixsternörtern, in ihrer Bedeutung wieder stark in den Vordergrund getreten ist. Wir haben die Schwierigkeit der vorliegenden Aufgaben kennengelernt und gesehen, daß die Ergebnisse heute noch bei weitem nicht hinreichen, um die Frage nach den Gesetzmäßigkeiten der Sternbewegung bis in die Einzelheiten hinein in Angriff zu nehmen. Die Unzulänglichkeit der Eigenbewegungen ist ganz wesentlich durch die in früheren Zeiten benutzten, zum Teil auch noch durch die gegenwärtigen Beobachtungsmethoden bedingt. Wir müssen also versuchen, in Zukunft die Zuverlässigkeit der Messungsergebnisse weiter zu steigern.

Es läßt sich nur in allgemeinen Zügen angeben, nach welcher Richtung hin die astronomischen Beobachtungen und ihre Diskussion weitergeführt werden müssen, um die Grundlagen der Stellarastronomie stärker zu sichern. Neben die noch bessere Ausnutzung vorhandener instrumenteller Hilfsmittel werden Verbesserungen der Instrumente zu treten haben, für welche, wie eingangs schon hervorgehoben, die Astronomie die Hilfe des Ingenieurs besonders benötigen wird.

Einmal gestatten sicher die astronomischen Instrumente in ihrem gegenwärtigen Zustand meist noch eine bessere Ausnutzung, wenn es sich darum handelt, das fundamentale System der Stellarastronomie festzulegen und an dieses die Örter der schwächeren Sterne anzuschließen. Den Instrumentalfehlern im weitesten Sinne ist volle Aufmerksamkeit zu schenken. Jedes Instrument hat in allen seinen Teilen individuelle Eigentümlichkeiten, die eines sorgfältigen Studiums bedürfen; ein starres Schema ist hier am wenigsten am Platze. Gerade die Abweichung eines Instruments vom schematischen Verhalten ist oft die Ursache dafür, daß eine einzelne Beobachtungsreihe aus dem Durchschnitt der übrigen stark herausfällt[1]. Sicher wird es auch notwendig sein, die großen Beobachtungsprogramme auf internationalem Wege noch zu vereinheitlichen. Eine Vergleichsmöglichkeit verschiedener Beobachtungsreihen stößt oft dadurch schon auf Schwierigkeiten, daß die einzelnen Beobachtungsreihen zu wenig vergleichbare Objekte besitzen. Für die Beobachtungen an Meridianinstrumenten wird man sich in Zukunft auf eine festliegende Auswahl hellerer Sterne beschränken müssen; die Anschlüsse an diese können in allen Fällen auf photographischem Wege erfolgen.

---

[1] Vgl. hierzu W. Rabe: Astron. Nachr. **248**, 369 (1933).

Einige *Vorschläge zur Sicherung des Fundamentalsystems* verdienen besondere Beachtung. Es wurde bereits (S. 26) ausgeführt, wie die Beobachtungen der Sonne (ebenso des Mondes und der großen Planeten) zu einer Festlegung des Deklinationssystems in der Nähe des Äquators geführt haben. Nun ist von verschiedenen Seiten vorgeschlagen worden, auch einige hellere kleine Planeten für diese Aufgabe heranzuziehen. Einmal sind die kleinen Planeten sternförmig und dadurch sicherer als die Sonne oder die großen Planeten zu beobachten. Auch erreichen einzelne Planetoiden infolge ihrer großen Bahnneigung höhere Deklinationen, wodurch ein breiterer Deklinationsgürtel des Himmels systematisch erfaßt wird. Die Fehler des Deklinationssystems machen sich dann als Abweichungen der Planetenbewegung vom NEWTONschen Gravitationsgesetz bemerkbar und können auf diese Weise ermittelt werden. Ebenso ist es von großem Wert, wenn absolute Deklinationsbeobachtungen mit demselben Instrument an zwei Beobachtungsstationen der nördlichen und südlichen Halbkugel durchgeführt werden[1].

Um für die *helleren Sterne* von *systematischen* Fehlern freie EB zu erhalten, ist auch vorgeschlagen worden, diese Sterne an sehr weit entfernte Objekte anzuschließen. Hierzu sind zu rechnen weit entfernte, also scheinbar schwache Riesensterne und die Spiralnebel. Infolge der großen Entfernung dieser Körper ist von vornherein nur eine geringe EB senkrecht zum Visionsradius zu erwarten. Die Gesetzmäßigkeiten der der Sonne stärker benachbarten Sterne werden sich dann also in den relativen Bewegungen zu den weit entfernten Objekten erkennen lassen. Man könnte (wie bereits S. 22 hervorgehoben wurde) daran denken, das fundamentale Koordinatensystem der Stellarastronomie durch diese fernen Himmelskörper festzulegen und müßte dann umgekehrt die Lage von Äquator und Ekliptik auf dieses System beziehen[2].

Natürlich müssen die Bestrebungen auch dahin gehen, die *instrumentellen Hilfsmittel weiter zu verbessern.* Es gilt in Zukunft bei den Beobachtungen, *den Beobachter mehr und mehr auszuschalten,* um die Fehler physiologischer Natur zu beseitigen. Die Einführung der Himmelsphotographie bedeutet ja schon jetzt einen wesentlichen Schritt in dieser Richtung, und durch die Konstruktion der modernen Vierlinser mit großem Gesichtsfeld ist die Möglichkeit gegeben, die schwächeren Sterne unmittelbar an ein weites Netz von wenigen durch Meridianbeobachtungen festgelegten Sternen anzuschließen. Aber auch bei den Meridianbeobachtungen gilt es, den Beobachter weitgehend zu eliminieren. Versuche, die Durchgänge der Sterne photographisch zu registrieren, um auf diesem Wege Rektaszensions- und Deklinations-

---

[1] DNEPROVSKY, N.: Bull. de l'Observat. central à Poulkovo **13**, 1 (1932).

[2] DNEPROVSKY, N., u. B. GERASIMOVIČ: Poulkovo Observat. **1932**, Circular Nr. 3.

differenzen zu ermitteln, sind mehrfach angestellt worden. Die Ergebnisse sind allerdings noch wenig befriedigend. Dagegen konnten die Durchgangszeiten durch den Meridian mit Erfolg auf lichtelektrischem Wege registriert werden[1]. Auch für die Vermessung photographischer Platten wird der Beobachter durch eine lichtelektrische Apparatur ersetzt werden können. In diesem Zusammenhang ist noch ein zuerst an der Hamburger Sternwarte von R. Schorr angewandtes Verfahren hervorzuheben, das die Kreisablesungen am Meridianinstrument auf photographischem Weg registriert. Die Stellung des Kreises zu den vier Ablesemikroskopen wird auf einem Film photographisch festgehalten, der dann nachträglich abgelesen wird. Hierdurch ist, abgesehen von einer rascheren Arbeitsmöglichkeit während der Nacht, die Person des Mikroskopablesers am Instrument in Wegfall gekommen.

Abb. 16. *Quarzuhr nach* Marrison. Thermostat und Oszillator von außen.

Schließlich sei noch auf einen für die Astronomie außerordentlich wichtigen Fortschritt in der Konstruktion der Uhren hingewiesen als ein Beispiel dafür, wie Entdeckungen und Erfindungen des Physikers und Ingenieurs auf einem zunächst weitab liegenden Gebiet für die Astronomie von außerordentlicher Fruchtbarkeit werden können. Es handelt sich um die *Quarzuhr* (Kristalluhr, Cristal clock). Wenn auch die unmittelbare Anwendung dieser Uhr bei astronomischen Beobachtungen sich noch in den ersten Anfängen befindet, so zeigt es sich doch heute schon, daß die Quarzuhr den bisher verwendeten Pendeluhren in vielen Punkten erheblich überlegen ist.

Es gibt augenblicklich zwei etwas verschiedenartige Konstruktionen von Quarzuhren, die in Amerika nach W. A. Marrison entwickelte Uhr (Abb. 16) und die in der Physikalisch-Technischen Reichsanstalt (PTR) von A. Scheibe und U. Adelsberger durchgeführte Konstruktion (Abb. 17). Bei beiden wird ein natürlicher Quarzkristall als piezoelektrischer Oszillator benutzt, wie er ursprünglich in der Hochfrequenzmeßtechnik Verwendung findet. Da die Frequenz des schwingenden

---

[1] Strömgren, B.: Vjschr. Astron. Ges. **68**, 365 (1933).

Quarzkristalls (MARRISON verwendet einen Ring; die PTR einen Stab)
außerordentlich hoch ist (100000 Hz bei MARRISON und 60000 Hz bei
SCHEIBE und ADELSBERGER), so muß durch Zwischenschalten von
Frequenzteilerstufen die ursprüngliche Frequenz synchron geteilt
werden. Der letzte Teiler treibt einen Synchronmotor, der seinerseits
ein Uhrwerk und Kontakteinrichtungen in Bewegung setzt. Dadurch
kommt man von dem Oszillator hoher Frequenz zu einer „Uhr“, die
in ihrem Gang mit Pendeluhren und Zeitsignalen vergleichbar wird[1].

Die Gangergebnisse der Quarzuhren sind außerordentlich befriedigend. An der PTR hat sich als mittlere Schwankung des Einzelwertes
des mittleren täglichen Ganges $0^s{,}002$ ergeben; als mittlere Schwankung des Einzelwertes der Differenz
der momentanen täglichen Gänge zweier
verschiedener Quarzuhren $0^s{,}0003$. Für
kürzere Zeiträume ist
die Quarzuhr jeder
Pendeluhr weit überlegen. Dies zeigt sich
auch aus verschiedenen am Loomis-Laboratorium (Tuxedo
Park, New York) angestellten Untersuchungen[2]. Durch Vergleich mehrerer Pendeluhren mit einer

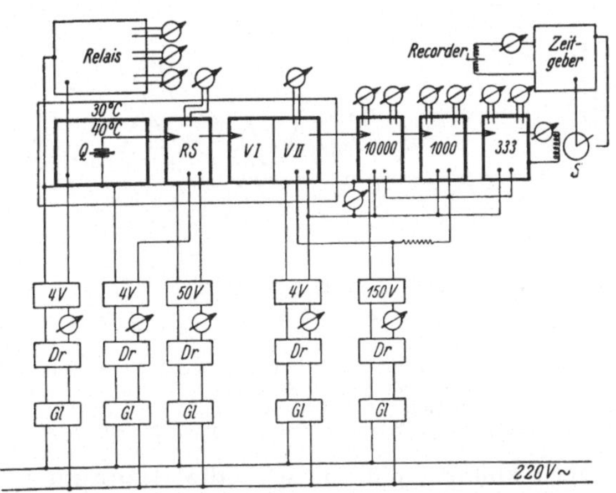

Abb. 17. *Quarzuhr nach* SCHEIBE *und* ADELSBERGER. Schaltungsschema: Q = schwingender Quarz; RS = Röhrensender; V_I und
V_{II} = Verstärkerstufen; daran anschließend 3 Frequenzteilerstufen
für 10000, 1000 und 333 Hz; S = Synchronmotor; daran anschließend der Zeitgeber.

Quarzuhr hat sich der Einfluß der Anziehung des Mondes auf das
schwingende Pendel im Gang der Pendeluhren nachweisen lassen.

Auch für größere Zeiträume dürfte sich die Quarzuhr weit besser
als die Pendeluhren bewähren. Dies veranschaulicht jetzt schon das
von SCHEIBE und ADELSBERGER als Beispiel gegebene Diagramm in
Abb. 18. Die Fehler des Zeitsignals von Nauen sind einmal durch Vergleich mit der Quarzuhr I der PTR bestimmt (Kreise); das andere Mal
aus dem Mittel der Angaben des Geodätischen Instituts in Potsdam,
der Hamburger Seewarte, der Sternwarte Greenwich und dem Bureau
International de l'Heure in Paris (Kreuze). Es handelt sich also um

---

[1] Vgl. A. SCHEIBE u. U. ADELSBERGER: Physik. Z. **33**, 835 (1932); Ann. Phys.,
5. F. **18**, 1 (1933); Hochfrequenztechnik u. Elektroakustik **43**, 37 (1934). —
A. SCHEIBE: Naturwiss. **21**, 506 (1933).

[2] Monthly Notices of R. Astron. Soc. **91**, 575 (1931); **93**, 444 (1933).

das Mittel einer größeren Anzahl von Pendeluhren, dem die eine Quarzuhr durchaus standhält. Die gestrichelten Kurven geben die Streuung in den Angaben der einzelnen Zeitinstitute an.

Wenn so schon die Quarzuhr sich der Pendeluhr stark überlegen zeigt, so kommen für die erstere noch weitere Vorzüge hinzu. Die Quarzuhr ist — um nur die wesentlichsten Vorteile zu nennen — unempfindlich gegen Erschütterungen und Stöße, die gerade (man denke auch an Erdbeben) die Pendeluhr besonders stören. Die modernen Pendeluhren müssen in kostspieligen Uhrenkellern aufgestellt werden, um ihre Gangkonstanz sicherzustellen; die Quarzuhr verlangt lediglich Konstanthaltung der Temperatur für den Oszillator, was in jedem Laboratorium durchzuführen ist (bei den Quarzuhren der PTR entspricht einer Temperaturänderung von $0°,0001$ C eine tägliche Gangänderung von $0^s,0004$). Allem Anschein nach wird die Quarzuhr die Zeitnormale mit erheblich größerer Sicherheit als unsere Pendeluhren liefern können, und sie wird die Hauptuhr derjenigen astronomischen Institute werden, die sich die Aufgabe der Bestimmung absoluter Koordinaten der Sterne gestellt haben.

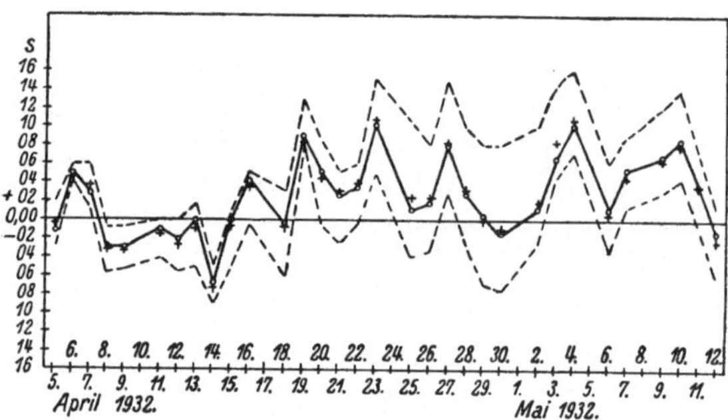

Abb. 18. *Fehler des Zeitsignals von Nauen.* Kreise: nach Quarzuhr I der PTR in tausendstel Sekunden; Kreuze: aus dem Mittel von vier Zeitinstituten. Die Streuung in den Angaben der vier Zeitinstitute ist durch gestrichelte Linien gekennzeichnet.

So steht zu hoffen, daß in der Astrometrie in naher Zukunft der astronomische Beobachter unter Mithilfe des Physikers und Ingenieurs die Beobachtungsgrundlagen so erweitern wird, daß sich darauf die Untersuchungen über die Gesetzmäßigkeiten des Sternsystems mit größerer Sicherheit als bisher aufbauen können.

Literatur.

a) Allgemeines.

Enzyklopädie der mathematischen Wissenschaften **6,** 2 B (Astronomie). Leipzig 1905—33.

Müller-Pouillets Lehrbuch der Physik, 11. Aufl., **5,** 2. Hälfte (Physik des Kosmos). Braunschweig 1928.

Russell, H. N., R. S. Dugan u. I. Q. Stewart: Astronomy. Boston und New York 1926.

Strömgren, E. u. B. Strömgren: Lehrbuch der Astronomie. Berlin 1933.

b) Sphärische Astronomie.

ALBRECHT, TH.: Formeln und Hilfstafeln für geographische Ortsbestimmungen, 4. Aufl. Leipzig 1908.

BALL, L. DE: Lehrbuch der sphärischen Astronomie. Leipzig 1912.

FLOTOW, A. V.: Einleitung in die Astronomie. Leipzig 1911.

GRAFF, K.: Grundriß der geographischen Ortsbestimmung. Berlin und Leipzig 1914.

NEWCOMB, S.: A Compendium of Spherical Astronomy. New York 1906.

SMART, W. M.: Text Book on Spherical Astronomy. Cambridge (Engl.) 1931.

c) Instrumente und Uhren.

AMBRONN, L.: Handbuch der astronomischen Instrumentenkunde. Berlin 1899.

DAVIDSON, CH. R.: Astrophotographie (übersetzt von W. BERNHEIMER). Handbuch der wissenschaftlichen und angewandten Photographie 6, 1. Wien 1931.

FÖRSTER, W.: Über Zeitmessung und Zeitregelung. Leipzig 1909.

HOPE-JONES, F.: Electric clocks. London.

KÖNIG, A.: Reduktion photographischer Himmelsaufnahmen. Handbuch der Astrophysik Bd. 1. Berlin 1934.

REPSOLD, J. A.: Zur Geschichte der astronomischen Meßwerkzeuge. 2 Bde. Leipzig 1908, 1914.

RIEFLER, S.: Präzessionspendeluhren und Zeitdienstanlagen für Sternwarten. München 1907.

SCHEINER, J.: Die Photographie der Gestirne. Leipzig 1897.

STOBBE, J.: Astronomische Beobachtungsmethoden. Im Handbuch der biologischen Arbeitsmethoden Abt. II, Teil 2/II. Berlin und Wien 1931.

d) Jahrbücher.

Berliner Astronomisches Jahrbuch. Herausgegeben vom Astronomischen Recheninstitut zu Berlin-Dahlem.

The Nautical Almanac and Astron. Ephemeris. Bearbeitet im Naut. Alman. Office. London: H. M. Stationary Office.

Nautisches Jahrbuch. Herausgegeben von der Deutschen Seewarte Hamburg.

Preußischer Grundkalender (enthält die Angaben für Kalenderzwecke). Preußisches Statistisches Landesamt. Berlin SW 68.

Zweiter Vortrag.

Die physikalischen Zustandsgrößen der Sterne.

Von H. KIENLE, Göttingen.

Mit 9 Abbildungen.

Einleitung.

Die Grundaufgabe, vor die wir immer wieder gestellt werden, ist der Übergang von den der Beobachtung allein zugänglichen scheinbaren Eigenschaften zu den wahren Eigenschaften der Sterne. Wir wollen von dem scheinbaren Ort an der Himmelskugel schließen auf den wahren Ort im Raum; wollen aus den scheinbaren Ortsveränderungen an der Sphäre berechnen die wahren Bewegungen im Raum; wollen von den scheinbaren Helligkeiten übergehen zu den wahren Leuchtkräften, von den scheinbaren Winkeldurchmessern zu den wahren linearen Durchmessern, von den Farbtemperaturen der scheinbaren Strahlung zu den wahren Temperaturen der stellaren Materie. Alle diese Übergänge von beobachteten scheinbaren Eigenschaften zu wahren Eigenschaften werden vermittelt durch die Kenntnis der Entfernung des Objektes von dem Beobachter. Die Bestimmung der Entfernung muß daher als eine Fundamentalaufgabe der Astronomie betrachtet werden.

Daß wir nur so wenige Entfernungen auf direktem geometrischem Wege bestimmen können, ist vielleicht der gewichtigste Hemmschuh der ganzen Entwicklung. Es ist heute vielfach so, daß wir gewisse wahre Eigenschaften der Sterne zuverlässiger auf dem Wege über physikalische Hypothesen ableiten können als aus den beobachteten scheinbaren Eigenschaften und den geometrisch gemessenen Entfernungen; daß wir daher die Beziehungen zwischen scheinbaren Eigenschaften, wahren Eigenschaften und Entfernungen unmittelbar zur Grundlage wichtiger Methoden der indirekten Entfernungsbestimmung machen. Wir berechnen im allgemeinen nicht mehr aus der scheinbaren Helligkeit und der trigonometrisch bestimmten Entfernung die absolute Leuchtkraft, sondern aus der scheinbaren Helligkeit und der — aus bestimmten spektralen Eigentümlichkeiten erschlossenen — absoluten Leuchtkraft die Entfernung. Erst diese Umkehrung hat uns in den Stand gesetzt, Milchstraßenwolken, Sternhaufen und ferne Weltsysteme jenseits der Grenzen unseres Milchstraßensystems in den Kreis der Betrachtungen einzubeziehen.

a) Bezeichnungen und Definitionen.

Die Astronomen sind gewohnt, Entfernungen durch die „*Parallaxe*" auszudrücken in Anlehnung an die grundlegende geometrische Methode der absoluten Entfernungsbestimmung. Die Parallaxe π'' eines Sternes ist der in Bogensekunden ausgedrückte Winkel, unter dem der Halbmesser a der Erdbahn von dem Stern aus erscheint. Ist r die Entfernung, so gilt also, da π'' stets nur Bruchteile einer Sekunde beträgt:

$$\pi'' = 206\,265''\, a/r. \tag{1}$$

Als *Einheit der Entfernung* gilt das „parsec" (Abkürzung für „Parallaxsekunde"), d. i. die Entfernung, die einer Parallaxe von $1''$ entspricht. Die Entfernung in parsec ist also gleich dem reziproken Wert der Parallaxe:

$$r \,(\text{parsec}) = 1/\pi''. \tag{2}$$

Die Beziehung dieser stellaren Entfernungseinheit zu der planetaren (Halbmesser der Erdbahn $a = 149{,}5$ Millionen km) und der physikalischen (cm) ist gegeben durch:

$$1 \text{ parsec} = 206\,265 \cdot a = 3{,}08 \cdot 10^{18} \text{ cm} . \tag{3}$$

Die Umrechnung auf das sonst noch gebräuchliche „Lichtjahr" vermittelt die Beziehung:

$$1 \text{ parsec} = 3{,}26 \text{ Lichtjahre}. \tag{4}$$

Die Helligkeiten der Sterne werden in „*Sterngrößen*" angegeben. Die Einteilung in Größenklassen ist durch das physiologische Gesetz bedingt, daß das Auge nicht Differenzen der Intensitäten empfindet, sondern ihre Verhältnisse. Der möglichst enge Anschluß an die historische Einteilung der dem bloßen Auge sichtbaren Sterne in 6 Klassen, wobei die hellsten als 1. Größe, die schwächsten als 6. Größe gezählt wurden, hat zu der folgenden strengen Definitionsgleichung für die astronomischen Sterngrößen geführt:

$$m_1 - m_2 = -\, 2{,}5 \log (h_1/h_2) . \tag{5}$$

m_1 und m_2 sind die Größen, h_1 und h_2 die entsprechenden scheinbaren Helligkeiten zweier Sterne. Einem Unterschied von 5 Größenklassen entspricht demnach genau das Intensitätsverhältnis $1 : 100$. Der Nullpunkt der Größenklassenskala ist praktisch so festgelegt worden, daß im Mittel für die dem bloßen Auge sichtbaren Sterne Übereinstimmung herrscht mit den überlieferten Helligkeitsangaben der älteren photometrischen Verzeichnisse. In dem so praktisch festgelegten System ist dann der Anschluß der Sterne an die Sonne durchgeführt worden, der auf den Wert

$$m_\odot = -\, 26{,}72 \tag{6}$$

führte.

Die „*absolute Größe*" M eines Sternes ist definiert als die scheinbare Größe in der Entfernung 10 parsec. Die nicht ganz folgerichtige Wahl der Entfernungseinheit 10 parsec statt 1 parsec ist historisch bedingt. Als die Astronomen sich auf das parsec als Entfernungseinheit einigten, hatte man sich schon so an die auf die Einheit 10 parsec bezogenen absoluten Größen gewöhnt — und es existierte schon eine große Reihe von Verzeichnissen —, daß es nicht mehr gelang, das parsec auch als Einheit für die photometrischen Daten durchzusetzen. Aus dem Entfernungsquadratgesetz ergibt sich sofort die Beziehung zwischen scheinbarer Größe, absoluter Größe und Entfernung bzw. Parallaxe:

$$M - m = 5 - 5 \log r = 5 + 5 \log \pi'' . \tag{7}$$

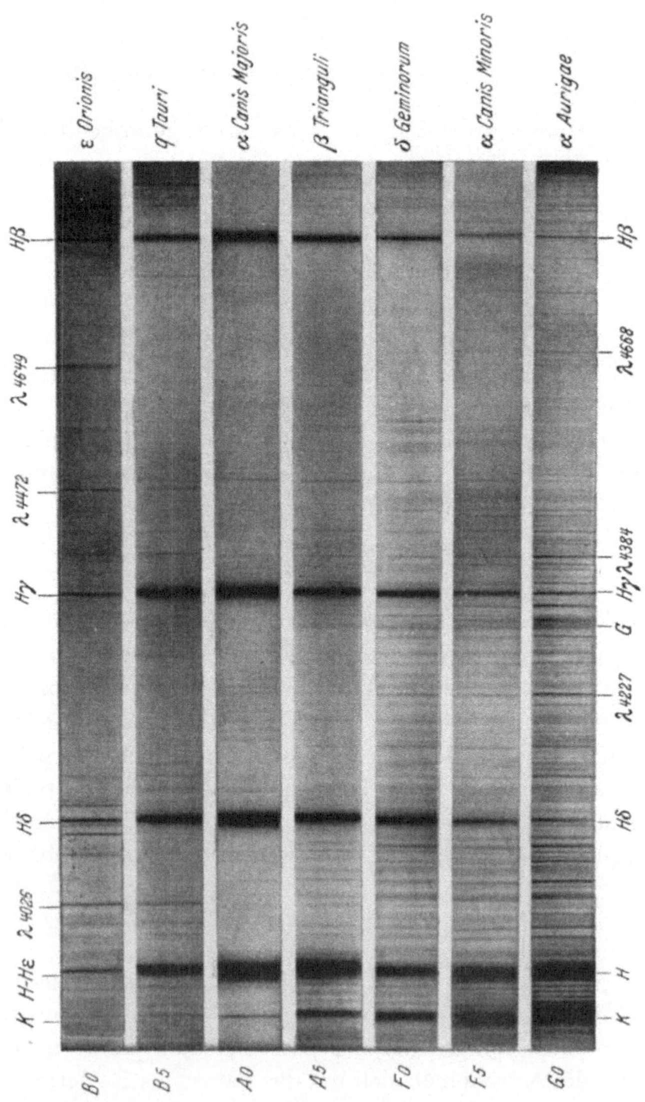

Man nennt $M - m$ auch den „Entfernungsmodul", weil sich aus ihm sofort die Entfernung ergibt zu:

$$r = 10^{1 - \frac{1}{5}(M-m)} = 1{,}58^{5-(M-m)}. \tag{8}$$

Das ist die Grundformel für „photometrische" Entfernungsbestimmungen.

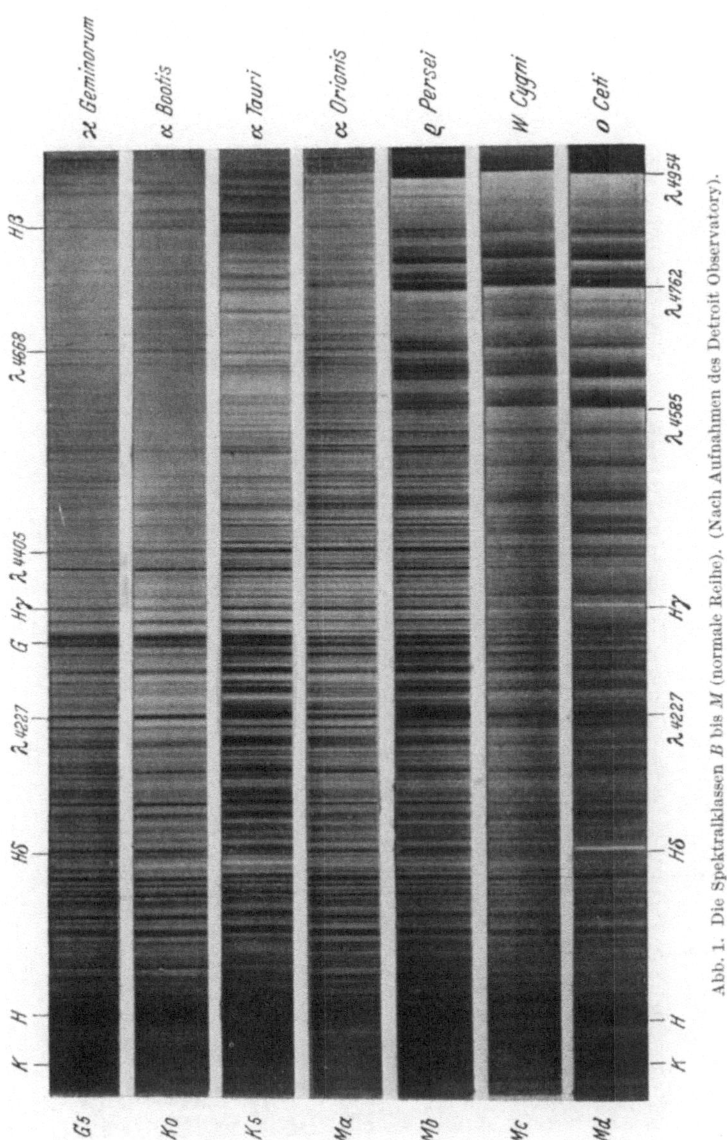

Abb. 1. Die Spektralklassen B bis M (normale Reihe). (Nach Aufnahmen des Detroit Observatory).

Mit der oben angegebenen scheinbaren Größe der Sonne und $\pi'' = 206\,265''$ erhält man die absolute Größe der Sonne:

$$M_{\odot} = +4{,}85. \tag{9}$$

Die Sonne würde also dem Auge in der Entfernung 10 parsec als Sternchen nahe der 5. Größe erscheinen.

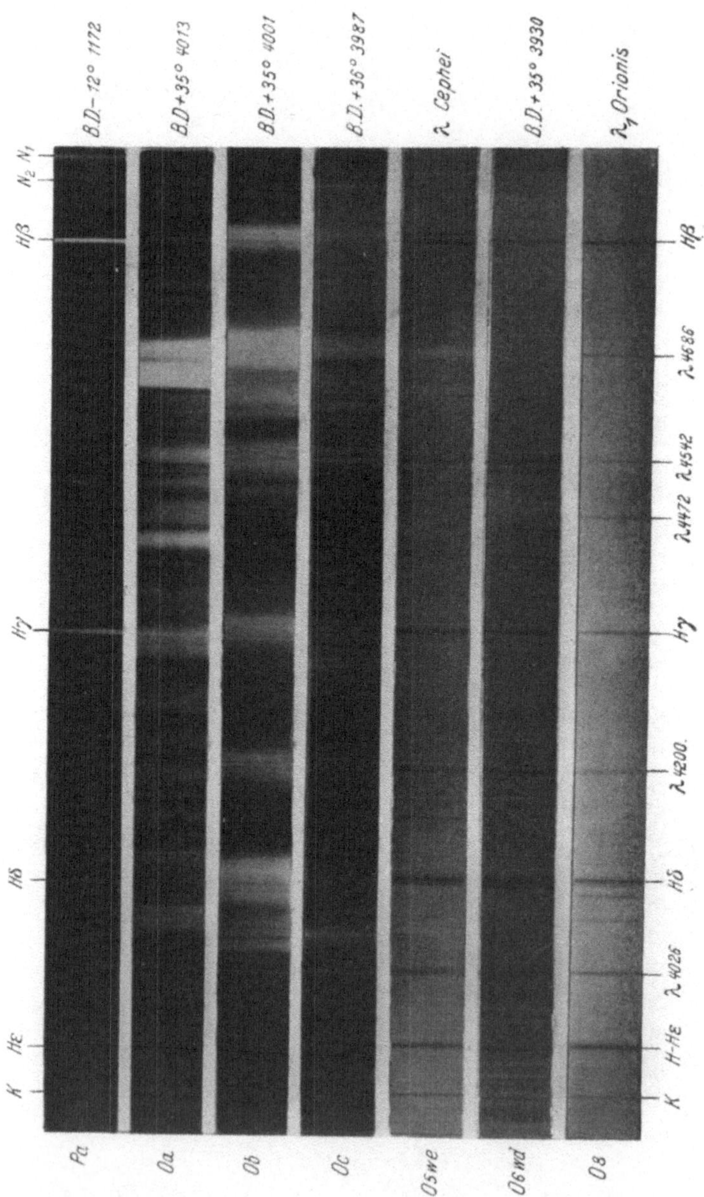

Die „*absolute Leuchtkraft*" L eines Sternes ist entsprechend der Definition der Größenklassen:

$$L_* = L_\odot \cdot 10^{-0,4\,(M_* - M_\odot)} = L_\odot \cdot 2{,}512^{\,(M_\odot - M_*)}. \qquad (10)$$

Als Einheit der absoluten Leuchtkräfte (astronomische „Normalkerze")

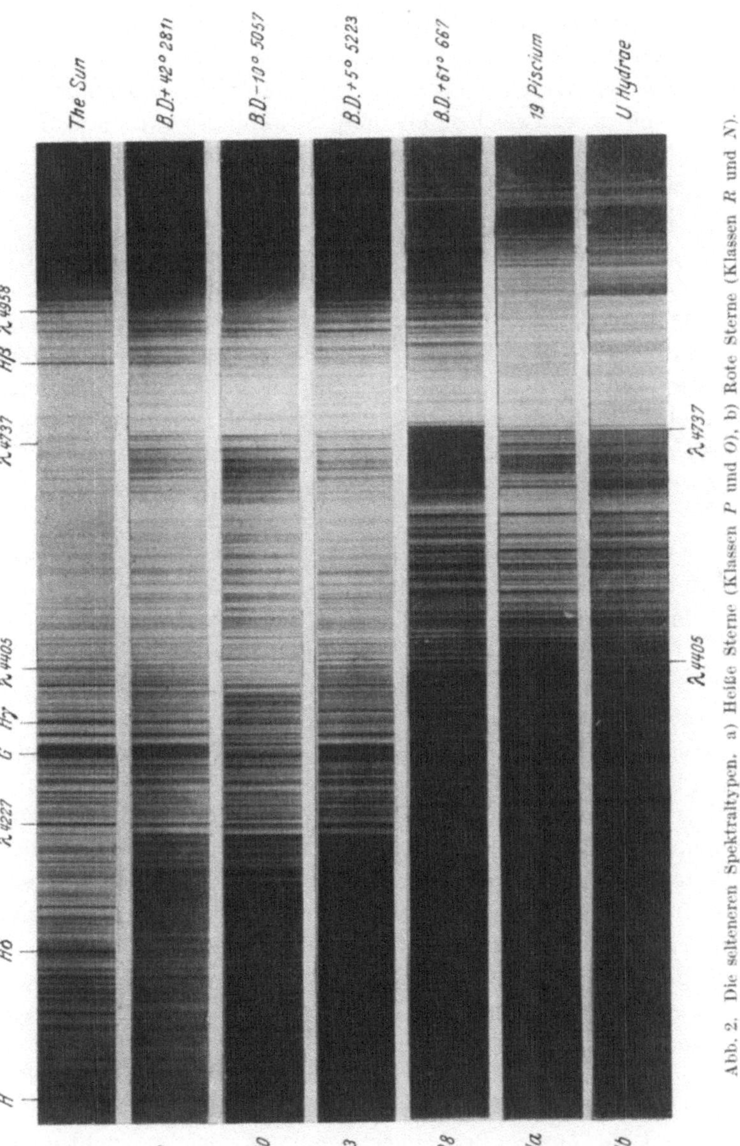

Abb. 2. Die selteneren Spektraltypen. a) Heiße Sterne (Klassen P und O), b) Rote Sterne (Klassen R und N).

gilt die Sonne, deren Leuchtkraft durch Anschluß an die Hefnerkerze zu

$$L_\odot = 3 \cdot 10^{27}\,\mathrm{HK} \tag{11}$$

bestimmt worden ist.

Wir haben der Einfachheit halber zunächst nur von den „Helligkeiten" schlechthin gesprochen und darunter die Helligkeiten verstanden, wie sie das normale menschliche Auge empfindet. Da das Licht der Sterne verschiedene spektrale Verteilung (verschiedene „Farbe" für das Auge) hat, fallen die Helligkeitsvergleiche natürlich verschieden aus, je nachdem ob wir visuell messen oder photographisch oder mit Photozellen oder mit irgendwelchen anderen Strahlungsgeräten. Auf diese Unterschiede werden wir noch zurückzukommen haben.

Die *Spektra der Sterne* bestehen in der überwiegenden Mehrzahl aus einem kontinuierlichen Untergrund, über den Absorptionslinien in verschiedener Zahl und Stärke gelagert sind. Die zunächst rein phänomenologisch auf Art und Stärke der Linien gegründeten Einteilungen der Spektra in Klassen haben sich im Laufe der Zeit gewandelt unter dem Einfluß der Deutungen, die zunehmende physikalische Einsicht ermöglichte. Geblieben ist schließlich die folgende, nur als Rest einer historisch-alphabetischen Einteilung verständliche Spektralreihe, in der die Temperaturen von links nach rechts abnehmen:

$$B \; A \; F \; G \; K \; M \, .$$

Rund 99 % aller Sterne lassen sich in diesen Klassen unterbringen, wobei die kontinuierlichen Übergänge durch dezimale Unterteilung bezeichnet werden, wie z. B. $B8$, $A0$, $F5$, $G2$, $K5$, $M3$. Der kleine Rest von 1 % entfällt auf die seltenen Typen O (Sterne höchster Temperatur mit Emissionsbändern), P (planetarische Nebel), Q (neue Sterne), R, N, S (rote Sterne mit breiten Absorptionsbändern).

Die beigegebenen Spektraltafeln veranschaulichen die Spektralklassen.

Wenn wir jetzt an die Aufgabe herangehen wollen, die Größen zu bestimmen, die es uns ermöglichen, einen Stern in seinen physikalischen Eigenschaften festzulegen, dann stoßen wir auf einen Gegensatz zwischen den Größen, die unmittelbar beobachtbar oder aus den Beobachtungen ableitbar sind, und den Größen, die in die Theorie des Aufbaus der Sterne eingehen. Sehen wir von der Sonne ab, deren Bedeutung als Prototyp eines Fixsterns durch die Ausnahmestellung, die sie uns gegenüber einnimmt, bei den verschiedensten Gelegenheiten in die Erscheinung tritt, dann können wir als *physikalische Zustandsgrößen der Sterne* stets nur Integral- oder Mittelwerte beobachten. Auch die allernächsten Fixsterne sind für unsere Beobachtungen punktförmige Lichtquellen; die Strahlung, die zu uns gelangt, ist nach jeder Richtung hin integriert, über die Oberfläche der Kugel und über die verschiedenen Tiefen, die zu ihrer Entstehung beitragen. Wir können sie gewissermaßen nur noch nach einer einzigen Dimension zerlegen, der Frequenz. Diese „effektive" Sternstrahlung wird durch zwei Parameter in ihren Haupteigenschaften festgelegt:

1. Die *absolute bolometrische Leuchtkraft L*, d. i. die totale emittierte Energie, die im Gleichgewichtszustand identisch sein muß mit der effektiv im Innern erzeugten Energie.

2. Die *effektive Temperatur* T_e, gegeben durch die spektrale Verteilung der Gesamtstrahlung über alle Frequenzen.

Die nächste wichtige Zustandsgröße ist die *Masse* $\mathfrak{M}$, d. i. die Gesamtmenge der Materie, die in dem Stern vereinigt ist. Sie wird gemessen in Einheiten der Sonnenmasse, die ihrerseits

$$\mathfrak{M}_\odot = 1{,}985 \cdot 10^{33}\,\text{g} \tag{12}$$

beträgt. Der physikalische Zustand dieser Materie kann von der empirischen Seite her nur noch näher beschrieben werden durch Angabe der *mittleren Dichte* ϱ, berechnet als Quotient aus Masse und Volumen.

Es wird unsere nächste Aufgabe sein, die Methoden aufzuzeigen, die der Bestimmung dieser integralen Zustandsgrößen dienen, und zu prüfen, ob und welche Zusammenhänge sich auffinden lassen, die als Kriterien dienen können für eine Theorie des inneren Aufbaus der Sterne.

b) Die effektiven Temperaturen der Sterne.

Wir beginnen mit der Bestimmung der effektiven Temperatur, weil ihre Kenntnis die offene oder stillschweigende Voraussetzung ist für eine Reihe von Methoden zur Bestimmung oder Reduktion der anderen Zustandsgrößen. Alle Temperaturdefinitionen, die Strahlungsmessungen zur Voraussetzung haben, stützen sich auf das KIRCHHOFFsche Gesetz in Verbindung mit dem PLANCKschen Gesetz für die Hohlraumstrahlung. Danach ist die pro Oberflächenelement von einem Körper der Temperatur T und dem Absorptionsvermögen $a(\lambda)$ emittierte Energie $I(\lambda)$ gegeben durch

$$I(\lambda)\,d\lambda = a(\lambda) \cdot E(\lambda,\,T)\,d\lambda, \tag{13}$$

wo

$$E(\lambda,\,T) = \frac{C}{\lambda^5}\,\frac{1}{e^{c_2/\lambda T} - 1} \tag{14}$$

die PLANCKsche Funktion ist mit

$$C = 2c_1 = 2c^2 h = 1{,}178 \cdot 10^{-5}\,\text{erg sec}^{-1}\,\text{cm}^2,$$

$$c_2 = ch/k = 1{,}432\,\text{cm grad}.$$

Für den idealen „schwarzen" Strahler ist $a(\lambda) = 1$, für den „grauen" Strahler $a(\lambda) = a$, unabhängig von der Wellenlänge; für alle „Selektivstrahler" ist $a(\lambda)$ eine Funktion der Wellenlänge, die über weite Bereiche glatt verläuft, solange es sich um reine Temperaturstrahlung handelt.

Die Form der PLANCKschen Funktion läßt eine für viele Überlegungen bequeme Darstellung zu, wenn man Gebrauch davon macht, daß die Lage des Maximums der Emission durch das Wiensche Verschiebungsgesetz gegeben ist:

$$\lambda_{\max} \cdot T = c_2/\beta = 0{,}2884 \text{ cm grad} \tag{15}$$
$$\beta = 4{,}965 \text{ (eine reine Zahl).}$$

Führt man als Einheit der Variablen die Wellenlänge und die Energie im Maximum ein, also

$$x = \lambda/\lambda_{\max}; \quad E_x = \frac{E(\lambda,\,T)}{E(\lambda_{\max},\,T)} = \frac{E(\lambda,\,T)}{E_{\max}(T)}, \tag{16}$$

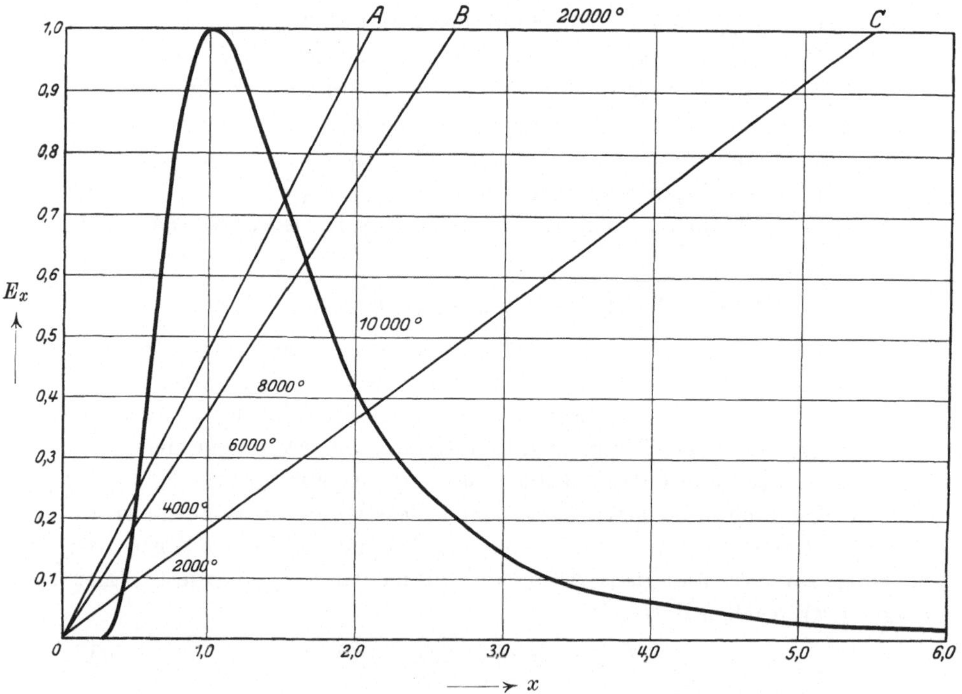

Abb. 3. Die reduzierte Plancksche Kurve. (Nach Hdb. d. Astrophysik II/1.)

so berechnet sich $E(\lambda,\,T)$ in sehr einfacher Weise aus

$$E(\lambda,\,T) = E_{\max}(T) \cdot E_x, \tag{17}$$

wenn man eine Tabelle für $\lambda_{\max}$ und $E_{\max}$ als Funktion von T hat. E_x ist für alle Temperaturen die gleiche Funktion, deren Charakter aus Abb. 3 zu ersehen ist.

Die Geraden durch den Ursprung sind die Linien gleicher Wellenlänge, die Parallelen zur Abszissenachse Linien gleicher Temperatur. Die Linien OB und OC, die den alleräußersten Grenzen des dem menschlichen Auge zugänglichen Bereiches entsprechen ($\lambda = 0{,}380\,\mu$ bzw. $0{,}760\,\mu$), schneiden auf jeder Abszissenparallele ein Stück aus, das den

Bereich begrenzt, innerhalb dessen bei der betreffenden Temperatur die PLANCKsche Kurve für visuelle Beobachtungen eine Rolle spielt. Man ersieht unmittelbar, daß für Temperaturen oberhalb 7600^0 das Maximum der Kurve jenseits der äußersten Grenze visueller Beobachtungsmöglichkeiten liegt, während für Temperaturen unterhalb 3800^0, also für den ganzen Bereich der im Laboratorium realisierbaren Temperaturen, das Maximum über die langwellige Grenze des sichtbaren Spektralgebietes hinausrückt. Nur für Temperaturen in der Umgebung von 6000^0 erfassen visuelle Beobachtungen den Teil der Energiekurve in der Umgebung des Maximums.

Bei streng schwarzer Strahlung, wie sie als Hohlraumstrahlung im Laboratorium weitgehend verwirklicht werden kann — allerdings nur für astronomisch „niedrige" Temperaturen — genügt die absolute Energiemessung an einer einzigen Stelle im Spektrum zur eindeutigen Festlegung der Temperatur. Bei grauer Strahlung sind mindestens zwei solche Messungen bei verschiedenen Wellenlängen notwendig, um zugleich Temperatur und Emissionsvermögen zu bestimmen. Da die *Form* der Energiekurve für schwarze wie für graue Strahlung identisch durch die gleiche Funktion E_x festgelegt ist, kann in beiden Fällen die Temperatur bestimmt werden allein durch das Intensitätsverhältnis für zwei verschiedene Wellenlängen, das eine eindeutige Funktion nur von T ist. Man kann sich in diesem Falle also auf die Messung relativer Intensitäten beschränken und hat bei festen Werten von λ_1 und λ_2:

$$\frac{E_1}{E_2} = \left(\frac{x_2}{x_1}\right)^5 \frac{e^{\beta/x_2}-1}{e^{\beta/x_1}-1} = \left(\frac{\lambda_2}{\lambda_1}\right)^5 \frac{e^{\frac{c_2}{\lambda_1 T}}-1}{e^{\frac{c_2}{\lambda_2 T}}-1} = F(T). \tag{18}$$

Das ist eine transzendente Gleichung für T, die im allgemeinen leicht durch Näherungsverfahren aufgelöst werden kann. Für Werte von x, die klein sind gegen $\beta = 4{,}965$, genügt statt des PLANCKschen Gesetzes die WIENsche Näherung $(e^{\beta/x} \gg 1)$, so daß man einfach erhält

$$\log \frac{E_1}{E_2} = 5 \log \frac{\lambda_2}{\lambda_1} + 0{,}434 \left(\frac{1}{\lambda_2} - \frac{1}{\lambda_1}\right) \cdot \frac{c_2}{T}. \tag{19}$$

Unter Einführung der dem Astronomen geläufigen Größenklassen durch

$$m_1 - m_2 = -2{,}5 \log (E_1/E_2) \tag{20}$$

ergibt sich schließlich:

$$\frac{c_2}{T} = -\frac{11{,}5 \log \lambda_1/\lambda_2}{1/\lambda_1 - 1/\lambda_2} + \frac{0{,}921}{1/\lambda_1 - 1/\lambda_2}(m_1 - m_2) = \alpha + \gamma\,(m_1 - m_2). \tag{21}$$

Die reziproke Temperatur ist eine lineare Funktion von $m_1 - m_2$. Faßt man die Gleichung (21) so auf, daß auf der rechten Seite der

Differenzenquotient $\dfrac{\varDelta m}{\varDelta\,1/\lambda}$ steht, so ergibt sich folgerichtig noch eine andere, in der Anwendung besonders wichtige Definitionsgleichung für c_2/T durch Übergang zum Differentialquotienten, d. h. zu dem Gradienten der logarithmischen Energiekurve:

$$c_2/T = -\frac{1}{E}\frac{dE}{d\,1/\lambda} = 0{,}921\,\frac{dm}{d\,1/\lambda} + 5\,\lambda. \tag{22}$$

Während bei grauer Strahlung die auf die *Form* der Energiekurve allein gegründete Temperaturdefinition noch auf die wahre Temperatur führt, gilt das nicht mehr, wenn das Emissionsvermögen von der Wellenlänge abhängt, wenn die Energieverteilung also von der eines schwarzen bzw. grauen Körpers abweicht. Man kann dann zwar formal für jeden größeren oder kleineren Wellenlängenbereich eine effektive Temperatur ableiten; aber der Wert, den man für diese Temperatur erhält, wird eine Funktion der Wellenlänge und hängt überdies davon ab, wie die Anpassung der wahren Energiekurve an eine PLANCKsche Kurve vorgenommen wird. Folgende *Definitionen der effektiven Temperatur* sind möglich und werden bei verschiedenen Gelegenheiten gebraucht:

1. Die „*schwarze Temperatur*" T_s einer Strahlung ist die Temperatur, die ein schwarzer Körper haben müßte, um bei der gleichen Wellenlänge die gleiche Energie, absolut gemessen, zu emittieren:

$$I(\lambda)\,d\lambda = E\,(\lambda,\,T_s)\,d\lambda. \tag{23}$$

Der Zusammenhang mit der durch Gleichung (13) definierten wahren Temperatur T_w ist für den Bereich der WIENschen Näherung gegeben durch:

$$\frac{c_2}{T_s} - \frac{c_2}{T_w} = 2{,}303\,\lambda\cdot\log a\,(\lambda) \tag{24}$$

2. Die „*Strahlungstemperatur*" T_S einer Strahlung $I(\lambda)$ im Wellenlängenbereich $\lambda_1 < \lambda < \lambda_2$ ist die Temperatur, die ein schwarzer Körper haben müßte, um in dem Bereich $\lambda_1 < \lambda < \lambda_2$ die gleiche Gesamtenergie zu emittieren:

$$\int_{\lambda_1}^{\lambda_2} I(\lambda)\,d\lambda = \int_{\lambda_1}^{\lambda_2} E\,(\lambda,\,T_S)\,d\lambda. \tag{25}$$

In der Grenze für $\lambda_1 = \lambda_2$ wird $T_S = T_s$; bei Ausdehnung des Bereiches auf das ganze Spektrum $0 < \lambda < \infty$ erhält man die „*Strahlungstemperatur der Gesamtstrahlung*":

$$\int_0^\infty I(\lambda)\,d\lambda = \int_0^\infty E\,(\lambda,\,T_S)\,d\lambda = \sigma\cdot T_S^4 \tag{26}$$

$$\sigma = 5{,}71\cdot 10^{-5}\ \mathrm{erg}\ \mathrm{sec}^{-1}\ \mathrm{cm}^{-2}\ \mathrm{grad}^{-4}.$$

Da bei Temperaturstrahlung die Emission des schwarzen Körpers der Temperatur T_w jeweils die maximal überhaupt mögliche Emission darstellt [es ist stets $a(\lambda) \leq 1$], ist die Strahlungstemperatur ebenso wie die schwarze Temperatur im allgemeinen niedriger als die wahre Temperatur; schwarze Temperatur und Strahlungstemperatur sind untere Grenzwerte für die wahre Temperatur. Die Strahlungstemperatur der Gesamtstrahlung wird — außer bei wirklich exakt schwarzer Strahlung — immer niedriger sein als die wahre Temperatur, während die schwarze Temperatur in bestimmten Wellenlängenbereichen — wo $a(\lambda) = 1$ ist — an die wahre Temperatur heranreichen kann.

3. Als „*Farbtemperatur*" T_F bezeichnet man die Temperatur der PLANCKschen Kurve, der sich die Form der beobachteten Energiekurve „bestmöglich" anpassen läßt. Wichtig für die Praxis ist vor allem die „*Farbtemperatur der visuellen Strahlung*", die so zu bestimmen ist, daß für das Auge Farbgleichheit besteht zwischen der zu messenden Strahlung und der eines schwarzen Körpers der Temperatur T_F.

Da die Anpassung an eine PLANCKsche Kurve in beschränkten Wellenlängenbereichen entsprechend den Gleichungen (19) und (21) im allgemeinen auf eine lineare Ausgleichung der beobachteten $\log I$ nach $1/\lambda$ hinausläuft, hat sich im astronomischen Sprachgebrauch in der letzten Zeit

4. Die „*Gradationstemperatur*" oder „*Gradiententemperatur*" T_G eingebürgert als die Temperatur der PLANCKschen Kurve, die bei der Wellenlänge λ den gleichen Gradienten

$$G = 0{,}921 \frac{dm}{d\,1/\lambda} \tag{27}$$

besitzt wie die beobachtete Energiekurve. Im Bereich der WIENschen Näherung ist

$$\frac{c_2}{T_G} = G + 5\,\lambda. \tag{28}$$

Bei strenger Rechnung kann man den Unterschied der PLANCKschen Funktion gegenüber der WIENschen durch einen Korrektionsfaktor berücksichtigen.

Welcher Zusammenhang zwischen der Farbtemperatur und der wahren Temperatur besteht, läßt sich ohne weitere Kenntnisse über die Natur des strahlenden Körpers nicht sagen. Ob die Farbtemperatur niedriger oder höher ist als die wahre Temperatur, hängt ganz von dem funktionalen Verlauf des Emissionsvermögens $a(\lambda)$ ab. Es kann sehr wohl vorkommen, daß der beobachtete Gradient den für den unendlich heißen schwarzen Strahler übersteigt, daß sich der beobachteten Strahlung also überhaupt keine endliche Temperatur zuordnen läßt. Man muß also vorsichtig sein, wenn man von Farbtemperaturen auf wahre Temperaturen schließen will.

Bei der Übertragung der angeführten Temperaturdefinitionen auf die Sterne tauchen Schwierigkeiten teils grundsätzlicher, teils praktischer Art auf. Zu den dem Physiker geläufigen Schwierigkeiten absoluter Energiemessungen überhaupt gesellt sich hier noch die weitere, daß alle Strahlung, die wir beobachten, bereits die Atmosphäre der Erde durchsetzt hat, bevor sie in unsere Meßgeräte gelangt. Es ist nicht ganz leicht, Größe und Art der Veränderung festzustellen, welche die Strahlung dabei erleidet. Das in großen Höhen vorhandene Ozon schneidet unerbittlich das der irdischen Beobachtung zugängliche Spektrum knapp unterhalb 300 mμ ab; die Untersuchung kurzwelligerer Strahlung ist uns versagt, und wir sehen zur Zeit nicht die geringste Aussicht, die hier aufgerichtete Schranke einmal niederzulegen. Aber auch in dem Bereich oberhalb 300 mμ wird die Strahlung durch die Erdatmosphäre geschwächt, sowohl allgemein infolge der mit einer variablen Potenz (je nach den Trübungsverhältnissen) von $1/\lambda$ gehenden allgemeinen Extinktion, als auch selektiv durch atomare und molekulare Absorption, vor allem die im langwelligen Teil sich häufenden breiten Banden des Sauerstoffs, des Wasserdampfes und der Kohlensäure.

Absolute Bestimmungen der extraterrestrischen Energie — d. h. der von der Wirkung der Erdatmosphäre und den Veränderungen der Strahlung in der Meßapparatur befreiten — sind praktisch bisher nur an der Sonne vorgenommen worden. Die ersten tastenden Versuche von ABBOT, mit einem Radiometer am 100 zölligen Spiegel des Mount Wilson hellere Sterne zu messen, haben in der Hauptsache nur die außerordentlichen Schwierigkeiten erkennen lassen, ohne vorerst wirklich positive Ergebnisse. Es hat Jahrzehnte gedauert, bis man allein die „Solarkonstante", d. i. die pro Minute und Quadratzentimeter auf die Erde außerhalb der Atmosphäre auftreffende Sonnenenergie, mit einer Genauigkeit von einigen Prozent hat angeben können. Noch vor nicht 30 Jahren rechnete man mit einem Wert von 4 cal, während wir heute wissen, daß der wahre Wert sicher nicht 2 cal übersteigt.

Über die wahre Form der *Energiekurve der Sonne* unterhalb 0,4 μ bestehen noch heute Meinungsverschiedenheiten; die einzelnen Meßreihen weichen stark voneinander ab. Und doch liegen bei der Sonne die Verhältnisse in jeder Hinsicht besonders günstig, verglichen mit den Sternen: das Maximum der Energiekurve fällt mitten in den besten Beobachtungsbereich (bei 470 mμ); der unzugängliche ultraviolette Teil macht kaum einige Prozent der Gesamtstrahlung aus; die Intensitäten sind auch bei großer Dispersion noch so groß, daß man mit Bolometern bei ausreichender spektraler Auflösung bis weit ins Ultrarot messen und die atmosphärischen Absorptionsbänder überbrücken kann. Ganz anders bei den Sternen: schon beim Spektraltypus F und in steigendem Maße bei den Typen A und B liegt ein wesentlicher Teil der Gesamtstrahlung in dem unzugänglichen ultravioletten Bereich; die verfügbaren Strahlungsenergien sind so gering, daß absolute Messungen im spektral zerlegten Licht heute noch praktisch unmöglich sind.

Alle unsere Schlüsse über die Natur der Sternstrahlung beruhen auf relativen Intensitätsmessungen in den engen Grenzen des photographisch und visuell zugänglichen Bereiches, den wir erst in der jüngsten Zeit auszudehnen beginnen, mit Quarzoptik über 350 mμ hinaus bis zur Durchlässigkeitsgrenze der Atmosphäre bei 290 mμ; mit neuen rotempfindlichen Platten über 700 mμ hinaus bis in die Gegend von 1 μ.

Die Ableitung von schwarzen oder Strahlungstemperaturen setzt nicht nur absolute Messungen der auf den Empfänger auftreffenden Energie voraus, sondern auch Umrechnung dieser Energie auf die Emission pro Flächeneinheit des strahlenden Körpers. Es ist also die

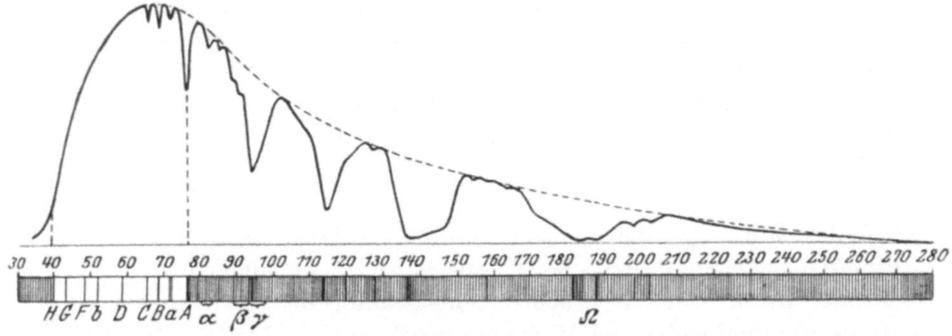

Abb. 4. Beobachtete Energieverteilung im Sonnenspektrum nach dem Durchgang durch die Lufthülle der Erde. (Nach LANGLEY.)

Kenntnis der Größe der strahlenden Fläche nötig. Bei der Sonne kennen wir diese Größe tatsächlich und haben damit die Möglichkeit, aus der gemessenen absoluten Energieverteilung im Spektrum die schwarze Temperatur in ihrer Abhängigkeit von der Wellenlänge, und aus der Solarkonstante die Strahlungstemperatur der Gesamtstrahlung zu berechnen. Darin liegt die große Bedeutung der Sonnenforschung für das Problem der Sterntemperaturen: die Sonne ist der einzige Fixstern, bei dem wir alle verschiedenen Temperaturdefinitionen zur Anwendung bringen und damit prüfen können, inwieweit die gemachten Voraussetzungen auch erfüllt sind.

Es gibt Sterne, deren Durchmesser auf einem von der Temperaturbestimmung unabhängigen Wege ermittelt werden können (vgl. unten). Wir dürfen hoffen, daß eine nicht allzu ferne Zukunft uns damit weitere Möglichkeiten an die Hand gibt, wirkliche schwarze Temperaturen, wenn auch nur für eine kleine Auswahl von Sternen, zu bestimmen. Dies ist um so wichtiger, als die Sonne ja nur ein Beispiel für einen

G-Stern ist, und wir nicht wissen, ob und in welchem Umfang wir von dessen Eigentümlichkeiten auf die der B- und A-Sterne oder K- und M-Sterne schließen dürfen.

Wir kommen zu dem Ergebnis, daß *die Möglichkeiten zur Bestimmung effektiver Temperaturen von Sternen sich vorläufig grundsätzlich auf die Ableitung von Farbtemperaturen beschränken*; da nur die Form der Energiekurve uns zugänglich ist. Aber auch hier noch zwingen die Umstände zu einer weiteren Relativierung der Messung. Die wichtigsten Strahlungsmeßapparate, die zur Verfügung stehen, sind das menschliche Auge, die photographische Platte, die Photozelle und das Thermoelement. Nur das letztere ist — im Idealfall — ein „absoluter" Empfänger; da es aber astronomisch stets nur in Verbindung mit einer abbildenden Optik, d. h. mit selektiv absorbierenden und reflektierenden Linsen und Spiegeln, verwendet werden kann, geht auch sein Absolutcharakter verloren. Jeder Empfänger hat also eine spezifische „Empfindlichkeit", die ihn auf Strahlung verschiedener Wellenlänge mit verschiedener Stärke reagieren läßt. Wir beobachten mit ihm nicht die wirklich von dem Stern kommende Strahlung $I(\lambda)$, sondern eine „Wirkung" $I'(\lambda)$, die mit $I(\lambda)$ verknüpft ist durch die Beziehung:

$$I'(\lambda) = C \cdot I(\lambda)\, p(\lambda)\, e(\lambda). \tag{29}$$

Darin bedeutet $p(\lambda)$ die Transmission der Erdatmosphäre, $e(\lambda)$ die „Empfindlichkeitsfunktion" des Meßinstruments einschließlich der abbildenden Optik. C ist ein Proportionalitätsfaktor, der $e(\lambda)$ so normiert, daß die Empfindlichkeit im Maximum gleich 1 wird. Wie der Einfluß von p und e sich auswirkt, veranschaulicht Abb. 5. Sie gibt in logarithmischem Maßstab — da es sich ja nur um relative Messungen handelt — die Intensitätsverteilung einer schwarzen Strahlung von 5000^0 (T_5) und einer solchen von 10000^0 (T_{10}) in dem normalen astronomischen Wellenlängenbereich von $0,3\,\mu$ bis $0,7\,\mu$. Nach dem Durchgang durch die Atmosphäre haben die Verteilungen die Form T_5' bzw. T_{10}' angenommen. Eine normale photographische Platte in Verbindung mit einem gewöhnlichen Spektralapparat zeichnet die „Schwärzungsverteilungen" P_5 bzw. P_{10} auf, während das Auge eine spektrale Helligkeitsverteilung empfindet, die durch die Kurven V_5 bzw. V_{10} dargestellt ist. Orthochromatische oder panchromatische Platten liefern andere Schwärzungsverteilungen, je nach den Bereichen, für die sie sensibilisiert sind. Und wieder anders sehen die Kurven aus, wenn man das Sternlicht auf verschiedenartige Photozellen fallen läßt.

In jedem Fall wird aus der vorgegebenen Intensitätsverteilung ein Stück nicht nur herausgeschnitten, sondern überdies noch stark verzerrt wiedergegeben. Die Messungen müssen also derart vorgenommen werden, daß die verzerrenden Einflüsse sich aus dem Endergebnis

eliminieren. Das führt zu einer Zweiteilung der Aufgabe, die typisch
ist für viele andere Meßmethoden der Astronomie oder Physik:

1. Vergleiche der Sterne untereinander durch *relative Intensitätsmessungen* in der Weise, daß $p(\lambda)$ und $e(\lambda)$ in alle Messungen gleich
eingehen.

2. *Absoluter Anschluß* eines oder mehrerer Sterne an eine irdische
Lichtquelle bekannter Intensitätsverteilung (schwarzer Körper), wo

dann $p(\lambda)$ absolut
bestimmt werden
muß, während $e(\lambda)$
bei richtiger An-
ordnung wieder in
alle Messungen
gleich eingeht.

Beschränken
wir uns auf den
monochromati-
schen Intensitäts-
vergleich zweier
Sterne a und b
unter solchen Vor-
sichtsmaßregeln,
daß der Einfluß

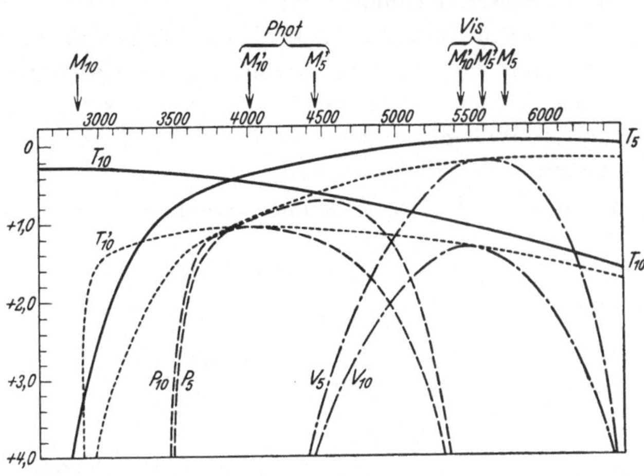

Abb. 5. Veränderung der Sternstrahlung durch Erdatmosphäre und
Meßapparatur.

der Extinktion der Erdatmosphäre auf beide Sterne derselbe ist
bzw. die kleinen Verschiedenheiten rechnerisch berücksichtigt werden,
dann gilt

$$\frac{I_a'(\lambda)}{I_b'(\lambda)} = \frac{I_a(\lambda)}{I_b(\lambda)} = \frac{E(\lambda, T_a)}{E(\lambda, T_b)}, \tag{30}$$

wo T_a und T_b allgemein die effektiven Temperaturen von a und b
bedeuten. Wird der Intensitätsvergleich an zwei verschiedenen Stellen
des Spektrums, λ_1 und λ_2, durchgeführt, so folgt aus (21):

$$\frac{c_2}{T_a} - \frac{c_2}{T_b} = \gamma\left[(m_1 - m_2)_a - (m_1 - m_2)_b\right] = \gamma(\varDelta m_1 - \varDelta m_2)$$

$$\gamma = \frac{0{,}921}{\dfrac{1}{\lambda_1} - \dfrac{1}{\lambda_2}}; \quad \varDelta m = m_a - m_b \tag{31}$$

Ist für einen der beiden Sterne die Temperatur bekannt, dann liefern
Messungen der genannten Art sofort die Temperatur des anderen. Offenbar erhält man auf diese Weise Gradiententemperaturen im Sinne der
oben gegebenen Definition.

Wird der Intensitätsvergleich nicht nur für zwei diskrete Wellenlängen durchgeführt, sondern über einen größeren Bereich, dann kann

man daraus den relativen Gradienten der beiden Energiekurven ableiten, indem man die gemessenen Δm als Funktion von $1/\lambda$ aufträgt. Man hat dann nach (28):

$$\frac{c_2}{T_a} - \frac{c_2}{T_b} = \Delta G = 0{,}921 \frac{d\,\Delta m}{d\,1/\lambda}. \tag{32}$$

Diese Gleichung liegt den spektralphotometrischen Temperaturbestimmungen zugrunde.

Spektralphotometrische Beobachtungen von der hier erforderlichen Genauigkeit sind mühsam durchzuführen und beschränken sich daher auf eine kleine Auswahl heller Sterne. Ersetzt man die Messung bei diskreten Wellenlängen durch die Messung des integrierten Lichtes in begrenzten Bereichen, so kann man jeden dieser Bereiche durch eine „effektive Wellenlänge" kennzeichnen, gemäß der Beziehung:

$$\lambda_{\text{eff}} = \frac{\displaystyle\int_{\lambda}^{\lambda'} I(\lambda)\,e(\lambda)\,\lambda\,d\lambda}{\displaystyle\int_{\lambda}^{\lambda'} I(\lambda)\,e(\lambda)\,d\lambda}. \tag{33}$$

Die Differenz

$$m_1 - m_2 = -2{,}5 \log \frac{\displaystyle\int_{\lambda_1}^{\lambda_1'} I(\lambda)\,e_1(\lambda)\,d\lambda}{\displaystyle\int_{\lambda_2}^{\lambda_2'} I(\lambda)\,e_2(\lambda)\,d\lambda} = C \tag{34}$$

wird von den Astronomen als Farbenindex (FI) bezeichnet. Die *relative Temperaturbestimmung aus dem Farbenindex* vollzieht sich dann entsprechend der Gleichung (31) nach

$$\frac{c_2}{T_a} - \frac{c_2}{T_b} = \gamma\,(C_a - C_b). \tag{35}$$

Die in die Konstante γ nunmehr einzusetzenden „effektiven" Wellenlängen λ_1 und λ_2 der beiden Bereiche sind, wie die Definitionsgleichung (33) lehrt, strenggenommen nicht dieselben für die beiden Sterne a und b, sondern hängen selbst wieder von der Intensitätsverteilung im Spektrum dieser Sterne ab. Doch bedeutet das keine prinzipielle Schwierigkeit, da man in schrittweiser Näherung erst mit konstanten effektiven Wellenlängen die genäherten Temperaturen berechnen kann, die dann verbesserte Werte für die effektiven Wellenlängen liefern.

In dem praktisch häufigsten Fall sind die beiden Wellenlängenbereiche der Empfindlichkeitsbereich der normalen photographischen Platte ($m_1 = m_{pg}$ = photographische Größe) und der visuelle Bereich ($m_2 = m_v$ = visuelle Größe). Was gemessen wird, sind, bis auf unwesentliche Konstante, die bei der Differenzbildung herausfallen, die in dem Beispiel der Abb. 5 durch die Kurven P_5, P_{10}, V_5 und V_{10} umgrenzten Flächen, die der Reihe nach den Größen m_{pg}^a, m_{pg}^b, m_v^a, m_v^b entsprechen. In erster Näherung kann man setzen:

effektive Wellenlänge der visuellen Strahlung $\qquad \lambda_v = 0{,}530\,\mu$,

,, ,, ,, photographischen Strahlung $\lambda_{pg} = 0{,}425\,\mu$.

Definitionsgemäß wird den A0-Sternen im Mittel der FI $0^m{,}00$ zugeordnet. Mit den zugehörigen Temperaturen $11\,200^0$ (RUSSELL) bzw. $13\,500^0$ (BRILL) erhält man aus (35) für die Berechnung der Temperatur aus dem FI die Beziehungen

$$T = \frac{7320}{C + 0{,}65} \quad \text{bzw.} \quad \frac{7320}{C + 0{,}56}. \tag{36}$$

Der Sonne käme nach ihrem FI von $0^m{,}79$ demnach die Temperatur 5080^0 bzw. 5425^0 zu.

Ebenso wie hier der photographisch-visuelle Farbenindex, so kann zur Temperaturbestimmung auch jede andere Art von Farbenindex verwendet werden; etwa indem man mit Blau- und Gelbfilter vor einer Photozelle arbeitet oder mit entsprechenden Filtern vor panchromatischen Platten. Immer aber hat man grundsätzlich den folgenden Sachverhalt: Die Festlegung des Temperatur*systems*, d. h. der beiden Zahlenkonstanten in der Formel (36), erfolgt durch spektralphotometrischen Anschluß an den schwarzen Körper. Innerhalb dieses Systems können dann Farbenindizes mit Vorteil verwendet werden, um für größere Anzahlen vor allem schwächerer Sterne Farbtemperaturen abzuleiten. Alle diese „effektiven" Temperaturen sind ihrem Wesen nach Gradiententemperaturen, deren Beziehung zu den wahren Temperaturen erst noch durch eine physikalische Theorie der Sternstrahlung hergestellt werden muß.

Die Übereinstimmung der *Temperaturen der Sonne*, die nach den verschiedenen Methoden erhalten werden, gestattet ein Urteil über die Zuverlässigkeit der Hypothese, daß die Sternstrahlung sich nahe wie schwarze Strahlung verhalte. Aus der Solarkonstanten folgt, wie an anderer Stelle (vgl. S. 106) näher ausgeführt wird, für die *effektive Temperatur der Gesamtstrahlung*, die eine untere Grenze der wahren Temperatur ist:

$$T_S = 5740^0 \text{ abs.} \tag{37}$$

Die *Strahlungstemperatur aus verschiedenen Teilbereichen* ergibt sich in analoger Weise zu:

$T_{wz} = 5800^0$ für $\qquad \lambda < 1{,}3\ \mu$ (Durchlässigkeitsbereich des Wassers)

$T_{pg} = 5900^0$,, $\quad 0{,}30\,\mu < \lambda < 0{,}50\,\mu$ (photographischer Bereich)

$T_{vis} = 6055^0$,, $\quad 0{,}42\,\mu < \lambda < 0{,}70\,\mu$ (visueller Bereich)

$$\tag{38}$$

Das Intensitätsmaximum der Sonnenstrahlung liegt bei 0,468 μ. Nach dem Wienschen Verschiebungsgesetz würde daraus die Temperatur folgen:

$$T_{\max} = 6170^0, \tag{39}$$

was schon darauf hinweist, daß die Form der Energiekurve der Sonne eine höhere Temperatur ergibt als die absoluten Energiewerte. Dieser Tatbestand tritt ganz besonders in die Erscheinung,

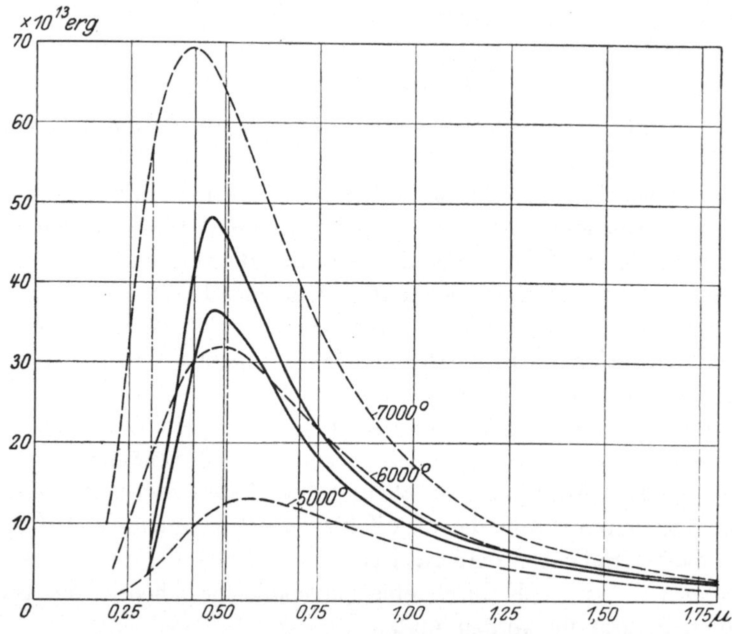

Abb. 6. Extraterrestrische Energieverteilung im Spektrum der mittleren und der zentralen Sonnenstrahlung (untere bzw. obere ausgezogene Kurve), verglichen mit schwarzer Strahlung verschiedener Temperaturen (gestrichelte Kurven). (Nach den Daten von Minnaert, BAN 2 gezeichnet von Brill, Z. Physik 52.)

wenn man nun die vollständige *Kurve der absoluten Energieverteilung* vergleicht mit der des schwarzen Körpers, wie das in Abb. 6 geschehen ist.

Es gibt keine Plancksche Kurve, die sich der beobachteten Energiekurve über den ganzen Bereich anpassen ließe. Vielmehr liegt die beobachtete Kurve stets unter der Planckschen Kurve, die durch das Maximum gelegt werden kann. Im Maximum selbst stimmen schwarze Temperatur und Farbtemperatur überein; die Sonne strahlt dort wirklich streng wie ein schwarzer Körper der Temperatur 6150°. Wie groß im übrigen Teil des Spektrums die Abweichungen sind, geht aus der folgenden kleinen Zusammenstellung hervor:

Man schöpft aus dieser Darstellung zunächst die beruhigende Gewißheit, daß die Abweichungen der effektiven Sonnenstrahlung von einer schwarzen Strahlung gar nicht so sehr groß sind, wenn man bedenkt, daß der Abfall der Energiekurve unterhalb $0,45\,\mu$, der für den scheinbaren Abfall der Temperatur von 6120^0 auf 4950^0 verantwortlich ist, zum größten Teil verursacht wird durch die Anhäufung von Absorptionslinien im ultravioletten Gebiet, deren Einfluß wegen un-

Tabelle 1. Schwarze Temperatur und Gradiententemperatur der mittleren Sonnenstrahlung.

Wellenlänge	Schwarze Temperatur	Gradiententemperatur
$0,30\,\mu$	4950^0	3000^0
0,35	5640	3570
0,40	5820	4420
0,45	6120	4900
0,47	6150	6150
0,50	6120	6575
0,55	6100	7050
0,60	6050	7580
0,80	5640	7350
1,00	5570	5640
1,50	5800	5570
2,00	5660	

genügender spektraler Auflösung nicht voll eliminiert ist. Zwischen $0,45\,\mu$ und $2\,\mu$, wo die Messungen als zuverlässig gelten können, schwankt die Temperatur um weniger als 10% ($6150 > T > 5660$). In diesem Gebiet werden aber volle $^2/_3$ der gesamten Sonnenenergie ausgestrahlt.

Bedenklicher könnte der weite Spielraum stimmen, in dem die Gradiententemperaturen sich bewegen. Hier hängt der Wert, den man für die Temperatur erhält, wesentlich davon ab, an welcher Stelle und über welchen Wellenlängenbereich man den Gradienten bildet. Aber auch hier ist der besonders gefährliche Teil das Ultraviolett, wo das Spektrum zu sehr von Absorptionslinien durchsetzt wird. Es ist Aufgabe der erst in den Anfängen steckenden Theorie, die Bereiche anzugeben, in denen wir möglichst ungestörte kontinuierliche Emission vorfinden, wo wir also mit der Temperaturberechnung möglichst nahe an die effektive Temperatur der Photosphärenstrahlung herankommen. Vorläufig allerdings ist uns durch die Beobachtungsbedingungen der Spektralbereich vorgeschrieben, aus dem wir formal Temperaturen ableiten können; und es ist Aufgabe der Theorie, diese Farbtemperaturen in Beziehung zu setzen zu den wahren Temperaturen.

Das gegenwärtig anerkannte *System von Farbtemperaturen* bezieht sich im Mittel auf den Wellenlängenbereich $0,45\,\mu < \lambda < 0,65\,\mu$. In diesem Bereich wird speziell für das Sonnenspektrum die Gradiententemperatur

$$T_G = 6640^0 \tag{41}$$

und den einzelnen Spektralklassen entsprechen die folgenden Mittelwerte:

Tabelle 2. Farbtemperaturskala der normalen Spektralreihe.

$B\,0$	$B\,5$	$A\,0$	$A\,5$	$F\,0$	$F\,5$
22000⁰	17700⁰	13500⁰	10500⁰	8550⁰	7000⁰

$G\,0$	$G\,5$	$K\,0$	$K\,5$	$M\,0$	
5800⁰	4860⁰	4370⁰	3460⁰	3240⁰	(Riesen)
6400⁰	5700⁰	5400⁰	4280⁰	3530⁰	(Zwerge)

Von $G0$ ab gelten zwei verschiedene Reihen, je nachdem, ob es sich um Sterne hoher Leuchtkraft (obere Reihe, Riesen) oder solche niedriger Leuchtkraft (untere Reihe, Zwerge) handelt. Zu dieser Temperaturreihe ist allgemein zu bemerken:

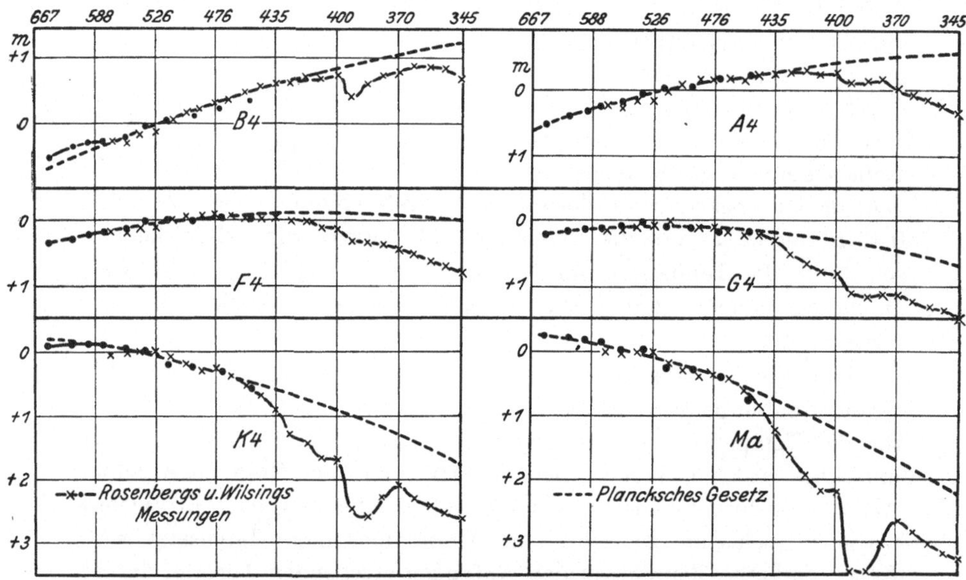

Abb. 7. Abweichungen der Sternstrahlung von schwarzer Strahlung. (Nach A. Brill, Spektralphotometrische Untersuchungen, Astr. Nachr. 219, 1923.)

1. Der *Nullpunkt*, d. i. die den $A0$-Sternen zugeordnete Temperatur von 13500⁰, ist noch sehr unsicher, da er auf nur zwei wirklichen Anschlüssen an den schwarzen Körper beruht.

2. Die *Skala* der Temperaturen wird durch anderweitige Erfahrungen gestützt; vgl. die Ausführungen über Ionisationstemperaturen.

3. Unterhalb 0,45 μ ist in allen Spektralklassen die Emission geringer als der Farbtemperatur entspricht, in wachsendem Maße mit abnehmender Temperatur (vgl. Abb. 7).

Die effektiven Temperaturen sind zunächst Selbstzweck, insofern sie eine der Zustandsgrößen abgeben, die die physikalischen Vorgänge in den Sternen beherrschen. Die Beziehung zwischen der beobachteten effektiven Temperatur der Sternstrahlung und der wahren Temperatur der Materie wird hergestellt durch die Theorie der Sternatmosphären und des Sterninnern. Die Intensitäten der Absorptionslinien hängen, wie wir später darlegen werden, von der Temperatur und dem effektiven Elektronendruck in der umkehrenden Schicht der Sterne ab. Indem wir die Annahme einführen, daß dieser Elektronendruck im Mittel für die am Zustandekommen der Absorptionslinien vornehmlich beteiligten Schichten bei den Sternen der verschiedenen Spektralklassen der gleiche sei, kommen wir zu einer Temperaturskala („*Ionisationstemperaturen*" T_I), die in guter Übereinstimmung mit der oben angegebenen Skala der Farbtemperaturen ist und vor allem die hohen Temperaturen der frühen Typen bestätigt.

Farbtemperaturen und Ionisationstemperaturen
der normalen Spektralreihe.

	$B\,0$	$A\,0$	$F\,0$	$G\,0$	$K\,0$	$M\,0$
T_G	$22\,000^0$	$13\,500^0$	8550^0	5800^0	4370^0	3240^0
T_I	$22\,000^0$	$11\,000^0$	8200^0	6200^0	4400^0	3300^0

Die effektiven Temperaturen haben aber kaum geringere Bedeutung auch noch als Hilfsmittel zur Berechnung anderer Zustandsgrößen. Da die Gesamtstrahlung der Sterne im allgemeinen nicht unmittelbar gemessen werden kann, muß die „*bolometrische*" *Leuchtkraft* aus der beobachtbaren visuellen oder photographischen Leuchtkraft berechnet werden. Welcher Bruchteil der Gesamtstrahlung aber auf die visuelle oder photographische Strahlung entfällt, kann nur angegeben werden, wenn eine Annahme über die Art der Energieverteilung gemacht wird. Diese Annahme besteht im allgemeinen darin, daß die Energiekurve gleich der eines schwarzen Körpers sei von der Farbtemperatur des Sternes. Die Tragweite dieser Ersetzung der Strahlungstemperatur durch die Farbtemperatur wird durch folgende Überlegungen in das rechte Licht gesetzt.

Die Gesamtstrahlung geht mit der 4. Potenz der Temperatur. Wenn wir also die Gesamtstrahlung der Sonne aus der Gradiententemperatur des normalen Spektralbereichs berechneten, die zu 6640^0 gefunden wurde, so erhielten wir gegenüber dem wahren, der Strahlungstemperatur 5740^0 entsprechenden Wert der Gesamtstrahlung einen $(6640/5740)^4 = 1{,}8\,$mal zu großen Wert; die bolometrische Größe der Sonne würde um $0^m{,}64$ zu hell gefunden. Je höher die Temperatur der Strahlung ist, desto bedenklicher wird der Einfluß der Fehlerquelle.

Man nennt die Größe $\varDelta m_b$, um die man die visuelle Größe verbessern muß, um die bolometrische zu erhalten, die „*bolometrische Korrektion*"; sie ist definiert durch

$$\varDelta m_b = m_b - m_v = -\,2{,}5 \log \frac{\int\limits_0^{\infty} I(\lambda)\,d\lambda}{\int\limits_{\lambda_1}^{\lambda_2} I(\lambda)\,e_v(\lambda)\,d\lambda}, \tag{41}$$

wo dann $I(\lambda)$ ersetzt wird durch $E(\lambda, T)$ und für T die Farbtemperatur eingesetzt wird. Die bolometrische Korrektion als Funktion von T hat ein Minimum für $T = 6800^0$. Setzt man für diese Temperatur $\Delta m_b = 0{,}00$, so erhält man folgenden Zusammenhang zwischen T und Δm_b:

T	3000^0	6000^0	12000^0	25000^0	50000^0	100000^0
Δm_b	$-2^m{,}1$	$-0^m{,}2$	$-0^m{,}7$	$-2^m{,}6$	$-5^m{,}0$	$-7^m{,}8$

Im mittleren Temperaturbereich $(4000^0 < T < 15000^0)$ hält sich die Korrektion in engen Grenzen $(\Delta m_b < 1)$; für ganz niedrige und sehr hohe Temperaturen dagegen kann sie zu sehr großen Werten ansteigen.

c) Die Durchmesser der Sterne.

Die vielleicht bedeutungsvollste Anwendung finden die effektiven Temperaturen zur Bestimmung der effektiven Durchmesser der Sterne. Die schwarze Temperatur gibt nach dem Planckschen Gesetz die absolute Emission l pro Oberflächeneinheit. Andererseits mißt die absolute Leuchtkraft L die Gesamtemission. Der Quotient L/l gibt also unmittelbar die Größe der strahlenden Oberfläche, d. h. den Radius des Sternes. Rechnet man mit irgendeiner Teilstrahlung der effektiven Wellenlänge λ (z. B. mit visuellen Größen), so gilt in der üblichen astronomischen Schreibweise:

$$M_* - M_\odot = -2{,}5 \log \frac{R_*^2 \cdot l_*}{R_\odot^2 \cdot l_\odot} = -5 \log \left(\frac{R_*}{R_\odot}\right) + 2{,}5 \log \frac{e^{\frac{c_2}{\lambda T_*}} - 1}{e^{\frac{c_2}{\lambda T_\odot}} - 1} \quad (42)$$

oder, im Bereich der Wienschen Näherung:

$$M_* - M_\odot = -5 \log \left(\frac{R_*}{R_\odot}\right) + \frac{1{,}086}{\lambda}\left(\frac{c_2}{T_*} - \frac{c_2}{T_\odot}\right). \quad (43)$$

Rechnet man mit den bolometrischen Größen, so hat man entsprechend

$$M_* - M_\odot = -2{,}5 \log \frac{R_*^2 \, T_*^4}{R_\odot^2 \, T_\odot^4} = -5 \log \left(\frac{R_*}{R_\odot}\right) - 10 \log \left(\frac{T_*}{T_\odot}\right). \quad (44)$$

Unter Einführung der für die Sonne gültigen Zahlen:

$$M_v = +4^m{,}85; \quad M_{pg} = +5^m{,}64; \quad M_b = +4^m{,}85;$$
$$T_G = 6640; \qquad T_S = 5740 \quad (45)$$

erhält man zur Bestimmung des in Einheiten des Sonnenradius ausgedrückten Sternradius wahlweise die Beziehungen:

$$\log R = +0{,}08 - 0{,}2\,M_v + 5880/T_G \quad (46)$$
$$= +0{,}03 - 0{,}2\,M_{pg} + 7320/T_G \quad (47)$$
$$= +8{,}49 - 0{,}2\,M_b - 2 \log T_S. \quad (48)$$

Die Temperatur geht in die mit den bolometrischen Größen errechneten Radien quadratisch ein; in den Formeln für visuelle bzw. photographische Größen wird der Einfluß eines gleichen prozentualen Fehlers in T um so kleiner, je größer T ist; bei 6800° bzw. 8400° sind die prozentualen Fehler von R und T von gleicher Größe.

Man ersieht aus diesen Überlegungen, daß die Unsicherheiten, die die Ersetzung der eigentlich benötigten Strahlungstemperaturen durch die Farbtemperaturen mit sich bringt, die Größenordnung der berechneten Radien im allgemeinen nicht beeinflussen. Die Fehler in T müssen schon sehr grob sein, wenn sie die Radien etwa um einen Faktor 2 verfälschen sollten.

Aus den niedrigen effektiven Temperaturen und gleichzeitig sehr großen absoluten Leuchtkräften gewisser roter Sterne, wie Antares oder Beteigeuze, hat man auf dem angedeuteten Wege Durchmesser errechnet vom Mehrhundertfachen des Sonnendurchmessers. Es muß sich also hier um Gasbälle handeln, die in ihrer Ausdehnung an den Durchmesser der Erdbahn oder gar der Marsbahn heranreichen. Daß man gerade diese Durchmesser auf einem ganz anderen unabhängigen Weg hat bestätigen können, erhöht unser Vertrauen in die erste Methode und hat zugleich die Existenz solcher von der Theorie vorausgesagter Gasbälle sichergestellt.

Die von MICHELSON vorgeschlagene *Interferometermethode* beruht auf folgendem Gedanken: Wird eine ebene Welle an zwei parallelen Spalten, die sich in einem gegenseitigen Abstand d vor einem Objektiv befinden, gebeugt, so entsteht in der Brennebene des Objektivs ein System von Interferenzstreifen mit der Periode λ/d. Läßt man eine zweite ebene Welle unter dem Winkel δ gegen die erste einfallen, so erzeugt diese ebenfalls ein System von Interferenzstreifen der gleichen Periode. Die beiden Systeme sind gegeneinander verschoben um den Betrag δ. Beträgt die Verschiebung genau eine halbe Streifenbreite, d. h. ist $\delta = \frac{1}{2}\lambda/d$, dann fallen die Maxima des einen Systems auf die Minima des anderen; die beiden Interferenzsysteme verwischen sich also gegenseitig. Beträgt die Verschiebung eine volle Streifenbreite, dann fallen die Maxima und Minima des einen je auf die des anderen; die Interferenzsysteme verstärken sich und erscheinen als ein System mit summierten Amplituden.

Bei vorgegebenem δ, z. B. dem Abstand der Komponenten eines Doppelsternsystems, kann man die Veränderung der Interferenzerscheinung dadurch bewirken, daß man den Abstand d der beiden Spalte vor dem Objektiv verändert. Solange d wesentlich kleiner ist als $\lambda/2\delta$, ist ein einfaches Streifensystem zu sehen mit starken Kontrasten. Bei Vergrößerung des Abstandes d werden die Kontraste geringer, bis bei Erreichung des Abstandes

$$d = \frac{1}{2}\frac{\lambda}{\delta} \tag{49}$$

die Interferenzerscheinung völlig verwischt, in „maximaler Undeutlichkeit", erscheint. Man kann also den Winkelabstand δ der beiden Lichtquellen berechnen, wenn man d kennt:

$$\delta = \frac{1}{2}\frac{\lambda}{d} = 0'',103 \cdot 10^6 \cdot \frac{\lambda}{d} \,. \tag{50}$$

Will man Abstände von der Größenordnung $0'',01$ visuell messen bei einer mittleren effektiven Wellenlänge von $0,53\,\mu$, so muß der Abstand $d = 5,5$ m sein. So große Abstände der Eintrittsöffnungen für das von den Sternen kommende Licht kann man dadurch erreichen, daß man die „Spalte", durch die das Licht auf das Objektiv fällt, ersetzt durch zwei Spiegel (vgl. die Abb. 8) b und e, die das Licht nach der Fernrohrachse zu auf die Spiegel c und d reflektieren und dann über das optische System (in der Abbildung ein Reflektor in Cassegrainanordnung) zur Interferenz in der Brennebene bringen.

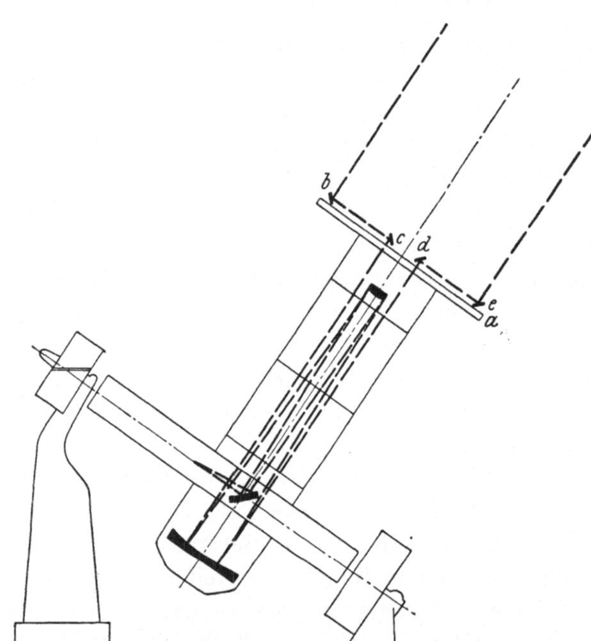

Abb. 8. Interferometeranordnung am 100zölligen Spiegel des Mt. Wilson-Observatoriums. (Nach F. G. Pease.)

Das erste Interferometer dieser Art, mit dem 100-zölligen Spiegel des Mt. Wilson verbunden, läßt einen Spiegelabstande d von 6 m erreichen, gestattet also die Messung von Winkelabständen unter $0'',01$. Ein neues Instrument mit 15 m maximalem Spiegelabstand läßt sogar $0'',003$ noch messen.

Bei der Anwendung der Methode auf die Messung von Sterndurchmessern liegen die Verhältnisse etwas anders. Hier kommt ja Licht nicht von zwei Punkten im Winkelabstand δ, sondern der ganze dem scheinbaren Durchmesser δ entsprechende Winkelraum ist mit Licht ausgefüllt. Es überlagern sich also nicht zwei diskrete Interferenzsysteme, sondern eine unendliche Summe von solchen. Ist der Spiegelabstand d klein gegen λ/δ, dann wirkt der ganze Stern als eine einzige punktförmige Lichtquelle und gibt ein deutliches Interferenzbild. Mit wachsendem Abstand d verwischt sich das Bild mehr und mehr und verschwindet schließlich ganz, ohne bei weiter wachsendem d in merklicher Intensität periodisch wiederzukehren, weil ja stets von allen Punkten im Winkelraum δ Licht kommt und das Interferenzbild verschmiert, sobald es überhaupt einmal die Undeutlichkeitsgrenze erreicht hat.

Für die Berechnung des Durchmessers δ aus dem Spiegelabstand d, bei dem das Interferenzbild völlig verschwindet, kann man sich rein formal die Scheibe ersetzt denken durch zwei Punkte in einem effektiven Abstand δ', der natürlich kleiner als δ ist. Handelt es sich um eine gleichförmig leuchtende Scheibe, so gibt die Theorie für δ/δ' den Wert 2,44. Bei einer Scheibe, deren Intensität wie bei der Sonne nach dem Rande zu abfällt, ist δ' noch kleiner; man findet $\delta/\delta' = 2,86$. Die Bestimmungsgleichungen für den Winkeldurchmesser lauten für die beiden Fälle demnach:

$$\delta = 0'',252 \cdot 10^6 \, \lambda/d \text{ bei gleichförmig leuchtender Scheibe,} \qquad (51)$$

$$\delta = 0'',295 \cdot 10^6 \, \lambda/d \text{ bei Randverdunkelung.} \qquad (52)$$

In Einheiten des Sonnendurchmessers erhält man, wenn p'' die Parallaxe des Sternes ist und der Winkeldurchmesser der Sonne in der Einheit der Entfernung zu $1919'',2$ angesetzt wird:

$$D = 107,5 \, \delta''/p''. \qquad (53)$$

In der folgenden Tabelle sind die Durchmesser einiger Sterne mit bekannter Parallaxe, wie sie aus den Interferometermessungen gefunden wurden, zum Vergleich mit den aus Strahlungsmessungen berechneten zusammengestellt:

Tabelle 3. Interferometrisch bestimmte Durchmesser.

Name	Spektrum	δ''	p''	D_i	M_v	T_G	D_T
α Bootis . . .	$K\,0$	$0'',022$	$0'',090$	26	$0^m,0$	3900	39
α Tauri	$K\,8$	,020	,060	36	$0\,,0$	3300	72
β Pegasi . . .	$M\,3$	,021	,020	110	$-0\,,8$	3200	120
α Scorpii . . .	$M\,2$	,040	,026	160	$-1\,,7$	3300	159
α Herculis . .	$M\,3$	,021	,007	320	$-2\,,3$	3200	240
α Orionis . . .	$M\,1$	,047	,011	460	$-3\,,9$	3200	500

Die Übereinstimmung zwischen den interferometrisch gemessenen Durchmessern D_i und den aus den visuellen absoluten Helligkeiten und den zugehörigen Farbtemperaturen nach (46) abgeleiteten D_T ist so vorzüglich, wie man überhaupt erwarten kann, wenn man bedenkt, wie unsicher die Parallaxen sowohl als auch die Farbtemperaturen sind.

Die interferometrische Methode ist nur brauchbar für die ganz großen Durchmesser, wie sie unter den roten Sternen niedriger Temperatur gefunden werden. Es gibt eine andere Methode, die auch das Gebiet der hohen Temperaturen, d. h. der Spektraltypen B bis F erfaßt. Unter den Sternen veränderlicher Helligkeit kennen wir eine Reihe, bei denen aus der Art des Lichtwechsels geschlossen werden kann, daß es sich um Doppelsterne handelt, deren Bahnneigung so gering ist gegen die Gesichtslinie, daß sich die Komponenten beim Vorübergang teilweise oder ganz verdecken; daher der Name *Bedeckungsveränderliche*. Aus der Lichtkurve lassen sich die relativen geometrischen Dimensionen des Systems ableiten, wie man in dem einfachsten Fall einer kreisförmigen Bahn leicht einsieht.

Sei r der Radius der größeren, $k\,r$ der der kleineren Komponente, gemessen in Einheiten des Radius der Kreisbahn; l die Leuchtkraft der größeren, $1-l$ die der kleineren Komponente, so daß also die Gesamthelligkeit gleich 1 gesetzt wird. Die Lichtkurve hat zwei Minima, die den beiden Fällen entsprechen, wo die kleinere Komponente vor der größeren bzw. die größere vor der kleineren vorübergeht. Bezeichnet man mit α den Flächeninhalt des jeweils verdeckten Teiles der scheinbaren Scheiben, ausgedrückt in Einheiten der kleineren Scheibe, so ist die beobachtete Helligkeit $L = 1 - \alpha(1-l)$, wenn die kleinere Scheibe hinter der größeren vorübergeht, und $L = 1 - k^2 \alpha l$, wenn sie vor der größeren vorübergeht. Im Minimum ist in den beiden Fällen:

$$L_1 = 1 - \alpha_0(1-l) \quad \text{größere Komponente vorne,} \qquad (54)$$

$$L_2 = 1 - k^2 \alpha_0\, l \quad \text{kleinere Komponente vorne.} \qquad (55)$$

Man hat also die Gleichung für α_0:

$$\alpha_0 = (1 - L_1) + \frac{1}{k^2}(1 - L_2) \qquad (56)$$

und allgemein

$$\alpha = \alpha_0 \frac{1-L}{1-L_1} \quad \text{größere Komponente vorne,} \qquad (57)$$

$$\alpha = \alpha_0 \frac{1-L}{1-L_2} \quad \text{kleinere Komponente vorne.} \qquad (58)$$

Die Beobachtungen liefern L als Funktion der Zeit. Damit hat man die Größe α als Funktion der Zeit und des unbekannten Radienverhältnisses k:

$$\alpha = f(k, t). \qquad (59)$$

Andererseits ergibt sich α aus einfachen geometrischen Überlegungen als Summe zweier Kreissegmente aus den Radien der beiden scheinbaren Scheiben und dem scheinbaren Abstand δ ihrer Mittelpunkte in der Form

$$\alpha = f_1\left(\frac{\delta}{r}, k\right). \qquad (60)$$

Diese einfache geometrische Beziehung kann in Tafeln mit doppeltem Argument gebracht werden, aus denen entweder α als Funktion von δ/r und k oder auch δ/r als Funktion von α und k entnommen werden kann.

Das Problem wird vollständig bestimmt durch Hinzunahme einer dynamischen Beziehung, der α genügen muß, wenn die geometrische Erscheinung der relativen Bewegung zweier Kreisscheiben hervorgerufen wird durch die Bewegung zweier Kugeln in einer Kreisbahn mit dem Radius 1, der Neigung i gegen die Sphäre und der Umlaufszeit P. Es wird

$$\left(\frac{\delta}{r}\right)^2 = A + B \sin^2 \frac{2\pi t}{P}$$
$$A = \frac{\cos^2 i}{r}; \qquad B = \frac{\sin^2 i}{r}, \tag{61}$$

wobei die Zeit t von einem Minimum aus gezählt wird. Die drei Beziehungen (59), (60), (61) reichen zu einer vollständigen Lösung des Problems aus, die auf dem Wege der „Hypothesenrechnung" durchzuführen ist. Mit einer willkürlichen Annahme über k berechnet man aus (60) δ/r als Funktion von α und unter Benutzung der beobachteten Lichtkurve nach (59) als Funktion von t. Diese Funktion muß, wenn der Wert von k der richtige ist, auf eine lineare Beziehung zwischen $\left(\frac{\delta}{r}\right)^2$ und $\sin^2 \frac{2\pi t}{P}$ führen. Ist durch Versuch der richtige Wert von k ermittelt, dann ergeben die Koeffizienten A und B dieser linearen Beziehung nach (61) die Werte für die Bahnneigung und den Radius:

$$\operatorname{tg} i = \sqrt{\frac{B}{A}}; \quad r = \frac{1}{\sqrt{A^2 + B^2}}. \tag{62}$$

Wenn die Bahn des Doppelsternsystems kein Kreis ist, sondern eine Ellipse, dann wird die Lösung der Aufgabe etwas umständlicher, weil dann (61) nicht linear ist. Sie wird besonders verwickelt, wenn man auch noch die Voraussetzung gleichförmig leuchtender Scheiben fallen läßt oder elliptische Gestalt der Komponenten in Betracht zieht. Im Prinzip aber ändert sich nichts an dem Sachverhalt, daß man aus der Analyse der Lichtkurve allein die geometrischen Dimensionen des Systems in einem willkürlichen Maßstabe ableiten kann.

Gesellt sich nun zu den rein photometrischen Daten, die bisher allein benutzt wurden, noch eine spektroskopische Bestimmung der Bahngeschwindigkeit nach dem DOPPLERschen Prinzip, dann ist damit der Maßstab des geometrischen Bildes festgelegt und es können die Dimensionen in absolutem Maß (Sonne als Einheit) angegeben werden. Tabelle 4 veranschaulicht an einer Auswahl von Sternen die Art der auf diesem Wege gewonnenen Erkenntnisse.

Tabelle 4. Dimensionen von Bedeckungsveränderlichen.

Stern	Spektrum		Radius		Ab-stand	Masse		Dichte	
H. D. 1337 . .	O 8	O 8	23,8	15,5	40,1	36	34	0,003	0,009
V Puppis . . .	B 1	B 3	8,4	7,7	18,0	19	19	,044	,058
σ Aquilae . . .	B 8	B 8	3,6	3,6	14,7	6,2	5,1	,15	,12
T V Cas. . . .	A 0	A 0?	2,7	2,9	9,5	2,4	1,2	,12	,05
β Aurigae . . .	A 0	A 0	2,8	2,8	17,7	2,4	2,4	,11	,11
Z Herculis . .	F 2	F 2?	1,8	3,3	15,1	1,6	1,3	,29	,04
W Ursae maj. .	F 8	F 8	0,8	0,8	2,2	0,7	0,5	2,1	1,5
α Gem. C . . .	M le	M le	0,6	0,6	3,7	0,5	0,5	2,6	2,6

Ein unmittelbarer Vergleich der Radien mit den aus den Temperaturen berechneten ist nicht möglich, da für diese Sterne keine unabhängigen Entfernungsbestimmungen vorliegen. Man kann die Radien nur vergleichen mit den Mittelwerten, die für die einzelnen Spektralklassen aus den Temperaturen und Leuchtkräften abgeleitet wurden. Sie bestätigen das auf diesem Weg gewonnene Bild von der Größenordnung der Sterndurchmesser vollkommen, wie die nebenstehende kleine Tabelle 5 zeigt.

Tabelle 5.
Berechnete mittlere Durchmesser der Sterne der Hauptreihe.

Spektrum	M_v	T	D
B	$-$ 1,3	22000	4,0
A	$+$ 0,9	13500	2,2
F	$+$ 2,6	8550	1,7
G	$+$ 4,5	6400	1,26
K	$+$ 6,4	5400	0,80
M	$+$11,0	3530	0,36

Auf einen Punkt darf hier noch hingewiesen werden, der im Zusammenhang mit kosmogonischen Theorien von Bedeutung ist. In der Tabelle 4 sind außer den Radien der Komponenten auch die Abstände ihrer Mittelpunkte aufgeführt. Der Vergleich zeigt, daß diese Abstände oft nur wenig größer sind als die Summe der beiden Radien, daß die Oberflächen der Körper sich also fast berühren. Die beiden letzten Spalten der Tabelle finden ihre Erklärung später.

d) Die Massen und Dichten der Sterne.

Die Bestimmung der Masse $\mathfrak{M}$ eines Sternes ist direkt nur möglich, wo wir Gravitationswirkungen beobachten, also nur bei Doppelsternsystemen, nicht bei Einzelsternen. Ausgangspunkt ist das für das Zweikörperproblem gültige dritte Keplersche Gesetz, das bei entsprechender Wahl der Einheiten einfach lautet:

$$\frac{a^3}{P^2} = \mathfrak{M}_1 + \mathfrak{M}_2. \tag{63}$$

a ist die halbe Achse der relativen Bahn; Einheit der Halbmesser der Erdbahn. P ist die Periode des Umlaufs in Jahren. $\mathfrak{M}_1$ und $\mathfrak{M}_2$ sind die Massen der beiden Komponenten; Einheit die Sonnenmasse. Bei einem visuellen Doppelsternsystem liefert die Beobachtung die Halbachse der relativen Bahn zunächst nur in Bogensekunden (a''). Zur Umrechnung auf lineare Dimensionen ist die Kenntnis der Parallaxe π'' nötig, womit dann

$$\mathfrak{M}_1 + \mathfrak{M}_2 = \left(\frac{a''}{\pi''}\right)^3 \frac{1}{P^2} \, . \tag{64}$$

Man erhält also die Summe der beiden Massen. Gelingt es, die Bewegung der beiden Komponenten nicht nur relativ zueinander, sondern durch Anschluß an benachbarte Fixsterne relativ zu ihrem gemeinsamen Schwerpunkt festzulegen, dann liefern die Halbachsen a''_1 und a''_2 der Bahnen der Komponenten um den Schwerpunkt auch noch das Massenverhältnis:

$$\frac{\mathfrak{M}_1}{\mathfrak{M}_2} = \frac{a''_2}{a''_1} \, ; \tag{65}$$

man kennt also dann die Einzelmassen. Für die Ableitung des Massenverhältnisses ist eine Kenntnis der Parallaxe nicht nötig. Man kann daher statistische Mittelwerte für das Massenverhältnis berechnen ohne Kenntnis der Massen selbst.

Die Anzahl der Doppelsternsysteme mit gut bestimmten Massen ist recht gering wegen unserer mangelhaften Kenntnis der Entfernungen. Wie die Formel (64) zeigt, geht die Parallaxe mit der dritten Potenz ein; kleine Unsicherheiten in π'' bewirken also große Fehler in $\mathfrak{M}_1 + \mathfrak{M}_2$. Da all unsere Erfahrungen immer wieder zeigen, daß der Spielraum der Massen nicht sehr groß ist, und da wir recht gute Kriterien für die Masse in den Spektren gefunden haben, benutzen wir Gleichung (64) vielfach zur Entfernungsbestimmung (*dynamische Parallaxen*) gemäß der Auflösung

$$\pi'' = a'' \, (\mathfrak{M}_1 + \mathfrak{M}_2)^{-\frac{1}{3}} \, P^{-\frac{2}{3}} \, . \tag{66}$$

Rohe Mittelwerte für die Massen geben schon recht gute Werte für die Entfernung; im allgemeinen bessere, als auf direktem Wege erlangt werden.

Es gibt noch eine zweite Gruppe von Doppelsternen, *die spektroskopischen Doppelsterne*, bei denen aus der periodisch veränderlichen Radialgeschwindigkeit auf Bahnbewegung geschlossen werden kann. Da hier nur die Komponente der Geschwindigkeiten in der Gesichtslinie beobachtet wird, bleibt die Neigung i der Bahnebene unbestimmt; man erhält nur die Projektion $a \cdot \sin i$ der Bahnachse, diese allerdings in linearem Maß (km) und bezogen auf die Bahn um den Schwerpunkt. Man wird also unter Benutzung der Beziehungen für den Schwerpunkt

$$a_1 = \frac{\mathfrak{M}_2}{\mathfrak{M}_1 + \mathfrak{M}_2} \, ; \quad a_2 = \frac{\mathfrak{M}_1}{\mathfrak{M}_1 + \mathfrak{M}_2} \tag{67}$$

statt des Ausdruckes a^3/P^2 nur die Ausdrücke berechnen können:

$$\frac{a_1^3 \sin^3 i}{P^2} = \frac{\mathfrak{M}_2^3 \sin^3 i}{(\mathfrak{M}_1 + \mathfrak{M}_2)^2} \; ; \quad \frac{a_2^3 \sin^3 i}{P^2} = \frac{\mathfrak{M}_1^3 \sin^3 i}{(\mathfrak{M}_1 + \mathfrak{M}_2)^2} \; . \tag{68}$$

Die auf der rechten Seite der Gleichungen stehende Größe nennt man die „Massenfunktion". Aus ihr kann man unter gewissen Annahmen über die Bahnneigung hypothetische Werte für die Massen berechnen.

Sind die Spektren beider Komponenten beobachtbar — was voraussetzt, daß die Helligkeiten nicht zu sehr verschieden sind — dann ergibt sich das Massenverhältnis als Quotient der Amplituden der Radialgeschwindigkeitskurven, die $a_1 \cdot \sin i$ bzw. $a_2 \cdot \sin i$ proportional sind:

$$\frac{\mathfrak{M}_1}{\mathfrak{M}_2} = \frac{a_2 \sin i}{a_1 \sin i} \; . \tag{69}$$

Durch Kombination mit der aus (68) folgenden Gleichung

$$(\mathfrak{M}_1 + \mathfrak{M}_2) \sin^3 i = \frac{(a_1 + a_2)^3 \sin^3 i}{P^2} \tag{70}$$

erhält man die Einzelwerte $\mathfrak{M}_1 \sin^3 i$ und $\mathfrak{M}_2 \sin^3 i$.

In diesem Zusammenhang spielen *die Bedeckungsveränderlichen* eine große Rolle. Bei ihnen geben die photometrischen Daten ja gerade die Neigung i, so daß ein System, das zugleich photometrisch und spektroskopisch beobachtbar ist, die vollständigste Bestimmung physikalischer Zustandsgrößen liefert, die gegenwärtig überhaupt denkbar ist. Wir erhalten ohne Einführung besonderer Hypothesen die Durchmesser und die Massen, damit auch die mittleren Dichten; und auf dem Wege über die effektiven Temperaturen die absoluten Leuchtkräfte, damit auch die Entfernungen. In Tabelle 4 sind die Massen und Dichten mit aufgenommen.

Wenn die Massen wegen Unkenntnis der Bahnneigung nicht berechnet werden können, dann kann man aus der Massenfunktion nur Minimalwerte oder statistische Mittelwerte ableiten. Schreibt man die Massenfunktion so:

$$f = (\mathfrak{M}_1 + \mathfrak{M}_2) \sin^3 i \left(\frac{\mathfrak{M}_2}{\mathfrak{M}_1 + \mathfrak{M}_2} \right)^3 , \tag{71}$$

so folgt, da $\mathfrak{M}_2 \geq \mathfrak{M}_1$ und $\sin i < 1$ (wenn i nahe gleich 90° ist, würde Bedeckungslichtwechsel eintreten, die Neigung also bestimmbar):

$$\mathfrak{M}_1 + \mathfrak{M}_2 > 8f . \tag{72}$$

Setzt man für $\sin^3 i$ den statistischen Mittelwert $\frac{2}{3}$ an, der dem Umstand Rechnung trägt, daß ein spektroskopischer Doppelstern um so leichter entdeckt wird, je größer i ist, so erhält man die statistisch gültige Beziehung

$$\mathfrak{M} = \frac{3}{2} \cdot \frac{(a \sin i)^3}{P_2} . \tag{73}$$

Sind Masse und Radius eines Sternes bekannt, dann erhält man sofort die *mittlere Dichte* in Einheiten der Sonnendichte zu

$$\varrho = \frac{\mathfrak{M}}{R^3}. \tag{74}$$

Die mittlere Dichte der Sonne selbst ist in absoluten Einheiten

$$\varrho_\odot = 1{,}41 \ \mathrm{g \ cm^{-3}}. \tag{75}$$

Im allgemeinen kann die Dichte nur für Sterne mit bekannter Parallaxe berechnet werden. Es gibt aber Fälle, wo die Kenntnis der Masse und der Parallaxe nicht notwendig ist, wo vielmehr eine Annahme über das Massenverhältnis bereits ausreicht, um die Dichte zu bestimmen. Kennt man die effektiven Temperaturen der Komponenten eines Doppelsternsystems, dann gelten die Gleichungen (64) für die Masse:

$$\mathfrak{M}_1 = \left(\frac{1}{\pi''}\right)^3 \frac{a^3}{P^2} \left(1 + \frac{\mathfrak{M}_2}{\mathfrak{M}_1}\right)^{-1} \tag{76}$$

und (44) für den Radius, wo $m = M + 5 + 5 \log \pi''$ eingesetzt ist:

$$R_1 = \frac{1}{\pi''} \left(\frac{T_\odot}{T_1}\right)^2 \cdot 10^{-0{,}2\,(m_1 + 5 - M_\odot)}. \tag{77}$$

Bei Bildung des Quotienten $\mathfrak{M}/R^3$ fällt also die Parallaxe heraus und man hat:

$$\varrho_1 = \frac{\mathfrak{M}_1}{R_1^3} = \frac{a^3}{P^2} \left(\frac{T_1}{T_\odot}\right)^6 \cdot 10^{0{,}6\,(m_1 + 5 - M_\odot)} \left(1 + \frac{\mathfrak{M}_2}{\mathfrak{M}_1}\right)^{-1} \tag{78}$$

oder mit $T_\odot = 5740$ und $M_\odot = 4{,}85$ und Übergang zu Logarithmen:

$$\log \varrho_1 = 3 \log a'' - 2 \log P - \log\left(1 + \frac{\mathfrak{M}_2}{\mathfrak{M}_1}\right) + 0{,}6\,m_1 + 6 \log T_1 - 22{,}46. \tag{79}$$

Das *Verhältnis der Dichten* der beiden Komponenten wird offenbar auch noch unabhängig von den Bahnelementen und einfach eine Funktion von T, m und dem Massenverhältnis:

$$\frac{\varrho_1}{\varrho_2} = \frac{\mathfrak{M}_1}{\mathfrak{M}_2} \left(\frac{T_1}{T_2}\right)^6 10^{0{,}6\,(m_1 - m_2)}. \tag{80}$$

Man hat zu beachten, daß die Temperatur in die Rechnung mit einer sehr hohen Potenz eingeht, den berechneten Wert der Dichte also ganz wesentlich beeinflußt, während das Massenverhältnis nur eine untergeordnete Rolle spielt.

Von der Einführung der Temperatur in die Berechnung der Dichte kann man sich frei machen im Fall der Bedeckungsveränderlichen, wo man ja die Radien unmittelbar aus der Bahnbestimmung in Einheiten des Bahnhalbmessers erhält, so daß bei Bildung des Quotienten $\mathfrak{M}/R$ der Bahnhalbmesser überhaupt herausfällt. In Einheiten der Sonnendichte wird

$$\varrho_1 = P^{-2} \cdot R_1^{-3} \left(1 + \frac{\mathfrak{M}_2}{\mathfrak{M}_1}\right)^{-1} \cdot 10^{-6}. \tag{81}$$

Hypothetisch ist in diesem Fall nur das Massenverhältnis, das nach allen Erfahrungen über Systeme, bei denen es aus spektroskopischen Daten ermittelt werden konnte, nie sehr von 1 verschieden ist und im übrigen recht gut aus den Helligkeiten ermittelt werden kann nach einer Beziehung, auf die wir noch zu sprechen kommen werden (Masse-Leuchtkraft-Gesetz).

Die Anwendung der Gleichung (78) auf bekannte Doppelstern-systeme hat den Astronomen eine große Überraschung bereitet. Sie führte zur Entdeckung von Sternen mit einer bis dahin unvorstellbar großen Dichte der Größenordnung 10^5 g cm^{-3}. Für das System des Sirius stehen folgende Daten zur Verfügung:

$$a'' = 7'',57 \qquad P = 50 \text{ Jahre} \qquad \mathfrak{M}_1 = 2,44 \qquad m_1 = -1,6$$
$$\pi'' = 0'',375 \qquad\qquad\qquad \mathfrak{M}_2 = 0,96 \qquad m_2 = +8,4$$

Die Hauptschwierigkeit bereitet die Angabe der Temperatur des Begleiters, die nur aus dem Charakter des Spektrums geschlossen werden kann. Dieses Spektrum ist aber schwer zu beobachten infolge der Überstrahlung durch den Hauptstern. Mit Sicherheit ist festgestellt, daß es von dem Spektrum des Hauptsterns ($A\,0$) verschieden, und zwar etwas später ist, zwischen $A\,5$ und $F\,0$. Mit den Annahmen 10000⁰ und 8000⁰ für die Temperatur erhält man für die *Dichte des Siriusbegleiters* die Werte

$$\varrho = 110\,000 \quad \text{bzw.} \quad 28\,800 \text{ g cm}^{-3}. \tag{82}$$

Es ist natürlich unbehaglich, zu wissen, daß in dieser Berechnung eine Hypothese steckt, die das Resultat ganz wesentlich beeinflußt. Denn wenn man dem Begleiter des Sirius die Temperatur 2500⁰ zuordnen dürfte, die den späten M-Sternen entspricht, verringerte sich die Dichte auf 27 g cm^{-3}, womit kaum mehr Anlaß zu besonderer Beunruhigung gegeben wäre. Darum war es wichtig, für die hohe Dichte noch auf einem anderen, unabhängigen Weg eine Bestätigung zu erbringen.

Die Relativitätstheorie sagt aus, daß die Frequenz einer Spektrallinie sich im Gravitationsfeld verkleinert; die Linie erleidet eine „*Rotverschiebung*", die an der Oberfläche der Sonne den Betrag

$$\frac{\varDelta\lambda}{\lambda} = +2,12 \cdot 10^{-6}, \text{ d. h. } \varDelta\lambda = +0,008 \text{ Å bei } \lambda\,4000 \text{ Å} \tag{83}$$

erreicht. An der Oberfläche eines Sternes der Masse $\mathfrak{M}$ und Dichte ϱ (in Einheiten der Sonne) ist die entsprechende Verschiebung:

$$\left(\frac{\varDelta\lambda}{\lambda}\right)_* = \left(\frac{\varDelta\lambda}{\lambda}\right)_\odot \cdot \frac{\mathfrak{M}}{R} = 2,12 \cdot 10^{-6}\,\mathfrak{M}^{\frac{2}{3}}\varrho^{\frac{1}{3}}. \tag{84}$$

Für den Siriusbegleiter wird für $\varrho = 30000 \text{ g cm}^{-3} = 21300\,\varrho_\odot$:

$$\frac{\varDelta\lambda}{\lambda} = 0{,}57 \cdot 10^{-4}, \text{ d. h. } 0{,}23 \text{ Å bei } \lambda\,4000. \tag{85}$$

Beobachtungen auf dem Mt. Wilson sowohl als auf dem Lick Observatory haben übereinstimmend eine Rotverschiebung von der Größenordnung 0,3 Å ergeben, entsprechend einer Dichte von 64000. Wenn man auch bei der Schwierigkeit der Messungen auf die Zahlenwerte als solche kein allzu großes Gewicht legen darf, so muß doch die Größenordnung der Dichte von 10^4 bis 10^5 als gesichert gelten.

e) Der Spielraum der Zustandsgrößen.

Nachdem wir die verschiedenen Methoden kennen und in ihrer Zuverlässigkeit beurteilen gelernt haben, können wir nun eine Liste von Sternen zusammenstellen, die Repräsentanten sind für die ver-

Tabelle 6. Zustandsgrößen ausgewählter Sterne.

Stern	Sp.	M_b	$\dfrac{c_2}{T_e}$	T_e	$\mathfrak{M}$	R	ϱ	$4\,\pi\,\varepsilon$
H. D. 1337 A	$O\,8$	— 8,8	0,51	28000	36,3	23,8	0,004	15000
V Puppis A	$B\,1$	— 5,3	0,51	28000	19,2	7,6	0,06	1100
β Aurigae A	$A\,0$	+ 0,2	1,28	11200	2,4	2,8	0,13	57
α Can. maj. A	$A\,0$	+ 0,9	1,28	11200	2,4	1,6	0,93	29
α Can. min. A	$dF\,5$	+ 3,0	2,04	7000	1,1	1,8	0,28	10
Sonne	$dG\,0$	+ 4,8	2,38	6000	1,0	1,0	1,42	1,9
α Centauri A	$dG\,0$	+ 4,7	2,38	6000	1,1	1,1	1,34	1,9
o_2 Eridani A	$dG\,5$	+ 5,9	2,60	5600	0,9	0,7	3,7	0,8
α Centauri	$dK\,5$	+ 5,7	3,24	4400	1,0	1,2	0,76	0,9
Krueger 60 A	$dM\,3$	+10,0	4,46	3200	0,26	0,33	9,6	0,07
α Aurigae B	$gF\,0$	+ 0,1	1,94	7400	3,3	5,5	$3 \cdot 10^{-2}$	46
α Aurigae A	$gG\,0$	— 0,2	2,53	5650	4,2	11	$4 \cdot 10^{-3}$	48
α Bootis	$gK\,0$	— 0,8	3,40	4200	(8)	30	$(3 \cdot 10^{-4})$	(44)
α Tauri	$gK\,5$	— 1,4	4,33	3300	(4)	60	$(2 \cdot 10^{-5})$	(150)
β Pegasi	$gM\,5$	— 3,3	4,83	2900	(9)	170	$(2 \cdot 10^{-6})$	(400)
α Orionis	$cM\,0$	— 4,6	4,61	3100	(15)	290	$(6 \cdot 10^{-7})$	(750)
α Scorpii	$cM\,0$	— 5,6	4,61	3100	(30)	480	$(3 \cdot 10^{-7})$	(800)
o_2 Eridani B	$A\,0$	+10,8	1,28	11200	0,44	0,019	$1 \cdot 10^5$	0,018
α Can. maj. B	$A\,7$	+11,2	1,79	8000	0,85	0,030	$4 \cdot 10^4$	0,007
van Maanen	F	+14,3	2,04	7000	(0,14)	0,017	$(4 \cdot 10^5)$	(0,001)

Sp. Spektraltypus.

M_b absolute bolometrische Größe. Leuchtkraft $L = 2{,}512^{\,(4{,}85 - M_b)}$.

T_e effektive Temperatur (absolut).

$\mathfrak{M}$ Masse in Einheiten der Sonnenmasse ($1{,}985 \cdot 10^{33}$ g).

R Radius in Einheiten des Sonnenradius ($0{,}695 \cdot 10^{11}$ cm).

ϱ Dichte in g cm^{-3}.

$4\,\pi\,\varepsilon$ Energieerzeugung pro g Masse in erg sec^{-1}.

Hypothetische Massen und die daraus abgeleiteten Größen sind eingeklammert.

schiedenen Arten, die wir in der Natur vorfinden. Diese Zusammenstellung läßt den ganzen Spielraum der verwirklichten Zustände stellarer Materie erkennen. Die Sterne sind außerdem in ein Diagramm (Abb. 9) eingetragen, mit den Koordinaten $\log c_2/T$ und M_b.

Drei Gruppen können deutlich unterschieden werden:

1. Die *Sterne der Hauptreihe*, längs der beim Durchlaufen in der Richtung $B \rightarrow M$ Leuchtkräfte, Massen und Radien mit der Temperatur abnehmen, während die Dichten ansteigen.

2. Die *Riesen*, bei denen abnehmenden Temperaturen und Dichten zunehmende Leuchtkräfte und Massen entsprechen. Der Ast der Riesen mündet etwa bei $F\,0$ in die Hauptreihe; Spektra später als $F\,0$ werden durch ein vorgesetztes d (dwarf), g (giant) oder c (extrem große Leuchtkräfte) unterschieden.

3. Die *weißen Zwerge* sind im wesentlichen ausgezeichnet durch die hohen Werte der Dichten. Zusammenhänge zwischen den Zustandsgrößen lassen sich hier wegen der geringen An

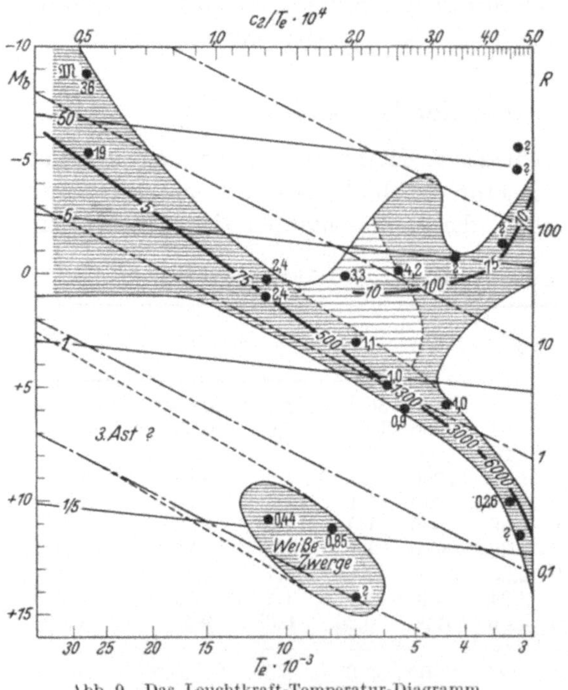

Abb. 9. Das Leuchtkraft-Temperatur-Diagramm.
(Kienle, Enzykl. d. math. Wiss. VI 2, 28.)

zahl bekannter Objekte (im ganzen heute 5) noch nicht nachweisen.

Der Spielraum der beobachteten Zustandsgrößen ist außerordentlich weit: bei den Leuchtkräften rund 9 Zehnerpotenzen, von 10^{-4} bis 10^{+5}; bei den mittleren Dichten rund 10^{12}, von 10^{-7} bis 10^{+5}; bei den Durchmessern rund 30000, vom doppelten Durchmesser der Erde bis zum anderthalbfachen Durchmesser der Marsbahn. Nur die Massen scheinen sich in relativ engen Grenzen zu halten. Wir kennen nur ganz wenige, die 10 Sonnenmassen übersteigen.

Das Bild wäre unvollständig, wenn wir nicht noch einige Bemerkungen anfügten über die Häufigkeit, mit der die durch die Zahlen der Tabelle gekennzeichneten Zustände im Sternsystem verwirklicht sind. Aus den verschiedenen statistischen Untersuchungen geht mit Deutlichkeit immer wieder hervor, daß die Riesen verhältnismäßig seltene Objekte sind, und daß die Häufigkeit um so größer wird, zu je schwächeren Leuchtkräften wir übergehen. Die ungefähren relativen Häufigkeiten der Sterne in einem Raum von etwa 10^5 Kubikparsec sind in Abb. 9 längs der dicken Linien maximaler Häufigkeit eingetragen.

Die Natur verwirklicht offenbar nur eine ganz bestimmte Auswahl von Kombinationen der Massen, Leuchtkräfte und Temperaturen, und mit ganz verschiedener Häufigkeit. Innerhalb des Spielraums dieser verwirklichten Zustände beobachtet man enge Korrelationen zwischen den Zustandsgrößen. Für diese Rechenschaft abzulegen, wird eine wesentliche Aufgabe der Theorie des Aufbaus der Sterne sein. Wir werden zu prüfen haben, ob wir theoretisch Sterne von gerade diesen beobachteten Eigenschaften aufbauen können, und werden an die Spitze der folgenden Betrachtungen die Gesetzmäßigkeiten zu stellen haben, die sich aus den beobachteten Eigenschaften ergeben.

Literatur.

Außer den einschlägigen Artikeln im Handbuch der Astrophysik und im Band VI 2 der Enzyklopädie der mathematischen Wissenschaften können empfohlen werden:

Müller-Pouillets Lehrbuch der Physik 5, 2. Hälfte.

Russell, Dugan, Stewart: Astronomy 2.

Strömgren, E. u. B. Strömgren: Lehrbuch der Astronomie.

Dritter Vortrag.

Der innere Aufbau der Sterne.

Von H. Kienle, Göttingen.

Mit 7 Abbildungen.

Einleitung.

Die Aufgabe, den inneren Aufbau der Sterne zu beschreiben, besteht darin, mit Hilfe der über Eigenschaften und Verhalten der Materie bekannten Gesetze Modelle von Sternen zu berechnen, die in ihren äußeren, beobachtbaren Eigenschaften übereinstimmen mit den Sternen, die wir in der Natur verwirklicht sehen. Dabei kann es vorkommen, daß die Mannigfaltigkeit der als theoretisch möglich gefundenen Sterne nicht übereinstimmt mit der Mannigfaltigkeit der durch Beobachtung festgestellten Sterne; daß wir theoretisch auf Modelle stoßen, die in der Natur nicht verwirklicht sind, und umgekehrt in der Natur Sterne vorfinden, die in dem theoretischen Schema keinen Platz haben. Es kann weiterhin eintreten, daß wir Sterne von den gleichen beobachtbaren äußeren Eigenschaften auf theoretisch recht verschiedene Weise aufbauen können, und daß Zahl und Art der beobachtbaren Größen nicht ausreichen, um zwischen den verschiedenen theoretischen Möglichkeiten zu unterscheiden.

Daß wir gerade auf die zuletzt genannte Schwierigkeit gefaßt sein müssen, wird vielleicht deutlicher, wenn wir die Aufgaben, die es zu lösen gilt, in ein Bild kleiden, das, wie alle Bilder und Vergleiche, natürlich nicht alle Seiten gleichmäßig erfaßt, aber doch das Wesentliche. Der Astronom gleicht einem Mann, der nächtlicherweile aus großer Entfernung die erleuchteten Fenster einer Stadt beobachtet; nichts weiter, als gerade diese erleuchteten Fenster. Und der aus diesen Beobachtungen allein erschließen will, nicht nur, was unmittelbar hinter den Fenstern vorgeht, sondern das ganze Leben, das sich in den Zimmern mit den erleuchteten Fenstern und den übrigen Räumen der Häuser abspielt. Nichts weiter steht ihm dabei zur Verfügung als sein Fernrohr und das Spektroskop. Damit wird er bald etwa herausfinden, wenn irgendwo ein Arzt gerade eine Quecksilberlampe zur Bestrahlung verwendet. Schwieriger schon wird die Entscheidung sein, ob die einzelnen Fenster von einer Petroleumlampe, einem Gasglühlicht oder elektrischem Licht erleuchtet werden. Dazu müssen Feinheiten im Emissionsvermögen der Temperaturstrahler bekannt sein, die sich unter Umständen in Wellenlängenbereichen auswirken, die der Beobachtung unzugänglich sind. Wenn wir nun gar noch weiter fragen, aus welchen Quellen das Licht etwa der elektrischen Lampen gespeist wird, ob durch eine kleine Hausbatterie oder eine Maschine, ob unmittelbar durch Wechselstrom oder durch gleichgerichteten Wechselstrom — dann übersteigt unsere Neugier gar bald die Grenzen dessen, was durch Beobachtungen allein entschieden werden kann.

a) Grundgleichungen des inneren Aufbaus.

Für die Erfordernisse der Theorie ist es wichtig, darüber Klarheit zu gewinnen, welche und wieviele Parameter genügen, um einen Stern eindeutig festzulegen. Zwischen den Größen, die der Beobachtung zugänglich sind, bestehen gewisse Beziehungen, so daß sie nicht alle als unabhängig gelten können. Wir haben als aus den Beobachtungen ableitbar kennengelernt: Masse $\mathfrak{M}$, absolute bolometrische Leuchtkraft L, effektive Temperatur der Gesamtstrahlung T_e, Radius R und mittlere Dichte ϱ. Da Masse und mittlere Dichte durch die Beziehung verknüpft sind:

$$\frac{\mathfrak{M}}{R^3 \varrho} = \text{const.} \tag{1}$$

und Leuchtkraft und effektive Temperatur durch:

$$\frac{L}{R^2 T_e^4} = \text{const.,} \tag{2}$$

können zunächst offenbar nur drei der Größen als unabhängige Veränderliche des Problems eingeführt werden. Im allgemeinen verwendet man $\mathfrak{M}$, L und T_e, wobei vorausgesetzt wird, daß die Reduktion auf bolometrische Leuchtkräfte und Temperatur der Gesamtstrahlung einwandfrei sei. Temperatur und Leuchtkraft bestimmen nach (2) eindeutig den Radius und mit Hinzunahme der Masse nach (1) die mittlere Dichte, so daß man wahlweise einen Stern auch durch andere Kombinationen beschreiben kann, außer durch $\mathfrak{M}$, R, ϱ oder L, R, T_e. In Abb. 9, S. 68, wo $M = -2{,}5 \log L$ und $\log T_e$ als Variable gewählt sind, sind die der Beziehung (2) entsprechenden Geraden $R = \text{const.}$ für die Werte $R = 0{,}1$, 1, 10, 100 Sonnenradien eingetragen.

Die Tabelle 6, S. 67 und Abb. 9 ließen erkennen, daß in dem empirischen Material offenbar noch eine Beziehung steckt, die möglicherweise die Zahl der unabhängigen Bestimmungsstücke weiter reduziert. Sucht man eine solche Beziehung der Form

$$f(\mathfrak{M}, L, T_e) = \text{const.} \tag{3}$$

abzuleiten, so stößt man auf eine Schwierigkeit durch die mangelnde Kenntnis der Massen. Außerhalb der Hauptreihe und abgesehen von den weißen Zwergen kennen wir nur von zwei Riesen die Masse, und auch diese sind Komponenten des gleichen Doppelsternsystems Capella. Es ist daher nicht möglich, in einem (L, T)-Diagramm die Kurven $\mathfrak{M} = \text{const.}$ zu zeichnen, da jeder Massenwert praktisch nur in *einer* Kombination von L und T vorkommt, die Sterne mit bekannter Masse also praktisch nur eine eindimensionale Mannigfaltigkeit darstellen. Die gesuchte Beziehung (3) entartet in:

$$\mathfrak{M} = f(L). \tag{4}$$

Die Abhängigkeit der Funktion f von T kann aus dem bisher vorliegenden empirischen Material nicht ermittelt werden, scheint aber nach Abschätzungen bei statistischen Überlegungen nicht sehr groß zu sein. Die Leuchtkräfte gehen ungefähr mit der dritten Potenz der Masse; die Kurven konstanter Masse im (L, T)-Diagramm weichen vermutlich nicht stark von den Kurven $L = \text{const.}$ ab.

Die Beziehung (4) stellt das empirische *„Masse-Leuchtkraft-Gesetz"* dar, das als Entartung eines „Masse-Leuchtkraft-Temperatur-Gesetzes" zu betrachten ist. Es wird zu prüfen sein, ob die Theorie eine solche Beziehung liefert, und ob die theoretische Beziehung mit der empirischen im Einklang steht. Wir bemerken schon hier, daß sich die ganze quantitative Prüfung der Theorie des Sternaufbaus praktisch auf diese einzige Beziehung reduziert.

Bei der Behandlung der theoretischen Aufgabe ergibt sich die Notwendigkeit, gewisse Vereinfachungen und Idealisierungen vorzunehmen,

die verschieden sind je nach den Teilen des Sternes, die dargestellt
werden sollen. Das Bild, das man sich früher von dem Aufbau der Sonne
machte, ist etwa dieses: Der eigentliche Kern ist eine Kugel glühend
flüssiger oder dampfförmiger Metalle, deren äußere Grenze die das
kontinuierliche Spektrum aussendende „Photosphäre" darstellt. Über
dieser Photosphäre lagert eine „umkehrende Schicht", durch deren
absorbierende Wirkung das aus dunklen Linien bestehende Fraunhofersche Spektrum entsteht. Die äußerste Schicht schließlich, die
nur bei Sonnenfinsternissen sichtbar wird, dem Auge als leuchtend
roter Saum um die dunkle Scheibe, im Spektroskop als Linienspektrum
mit hellen Linien, wurde als „Chromosphäre" bezeichnet.

Der Übergang zwischen diesen Schichten ist allmählich; es gibt
keine scharfe Trennung. Wir werden im folgenden die Schichten wesentlich zu charakterisieren haben durch die Art des Gleichgewichtes zwischen
den wirkenden Kräften. Dabei wollen wir allgemein nur eine Trennung
vornehmen zwischen dem eigentlichen Sterninnern und der atmosphärischen Hülle, die Photosphäre, umkehrende Schicht und Chromosphäre umfaßt.

Das Sterninnere wird wesentlich beherrscht durch ein intensives
Strahlungsfeld. Während unter Laboratoriumsverhältnissen auf der
Erde die kinetische Energie der Atome und Moleküle die Hauptrolle
spielt und die der Lichtquanten völlig zu vernachlässigen ist, wird im
Sterninnern die Energie der Strahlung, die ja mit der vierten Potenz
der Temperatur geht, von der gleichen Ordnung wie die der Materie,
die nur linear mit der Temperatur ansteigt. Der durch den Impuls
der Strahlung bedingte Strahlungsdruck, der unter Laboratoriums-
bedingungen an der Grenze des überhaupt Meßbaren liegt, wird vergleichbar mit dem durch den Impuls der materiellen Teilchen bedingten
gewöhnlichen Gasdruck. Der Zustand im Sterninnern wird also vor
allem dadurch gekennzeichnet, daß der Gravitation, die nach innen
wirkt, zwei nach außen wirkende Kräfte das Gleichgewicht halten,
der gewöhnliche Gasdruck und der Strahlungsdruck.

Die Betrachtung des gesamten *Strahlungsinhaltes eines Sternes im
Verhältnis zur Ausstrahlung* führt zu der folgenden Überlegung. Die
Temperatur im Innern eines Gasballes muß, wenn den Gravitations-
kräften überhaupt durch innere Druckkräfte das Gleichgewicht gehalten werden soll, mindestens von der Größenordnung 10^7 sein. Rechnet
man bei der Sonne mit einer mittleren Temperatur von 20 Millionen
Grad, so wird die Strahlungsdichte im Innern:

$$u = a \cdot T^4 = 7{,}66 \cdot 10^{-15} \cdot T^4 \,\mathrm{erg\,cm^{-3}} = 1{,}2 \cdot 10^{15} \,\mathrm{erg\,cm^{-3}} \qquad (5)$$

und der gesamte Strahlungsinhalt

$$U = 1{,}6 \cdot 10^{48} \,\mathrm{erg}. \qquad (6)$$

Dem steht gegenüber die einer Solarkonstanten von 1,9 cal cm^{-2} min^{-1} entsprechende gesamte Ausstrahlung von

$$L = 3{,}8 \cdot 10^{33} \text{ erg sec}^{-1}. \tag{7}$$

Das Verhältnis

$$U/L = 0{,}4 \cdot 10^{15} \text{ sec} = 1{,}3 \cdot 10^7 \text{ Jahre} \tag{8}$$

kann man verschieden deuten. Zunächst stellt es die Zeit dar, während der die Sonne auf Grund ihres jetzigen Strahlungsinhaltes mit unverminderter Intensität ausstrahlen könnte. Ob diese Zeit als lang oder kurz zu gelten hat, ist eine Angelegenheit der Kosmogonie.

Geht man von der Überlegung aus, daß die Strahlungsenergie irgendwo im Innern, und vermutlich im tiefsten Innern, erzeugt wird, daß also die aus der Oberfläche austretenden Lichtquanten letzten Endes einmal vom innersten Kern ausgegangen sind, so stellt (8) die Zeit dar, die ein Lichtquant im Mittel braucht, um sich bis zur Oberfläche durchzuarbeiten. Das ist ein Ausdruck dafür, daß das einzelne Lichtquant nur eine ganz kleine mittlere freie Weglänge hat, daß es immer wieder absorbiert und reemittiert wird. Rechnet man als mittleren Weg, den ein Lichtquant vom Ort seiner Entstehung bis zur Oberfläche zurückzulegen hat, etwa den halben Sonnenradius, d. i. $3{,}5 \cdot 10^{10}$ cm, so erhält man als effektive Geschwindigkeit $v = 10^{-4}$ cm sec^{-1}, im Gegensatz zur Geschwindigkeit des ungestörten Lichtquants $c = 3 \cdot 10^{10}$ cm sec^{-1}. Die Anzahl der Absorptionen ergibt sich damit als Zahl der Zusammenstöße im Sinne der kinetischen Gastheorie zu:

$$N = (c/v)^2 = 9 \cdot 10^{28}, \tag{9}$$

und die mittlere freie Weglänge eines Lichtquants ist

$$\varDelta s = 10^{-4} \text{ cm}. \tag{10}$$

Man erkennt daraus, daß der radiale Strahlungsfluß (der „Nettostrom") im Innern völlig bedeutungslos ist gegenüber dem allseitigen Strahlungsstrom, daß wir daher im Innern mit einem isotropen Strahlungsfeld rechnen dürfen, d. h. mit einem isotropen Strahlungsdruck:

$$q = u/3 = \tfrac{1}{3} a \cdot T^4. \tag{11}$$

Erst bei Annäherung an die Oberfläche, wenn die Temperatur der Materie der effektiven Temperatur der ausgestrahlten Energie vergleichbar wird, wird der Energiefluß durch ein Volumelement von der gleichen Größenordnung wie der Energieinhalt des Elementes selbst. Das ist der Bereich, in dem die für das Innere gültigen Näherungen dann versagen und eine neue Behandlung einsetzen muß.

Wir haben uns hier von vornherein auf den Standpunkt gestellt, daß der Transport der Energie im Innern der Sterne nur durch Strahlung erfolgt. Die Frage, ob und in welchem Umfang daneben noch reine

Wärmeleitung oder Konvektion eine Rolle spielen, wird an anderer Stelle zu beantworten sein.

Das Problem, einen Stern aufzubauen, ist ein zweifaches Gleichgewichtsproblem. Es ist eine hydrodynamische Gleichgewichtsbedingung zu erfüllen, die besagt, daß an jeder Stelle r Druck und Gravitation sich das Gleichgewicht halten (Poissonsche Gleichung). Dann besteht aber auch noch eine thermodynamische Gleichgewichtsbedingung, der zufolge die von jedem Volumelement abgegebene Energie gleich der in ihm erzeugten sein muß, wenn ein stationärer Strahlungsfluß vorhanden sein soll.

Ist g die Schwerebeschleunigung, ϱ die Dichte und P der Druck an der Stelle r; G die Gravitationskonstante und $\mathfrak{M}(r)$ die Masse innerhalb der Kugel vom Radius r, so wird das *hydrodynamische Gleichgewicht* beschrieben durch die beiden Gleichungen:

$$dP = -g\varrho\,dr = -\frac{G\,\mathfrak{M}(r)}{r^2}\varrho\,dr \tag{12}$$

$$d\,\mathfrak{M}(r) = \varrho \cdot 4\,\pi\,r^2\,dr\,, \tag{13}$$

die zusammen der Poissonschen Gleichung äquivalent sind:

$$\frac{1}{r^2}\frac{d}{dr}\left(\frac{r^2}{\varrho}\frac{dP}{dr}\right) + 4\pi G\varrho = 0\,. \tag{14}$$

Bezeichnet man mit $4\pi\varepsilon$ die Energieerzeugung pro Masseneinheit und mit $L(r)$ die gesamte aus der Kugel vom Radius r austretende (im Gleichgewicht gleich der innerhalb der Kugel erzeugten) Energie, mit $\varkappa$ den Massenabsorptionskoeffizienten, so wird das *thermodynamische Gleichgewicht* beschrieben durch die analog gebauten Gleichungen für Strahlungsdruck q und Leuchtkraft L:

$$dq = -\frac{\varkappa\,L(r)}{4\,\pi\,c\,r^2}\varrho\,dr \tag{15}$$

$$dL(r) = 4\,\pi\,\varepsilon\varrho \cdot 4\,\pi\,r^2\,dr\,, \tag{16}$$

die wieder äquivalent sind der „Differentialgleichung des Strahlungsgleichgewichtes" (etwas ungenau ausgedrückt):

$$\frac{1}{r^2}\frac{d}{dr}\left(\frac{r^2}{\varkappa\,\varrho}\frac{dq}{dr}\right) + \frac{4\,\pi\,\varepsilon}{c}\varrho = 0\,. \tag{17}$$

Der Zusammenhang zwischen den Gleichungen (14) und (17) wird vermittelt durch die Bedingung, daß der Gesamtdruck P sich aus Gasdruck p und Strahlungsdruck q zusammensetze:

$$P = p + q\,. \tag{18}$$

Die Temperatur wird eingeführt durch die Beziehung (11) für den Strahlungsdruck:

$$q = \tfrac{1}{3} \cdot a \cdot T^4 \tag{19}$$

und die Zustandsgleichung der Materie, die im Fall der idealen Gase lautet:

$$p = \frac{\Re}{\mu}\,\varrho\,T\,,\tag{20}$$

wo μ das Molekulargewicht, $\Re$ die universelle Gaskonstante ist. Die Energieerzeugung ε und der Absorptionskoeffizient $\varkappa$ sind als bekannte Funktionen von ϱ und T zu denken, deren Kenntnis aus einer physikalischen Theorie der Erzeugung und der Absorption der Strahlung im Sterninnern geschöpft werden muß.

Die Aufgabe der Theorie kann jetzt so gestellt werden, daß mit Hilfe der Gleichungen (14), (17) und (18) p und q als Funktionen von r dargestellt werden sollen; (20) gibt dann auch T als Funktion von r. Das Problem ist offenbar von der 4. Ordnung in den Variablen p und q und muß durch entsprechende Randbedingungen gelöst werden.

b) Die polytropen Gaskugeln.

Man gewinnt gewisse, für die historische Entwicklung des ganzen Problems überaus wichtige Lösungen, wenn man zunächst, unabhängig von der Strahlungsgleichung (17), ganz formal eine Weggleichung, d. h. eine Beziehung zwischen P und ϱ, in der speziellen Form einführt:

$$\frac{P}{\varrho^k} = \text{const.}, \quad k = 1 + \frac{1}{n}\,.\tag{21}$$

Ist P der Druck eines idealen Gases und $k = c_p/c_v$, so ist (21) die bekannte Gleichung der Adiabaten; man hat einen Stern im adiabatischen Gleichgewicht. Im allgemeinen Fall, wo k einen beliebigen Wert zwischen 1 und ∞ bedeutet, ist (21) die Gleichung der *Polytropen der Klasse n*; die „Polytrope" definiert als ein Weg konstanter Wärmekapazität γ:

$$k = \frac{c_p - \gamma}{c_v - \gamma}\,, \quad \gamma = c_v\,\frac{k - c_p/c_v}{k - 1}\,.\tag{22}$$

Die Theorie der polytropen Gaskugeln erfaßt alle Arten konvektiven Gleichgewichts, von der Gaskugel konstanter Dichte ($n = 0$, $k = \infty$) über die adiabatischen Gleichgewichte ($k = c_p/c_v$) bis zur isothermen Gaskugel ($n = \infty$, $k = 1$).

Führt man als Variable ein:

$$\xi = \alpha r\,; \quad \vartheta = \varrho^{k-1}\,,\tag{23}$$

wo ϑ, wie man aus (20) sieht, die Rolle einer Temperatur spielt, so erhält man die von allen speziellen Konstanten befreite Differentialgleichung der polytropen Gaskugel

$$\frac{1}{\xi^2}\,\frac{d}{d\xi}\left(\xi^2\,\frac{d\vartheta}{d\xi}\right) + \vartheta^n = 0\,.\tag{24}$$

Das Studium dieser Differentialgleichung ist Gegenstand des inzwischen klassisch gewordenen Buches „Gaskugeln" von R. Emden, in dem die durch numerische Integrationen gefundenen Lösungen für verschiedene Werte des Parameters n angegeben sind unter Voraussetzung der Randbedingungen:

$$\left. \begin{aligned} &\xi = 0: \quad \vartheta = 1, \; \frac{d\vartheta}{d\xi} = 0, \; \text{d. h. Temperatur und Dichte im} \\ &\qquad\qquad\qquad\qquad\qquad\qquad \text{Mittelpunkt endlich} \\ &\xi = 1: \quad \vartheta = 0, \; \frac{d\vartheta}{d\xi} \neq 0, \; \text{d. h. die Oberfläche hat die Tempera-} \\ &\qquad\qquad\qquad\qquad\qquad\qquad \text{tur Null bei endlichem Gradienten.} \end{aligned} \right\} \quad (25)$$

Die für die normierte Differentialgleichung angegebenen Lösungen in den Tabellen lassen sich auf Sterne vorgegebener Dimensionen (Radius und Masse) umrechnen durch Bestimmung der Skalenfaktoren $\alpha = \xi/r$ und $T_c = T/\vartheta$. Über den allgemeinen Charakter der Lösungen in Abhängigkeit von dem Parameter n gilt folgendes:

1. Alle Gaskugeln der Klassen $n < 5$ haben endlichen Radius und endliche Masse; für $n > 5$ werden Masse und Radius unendlich. Die Gaskugel $n = 5$ hat endliche Gesamtmasse bei unendlicher Ausdehnung.

2. Die Mittelpunktswerte der Zustandsgrößen sind für einen Stern mit der Masse $\mathfrak{M}$ und dem Radius R gegeben durch

$$\varrho_c = C_{n,\varrho} \cdot \mathfrak{M}/R^3 \; (\text{g cm}^{-3}) \tag{26}$$

$$P_c = C_{n,P} \cdot \mathfrak{M}^2/R^4 \; (\text{dyn cm}^{-2}) \tag{27}$$

$$T_c = C_{n,T} \cdot \mathfrak{M}\mu/R \; (\text{grad abs.}) . \tag{28}$$

Speziell für die Polytrope $n = 3$ gelten die Zahlenkoeffizienten:

$$C_{3,\varrho} = 76{,}70; \quad C_{3,P} = 1{,}249 \cdot 10^{17}; \quad C_{3,T} = 1{,}972 \cdot 10^7 . \tag{29}$$

3. Im allgemeinen ist durch zwei der drei Größen ϱ_c, $\mathfrak{M}$ und R bei vorgegebener Klasse n der Polytropen der Stern eindeutig festgelegt. Im Falle $n = 3$ aber wird die Masse $\mathfrak{M}$ unabhängig von ϱ_c, mit anderen Worten, man kann bei vorgegebener Mittelpunktsdichte und Masse Sterne von beliebigem Radius aufbauen:

$$\frac{P_c}{\varrho_c^{\frac{4}{3}}} = \frac{C_{n,P}}{C_{n,\varrho}^{\frac{4}{3}}} \cdot \mathfrak{M}^{\frac{2}{3}} = \text{const.} \tag{30}$$

4. Bei gleichförmiger Kontraktion oder Expansion machen die Teilchen einer Gaskugel von beliebiger Klasse stets polytrope Zustandsänderungen der Klasse 3 durch. Ist die Gaskugel selbst nach dieser Klasse aufgebaut, so folgt auch daraus wieder die Unbestimmtheit von R.

c) Das Eddingtonsche Modell eines Sternes im Strahlungsgleichgewicht.

In der bisherigen Form führt die Theorie noch zu keiner durch die Beobachtung prüfbaren Aussage über die Sterne; die Klasse der Polytropen bleibt völlig unbestimmt. Es ist das Verdienst Eddingtons gewesen, durch eine physikalische Hypothese eine spezielle Klasse hervorgehoben zu haben. Vergleicht man (14) und (17), so erkennt man, daß die beiden Differentialgleichungen völlig identisch werden, wenn man $\varkappa$ und ε unabhängig von r nimmt. Das bedeutet aber, daß P und q, also auch P und p einander proportional sind. Im Falle der idealen Gase folgt, wenn der Proportionalitätsfaktor mit β bezeichnet wird:

$$p = \beta P = \frac{\Re}{\mu}\varrho\,T \tag{31}$$

$$q = (1 - \beta)\,P = \tfrac{1}{3}\,a\,T^4 \tag{32}$$

$$P = \text{const.} \cdot \varrho^{\frac{4}{3}} = \frac{\Re}{\beta\,\mu}\varrho\,T\,. \tag{33}$$

Für das Eddingtonsche Modell eines Sternes, das gekennzeichnet ist durch die Hypothese, daß das Verhältnis von Gasdruck zu Strahlungsdruck durch den ganzen Stern konstant und gleich $\beta/1 - \beta$ sei, gelten also die Aufbaugesetze einer Polytropen $n = 3$, wobei man nur das Molekulargewicht μ durch den Wert $\beta\,\mu$ zu ersetzen hat.

Für einen typischen Riesenstern der Masse 1,5, der mittleren Dichte 0,002 g cm^{-3} und dem mittleren Molekulargewicht 2,8 hat Eddington folgende Zahlen berechnet, die den inneren Aufbau kennzeichnen.

Tabelle 1. Aufbau eines normalen Sternes nach Eddington.

r (km)	ϱ (g cm^{-3})	T (^{0} abs.)	p (atm)	$\mathfrak{M}\,(r)/\mathfrak{M}$
$0,00 \cdot 10^{6}$	0,1085	$6,59 \cdot 10^{6}$	$21,0 \cdot 10^{6}$	0,000
1,03	,0678	5,64	11,3	,125
2,06	,0215	3,84	2,44	,518
3,09	,0050	2,37	0,352	,821
4,12	,0010	1,38	,0406	,952
5,14	,00015	0,37	,0032	,992
6,17	,000009	0,29	,00008	1,000
7,09	,000000	—	,00000	1,000

Bezeichnet man mit $4\,\pi\,\bar\varepsilon$ die mittlere Energieerzeugung pro Masseneinheit innerhalb der Kugel vom Radius r, also

$$4\,\pi\,\bar\varepsilon = \frac{L\,(r)}{\mathfrak{M}\,(r)}\,, \tag{34}$$

und setzt allgemein

$$\frac{L\,(r)}{\mathfrak{M}\,(r)} = \eta\,\frac{L}{\mathfrak{M}}\,, \tag{35}$$

wo $\eta = 1$ im Falle der Konstanz von ε, dann bedeutet die Hypothese des konstanten Verhältnisses von p und q gemäß der aus (15), (12), (34) und (35) abgeleiteten Beziehung

$$\frac{dq}{dP} = \frac{\varkappa\,\eta}{4\,\pi\,c\,G}\,\frac{L}{\mathfrak{M}} \tag{36}$$

nicht, daß $\varkappa$ und ε selbst konstant sein müssen, sondern nur, daß das Produkt

$$\varkappa\,\eta = \varkappa_0 = \text{const.} \tag{37}$$

sei oder

$$1 - \beta = \frac{\varkappa_0}{4\,\pi\,c\,C}\,\frac{L}{\mathfrak{M}}\,. \tag{38}$$

Offenbar geht die Hypothese (37) viel weniger weit, als wenn $\varkappa$ und ε selbst konstant gesetzt würden. Man kann nachträglich untersuchen, wie bei bestimmten Annahmen über die Abhängigkeit $\varepsilon = f(T)$ die Größe $\varkappa\,\eta$ variiert und findet, daß, wenn ε nicht mit einer sehr hohen Potenz von T geht, die Konstanz von $\varkappa\,\eta$ so weitgehend erfüllt ist, daß dadurch der Aufbau nicht merklich beeinflußt wird.

Durch Anwendung der Formel (30) ergibt sich eine Gleichung zur Bestimmung von β:

$$\frac{1-\beta}{\beta^4} = \frac{a}{3}\left(\frac{\mu}{\mathfrak{R}}\right)^4 \cdot \frac{P_c^3}{\varrho_c^4} = \frac{a}{3}\left(\frac{\mu}{\mathfrak{R}}\right)^4 \cdot \frac{C_{n,\,P}^3}{C_{n,\,\varrho}^4}\,\mathfrak{M}^2 \tag{39}$$

oder, mit den entsprechenden Zahlenkoeffizienten und der Sonnenmasse als Einheit:

$$\frac{1-\beta}{\beta^4} = 0{,}00309\,\mathfrak{M}^2\,\mu^4\,. \tag{40}$$

Da β durch diese Gleichung bestimmt ist, stellt (38) offenbar eine Beziehung zwischen Masse und Leuchtkraft dar, in der die Temperatur überhaupt nicht vorkommt, entsprechend der Besonderheit der Polytropen $n = 3$, daß man aus vorgegebener Masse Sterne von beliebigem Radius (durch diesen wird ja die effektive Temperatur eingeführt) aufbauen kann. Erst indem wir auf die Bedeutung von $\varkappa_0$ in (37) zurückgehen und nun ein bestimmtes Gesetz für den Absorptionskoeffizienten annehmen, erhalten wir an Stelle des Masse-Leuchtkraft-Gesetzes (38):

$$L = \frac{4\,\pi\,c\,G}{\varkappa_0}\,(1 - \beta)\,\mathfrak{M} \tag{41}$$

ein Masse-Leuchtkraft-Temperatur-Gesetz, das speziell mit dem Kramersschen Gesetz für den Absorptionskoeffizienten

$$\varkappa = \text{const.} \cdot \frac{\varrho}{\mu\,T^{\frac{7}{2}}}\,, \tag{42}$$

die von Eddington verwendete Form annimmt:

$$L = \text{const.}\ \mu^{\frac{4}{5}}\,(1 - \beta)^{\frac{3}{2}}\,\mathfrak{M}^{\frac{7}{5}}\,T_e^{\frac{4}{5}}\,. \tag{43}$$

Die Konstante in dieser Formel ist ihrem Absolutwert nach gegeben, wenn die Konstante in dem Absorptionsgesetz (42) bekannt ist. Masse und Leuchtkraft bestimmen dann eindeutig die effektive Temperatur, d. h. den Sternradius. Ein solcher absoluter Vergleich von Theorie und Beobachtung ist aber schwer durchführbar; wir müssen uns damit begnügen, die Beziehung (43) an einem Stern mit bekannten Daten zu eichen, d. h. wir können nur die *Form* des Gesetzes mit der Erfahrung vergleichen, nicht die absoluten Zahlenwerte.

Zuvor aber muß noch auf die Frage des Molekulargewichtes der die Sterne aufbauenden Substanz eingegangen werden. Wie (40) zeigt, hängt β in sehr hohem Maße von μ ab. Eddington gibt dafür die nebenstehende kleine Tabelle.

Tabelle 2. Abhängigkeit des Strahlungsdruckes von Masse und Molekulargewicht.

Masse	$\mu = 2{,}2$	$\mu = 3{,}5$	$\mu = 30$
0,25	0,004	0,026	0,738
0,5	,017	,082	,810
1,0	,057	,195	,864
2,5	,151	,344	,903
4,0	,292	,492	,931
8,0	,444	,620	,951
50	,747	,836	,980

Bei den im Innern der Sterne herrschenden Temperaturen ist alle Materie hoch ionisiert. Das mittlere effektive Molekulargewicht berechnet sich für jede Atomart als Quotient aus dem Atomgewicht und der Anzahl der Teilchen, in die das Atom zerspalten ist. Da das Atomgewicht sehr nahe gleich der doppelten Ordnungszahl $2Z$ und bei vollständiger Ionisation die Anzahl der Teilchen $Z + 1$ ist, so wird das effektive Molekulargewicht in der Nähe von $2Z/Z + 1$, d. h. bei 2 liegen, wenn nicht Z sehr klein ist. Eine ganz besondere Ausnahme bedeutet die Anwesenheit größerer Mengen von Wasserstoff; denn für ionisierten Wasserstoff ist das effektive Molekulargewicht nur 0,5, so daß eine starke Beimischung von Wasserstoff das mittlere Molekulargewicht der Sternsubstanz stark herabdrücken würde.

Mit Rücksicht darauf, daß die schweren Atome nicht vollständig ionisiert sein werden, und unter der Voraussetzung, daß Wasserstoff nicht dominiert, führte Eddington für μ den Wert

$$\mu = 2{,}11 \tag{44}$$

in die Gleichungen ein. Dabei ist gleichzeitig angenommen, daß μ weder im Innern des einzelnen Sternes merklich variiert noch auch von Stern zu Stern. Die Eichung von (43) mit den Daten für Capella führt auf die in der Tabelle 3 wiedergegebene Masse-Leuchtkraft-Beziehung (statt L ist $M_b = -2{,}5 \log L$ angegeben), gültig für eine effektive Temperatur $T_e = 5200^0$ und auf andere Temperaturen umzurechnen mit der Korrektion

$$\Delta M_b = -2 \log (T_e/5200^0) \tag{45}$$

Tabelle 3. Eddingtons Masse-Leuchtkraft-Gesetz.

$1 - \beta$	$\mathfrak{M}$	M_b	$1 - \beta$	$\mathfrak{M}$	M_b
0,001	0,128	$+14,14$	0,10	1,582	$+2,82$
,005	,290	10,29	,20	2,831	$+0,81$
,010	,414	8,62	,30	4,529	$-0,56$
,02	,597	6,93	,40	7,12	$-1,72$
,03	,746	5,93	,50	11,46	$-2,80$
,04	,879	5,21	,60	19,62	$-3,92$
,05	1,000	4,64	,70	37,67	$-5,16$
,07	1,240	3,78	,80	90,63	$-6,71$

Den Vergleich der berechneten Werte mit den beobachteten veranschaulicht Abb. 1. Die den Tabellenwerten entsprechenden Kurven

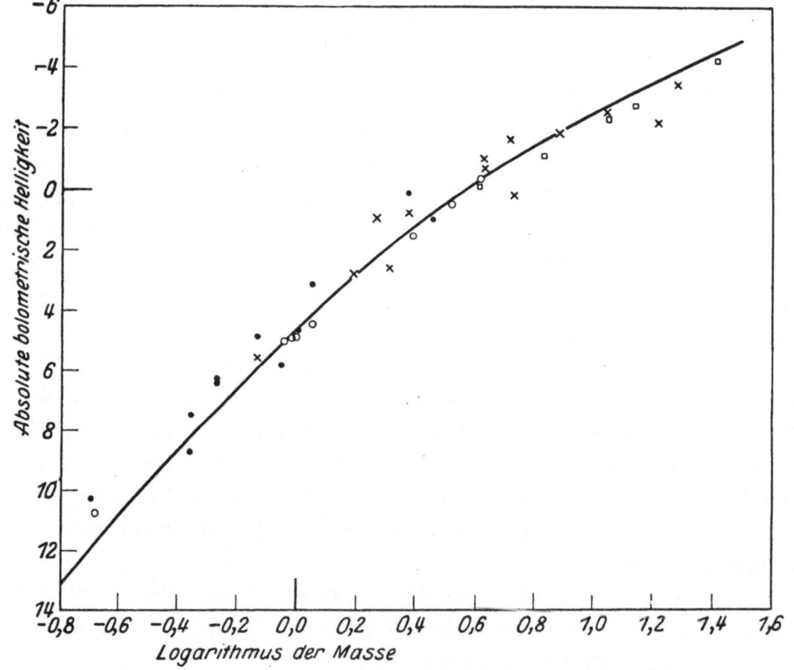

Abb. 1. Das Masse-Leuchtkraft-Gesetz. Theoretische Kurve nach Eddington.
o Erstklassige empirische Werte, ● Zweitklassige empirische Werte, × Bedeckungsveränderliche, ◻ δ Cephei-Sterne.

$\mathfrak{M}$ = const. sind für $\mathfrak{M}$ = 50, 5, 1 und $\frac{1}{5}$ in die frühere Abb. 9, S. 68, eingetragen.

Bevor man aus der guten Übereinstimmung zwischen Theorie und Beobachtung auf die Richtigkeit der Theorie schließen darf, wird man zu prüfen haben, wie sich die verschiedenen eingeführten Hypothesen auswirken auf den inneren Aufbau einerseits und auf die mit der Beobachtung allein vergleichbaren Integralwerte der Leuchtkraft und Temperatur andererseits. Die Ergebnisse der verschiedenen Rech-

nungen, die zu diesem Zwecke durchgeführt worden sind, lassen sich
etwa folgendermaßen zusammenfassen:

1. Die möglichen *Schwankungen des mittleren Molekulargewichts*
spielen keine wesentliche Rolle, wenn der Stern nicht überwiegend aus
Wasserstoff zusammengesetzt ist.

2. *Konzentration der Energiequellen* nach der Mitte zu vermindert
die berechnete theoretische Leuchtkraft; doch erreicht der Effekt
selbst bei punktförmiger Energiequelle im Mittelpunkt nur ungefähr
$\varDelta M = + 1^{\mathrm{m}}$.

3. Der *effektive Absorptionskoeffizient*, wie er aus der empirischen
Eichung der Masse-Leuchtkraft-Beziehung (43) folgt, ist zahlenmäßig
rund 10 mal größer als der wahrscheinlichste physikalische Wert. Durch
erhebliche Beimengung von Wasserstoff kann die Übereinstimmung
zwischen stellarem und physikalischem Absorptionskoeffizienten erzielt
werden.

4. Das *Masse-Leuchtkraft-Gesetz* ist sehr unempfindlich gegen Änderungen in dem inneren Aufbau. Es läßt sich schon aus der ganz allgemeinen Annahme ableiten, daß alle Sterne homolog aufgebaut seien,
d. h. daß die Dichteverteilung für alle Sterne die gleiche Funktion
des normierten Radius ist; anders ausgedrückt, daß alle Sterne sich
durch eine bloße Ähnlichkeitstransformation ineinander überführen
lassen.

5. Nach der Theorie in der vorliegenden Form sind *bei gegebener
Masse noch beliebige Radien* (d. h. effektive Temperaturen) möglich,
während das empirische Leuchtkraft-Temperatur-Diagramm eine ganz
klare Beschränkung aufweist, die roh durch die Aussage gekennzeichnet
werden kann, daß die Mittellinie der Hauptreihe sehr nahe einer Kurve
$T_c = \mathrm{const.}$ entspricht, daß also in der Natur Sterne mit einer höheren
Mittelpunktstemperatur nicht vorkommen.

d) Neue Ansätze zu einer Theorie des Sterninnern.

Wenn die beobachtbaren Größen Masse, Leuchtkraft und effektive
Temperatur als Kriterien für eine Theorie des inneren Aufbaus unzu-
reichend sind, dann muß man versuchen, aus allgemeinen physikalischen
Überlegungen heraus zu Entscheidungen zu kommen. Ohne in die
Einzelheiten zu gehen, möge hier kurz aufgezeigt werden, in welcher
Richtung man bisher vorgestoßen ist.

Eine Reihe neuerer Arbeiten gelten der Diskussion der *Differentialgleichung der polytropen Gaskugel*. Dabei treten zwei Gesichtspunkte
hervor. Die von EMDEN behandelten Lösungen schließen eine Singularität im Mittelpunkt aus; sie fordern dort endliche Dichte und Temperatur.
Man kann diese Bedingungen fallen lassen und die Integration der

Differentialgleichung so vornehmen, daß man nur die Randbedingungen an der Oberfläche vorgibt:

$$\xi = 1; \quad \vartheta = 0; \quad d\vartheta/d\xi = \vartheta_1'. \tag{46}$$

Dabei treten drei verschiedene Lösungstypen auf:

E-Lösungen haben endliche Werte im Mittelpunkt und $(d\vartheta/d\xi)_0 = 0$. Es sind die Emden-Lösungen.

F-Lösungen beginnen mit $-\vartheta_1' > -\vartheta_E'$, wo ϑ_E' der Wert von ϑ_1' für die *E*-Lösung ist, und haben eine Nullstelle $\xi_1 < 1$ von ϑ. Für $0 < \xi < \xi_1$ wird die Dichte negativ; das Sternmodell hat ein „Loch" im Innern.

M-Lösungen beginnen mit $-\vartheta_1' < -\vartheta_E'$ und erreichen im Mittelpunkt unendlich große Dichten; ϑ' bleibt auch noch für $\xi = 0$ negativ.

Während die *F*-Lösungen im allgemeinen kein besonderes Interesse beanspruchen — sie können höchstens als Teile von zusammengesetzten Modellen auftreten — hat man den *M*-Lösungen einige Bedeutung beigemessen, indem man die Tatsache der mathematischen Singularität unendlich großer Dichte als Ausdruck dafür ansah, daß physikalisch eine Singularität besteht in Gestalt eines überdichten Kernes, für den die Lösung nicht mehr gilt, weil die physikalischen Voraussetzungen (Gültigkeit der Gasgesetze) nicht erfüllt sind.

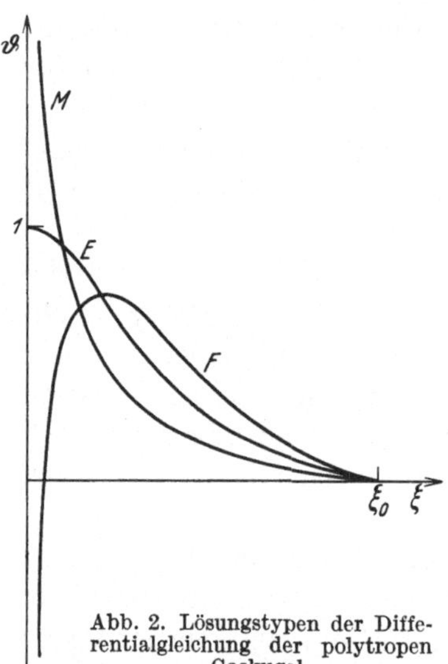
Abb. 2. Lösungstypen der Differentialgleichung der polytropen Gaskugel.

Der zweite Gesichtspunkt, der bei der Diskussion der Differentialgleichung hervortritt, ist der einer *Variation des Polytropenindex n*. Wenn man schon durch numerische Integration von der Oberfläche nach innen den Stern aufbaut, kann man auch Modelle konstruieren, bei denen der Parameter n variiert. An die Stelle der früher benutzten Beziehung (21)

$$\frac{P}{\varrho^{1+1/n}} = \text{const.} \tag{47}$$

tritt die Differentialbeziehung

$$\frac{d\log P}{d\log\varrho} = 1 + \frac{1}{n}, \tag{48}$$

die formal an jeder Stelle r (bzw. ξ) einen Polytropenindex n definiert, durch den der Charakter der Lösung für die Umgebung dieser Stelle gekennzeichnet wird.

Damit sind die formalen Hilfsmittel bereitgestellt, um jetzt unter Einführung der aus physikalischen Überlegungen abgeleiteten Gesetze für die Zustandsgleichung der Materie, den Absorptionskoeffizienten und die Energieerzeugung Lösungen durch numerische Integration von außen nach innen zu suchen.

In dem normalen Gebiet der Dichten und Temperaturen gilt die gewöhnliche *Zustandsgleichung* der idealen Gase in der Form

$$p \sim \varrho\,T. \tag{49}$$

Mit wachsender Dichte wird schließlich ein Zustand erreicht, in dem der Druck von der Temperatur unabhängig wird; das Gas entartet. Solange die Temperaturen dabei noch so niedrig sind, daß die Geschwindigkeiten klein sind gegen die Lichtgeschwindigkeit, spricht man von normaler Entartung. Die Zustandsgleichung hat die Form

$$p \sim \varrho^{\frac{5}{3}}. \tag{50}$$

Steigt die Temperatur aber so hoch, daß die Geschwindigkeiten vergleichbar werden der Lichtgeschwindigkeit, dann muß die scheinbare Zunahme der Masse durch Einführung der relativistischen Korrektionen berücksichtigt werden. Solange nicht gleichzeitig Entartung eintritt infolge hoher Dichte, gilt auch im relativistischen Fall die Zustandsgleichung (49). Bei gleichzeitiger Entartung aber (relativistische Entartung) wird

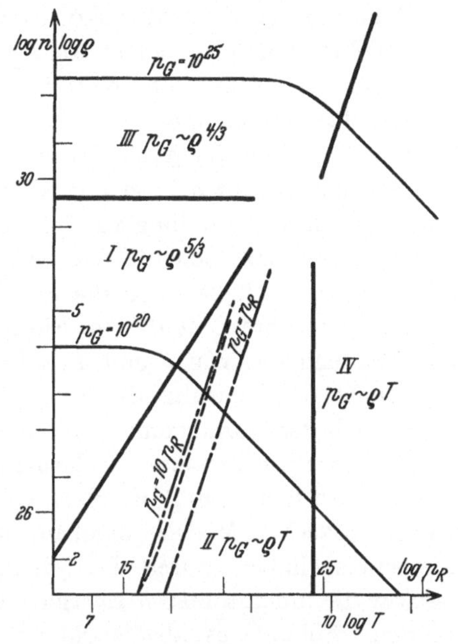

Abb. 3. Zustandsgleichungen der Materie in verschiedenen Bereichen der Temperatur und Dichte. (Nach L. Biermann, Z. f. Astrophys. 4.)

$$p \sim \varrho^{\frac{4}{3}}. \tag{51}$$

In der beigegebenen Figur sind mit den Koordinaten $\log T$ bzw. $\log p_R$ (p_R ist unser q, d. h. der Strahlungsdruck) und $\log n$ ($n =$ Elektronendichte) bzw. $\log \varrho$ (Dichte für das Molekulargewicht 2,2) die Gebiete der verschiedenen Zustandsgleichungen ungefähr abgegrenzt. Die Grenzen sind natürlich nicht scharf, es bleibt daher vor allem ein unbestimmtes Gebiet da, wo alle vier Grenzen zusammenstoßen. Bemerkt sei noch, daß der Strahlungsdruck nur in den nichtentarteten Gebieten II und IV eine Rolle spielt, dagegen nicht in den entarteten I und III.

Die Untersuchungen über die *Abhängigkeit des Absorptionskoeffizienten von Temperatur und Dichte* haben zu analogen Unterscheidungen in bezug auf den Zustand der Materie geführt. Ist wieder n die Elektronendichte, so ist im

$$\text{normal nichtentarteten Zustand} \quad\quad\quad \varkappa \sim n/T^{\frac{7}{2}} \quad\quad (52)$$

$$\text{relativistisch nichtentarteten Zustand} \quad\quad \varkappa \sim n/T^3 \quad\quad (53)$$

$$\text{normal entarteten Zustand} \quad\quad\quad\quad\quad \varkappa \sim 1/T^2 \quad\quad (54)$$

$$\text{relativistisch entarteten Zustand} \quad\quad\quad \varkappa = \text{const.} \quad\quad (55)$$

Während der Absorptionskoeffizient in den nichtentarteten Fällen von Dichte und Temperatur abhängt, wird er im normal entarteten Fall von der Dichte, im relativistisch entarteten Fall auch von der Temperatur unabhängig.

Die Frage der *Energiequellen* ist im Zusammenhang mit der Theorie des Sternaufbaues zunächst nur insoweit von Bedeutung, als es darauf ankommt, ihre Verteilung im Innern zu kennen bzw. ihre Abhängigkeit von den Zustandsgrößen ϱ und T der Materie. Man hat sich im allgemeinen damit begnügt, die Existenz von Energiequellen im Sterninnern anzunehmen und den Einfluß verschiedener Verteilung oder der Abhängigkeit von ϱ und T auf den Aufbau zu untersuchen. Der eigentliche Mechanismus der Energieerzeugung selbst ist als eine Angelegenheit der Kosmogonie zu betrachten. Allerdings schien sich gerade von dieser Seite her eine Erklärungsmöglichkeit für die merkwürdige Tatsache zu bieten, daß die Sterne der Hauptreihe, wenn sie nach dem EDDINGTONschen Modell aufgebaut sind, alle die gleiche Mittelpunktstemperatur haben, durch die Annahme, daß gerade bei dieser Temperatur die inneratomaren Energiequellen im Kern der Sterne wirksam werden. Solange es aber nicht gelingt, den Mechanismus des Auf- und Abbaus der Elemente in seiner Abhängigkeit von der Temperatur gesetzmäßig zu erfassen, ist diese Theorie nur eine mehr phänomenologische Deutung des Beobachtungsbefundes und kann nicht als wirklicher Beitrag zur Theorie des inneren Aufbaus gewertet werden.

Über die *Zusammensetzung der Sternmaterie*, d. h. über das mittlere Molekulargewicht, ist schwer eine sichere Aussage zu machen. Der Beobachtung unmittelbar zugänglich sind stets nur die Verhältnisse in den äußeren Schichten, wo die Elemente sich einzeln durch ihre Absorptionsspektren zu erkennen geben. Hier allerdings sind wir immer mehr zu der Überzeugung gekommen, daß dem Wasserstoff eine ganz überwiegende Bedeutung beizumessen ist. Ob und in welchem Umfang diese Schlüsse übertragen werden dürfen auf das Sterninnere, ist ähnlich schwierig zu entscheiden wie die Frage nach der Gültigkeit des Schlusses von der Zusammensetzung der Erdkruste auf die der ganzen Erde. Da aber die oben angedeuteten Schwierigkeiten bezüglich des Absorptionskoeffizienten sich auch am besten beheben lassen durch die Annahme, daß die Sterne überwiegend aus Wasserstoff bestehen, und da sehr wahrscheinlich der Aufbau der Elemente aus Wasserstoff eine wesentliche Rolle für die Energiebilanz der Sterne spielt, bevorzugen die neueren Untersuchungen Modelle mit hohem Wasserstoffgehalt. Wir sind der Meinung, daß wir damit der Wahrheit am nächsten kommen.

Schließlich mußte auch die Frage nach dem *Energietransport im Sterninnern* von neuem aufgeworfen werden, da in den Neutronen materielle Teilchen entdeckt wurden, die infolge ihrer gegenüber den Elektronen fast zweitausendfachen Masse entsprechend größere Energiemengen transportieren können. Während die Wärmeleitung durch Elektronen gegenüber der Strahlung keine Rolle spielt, ist die Wärmeleitung durch Neutronen ernstlich in Betracht zu ziehen. Wenn, wie wir nach manchen Erfahrungen und theoretischen Überlegungen annehmen müssen, im Innern der Sterne zum mindesten zonenweise Turbulenz herrscht, dann können auch durch *turbulente Scheinleitung* der Strahlungsenergie vergleichbare Energiebeträge transportiert und dadurch die Aufbauverhältnisse beeinflußt werden.

Die erste Freude über die Erfolge der einfachen EDDINGTONSCHEN Theorie, die zu dem Glauben verleiten konnten, daß wir jetzt wüßten, wie die Sterne wirklich aufgebaut seien, hat einer gewissen Skepsis Platz gemacht, seit wir erkennen mußten, wie viele unsichere Faktoren das Bild beeinflussen und wie wenige praktische Prüfungsmöglichkeiten wir besitzen. Nachdem aber inzwischen die Fühler nach den verschiedensten Richtungen ausgestreckt worden sind und das Gelände untersucht worden ist, können wir mit einiger Hoffnung in die Zukunft **blicken.**

e) Strahlungsgleichgewicht einer Sternatmosphäre.

Die für das Sterninnere gefundenen Lösungen versagen bei Annäherung an die Oberfläche; sie gelten nur, solange wir uns in dem Bereich von Temperaturen befinden, die hoch sind gegenüber der effektiven Temperatur. Bei der theoretischen Behandlung des Aufbaus der äußeren Schichten der Sterne können aber Vereinfachungen anderer Art vorgenommen werden, die den besonderen Verhältnissen angepaßt sind. Die geringe Tiefenerstreckung der äußeren Hülle, verglichen mit dem Radius der Sterne, erlaubt das kugelsymmetrische Problem durch ein ebenes zu ersetzen und die zu lösende Aufgabe folgendermaßen zu stellen.

In ein *eben geschichtetes unendlich ausgedehntes Medium* tritt von unten schwarze Strahlung einer Temperatur T ein. Diese Strahlung wird in der Schicht absorbiert und reemittiert bzw. gestreut nach Maßgabe eines Absorptionskoeffizienten $\varkappa$ bzw. Streukoeffizienten s und

tritt als Strahlung einer durch die Beobachtung feststellbaren Energieverteilung (schwarze Strahlung der effektiven Temperatur T_e) aus.
Man bestimme die vertikale Temperatur-, Dichte- und Druckverteilung
unter der Voraussetzung, daß die Schicht sich im Strahlungsgleichgewicht befindet.

Das hervorstechende Merkmal ist hier die ausgesprochene Richtung
der Strahlung, während im Innern die Strahlung als isotrop behandelt
werden konnte. Da innerhalb der Schicht, deren Dicke klein gegen den
Sternradius und deren Temperaturgefälle, wie sich zeigen wird, klein
gegen die mittlere Temperatur ist, Schwerebeschleunigung und Strahlungsdruck als konstant angesehen werden können, vereinfacht sich

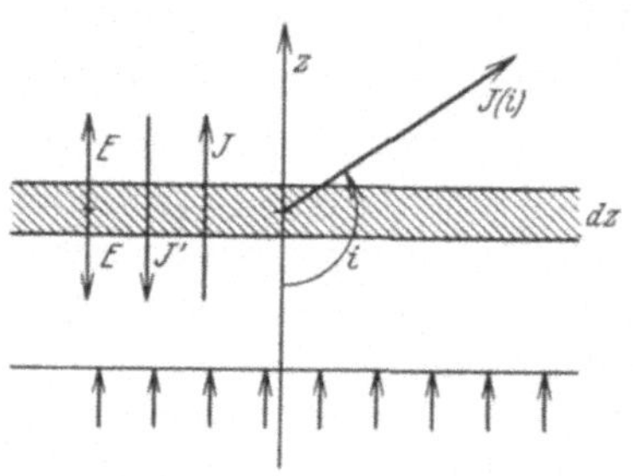

die mechanische Gleichgewichtsbedingung zu

$$dp = -g_0 \varrho \, dz, \qquad (56)$$

wo g_0 die um den Strahlungsdruck
verminderte konstante „effektive"
Schwerebeschleunigung bedeutet. Zusammen mit der sicher gültigen Zustandsgleichung für ideale Gase

Abb. 4. Zur Theorie des Strahlungsgleichgewichtes einer Sternatmosphäre.

$$p = \frac{\mathfrak{R}}{\mu} \varrho \, T \qquad (57)$$

bestimmt sie Druck- und Dichteverteilung, wenn die Temperaturverteilung bekannt ist.

Eine erste Lösung für die *Temperaturverteilung bei Strahlungsgleichgewicht* hat Schwarzschild im Jahre 1906 gegeben unter der zunächst
vereinfachenden Annahme, daß die Schicht nur von zwei parallelen
und entgegengesetzt gerichteten Strömen von Energie durchflossen
werde, einem aufsteigenden I und einem absteigenden I', und daß die
Strahlung in der Schicht nur eine von der Frequenz und der Höhen-
lage der Schicht unabhängige Absorption erleide. Dann hat man
folgende einfache Rechnung. Die Änderungen des aufsteigenden
Stromes I und des absteigenden I' sind:

$$\frac{dI}{dz} = -k \varrho I + k \varrho E \qquad (58)$$

$$\frac{dI'}{dz} = +k \varrho I' - k \varrho E, \qquad (59)$$

wo E die Emission der Schicht nach beiden Seiten [schwarze Strahlung
der Temperatur $T = (E/\sigma)^{\frac{1}{4}}$] bedeutet. Die Bedingung des Strahlungsgleichgewichtes erfordert, daß kein Teilchen durch den Strahlungs-
transport seine Temperatur ändert, d. h. daß die aufgenommene Energie
gleich der abgegebenen ist:

$$k \varrho (I + I') = 2 \, k \varrho E. \qquad (60)$$

Führt man als Variable statt der Höhe z die „optische Tiefe" τ ein, definiert durch

$$d\tau = -k\varrho\,dz, \qquad (61)$$

so liefert die Integration der beiden Gleichungen (58) und (59) mit der Bedingung (60), wenn man noch mit F den konstanten Nettofluß bezeichnet:

$$I - I' = F, \qquad (62)$$

$$I + I' = F\tau + \text{const.} = F(\tau + 1). \qquad (63)$$

Daß die Integrationskonstante F ist, ergibt sich aus der Randbedingung für die Oberfläche ($\tau = 0$), an der keine Einstrahlung erfolgt ($I' = 0$), während die Ausstrahlung gleich dem Nettofluß sein muß:

$$I_0 = F = \sigma T_e^4. \qquad (64)$$

In der Schicht von der optischen Tiefe

$$\tau = \varkappa \int_{\infty}^{z} \varrho\,dz = \frac{\varkappa}{g_0} \int_0^p dp = \frac{\varkappa p}{g_0} \qquad (65)$$

gilt also allgemein

$$E = \tfrac{1}{2}(I + I') = \frac{F}{2}(1 + \tau). \qquad (66)$$

Unter Einführung von $E = \sigma T^4$ und $F = \sigma T_e^4$ findet man die gesuchte Temperaturverteilung in der Form:

$$T^4 = \tfrac{1}{2}(1 + \tau)\,T_e^4 = \tfrac{1}{2}\left(1 + \frac{\varkappa p}{g_0}\right) T_e^4 \qquad (67)$$

und die Temperatur der im Unendlichen liegenden Oberfläche ($\tau = 0$) ergibt sich zu:

$$T_0 = \frac{T_e}{\sqrt[4]{2}} = 0{,}84\,T_e. \qquad (68)$$

In Verbindung mit (56) und (57) erhält man aus (67) die Differentialgleichung:

$$\frac{\mu}{\mathfrak{R}} g_0\,dz = \frac{4\,T^4}{T^4 - T_0^4}\,dT, \qquad (69)$$

die sofort integriert werden kann. Führt man noch $\Theta = T/T_0$ als normierte „Temperatur" ein, so wird

die Temperaturverteilung:

$$C + \frac{\mu}{\mathfrak{R}} g_0 z = T_0\left(4\,\Theta + \ln\frac{\Theta - 1}{\Theta + 1} - 2\arctg\,\Theta\right), \qquad (70)$$

die Dichteverteilung:

$$\varrho = \frac{g_0}{\varkappa} \cdot \frac{\mu}{\mathfrak{R}\,T}(\Theta^4 - 1); \qquad (71)$$

Schwarzschild gab seinerzeit ein Zahlenbeispiel für die Sonne, gerechnet mit $T_e = 6000^0$, $\varkappa = 0,6$ und dem Molekulargewicht der Luft. Auf Wasserstoff umgerechnet ergibt sich das folgende Bild für den Aufbau der Sonnenatmosphäre, wobei die Höhen von einer Schicht aus gezählt sind, für die $T = 1,5 \cdot T_0$ ist. Die Höhen sind sowohl in Kilometern als auch in Bruchteilen des Sonnenradius angegeben. Zur Umrechnung auf Bogensekunden beachte man, daß $1'' = 1,05 \cdot 10^{-3}$ Sonnenradien.

Tabelle 4.

Aufbau einer Atmosphäre im Strahlungsgleichgewicht.

z/R	z	T	τ	ϱ
$+ 0,77 \cdot 10^{-3}$	$+ 532$ km	5060^0	0,008	0,001
,40	275	5300	,215	,035
,00	0	7570	4,06	,47
$-$,25	$- 173$	10100	15,0	1,30
1,15	800	20200	255,0	11,1

Zur Beurteilung dieser Zahlen hat man sich vor Augen zu halten, daß wir von außen in die Atmosphäre hineinsehen können bis etwa in optische Tiefen von der Größenordnung 5; Strahlung, die aus größeren Tiefen kommt, trägt praktisch nichts zu dem für uns sichtbaren Spektrum bei. Die mittlere effektive optische Tiefe für die austretende Strahlung ist 1; in der optischen Tiefe 1 herrscht gerade die Temperatur, die wir als effektive Temperatur der austretenden Strahlung beobachten. Die über dieser Schicht liegende Atmosphäre ist, wie die Tabelle zeigt, praktisch isotherm. Der gesamte wirksame Anstieg von Temperatur und Dichte, der von völliger Durchsichtigkeit der Materie ($\tau \sim 0,01$) bis zur völligen Undurchsichtigkeit ($\tau \sim 5$) führt, spielt sich innerhalb weniger 100 km ab, entsprechend wenigen hundertstel Prozent des scheinbaren Sonnenradius oder einem Winkelwert von wenigen zehntel Bogensekunden: dies ist die überaus einfache Erklärung dafür, warum die Sonne für uns einen scharfen Rand hat, obwohl ihre Atmosphäre asymptotisch ins Unendliche läuft.

Schwarzschild konnte aber auch noch für ein anderes Phänomen die Erklärung schon aus dieser einfachen Theorie einer Atmosphäre im Strahlungsgleichgewicht geben: die sogenannte *Randverdunkelung der Sonne*. Es ist eine bei der Beobachtung sofort auffallende Erscheinung, daß die Sonnenscheibe in der Mitte heller ist als am Rande. Die theoretische Formel für diesen Helligkeitsabfall kann man durch folgende Überlegung gewinnen.

Die von einem Punkt der scheinbaren Sonnenscheibe im Abstande r vom Mittelpunkt kommende Strahlung ist äquivalent einer Strahlung, die aus einer ebenen Schicht unter dem Winkel $i = \text{arc} \sin r/R$ austritt. Setzt man für die unter dem Winkel i gegen die Vertikale transportierte

Strahlung formal einen Absorptionskoeffizienten k' sec i ein, so liefert die Integration der Gleichung

$$dI = k' \varrho \sec i \cdot (E - I) \tag{72}$$

unter Benutzung der Beziehung (66) für die unter dem Winkel i aus der Oberfläche austretende Strahlung den Wert

$$I_0(i) = \frac{F_0}{2}\left(1 + \frac{k}{k'} \cdot \cos i\right). \tag{73}$$

Die Verschiedenheit von k und k' ergibt sich aus der Überlegung, daß k' dem Sinne der Ableitung nach den Absorptionskoeffizienten für parallele Strahlung bedeutet, während die Übertragung der zu Formel (66) führenden Betrachtungen auf beliebig gerichtete Strahlung fordert, daß das dort auftretende k der Absorptionskoeffizient für diffuse Strahlung ist. Aus der Bedingung, daß die über die ganze Sonnenscheibe (d. h. alle Werte des Winkels i) integrierte Strahlung den Gesamtfluß $\dot{F}_0$ ergeben muß, findet man $k/k' = \frac{3}{2}$ und damit das *Gesetz der Randverdunkelung*[1]

$$q = \frac{I(i)}{I(0)} = \tfrac{2}{5}\left(1 + \tfrac{3}{2}\cos i\right). \tag{74}$$

Bei Strahlungsgleichgewicht sinkt die Intensität der Strahlung bei tangentialem Austritt, d. h. am Rande der scheinbaren Scheibe, auf den Wert 0,4 in Übereinstimmung mit den Beobachtungen. Bei adiabatischem Gleichgewicht müßte die Intensität auf den Wert 0 abfallen.

In der Folgezeit ist das von SCHWARZSCHILD aufgeworfene und in der hier vorgeführten vereinfachten Form gelöste Problem mehrfach behandelt worden. Die die Temperaturverteilung bei Strahlungsgleichgewicht beschreibende Funktion $E(\tau)$ stellt sich streng, wenn man allseitig gerichtete Strahlung ansetzt, als Lösung einer Integralgleichung dar in der Form

$$E(\tau) = \tfrac{1}{2}\int\limits_0^\infty E(t)\, Li\left(\,|t - \tau|\,\right) dt, \tag{75}$$

wo

$$Li(z) = \int\limits_z^\infty \frac{e^{-y}}{y}\, dy \tag{76}$$

den Integrallogarithmus bedeutet. Die Lösung kann als Reihenentwicklung geschrieben werden:

$$E(\tau) = \alpha + 2\beta\tau + \dots \tag{77}$$

$$I(\tau, i) = E(\tau) + 2\beta\cos i + \dots \tag{78}$$

---

[1] SCHWARZSCHILD hatte seiner Zeit $k/k' = 2$ gesetzt und damit $q = \tfrac{1}{3}(1 + 2\cos i)$ gefunden. EMDEN hat durch die angedeutete Strahlungsbilanzbetrachtung den Faktor richtiggestellt.

Die erste Näherung ist identisch mit der Schwarzschildschen Lösung (mit dem verbesserten Wert $k/k' = \frac{3}{2}$):

$$E(\tau) = \frac{F}{2}\left(1 + \tfrac{3}{2}\tau\right), \tag{79}$$

$$I(0, i) = \frac{F}{2}\left(1 + \tfrac{3}{2}\cos i\right), \tag{80}$$

$$F = \left(\frac{a\,c}{4}\right) \cdot T_e^4 . \tag{81}$$

Die höheren Näherungen geben nur unwesentliche Verbesserungen. Das Verhältnis T_e/T_0, für das Schwarzschild den Wert 1,19 gefunden hatte, liegt bei den verschiedenen gerechneten Näherungen zwischen 1,19 und 1,28. Die Unterschiede in der Randverdunkelung sind kaum größer als die Genauigkeit, mit der das Gesetz durch die Beobachtungen überhaupt verbürgt ist. Tabelle 5 gibt einen Vergleich. E ist die von Emden verbesserte Schwarzschild-Lösung; M_1 und M_2 sind von Milne gerechnet; die Werte unter Beob. sind von Abbot und Mitarbeitern mit dem Bolometer gemessen.

Tabelle 5. Randverdunkelung bei Strahlungsgleichgewicht.

r/R	E	M_1	M_2	Beob.
0,00	1,000	1,000	1,000	1,000
,40	0,950	0,953	0,955	0,955
,55	,901	,908	,911	,912
,65	,856	,865	,870	,871
,75	,797	,810	,817	,822
,825	,739	,756	,765	,769
,875	,690	,711	,721	,722
,92	,635	,660	,672	,665
,95	,587	,615	,629	,612
1,00	,400	,440	,460	—

Die Beobachtungen im spektral zerlegten Licht zeigen, daß die Randverdunkelung von der Wellenlänge abhängt; sie ist stärker für die kurzen Wellen als für die langen. Auch diese Erscheinung kann man theoretisch verstehen, wenn man wieder davon ausgeht, daß die Qualität der beobachteten Strahlung wesentlich abhängt von der Tiefe, aus der sie stammt. Gleicher optischen Tiefe entspricht für verschiedene Werte von r/R verschiedene reale Tiefe unter der Oberfläche; denn je weiter wir vom Zentrum der scheinbaren Sonnenscheibe abrücken, wo die optische Tiefe 1 durch die Strecke CC' der Abb. 5 gegeben ist, an die Stellen $P_1, P_2, \ldots B$, desto geringer ist die reale Tiefe (radial gemessen) der entsprechenden Punkte $P_1', P_2', \ldots$, die auch der optischen Tiefe 1 entsprechen. Das heißt aber, daß mit Annäherung an den Sonnenrand Strahlung beobachtet wird, die im Mittel aus größeren Höhen mit niedrigerer Temperatur stammt, also weniger intensiv im kurzwelligen Bereich ist. *Die Existenz eines vertikalen Temperaturgefälles ist nicht nur die physikalische Ursache der Randverdunkelung überhaupt — in einer isothermen Atmosphäre gibt es keine Randverdunkelung —, sondern auch der scheinbaren Rötung der effektiven Strahlung des Randes gegenüber der Mitte.*

Bei allen bisherigen Betrachtungen wurde noch die Konstanz des Absorptionskoeffizienten vorausgesetzt. Läßt man diese Voraussetzung jetzt auch noch fallen, dann ergeben sich weitere *Verfeinerungen der Theorie* und der Möglichkeiten der Darstellung der Beobachtungstatsachen. Eine allgemeine Abhängigkeit des kontinuierlichen Absorptionskoeffizienten von der Wellenlänge, die stets vorhanden sein wird, im Sinne einer Zunahme der Wirkung mit abnehmender Wellenlänge, bedingt eine von τ und i abhängige Veränderung der Intensitätsverteilung im kontinuierlichen Spektrum, d. h. eine Änderung der effektiven Temperatur oder überhaupt Abweichungen von der Energieverteilung schwarzer Strahlung. Es mangelt vorerst noch an den empirischen Unterlagen, um die aus der Theorie gezogenen Folgerungen nachzuprüfen.

Das starke Ansteigen des Absorptionskoeffizienten für diskrete Werte der Frequenzen, die den spezifischen Energiestufen der Atome und Moleküle entsprechen, gibt Veranlassung zur *Entstehung der Absorptionslinien* im kontinuierlichen Spektrum. Wir müssen es uns versagen, hier, wo es wesentlich um den Aufbau der Sterne und ihrer Atmosphären geht, auf Einzelheiten der Theorie der Absorptionslinien einzugehen. Wir greifen nur einen Gedanken heraus, der zum Verständnis gewisser

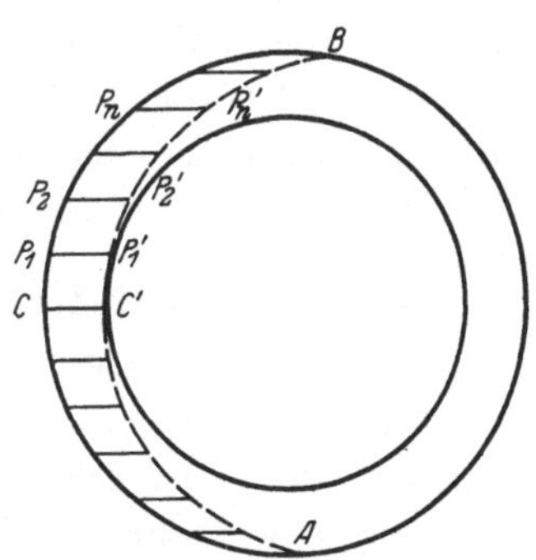

Abb. 5. Zur Erklärung der Abhängigkeit der Randverdunkelung von der Wellenlänge.

Erscheinungen in den äußersten Schichten der atmosphärischen Hülle der Sterne führt.

Die Art der Absorption und Reemission bestimmt auch die Form des mechanischen Gleichgewichts. Wird die in einem Volumelement absorbierte Energie als Temperaturstrahlung, d. h. nach dem PLANCKschen Gesetz über alle Frequenzen verteilt, wieder emittiert, dann sprechen wir von „lokalem thermodynamischem Gleichgewicht". Wird dagegen die Strahlung nur gestreut, d. h. ohne Änderung der Frequenz nur auf alle Richtungen verteilt, oder aber handelt es sich um die Quantensprünge zwischen den diskreten Energiestufen der Atome, so haben wir den Fall des „monochromatischen Strahlungsgleichgewichts". In den Sternatmosphären treten beide Formen des Gleichgewichts gemischt auf.

Das „*monochromatische Strahlungsgleichgewicht*" kann eine besondere Form annehmen. Wenn ein relativ leichtes Atom in seinen Resonanzlinien kräftig absorbiert, wie z. B. das einfach ionisierte Kalzium in den Linien H und K, dann kann der bisher für das mechanische Gleichgewicht nicht besonders berücksichtigte Strahlungsdruck eine ausgezeichnete Rolle spielen: die Atome werden durch den „*selektiven Strahlungsdruck*"

in Höhen emporgetragen, die sie nach den gewöhnlichen Verteilungs-
gesetzen entsprechend ihrem Atomgewicht nicht erreichen sollten.
Saha gebührt das Verdienst, auf diese Weise die großen Höhen erklärt
zu haben, bis zu denen gerade die Atome des ionisierten Kalziums sich
über die Sonne erheben, und die viel größer sind als die von den an sich
leichtesten Atomen, Wasserstoff und Helium, erreichten.

Diese spezielle Form des Gleichgewichts ist später von Milne in
Anlehnung an das Vorkommnis bei der Sonne als „chromosphärisches
Gleichgewicht" bezeichnet worden. Die „Chromosphäre" ist die äußerste
Hülle der Sterne, in der das Gleichgewicht wesentlich bestimmt wird
durch den selektiven Strahlungsdruck. Sie geht nach unten über in die
als „Atmosphäre" bezeichnete Schicht, in der eine Mischung von
lokalem thermodynamischen und monochromatischen Strahlungsgleichgewicht herrscht. Mit zunehmender Tiefe geht der Zustand in den
für das Innere des Sternes gültigen des allgemeinen Strahlungsgleichgewichts über.

f) Qualitative Theorie der Sternspektra.

Das Spektrum der Sterne erhält das bei Beobachtung sich dar-
bietende charakteristische Aussehen in den äußersten Schichten (der
„Atmosphäre"), die der aus dem Innern kommenden kontinuierlichen
Strahlung eine mehr oder weniger große Fülle von diskreten Absorptionslinien aufprägen. Die Deutung der auf Zahl, Art und Intensität
der Linien beruhenden „Spektralklassen" auf dem Boden der Atomtheorie ist mit Erfolg zuerst von Saha versucht worden durch Übertragung der *Theorie der „thermischen Anregung"* auf die Vorgänge in den
Sternatmosphären. Dabei wird auf den speziellen physikalischen Vorgang der Entstehung der Linien nicht eingegangen. Die Grundgedanken
der Theorie lassen sich etwa so formulieren:

1. Die Intensität einer Spektrallinie ist proportional der Anzahl der
in der Sternatmosphäre vorhandenen Atome, die zur Aussendung der
Linie befähigt sind.

2. Die Anzahl dieser Atome, d. h. der Atome in einem bestimmten
Anregungszustand, hängt außer von dem Anregungspotential des Zu-
standes (spezifische Eigenschaft des Elements) in erster Linie ab von der
Temperatur und der Dichte in der Atmosphäre.

3. Das Mischungsverhältnis der verschiedenen Anregungszustände
der verschiedenen Elemente ergibt sich als Reaktionsgleichgewicht
zwischen den verschiedenen Partnern, Atomen und Elektronen.

Eine wesentliche Rolle bei der Charakterisierung der Sternspektra
spielt das Verhältnis der *Funkenlinien* (enhanced lines) zu den *Bogenlinien*; physikalisch gesprochen, der Linien des ionisierten Atoms zu den
Linien des neutralen Atoms. Das einfachste Reaktionsgleichgewicht,

von dem man ausgehen kann, um einen Einblick in die Verhältnisse zu bekommen, ist das zwischen neutralen und einfach ionisierten Atomen ein und derselben Art; für das Kalzium etwa gegeben durch das Schema:

$$Ca = Ca^+ + e - U, \qquad (82)$$

wo Ca das neutrale, Ca^+ das einfach ionisierte Atom bedeutet, e das Elektron und U die Wärmetönung des Prozesses, d. h. die Energie, die zur Losreißung des Elektrons aufgebracht werden muß. Ist x der Bruchteil der ionisierten Atome („Ionisationsgrad"), $1 - x$ der der neutralen, also $1 + x$ die Gesamtanzahl der Teilchen, Atome plus Elektronen, dann ist, wenn man noch mit P den Gesamtdruck bezeichnet, der

$$\text{Partialdruck der neutralen Atome} \qquad p = \frac{1 - x}{1 + x}\, P,$$

$$\text{Partialdruck der ionisierten Atome} \qquad p' = \frac{x}{1 + x}\, P,$$

$$\text{Partialdruck der freien Elektronen} \qquad p'' = \frac{x}{1 + x}\, P = P_e;$$

und man kann unter Übertragung des *Massenwirkungsgesetzes* der Chemie setzen:

$$\frac{p'\,p''}{p} = \frac{x^2}{1 - x^2}\, P = \frac{x}{1 - x}\, P_e = K. \qquad (83)$$

Die Größe K ist eine Funktion der Wärmetönung U des Prozesses, der absoluten Temperatur und gewisser Naturkonstanten. SAHA berechnete sie zunächst aus einer von NERNST durch thermodynamische Betrachtungen abgeleiteten Formel, die in der Theorie der chemischen Gleichgewichte sich gut bewährt hat. Dabei werden die Elektronen als einatomiges Gas behandelt mit dem Molekulargewicht $\frac{1}{1847}$. Dann gilt, wenn U in cal gemessen wird und $\Re$, m, k, h die bekannten Konstanten sind (Gaskonstante, Masse des Elektrons, BOLTZMANNsche Konstante, PLANCKsches Wirkungsquantum):

$$\log K = -\frac{U}{2{,}30\, \Re \cdot T} + \tfrac{5}{2} \log T + \log \frac{(2\,\pi\,m)^{\frac{3}{2}}\, k^{\frac{5}{2}}}{h^3}. \qquad (84)$$

Unter Einführung der Zahlenwerte und Umrechnung von U auf das Ionisierungspotential in Volt wird:

$$\log K = -5039\, V/T + 2{,}5 \log T - 6{,}5. \qquad (85)$$

Für den Ionisationsgrad x, als Funktion der absoluten Temperatur aufgetragen, erhält man eine einparametrige Schar von Kurven mit dem Druck P als Parameter. Der qualitative Verlauf der Kurven geht aus Abb. 6 hervor.

Es ist also zu erwarten, daß die dem ionisierten Zustand entsprechenden Linien in den Spektren der Sterne höherer effektiver Temperatur gegenüber den Linien des neutralen Atoms vorherrschen. Das ist am Beispiel des Kalziums deutlich zu verfolgen beim Durchlaufen der ganzen Spektralreihe (vgl. die Abb. 1 und 2, S. 36/40). Die von dem neutralen Atom absorbierte Linie g (λ 4227) des Fraunhoferschen Spektrums ist bei den roten Sternen vom Typus M am stärksten entwickelt und nimmt an Intensität ab, wenn man zu den Typen K, G übergeht. Dagegen treten die Resonanzlinien H und K des einfach ionisierten Kalziums erst bei einer effektiven Temperatur von 5000⁰ bis 6000⁰ in maximaler Stärke auf und sind noch kräftig vorhanden in den frühen F-Spektren, in denen g kaum mehr zu erkennen ist.

Diese erste noch ziemlich rohe Theorie bedarf in verschiedener Hinsicht einer Ergänzung und Verfeinerung. Bisher wurde angenommen, daß das Atom nur in den beiden Zuständen neutral oder ionisiert existieren kann; die Theorie bezieht sich nur auf die Resonanzlinien. In Wirklichkeit gibt es bis zur Ionisierung eine diskontinuierliche *Folge von Anregungszuständen* und außer der ersten Ionisationsstufe auch noch eine zweite und eventuell höhere, die zu verschiedenen Serien von Linien Veranlassung geben. Es ist also die Verteilung der vorhandenen Atome auf die verschiedenen Anregungsstufen als Funktion von Druck und Temperatur zu bestimmen.

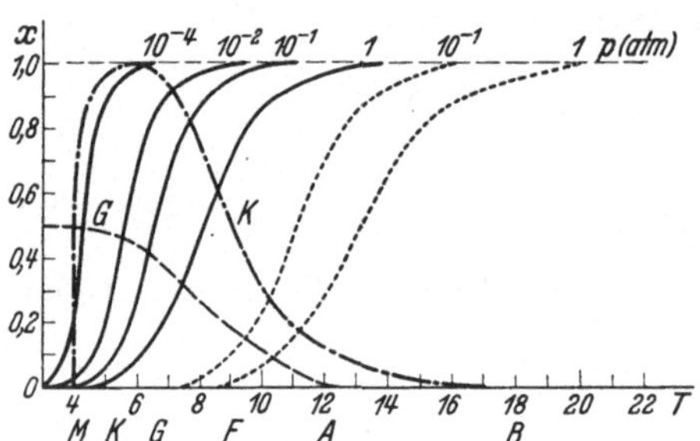

Abb. 6. Ionisationsgrad des Kalziums in Abhängigkeit von Temperatur und Druck.
—— Einfache Ionisation, ······ Doppelte Ionisation, — — Intensität der Linie g (λ 4227) des Ca (in der Figur versehentlich mit G bezeichnet), —·— Intensität der Linie K (λ 3934) des Ca⁺.

Außerdem sind aber in den Sternatmosphären auch *verschiedene Elemente* in recht verschiedener Häufigkeit vorhanden. Dies wirkt sich auf das Reaktionsgleichgewicht dadurch aus, daß die Elektronen gewissermaßen indifferente Partner des Wechselspiels zwischen Atomen und Elektronen sind, die von jeder beliebigen Sorte Atome eingefangen werden können, gleichgültig, woher sie stammen. Man kann sich leicht überlegen, daß in einer Mischung von Atomen mit verschiedenen Ionisierungspotentialen die Ionisierung der leichter ionisierbaren stärker, die der schwerer ionisierbaren dagegen geringer ist, als wenn jede Atomsorte für sich allein vorhanden wäre. Denn die schwerer ionisierbaren Atome neutralisieren sich mit den den leichter ionisierbaren entrissenen Elektronen.

Die Verfeinerung der Theorie nach diesen Richtungen hin verdankt man vor allem H. N. Russell und Fowler und Milne. Die einfache Sahasche Formel ist zu ergänzen durch ein Glied, das die Verteilung der umgesetzten Energie auf die verschiedenen Quantenzustände der neutralen und der ionisierten Atome berücksichtigt:

$$\log \frac{x}{1-x}\, P_e = \log K = -\frac{U}{2{,}30\,\Re\cdot T} + \tfrac{5}{2} \log T$$
$$+ \log \frac{(2\,\pi\,m)^{\frac{3}{2}}\, k^{\frac{5}{2}}}{h^3} + \log \frac{B'(T)\,\sigma}{B(T)\,\sigma'}\,. \tag{86}$$

$B\,(T)$ und $B'\,(T)$ sind die aus der Quantenstatistik folgenden „Zustandssummen" des neutralen bzw. ionisierten Atoms; σ und σ' gewisse Symmetriezahlen.

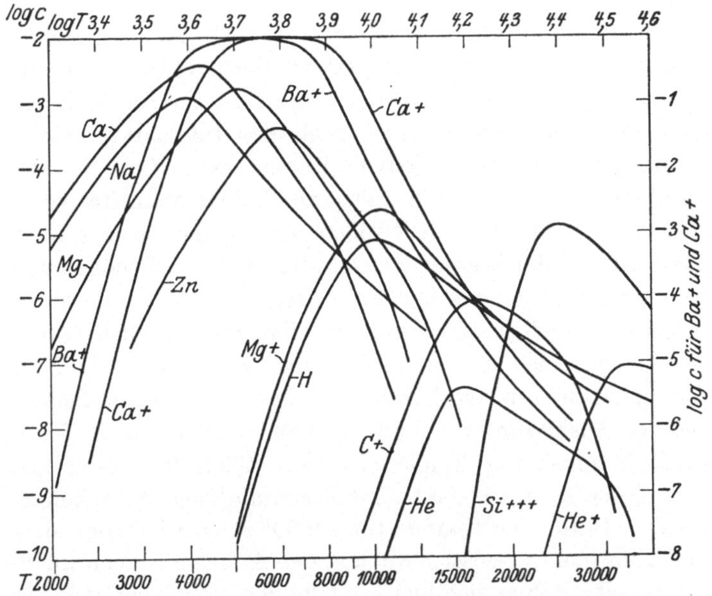

Abb. 7. Intensitätsverlauf verschiedener Haupt- und Nebenserien in Abhängigkeit von der Temperatur für einen konstanten Elektronendruck von $1{,}3 \times 10^{-4}$ atm. (Nach FOWLER und MILNE.)

Die Betrachtungen sind auch noch auszudehnen auf die Intensitäten der verschiedenen *Nebenserien der Atome,* von denen ja vor allem die Balmerserie des Wasserstoffs eine so hervorragende Rolle in den Sternspektren spielt. An die Stelle von U treten dann in den Formeln die entsprechenden Energiedifferenzen der Niveaus, die bei der Entstehung der Linien beteiligt sind. Der allgemeine Verlauf, den die Theorie für die Abhängigkeit der Linienintensitäten von der Temperatur gibt, ist aus den Kurven der Abb. 7 zu ersehen. Jede Serie erscheint bei einer bestimmten Temperatur in maximaler Intensität; die Lage des Maximums hängt ab von dem Druck P_e, der in die Rechnung eingeführt wird.

Man erkennt daraus die grundsätzliche Möglichkeit, eine Skala von Sterntemperaturen („Ionisationstemperaturen") zu gewinnen, wenn man die Annahme einführt, daß der effektive Elektronendruck P_e in den Atmosphären der Sterne durchschnittlich der gleiche sei. Denn die Theorie liefert jeweils zusammengehörige Wertepaare von T und P_e, aus denen man diejenigen auszuwählen hat, die bei allen Elementen dem gleichen Wert von P_e entsprechen. Da man durch die Beobachtungen feststellen kann, an welcher Stelle in der Spektralreihe jeweils eine bestimmte Linie oder Serie in maximaler Intensität auftritt, erhält man eine Zuordnung der theoretisch abgeleiteten Temperaturen und der empirischen Spektralklassen, die verglichen werden kann mit der aus dem kontinuierlichen Spektrum mit Hilfe des Planckschen Gesetzes gewonnenen.

Mit der Annahme, daß der effektive Elektronendruck in der umkehrenden Schicht der Sterne im Mittel von der Größenordnung 10^{-4} atm. sei, kommt man zu einer Temperaturskala, die im Einklang steht mit der Skala der den Spektraltypen nach der Intensitätsverteilung im Kontinuum zugeordneten effektiven Temperaturen (vgl. S. 55). Darin liegt vor allem die Bedeutung der Theorie, daß sie quantitative Angaben zu machen gestattet über die Größenordnung der Drucke in der umkehrenden Schicht der Sterne. Saha hatte noch mit Drucken von 1 oder 0,1 atm. gerechnet, die wir heute als viel zu hoch betrachten müssen.

Selbstverständlich ist die Annahme, daß der Druck in allen Sternatmosphären der gleiche sei, auch wieder nur eine erste Näherung; außerdem spielt die relative Konzentration der einzelnen Elemente eine Rolle bei der Ausbildung der Linien. Aber wenn wir z. B. finden, daß das dem Zink zugehörige Triplett $\lambda\lambda$ 4810, 4722, 4680 seine maximale Intensität in den A0-Spektren hat, während die Theorie nach den für das Zink gültigen Daten der Temperatur 10000° einen Elektronendruck von 0,24 atm. zuordnet, so wissen wir aus den Beobachtungen im Sonnenspektrum bereits, daß es sich hier um typische „low level lines" handelt, d. h. Linien, die wirklich in tieferen Schichten mit höherem Druck ihren Ursprung haben als die anderen Linien. Und wenn umgekehrt aus den Hauptserien von Ca, Sr, Ba, die ihr Maximum in den K-Spektren erreichen, zu einer Temperatur von 4500° sich Drucke von der Größenordnung 10^{-7} atm. berechnen, so wissen wir auch hier, daß diese Linien in besonders hohen Schichten entstehen, wo bei niedrigem Druck die zu ihrer Absorption befähigten Atome in relativ großer Konzentration vorhanden sind.

Die Tatsache, daß die Intensität einer Linie von zwei Parametern, der Temperatur und dem Druck abhängt, hat schon Saha herangezogen zur qualitativen Erklärung der Unterschiede in den Spektren der Riesen und Zwerge und damit zur theoretischen Unterbauung der Methode der spektroskopischen Parallaxenbestimmung. Man kann den Beobachtungsbefund so aussprechen: Bei gleicher effektiver Temperatur (aus dem kontinuierlichen Spektrum berechnet) sind in den Spektren der Riesen die Funkenlinien im Verhältnis zu den Bogenlinien stärker als in den Spektren der Zwerge. Oder auch umgekehrt: bei gleichem Spektraltypus (d. h. gleichem Ionisationszustand, aus dem Linienspektrum geschlossen) haben die Riesen niedrigere effektive Temperaturen als die Zwerge, sind die Riesen „röter" als die Zwerge. Die Erklärung ist einfach. Aus den Gleichungen für den Druck

$$dP = -g\varrho\, dr \tag{87}$$

und die optische Tiefe

$$d\tau = -\varkappa\varrho\, dr \tag{88}$$

erhält man die Beziehung

$$dP = \left(\frac{g}{\varkappa}\right) d\tau\,, \tag{89}$$

die mit der Näherung

$$\frac{g}{\varkappa} = \text{const.} \tag{90}$$

übergeht in

$$P = \left(\frac{g}{\varkappa}\right) \tau\,. \tag{91}$$

Bei gleichem $\varkappa$ und τ entspricht kleinerem g niedrigerer Druck P. In den Atmosphären der Riesensterne, deren Oberflächengravitation wegen der größeren Ausdehnung kleiner ist als die der Zwerge, wird die gleiche optische Tiefe (d. h. die gleiche „Undurchsichtigkeit") in Schichten mit geringerem Druck erreicht; die Linien entsprechen daher einem höheren Ionisationsgrad und sind zugleich, wegen der geringeren Dichte, schärfer als die aus entsprechenden optischen Tiefen stammenden Linien in den Spektren der Zwerge. Das aber ist gerade das Kriterium, das man rein empirisch für die Leuchtkräfte gefunden und zur Grundlage der spektroskopischen Parallaxenbestimmung gemacht hat. Und so findet das RUSSELL-Diagramm seine tiefere physikalische Begründung: das Aussehen der Sternspektra wird bestimmt durch die beiden Parameter effektive Temperatur und Oberflächengravitation.

Mit dieser notwendigerweise kurzen Einführung ist der Umfang dessen, was die physikalische Theorie der Sternspektren uns an neuen Erkenntnissen vermittelt, nur unvollkommen erfaßt. Die einfachen qualitativen Überlegungen werden immer mehr ergänzt durch quantitative. Die bloßen Schätzungen roher Linienintensitäten werden ersetzt durch exakte Messungen und durch das Studium der vollständigen Linienkonturen; parallel mit den Beobachtungen geht die Theorie. Ausgehend von der Sonne, bei der alle Methoden mit der äußersten Genauigkeit angewandt und geprüft werden können, führen Beobachtung und Theorie im Verein zu Aufschlüssen über die chemische Zusammensetzung der Sternatmosphären, über die Verteilung der Elemente im Kosmos, über magnetische und elektrische Felder, Rotationen und Strömungen, über die Natur der Materie in dem Raum zwischen den Sternen. Wir stehen mitten in einer Entwicklung, die zwar schon ein weites Gebiet fruchtbarer Betätigung eröffnet hat, die aber immer noch wieder Zugänge zu neuen Problemen aufdeckt.

Literatur.

Außer dem Band 2 des Handbuchs der Astrophysik und Band VI 2 der Enzyklopädie der mathematischen Wissenschaften sind zu empfehlen:

Eddington, A. S.: Der innere Aufbau der Sterne.
Müller-Pouillets Lehrbuch der Physik VI 2. Hälfte
Rosseland, S.: Astrophysik auf atomtheoretischer Grundlage.
Strömgren, E. u. B. Strömgren: Lehrbuch der Astronomie §§ 263—275.

Vierter Vortrag.

Die Sonne.

Von W. Grotrian, Potsdam.

Mit 63 Abbildungen.

Einleitung.

Die Sonne, von allen primitiven Völkern als Gottheit verehrt, von vielen Dichtern als Quell alles Lebens besungen, ist für den Astronomen nichts anderes als ein Fixstern einer bestimmten Kategorie, von der ihm zahlreiche Vertreter am Fixsternhimmel bekannt sind. Das Außergewöhnliche der Sonne liegt also nicht in ihrer physischen Beschaffenheit, sondern lediglich in dem Umstande, daß wir Menschen durch unsere Gebundenheit an die Erde diesem Fixstern so unvergleichlich viel näher gerückt sind als allen anderen. Daraus ergibt sich für den Astronomen die Möglichkeit, mit seinen Instrumenten Beobachtungen anzustellen, die an keinem anderen Fixstern durchführbar sind. Aufgabe des Astrophysikers ist es, das durch die Beobachtung gewonnene Material nach den uns bekannten physikalischen Gesetzen zu deuten. In dieser Hinsicht sind beachtenswerte Erfolge erzielt worden, aber es läßt sich nicht leugnen, daß sich aus der Fülle des Beobachtungsmaterials viele Tatsachen heute noch unserem Verständnis entziehen. Wir werden uns im folgenden bemühen, da, wo es möglich ist, physikalische Erklärungen für die beobachteten Erscheinungen zu geben. Es wird sich aber nicht vermeiden lassen, daß unsere Darlegungen in manchen Fällen mehr beschreibenden Charakter haben.

a) Durchmesser, Entfernung, Masse und Dichte der Sonne.

1. Scheinbarer Durchmesser der Sonne und des Mondes. Von der Erde gesehen erscheint die sehr genau kreisförmige Sonnenscheibe unter einem Winkel von etwa $1/2^\circ$. Bei genauerer Angabe muß berücksichtigt werden, daß dieser Winkel, den wir mit $\alpha_\odot$ bezeichnen wollen, infolge der geringen Elliptizität der Erdbahn etwas schwankt. Es ist

$$\text{im Perihel} \quad \alpha_\odot \text{ (max.)} = 32'\ 36''$$
$$\text{im Aphel} \quad \alpha_\odot \text{ (min.)} = 31'\ 32''$$
$$\text{im Mittel} \quad \alpha_\odot \quad\quad = 31'\ 59''.$$

Ein höchst eigenartiger Zufall im Bau des Sonnensystems — man kann allerdings darüber streiten, ob es wirklich ein Zufall ist — hat es gefügt, daß der Erdmond von der Erde aus gesehen fast genau unter demselben Winkel erscheint. Infolge der etwas größeren Exzentrizität der Mondbahn schwankt dieser Winkel, den wir mit $\alpha_{\mathbb{C}}$ bezeichnen wollen, etwas stärker als $\alpha_\odot$, und die entsprechenden Daten sind

$$\text{im Perigäum} \quad \alpha_{\mathbb{C}} \text{ (max.)} = 32'\ 57''$$
$$\text{im Apogäum} \quad \alpha_{\mathbb{C}} \text{ (min.)} = 28'\ 49''$$
$$\text{im Mittel} \quad \alpha_{\mathbb{C}} \quad\quad = 30'\ 53''.$$

2. Entstehung einer Sonnenfinsternis. Im Mittel erscheint also die Mondscheibe von der Erde aus gesehen etwas kleiner als die Sonnenscheibe. Im Wechsel der Bahnkonstellationen kommt aber auch das Gegenteil vor. Das hat eine bedeutungsvolle Konsequenz. Wenn zu einer Zeit, zu der $\alpha_{\mathbb{C}} > \alpha_\odot$ ist, der Mond M bei Neumond genau zwischen der Sonne S und der Erde E steht (Abb. 1), so trifft

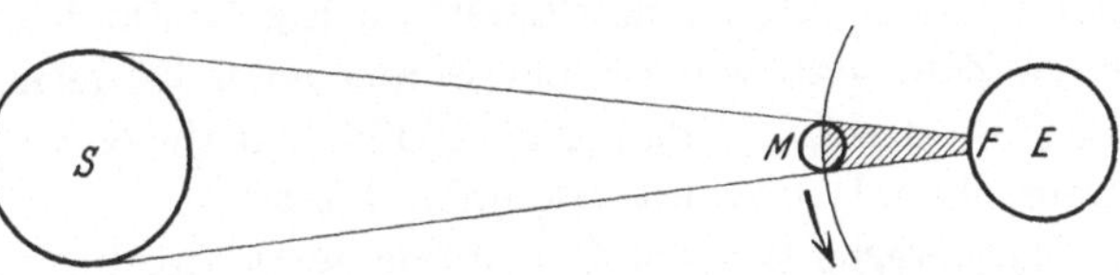

Abb. 1. Konstellation von Sonne S, Mond M und Erde E bei einer totalen Sonnenfinsternis. F Finsternisgebiet auf der Erde.

der hinter dem Monde entstehende Kegel des Kernschattens die Erdoberfläche. Für einen in dem Gebiet F der Erdoberfläche befindlichen Beobachter wird dann die Sonne durch den Mond völlig bedeckt, d. h. es entsteht eine totale Sonnenfinsternis. Dies Phänomen ist nicht nur eines der grandiosesten Naturschauspiele, sondern es bietet auch dem Sonnenforscher Beobachtungsmöglichkeiten von höchster wissenschaftlicher Bedeutung. Deshalb werden zu jeder totalen Sonnenfinsternis Expeditionen entsandt, die häufig in entlegenen Gegenden unter schwierigen äußeren Umständen ihre komplizierten und diffizilen Beobachtungsinstrumente aufbauen müssen. Denn totale Sonnenfinsternisse sind immer nur in einem schmalen, durch die Bahn des Mondschattens bestimmten Streifen der Erdoberfläche beobachtbar. Leider sind totale Sonnenfinsternisse auch relativ seltene Ereignisse, sie kommen durchschnitt-lich einmal pro Jahr vor; noch bedauerlicher ist es, daß die Dauer der eigentlichen Totalität nur kurz ist, sie kann maximal $7^1/_2$ Minuten erreichen. Schließlich hängt die Beobachtungsmöglichkeit auch noch davon ab, welche Teile der Erdoberfläche von der Totalitätszone über-strichen werden. Am 8. Juni 1937 z. B. wird eine totale Sonnenfinster-nis von 7,1 Minuten stattfinden, aber die Totalitätszone verläuft fast vollständig über dem Stillen Ozean in einem Gebiet, in dem nicht einmal die kleinste Insel vorhanden ist. Damit wird jede Beobachtung von wissenschaftlicher Bedeutung, für die die Instrumente unbedingt auf festem Boden aufgestellt sein müssen, unmöglich.

3. Entfernung, wahrer Durchmesser, Masse und Dichte der Sonne. Aus dem scheinbaren Durchmesser der Sonne und dem aus der Be-stimmung der Sonnenparallaxe bekannten mittleren Abstande zwischen Sonne und Erde

$$A = 149{,}45 \cdot 10^6 \text{ km} = 8{,}32 \text{ Lichtminuten}$$

ergibt sich der wahre Durchmesser D der Sonne zu

$$D = 2R = 1{,}39 \cdot 10^6 \text{ km} = 109 \text{ mittlere Erddurchmesser.}$$

Zwei Punkte im Zentrum der Sonnenscheibe, die von der Erde aus gesehen unter einem Winkel von $1''$ erscheinen, haben den Abstand von 720 km. Da etwa $1''$ der kleinste Winkelabstand ist, der mit einem guten Beobachtungsinstrument noch getrennt beobachtbar ist, so lehrt diese Zahl, daß wir auf der Sonne noch Entfernungen von der Größe Berlin—Basel und damit auch Flächenstücke von der Größenordnung Deutschlands distinkt erkennen können.

Das Verhältnis der Sonnenmasse $\mathfrak{M}$ zur Erdmasse $\mathfrak{m}$ hat den Wert $\mathfrak{M}/\mathfrak{m} = 332000$. Aus $\mathfrak{m} = 5{,}98 \cdot 10^{27}$ gr folgt

$$\mathfrak{M} = 1{,}98 \cdot 10^{33} \text{ gr.}$$

Das ist der Betrag der Sonnenmasse, der als Einheit zur Angabe der Massen anderer Fixsterne schon in den beiden vorhergehenden Vor-trägen vielfach verwendet worden ist.

Die Gravitationsbeschleunigung an der Sonnenoberfläche ist

$$G = 27{,}9 \cdot g = 274 \text{ m/sec}^2,$$

wobei $g = 9{,}81$ m/sec^2 die Gravitationsbeschleunigung an der Erdober-fläche bedeutet.

Für die mittlere Dichte der Sonnenmaterie, bezogen auf Wasser $= 1$, erhält man

$$\varrho = 1{,}41 \, .$$

b) Die Gesamtstrahlung der Sonne.

1. Problemstellung. Die Eigenschaft der Sonne, die nicht nur für unser Leben die wichtigste Rolle spielt, sondern aus deren Untersuchung und Messung fast alle Ergebnisse der Sonnenforschung entspringen, ist die Sonnenstrahlung. Ohne uns zunächst um die Zusammensetzung derselben zu kümmern, wollen wir die Gesamtstrahlung der Sonne, die an der Erdoberfläche auf die Flächeneinheit auftrifft, messen. Untersuchungen, die diesem Zweck dienen, sind schon seit langer Zeit von verschiedenen sehr namhaften Forschern wie POUILLET, TYNDALL, ÅNGSTRÖM durchgeführt worden und werden zur Zeit von zahlreichen Instituten fortgesetzt. Aber kein Institut hat auf diesem Gebiete so erfolgreiche Pionierarbeit geleistet wie das von S. P. LANGLEY begründete und heute von C. G. ABBOT geleitete Astrophysikalische Observatorium der Smithsonian Institution in Washington. In 25jähriger Arbeit hat

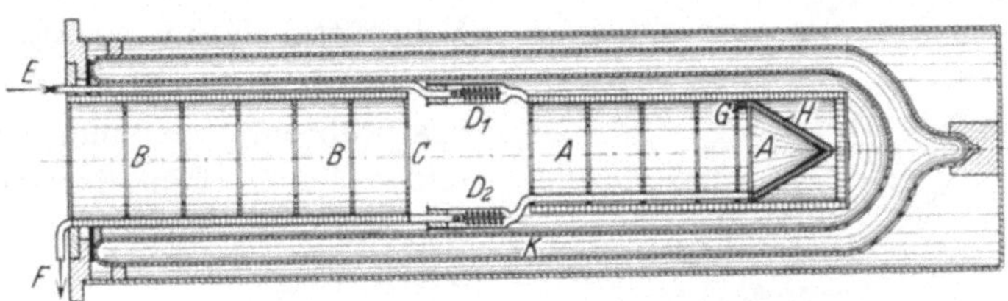

Abb. 2. Absolutes Wasserstrom-Pyrheliometer nach ABBOT.

dieses Institut die zur Messung der Gesamtstrahlung der Sonne geeigneten Instrumente und Methoden ausgearbeitet und unter Errichtung zahlreicher Zweigstationen für die Beobachtung ein umfangreiches Material zusammengetragen.

2. Absolutes Wasserstrom-Pyrheliometer. Instrumente, die zur Messung der Gesamtstrahlung dienen, werden Pyrheliometer genannt. Wir haben zwei Gruppen zu unterscheiden, nämlich absolute und relative. Die absoluten Instrumente würde man zweckmäßiger Strahlungskalorimeter nennen, denn das Prinzip der Messung besteht darin, die gesamte auffallende Strahlung in Wärme zu verwandeln und diese Wärmemenge nach kalorimetrischen Methoden zu messen.

Abb. 2 zeigt schematisch ein Wasserstrom-Pyrheliometer nach ABBOT. In einem Dewargefäß K, das zur Wärmeisolation dient, ist ein im Innern mit den Blenden B und C versehenes zylindrisches Gefäß untergebracht, das am unteren Ende einen geschwärzten Kegel enthält, der als Strahlungsempfänger dient. Das Gefäß ist von einem Mantel umgeben, der von Wasser durchströmt wird, das bei E ein- und bei F austritt. Empfindliche Widerstandsthermometer D_1 und D_2 gestatten die genaue Messung der Temperaturerhöhung des Wassers, die eintritt, wenn das Instrument eine bestimmte Zeit lang der Sonnenstrahlung ausgesetzt wird. Aus dieser Temperaturerhöhung und der Menge des pro sec hindurchströmenden Wassers läßt sich leicht die in Wärme umgesetzte Strahlungsenergie ermitteln. Zur Eichung kann mittels der Heizwicklung H dem Kegel A eine genau bekannte Wärmemenge auf elektrischem Wege zugeführt werden.

3. Relatives Silberscheiben-Pyrheliometer. Die Benutzung des eben beschriebenen oder ähnlicher absoluter Instrumente ist natürlich umständlich und schwierig. Da es aber notwendig ist, die Strahlungsmessungen an den verschiedensten Orten auch ohne das Vorhandensein der Hilfsmittel eines wohleingerichteten Instituts möglichst schnell auszuführen, hat man zahlreiche Typen von einfacheren Instrumenten ausgebildet, die durch Vergleich mit absoluten Instrumenten geeicht werden müssen. Das bekannteste dieser relativen Instrumente ist das Silberscheiben-Pyrheliometer von Abbot, das in Abb. 3 schematisch dargestellt ist. Hier fällt die Strahlung auf eine geschwärzte Silberscheibe a, die seitlich mit einer Bohrung versehen ist; in diese paßt das untere Ende b eines empfindlichen

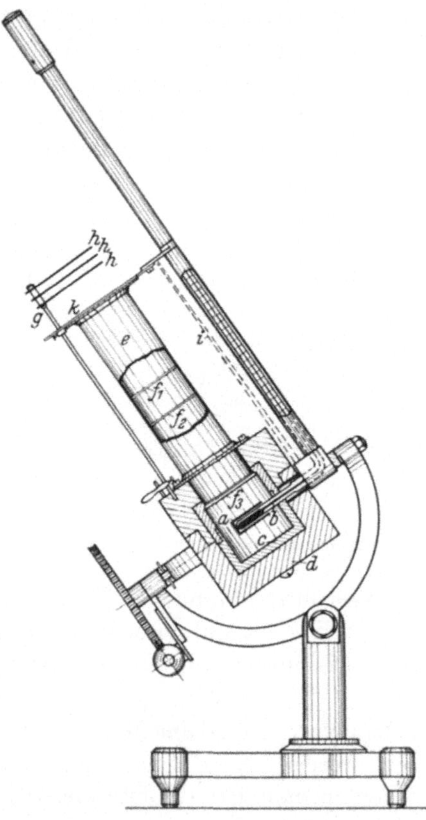

Abb. 3. Silberscheiben-Pyrheliometer nach Abbot.

Quecksilberthermometers, das rechtwinklig umgebogen an der Seite des Instruments die Ablesung der Temperaturerhöhung gestattet, die eintritt, wenn das Instrument eine bestimmte Zeit lang der Sonnenstrahlung ausgesetzt wird. Diese Temperaturdifferenz ist dann ein Maß für die Intensität der Strahlung.

4. Definition der Solarkonstante. Wenn wir ein solches Pyrheliometer an irgendeinem Punkt der Erdoberfläche auf die Sonne richten, so messen wir einen Strahlungsbetrag, der zwar für meteorologische und klimatische Untersuchungen wichtig ist, aber keineswegs das darstellt, was der Sonnenforscher gern wissen will. Denn die Sonnenstrahlung, die in das Instrument eintritt, hat die Erdatmosphäre durchsetzt und ist dabei um einen Betrag geschwächt worden, der von der Lage der Beobachtungsstation, dem Zustand der Atmosphäre und dem Stand der Sonne abhängt. Was der Sonnenforscher wissen will, ist der Betrag der Strahlungsenergie, der an der oberen Grenze der Erdatmosphäre auf die Flächeneinheit in der Zeiteinheit senkrecht auftrifft. Diese Energiemenge, ausgedrückt in cal pro cm^2 und min nennt man die *Solarkonstante S.*

5. Bestimmung der Extinktion der Erdatmosphäre. Die eigentliche Schwierigkeit der Bestimmung von S liegt in der Ermittelung der Strahlungsenergie, die beim Durchgang durch die Erdatmosphäre verloren gegangen ist. Dieselbe und ähnliche durch die Erdatmosphäre verursachte Schwierigkeiten sind es, die bei vielen astronomischen Problemen die erstrebten Lösungen begrenzen oder gar unmöglich machen. Zur Behebung dieser Schwierigkeit liegt der Gedanke nahe, die Sonnenstrahlung in verschiedenen Höhen über dem Meeresniveau zu messen und dann an die Grenze der Erdatmosphäre zu extrapolieren. Man hat das natürlich getan und ist nicht nur auf hohe Berge gestiegen, sondern hat die Meßinstrumente auch im Freiballon mitgenommen und mit dem Pilotballon in die höchsten erreichbaren Höhen hinaufgeschickt. Das Ergebnis solcher Beobachtungen zeigt Tabelle 1.

Tabelle 1. Strahlungsenergie S_E der Sonne in verschiedenen Höhen über dem Meeresniveau.

Ort	Höhe m	S_E cal/cm² min	Ort	Höhe m	S_E cal/cm² min
Kolberg	5	1,41	Jungfraujoch . .	3460	1,63
Agra (Tessin) . .	555	1,48	Mount Whitney .	4420	1,72
Davos	1600	1,59	Freiballon . . .	7500	1,76
Mount Wilson . .	1740	1,64	Pilotballon . . .	22000	1,89

Der Anstieg der Strahlungsenergie mit der Höhe ist unverkennbar, aber er erfolgt, wie man sieht, nicht gleichmäßig, so daß eine genaue Extrapolation auf die Grenze der Erdatmosphäre nicht möglich ist.

Die Methode, die allgemein in der Astronomie zur Bestimmung der Extinktion der Erdatmosphäre angewandt wird, besteht darin, im Laufe eines Tages (bzw. einer Nacht) Messungen bei verschiedenen Zenitdistanzen des betreffenden Gestirns, in unserem Falle also der Sonne, zu machen. Wie Abb. 4 zeigt, nimmt mit wachsender Zenitdistanz z die Dicke der atmosphärischen Schicht, die die Strahlung zu durchsetzen hat, proportional sec z zu. Aus den im Laufe eines Tages bei verschiedenen Zenitdistanzen und dementsprechend bei verschiedenen Dicken der atmosphärischen Schichten gemachten Messungen wird auf die Dicke Null extrapoliert; aber auch diese Methode führt nicht ohne weiteres zum Ziel. Das liegt daran, daß der Extinktionskoeffizient der Luft eine Funktion der Wellenlänge ist. Die Schwächung des Lichtes

in der Erdatmosphäre beruht ja im wesentlichen auf der Rayleighschen Streuung. Das Blau des Himmelslichtes und das Rot der unter-
gehenden Sonne zeigen deutlich, daß das kurzwellige Licht wesentlich
stärker gestreut und damit geschwächt wird als das langwellige. Es
bleibt nichts anderes übrig, als den Ex-
tinktionskoeffizienten als Funktion der
Wellenlänge zu bestimmen. Das erfordert spektrale Zerlegung des Lichtes
und die Ausbildung von Methoden, die
es gestatten, die Strahlung in den verschiedensten Wellenbereichen vergleichbar zu messen.

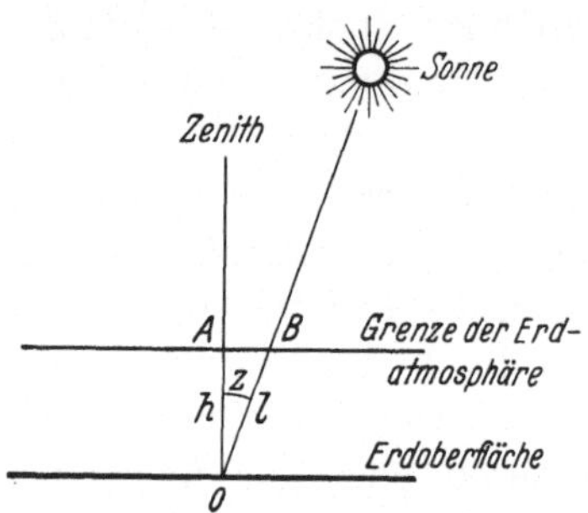

Abb. 4. Die von der Sonnenstrahlung bei
der Zenitdistanz z der Sonne durchsetzte
Dicke der Erdatmosphäre ist $l = h \cdot \sec z$.

6. Verschiedene Beobachtungsstationen.
Obwohl die soeben skizzierte Methode
prinzipiell an jedem Punkte der Erdoberfläche anwendbar ist, bleibt es trotzdem
empfehlenswert, die Beobachtungsstationen für fortlaufende Messungen
auf hohe Berge mit möglichst günstigem, insbesondere trockenem Klima
zu verlegen. Tabelle 2 gibt Namen, Lage und Höhe derjenigen Stationen, die von der Smithsonian Institution angelegt worden sind.

Tabelle 2. Beobachtungsstationen der Smithsonian
Institution.

Mount Wilson (Californien)	1740 m
Harqua Hala (Arizona)	1721 m
Table Mountain (Californien)	2286 m
Montezuma (Chile)	2711 m
Mount Brukkaros (Südwestafrika)	1586 m

Als besonders günstig hat sich die Station auf dem Montezuma in den
chilenischen Anden erwiesen. Der Montezuma ist ein völlig kahler,
vegetationsloser Berg. Infolgedessen ist die Luftfeuchtigkeit und damit
auch die Bewölkung in dieser Ge-
gend sehr gering.

7. Der Wert der Solarkonstante.
Die aus sehr vielen Einzelmessun-
gen folgenden Mittelwerte der Solarkonstante für drei etwa gleich
lange Beobachtungsepochen sind
in Tabelle 3 angegeben. Wie man

Tabelle 3. Werte der Solarkonstanten in drei Beobachtungsepochen.

Beobachtungsepoche	Solarkonstante S cal/cm² min
1902—1912	1,933
1912—1920	1,946
1919—1930	1,942

sieht, ist die Übereinstimmung insbesondere zwischen den Werten der
beiden letzten Epochen, bei denen die Beobachtungsmethoden gegenüber denen der ersten wesentlich verbessert waren, ausgezeichnet, so
daß man sagen kann, daß der Wert der Solarkonstante bis auf einen
Fehler von 0,5 % gesichert ist.

8. Umrechnung der Solarkonstante. Um die Bedeutung des Zahlenwertes der Solarkonstante besser zu erfassen, wollen wir denselben in einige andere Einheiten umrechnen. Es ist

$$S = 1{,}94 \text{ cal/cm}^2 \text{ min} = 1{,}36 \cdot 10^6 \text{ erg/cm}^2 \text{ sec} = 0{,}136 \text{ Watt/cm}^2$$
$$= 1{,}36 \text{ kW/m}^2 = 1{,}85 \text{ PS/m}^2.$$

Insbesondere die beiden letzten Zahlen müssen das Interesse des Ingenieurs erwecken. Wenn es bei Berücksichtigung der Absorption in der Erdatmosphäre möglich sein sollte, auch nur 1 PS/m² aus der Strahlungsenergie der Sonne herauszuholen, so legt das natürlich den Gedanken nahe, die Sonne direkt als energieerzeugende Maschine auszunutzen. In der Tat ist schon mehrfach versucht worden, diesen Gedanken zu verwirklichen, aber zur Herstellung technisch bedeutungsvoller Anlagen ist es bisher nicht gekommen. Auf dem Mount-Wilson-Observatorium gibt es aber eine für häusliche Koch- und Heizzwecke bestimmte Anlage zur direkten Ausnutzung der Sonnenenergie, die dauernd in Benutzung ist.

Um die gesamte auf den Querschnitt der Erde auftreffende Strahlungsenergie zu berechnen, haben wir die Solarkonstante mit πr^2 zu multiplizieren, wobei $r = 6367$ km der Radius der Erde ist. Es ergibt sich

$$E = 1{,}74 \cdot 10^{14} \text{ kW} = 2{,}36 \cdot 10^{14} \text{ PS}.$$

Das ist die große Kraftmaschine, die den Wärmehaushalt unserer Erde reguliert. Sie liefert der Erde die für unser Leben erforderliche Wärme, sie treibt die Winde, erzeugt die Wolken, bewegt die Wasser und baut im Assimilationsprozeß der Kohlensäure die Pflanzenwelt auf. Und wir wollen uns auch darüber im klaren sein, daß alle Energien, die die Maschinen der Technik betreiben, letzten Endes aus dieser Quelle stammen und nichts anderes sind als in irgendeiner Form aufgespeicherte Sonnenenergie.

9. Absolute Leuchtkraft und Energieerzeugung pro Masseneinheit. Die gesamte von der Sonne in der Zeiteinheit ausgestrahlte Energie erhalten wir durch Multiplikation der Solarkonstante mit $4\pi A^2$, wobei A der mittlere Abstand Sonne—Erde ist. Es ergibt sich

$$L = 9{,}05 \cdot 10^{25} \text{ cal/sec} = 3{,}79 \cdot 10^{33} \text{ erg/sec}$$
$$= 3{,}79 \cdot 10^{23} \text{ kW} = 5{,}15 \cdot 10^{23} \text{ PS}.$$

Dies ist die sog. absolute bolometrische Leuchtkraft der Sonne, die in den beiden vorhergehenden Vorträgen schon eine wichtige Rolle gespielt hat.

Der Vollständigkeit halber wollen wir auch die Energieerzeugung ε pro sec und pro g Sonnenmaterie angeben. Es ist

$$\varepsilon = \frac{L}{\mathfrak{M}} = \frac{3{,}79 \cdot 10^{33}}{1{,}98 \cdot 10^{33}} = 1{,}9 \text{ erg/g sec}.$$

Auf die Bedeutung dieser Zahl für die Theorie des Sonnenaufbaus ist in den vorhergehenden Vorträgen schon hingewiesen worden. Auf die

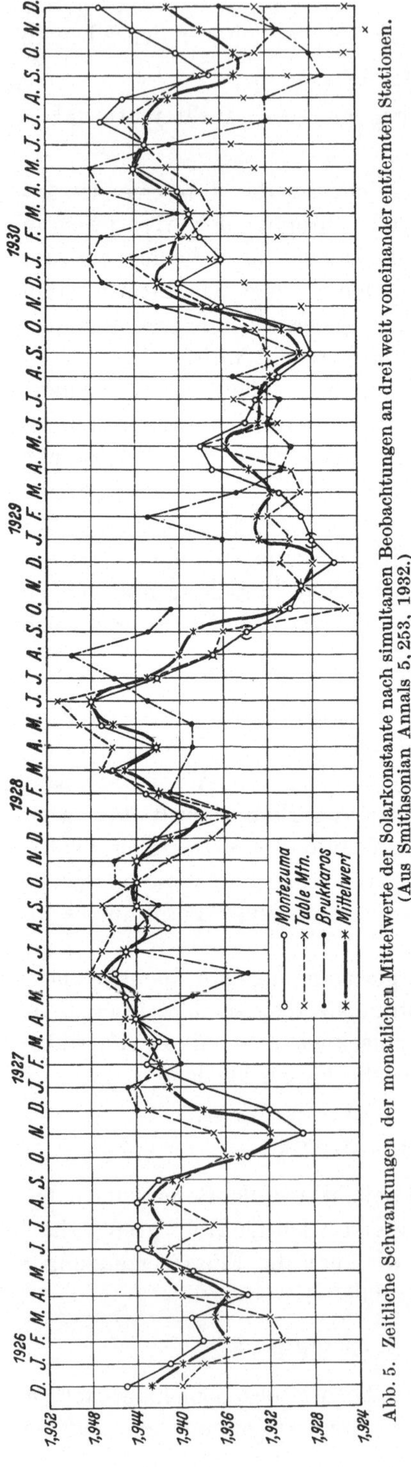

Abb. 5. Zeitliche Schwankungen der monatlichen Mittelwerte der Solarkonstante nach simultanen Beobachtungen an drei weit voneinander entfernten Stationen. (Aus Smithsonian Annals 5, 253, 1932.)

außerordentlich interessante Frage, welches die Energiequellen sein mögen, die es der Sonne ermöglichen, während der Dauer ihres auf 10^{10} bis 10^{11} Jahre geschätzten Alters diese gewaltigen Energiemengen abzugeben, wird im letzten Vortrage eine Antwort zu geben versucht werden.

10. Die Strahlungstemperatur der Gesamtstrahlung. Indem wir L durch die Oberfläche der Sonne dividieren, erhalten wir die Strahlungsenergie, die von 1 cm² Sonnenoberfläche pro sec in den Halbraum emittiert wird. Es ist

$$G = 1,49 \cdot 10^3 \ \text{cal/cm}^2 \, \text{sec}.$$

Diese Größe gestattet die Berechnung einer für die Sonne charakteristischen Temperatur, wenn wir die Annahme machen, daß die Sonne wie ein schwarzer Körper einer bestimmten Temperatur strahlt. Es handelt sich um die Temperatur, die in den allgemeinen Darlegungen des zweiten Vortrages über die Temperaturbestimmung der Fixsterne (s. S. 44) als „Strahlungstemperatur der Gesamtstrahlung" definiert und mit T_S bezeichnet worden ist. Häufig wird diese Temperatur auch schlechtweg „effektive Temperatur" genannt.

Nach dem Stefan-Boltzmann-schen Gesetz ist

$$G = \sigma \cdot T_S^4$$

mit

$$\sigma = 1,374 \cdot 10^{-12} \ \text{cal/cm}^2 \ \text{sec grad}^4.$$

Daraus ergibt sich

$$T_S = 5740^0 \ \text{abs}.$$

11. Schwankungen der Solarkonstante. Der eindeutige Nachweis von Schwankungen der Sonnenstrahlung stößt auf die große Schwierigkeit, reelle Schwankungen von solchen zu unterscheiden, die durch Änderungen des Zustandes der Erdatmosphäre vorgetäuscht werden. Eben um diese Schwierigkeit zu umgehen, wurden von der Smithsonian Institution Beobachtungsstationen an weit voneinander entfernten Punkten der Erde errichtet. Abb. 5 zeigt das Ergebnis der simultanen Messung der Solarkonstante an drei der schon früher erwähnten Stationen. Wie man bei Beachtung der Ordinatenskala erkennt, sind die hier aufgezeichneten Schwankungen gering. Die Abweichung der extremen Werte 1,948 und 1,928 beträgt nur 2 %. Zweifellos zeigt sich aber ein paralleler Gang in den Werten der Monatsmittel der verschiedenen Stationen, und ABBOT hält deshalb diese Schwankungen für reell.

Außer diesen verhältnismäßig langperiodischen Schwankungen kommen noch kurzperiodische in Frage, die in den Tageswerten der Solarkonstante auftreten. Von diesen ist zu sagen, daß sie ihrem Betrage nach immer kleiner geworden sind, je mehr die Beobachtungsmethoden verbessert wurden, und nunmehr mit etwa 0,5 % den Fehler der Beobachtungsmethoden kaum übersteigen. Trotzdem ist es wahrscheinlich, daß plötzliche Schwankungen vorhanden sind und im Zusammenhange stehen mit der Fleckentätigkeit der Sonne.

c) Die Photosphäre.

1. Größe des von einem Fernrohr erzeugten Sonnenbildes. Wir wollen nun die Oberfläche der Sonne näher betrachten. Dabei ist es selbstverständlich, daß wir das Auge in geeigneter Weise gegen die ungeheure Lichtfülle schützen müssen. GALILEIs spätere Erblindung soll auf unvorsichtige Sonnenbeobachtungen zurückzuführen sein. Der Schutz gelingt durch

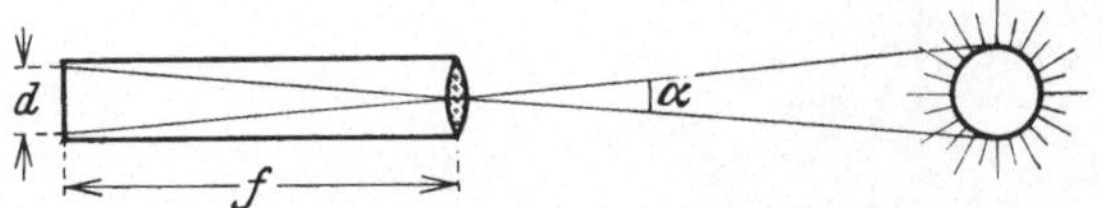

Abb. 6. Der Durchmesser d des von einem Fernrohre der Brennweite f erzeugten Sonnenbildes ist: $d = 2f \cdot \mathrm{tg}\,\dfrac{\alpha}{2}$. Mit $\alpha = 32'$ wird $d = 0,931 \cdot 10^{-2} f \cong {}^1/_{100} f$.

Zwischenschaltung von Neutral- oder Farbgläsern oder auch durch Apparate, bei denen die Polarisationserscheinungen zur Lichtschwächung ausgenutzt werden (Polarisationshelioskop). Wichtiger als die okulare Beobachtung ist heute die Photographie. Für die Größe des von einer Fernrohrlinse oder von einem Konkavspiegel entworfenen Sonnenbildes gilt folgende aus Abb. 6 ersichtliche einfache Regel: sei f die Brennweite, so ist der Durchmesser d des Sonnenbildes $d \cong f/100$, d. h. ein Fernrohr von f m Brennweite erzeugt ein Sonnenbild von etwa f cm Durchmesser.

Wollen wir also große Sonnenbilder erhalten, so ist entweder die Verwendung langbrennweitiger Fernrohre bzw. Spiegel erforderlich oder es muß das primär erzeugte Bild nochmals vergrößert werden. Bei der Aufnahme großer Photoheliogramme, die auch feine Einzelheiten wiedergeben sollen, treten nicht unerhebliche Schwierigkeiten auf, die

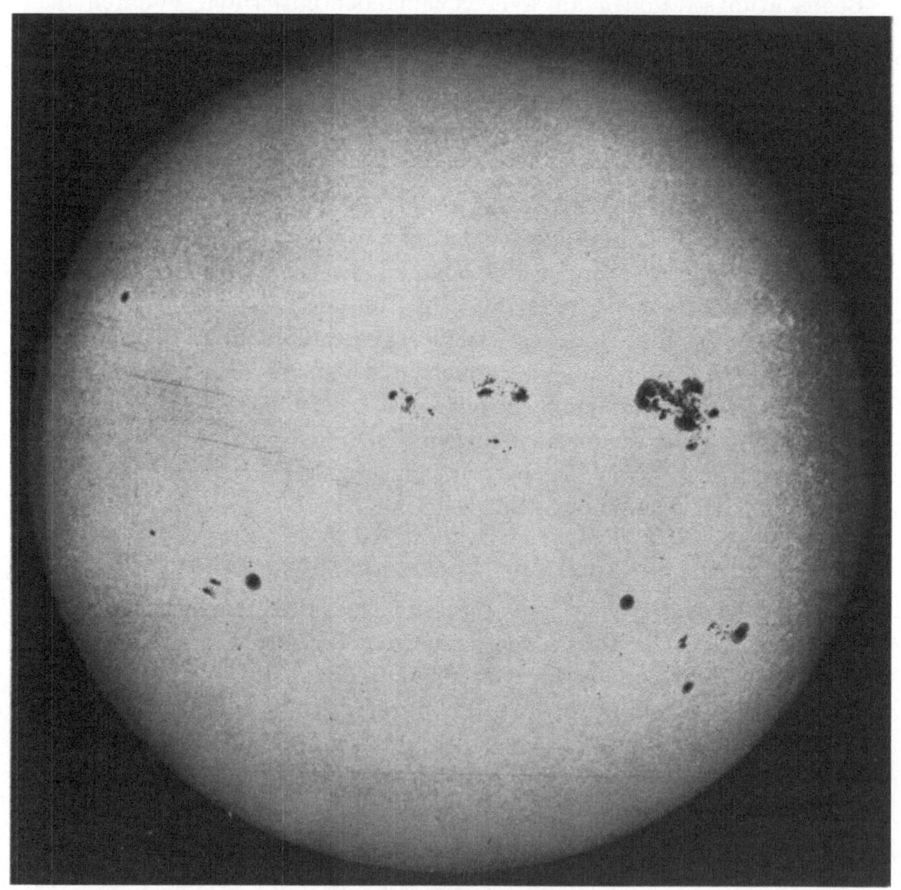

Abb. 7. Photoheliogramm der Sonne vom 12. August 1917. (Nach Ellermann, Mount-Wilson-Sternwarte.)

insbesondere durch die Verzerrung der Bilder infolge der Luftunruhe bedingt sind.

2. Photogramm der Sonne. Abb. 7 zeigt eine direkte Photographie der Sonne. Auf derselben fallen uns vor allem vier Erscheinungen auf: 1. Die Sonnenscheibe ist nicht gleichmäßig hell; die Helligkeit nimmt vielmehr von der Mitte nach dem Rande zu ab: Randverdunkelung. 2. Die Sonne zeigt Helligkeitsschwankungen in kleinen Bereichen ihrer

Oberfläche: Granulation. 3. Auf der Sonnenscheibe sind dunkle Stellen bald kleinerer, bald größerer Ausdehnung zu erkennen: die Flecken. 4. Weite Gebiete, insbesondere in der Umgebung der Flecken, erscheinen heller als ihre Umgebung: die Fackeln. Wir wollen diese Erscheinungen der Reihe nach besprechen.

3. Definition der Photosphäre. Wir müssen einige Bemerkungen allgemeiner Art vorausschicken, um den Zusammenhang mit den theoretischen Betrachtungen der beiden vorhergehenden Vorträge herzustellen. Wie dort gezeigt wurde, führt die Theorie des Sternaufbaues zu der Vorstellung, daß ein Stern als eine Gaskugel im Strahlungsgleichgewicht aufzufassen ist. Im Innern eines Sternes besteht eine je nach der Art des Sternes verschiedene Verteilung der den physikalischen Zustand der Sternmaterie charakterisierenden Größen Druck, Temperatur und Dichte, wobei das Gleichgewicht dadurch zustande kommt, daß die nach innen wirkenden Kräfte der Gravitation durch die nach außen wirkenden Kräfte des Gasdruckes und Strahlungsdruckes aufgehoben werden. Außerdem fließt dauernd ein Energiestrom von innen nach außen, durch den die im Innern des Sternes erzeugten Energiemengen nach außen abgeführt werden. Nach den heutigen Vorstellungen erfolgt dieser Energietransport im wesentlichen durch die Strahlung, die auf ihrem Wege von innen nach außen durch fortgesetzte Absorption und Reemission umgewandelt wird. Schließlich kommt mit wachsendem Abstand vom Zentrum eine Zone, in der Druck, Temperatur und Dichte solche Werte angenommen haben, daß die von innen in sie eindringende Strahlung nicht mehr vollständig absorbiert wird, sondern teilweise in den Außenraum hinausdringt. Aus dieser Zone stammt also die Strahlung, die wir zu beobachten imstande sind, und wenn wir eine vom Gesamtlicht der Sonne erzeugte photographische Aufnahme machen, so gibt uns dieselbe ein Abbild dieser Zone, aus der die Strahlung stammt. Diese Zone nennen wir die Photosphäre.

4. Die Dicke der Photosphäre. Wenn wir nach der Dicke dieser Zone fragen, so stoßen wir auf eine Schwierigkeit. Denn theoretisch reicht, wie im dritten Vortrag genauer dargelegt ist, die Photosphäre einer im Strahlungsgleichgewicht befindlichen Gaskugel bis ins Unendliche und endigt dort mit der endlichen Grenztemperatur

$$T_0 = \frac{1}{\sqrt[4]{2}} \, T_e = 0,84 \, T_e \, .$$

Mit $T_e = 5740^0$ wird $T_0 = 4830^0$.

Unter der Dicke der Photosphäre wollen wir die Dicke der Zone verstehen, in der 80 % der in den Außenraum dringenden Strahlung erzeugt werden, wobei 10 % weiter innen und 10 % weiter außen erzeugt werden sollen. Die Theorie ergibt, daß für die Sonne die so definierte Dicke von der Größenordnung 400 km ist. Das ist eine im Verhältnis zur Ausdehnung der Sonne sehr dünne Schicht. Ihr entspricht am Rande der Sonne eine Änderung der Visionsrichtung von nur etwa $^1/_2''$, so daß die Ausdehnung derselben durch direkte Beobachtung nicht feststellbar ist. Hieraus erklärt sich auch nach Schwarzschild der scheinbar scharfe Rand der Sonne. Sobald die tangential an die äußere Grenze der Photosphäre gelegte Visionsrichtung EP (s. Abb. 8) nur um $\varphi = {}^1/_7''$, der Tiefe $h = 100$ km entsprechend, nach innen verlegt wird, durchsetzt sie ein Stück $s = 23600$ km der Photosphäre, das schon völlig undurchsichtig ist. Genauere Angaben über die Temperatur- und Dichteverteilung in der Photosphäre sind in Tabelle 4, S. 88, des dritten Vortrages enthalten.

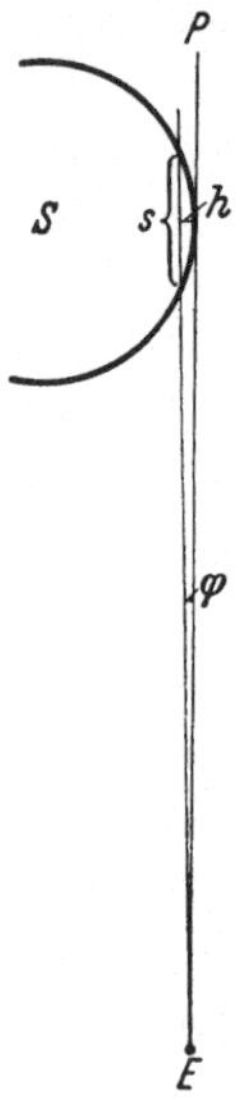

5. Randverdunkelung. Das Phänomen der Randverdunkelung und seine zuerst von Schwarzschild gegebene Deutung bildet den überzeugendsten Beweis dafür, daß die Vorstellung der Gaskugel im Strahlungsgleichgewicht richtig ist. Die Randverdunkelung könnte nicht eintreten bei einer Kugel aus fester Materie, deren Oberfläche auf eine bestimmte Temperatur erhitzt ist, dieselbe würde vielmehr gleichmäßig hell erscheinen. Die Erklärung der Randverdunkelung ergibt sich auf Grund der Berechnung, daß bei einer Gaskugel im Strahlungsgleichgewicht die Intensität der in einer bestimmten Richtung austretenden Strahlung eine Funktion des Winkels i dieser Richtung zur Richtung der Normalen auf die Sonnenoberfläche sein muß. Betrachten wir verschiedene Punkte der Sonnenscheibe, so entspricht, wie Abb. 8a zeigt, der im Abstande r vom Sonnenmittelpunkt in Richtung auf den Beobachter emittierten Strahlung ein Neigungswinkel i gegen die Normale, der bestimmt ist durch die Gleichung $\sin i = r/R$. Wie im dritten Vortrage S. 89 dargelegt ist, ergibt die Theorie für die Abhängigkeit der Intensität $I(i)$ von i das Randverdunkelungsgesetz

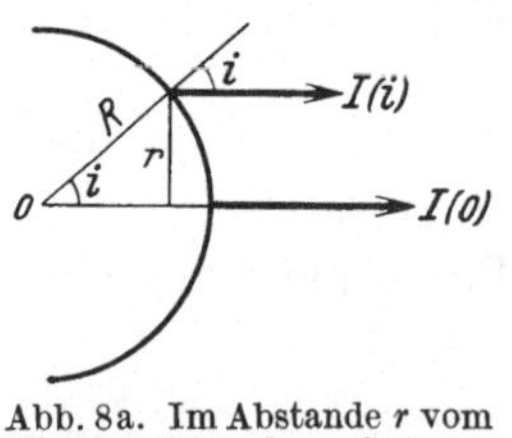

$$I(i) = I(0) \cdot \tfrac{2}{5}\left(1 + \tfrac{3}{2}\cos i\right).$$

Abb. 9 zeigt, daß Theorie und Beobachtung in guter Übereinstimmung sind.

Abb. 8.
Schema zur Erklärung des scharfen Randes der Sonnenscheibe.

E = Erde, S = Sonne.

Abb. 8a. Im Abstande r vom Mittelpunkt der Sonnenscheibe tritt die auf den Beobachter gerichtete Strahlung I unter dem Winkel i gegen die Normale aus.

Der tiefere Grund für das Zustandekommen der Randverdunkelung ist der Umstand, daß die nach außen dringende Strahlung nicht aus einer unendlich dünnen, isothermen, sondern aus einer Schicht von endlicher Dicke und bestimmter Temperaturverteilung, nämlich der Photosphäre stammt. Die im dritten Vortrage auf S. 90 mitgeteilten

Überlegungen führen zu der Konsequenz, daß die austretende Strahlung im Mittel aus Schichten um so niedrigerer Temperatur stammt, je größer i ist. Es muß also auch die spektrale Intensitätsverteilung der austretenden Strahlung eine Funktion von i sein in dem Sinne, daß in der Mitte der Sonnenscheibe die kurzwellige, am Rande die langwellige Strahlung prozentual stärker vertreten ist. Wenn wir also die Randverdunkelungskurve im nahezu monochromatischen Lichte enger Wellenlängenbereiche bestimmen, so muß der Verlauf der Kurve von der Mitte nach dem Rande um so steiler sein, je kurzwelliger das Licht ist. Daß das tatsächlich der Fall ist, zeigt Abb. 10, in der Registrierkurven der Helligkeitsverteilung quer über die Sonnenscheibe hinweg für verschiedene Wellenlängengebiete wiedergegeben sind.

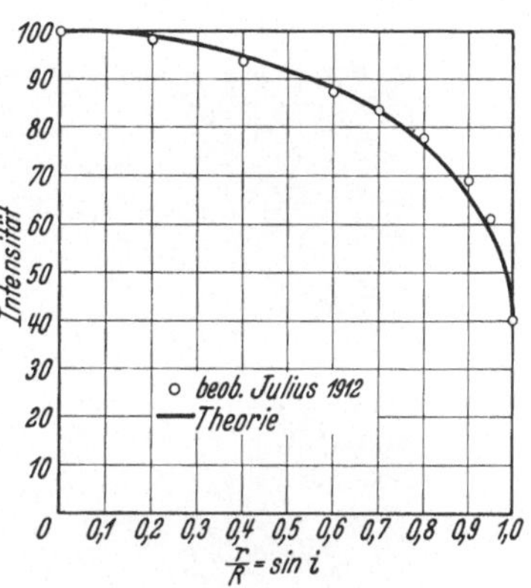

Abb. 9. Randverdunkelung der Sonnenscheibe.

6. Granulation. Gute Photoheliogramme der Sonne zeigen, daß in kleinen Bereichen der Oberfläche die Intensität in völlig unregelmäßiger Weise schwankt. Es entsteht so eine körnige Struktur der Bilder (Abb. 11), die als Granulation bezeichnet wird. Gute Aufnahmen der Granulation zu erhalten, ist eine besondere Kunst. Die mittlere Größe eines Granulums, d. h. eines einzelnen kleinen Gebietes mit erhöhter Helligkeit, wird von verschiedenen Beobachtern zu etwa 1″ angegeben,

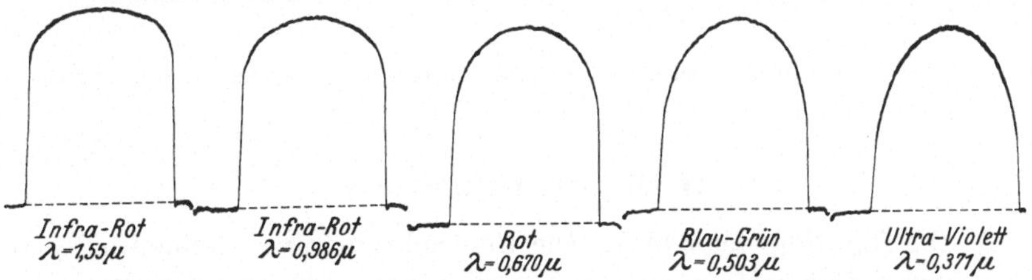

Abb. 10. Registrierkurven der Helligkeitsverteilung längs eines Durchmessers der Sonnenscheibe für verschiedene Wellenlängenbereiche des wirksamen Lichtes. (Nach ABBOT.)

so daß die ihm entsprechende Fläche etwa von der Größenordnung $^1/_2$ Deutschland ist. Obwohl es oft nicht leicht ist, wahre Veränderungen der Granulationsstruktur von solchen zu unterscheiden, die durch die Luftunruhe bedingt sind, so steht doch fest, daß die Granulationsstruktur sich zeitlich rasch ändert, so daß nach etwa 3—5 Minuten von einer zu einem bestimmten Zeitpunkt vorhandenen Struktur nichts mehr zu erkennen ist.

Die Deutung des Granulationsphänomens steht noch aus. Zweifellos zeigt dasselbe aber, daß sich die Photosphäre in dauernder ungeordneter

Bewegung befindet. Es ist verständlich, daß eine auf so hoher Temperatur befindliche Gasschicht in noch viel stärkerem Maße als etwa unsere Erdatmosphäre von auf- und absteigenden wie auch von horizontalen Strömungen durchsetzt sein muß.

Abb. 11. Granulationsstruktur nach einer Originalaufnahme von Janssen, Sonnendurchmesser etwa 60 cm.

d) Die Sonnenflecken.

1. Die Rotation der Sonne. Die Beobachtung eines Sonnenflecks an mehreren aufeinanderfolgenden Tagen ergibt, daß er scheinbar über die Sonnenscheibe hinwegwandert. Ein Fleck, der an einem bestimmten Tage am Ostrande erscheint, verschwindet nach etwa 14 Tagen am Westrande. Da derselbe Fleck, vorausgesetzt, daß er sich so lange erhält, nach weiteren 14 Tagen wieder am Ostrande erscheint, zeigt diese Beobachtung, daß die Sonne um eine Achse rotiert, die, wie die genauere Untersuchung ergibt, gegen die Normale zur Ekliptik um $7^0\,10'$ geneigt ist.

Die Festlegung der Rotationsachse ermöglicht es, auf der Sonne Koordinaten einzuführen. Wie auf der Erde, denkt man sich über die Sonne ein Netz von Längen- und Breitenkreisen gelegt und definiert die Lage eines Punktes der Sonnenoberfläche durch Angabe der heliographischen Länge und der heliographischen Breite.

Die genaue Untersuchung der scheinbaren Bewegung der Flecke ergibt, daß die Zeit zwischen zwei Durchgängen eines nahe dem Sonnenäquator gelegenen Fleckes durch den Zentralmeridian der Sonne, d. h. die sog. synodische Rotationsperiode, 27,52 Tage beträgt. Während dieser Zeit hat sich aber auch die Erde auf ihrer Bahn um die Sonne ein Stück weiterbewegt. Die sog. siderische Rotationsperiode T, d. h. die Zeit, in der sich die Sonne um 360^0 dreht, ist $T = 25{,}35$ Tage. Dem entspricht eine Lineargeschwindigkeit eines Punktes am Sonnenäquator von 2 km pro sec.

Für die Rotationsperiode ergeben sich verschiedene Werte, je nachdem ob man einen am Sonnenäquator oder einen in höheren heliographischen Breiten vorhandenen Fleck zur Beobachtung heranzieht. Tabelle 3 gibt das aus Fleckenbeobachtungen von Carrington abgeleitete Resultat für die Abhängigkeit der siderischen Rotationsperiode von der heliographischen Breite.

Tabelle 3. Abhängigkeit der siderischen Rotationsperiode der Sonne von der heliographischen Breite.

Heliographische Breite	$\pm 0^0$	$\pm 10^0$	$\pm 20^0$	$\pm 30^0$	$\pm 40^0$
Siderische Periode in Tagen . . .	25,0	25,2	25,7	26,5	27,4

Wie man sieht, nimmt die Periode mit wachsender Breite erheblich zu, d. h. die Sonne rotiert nicht wie ein starrer Körper, sondern die Rotationsgeschwindigkeit nimmt mit wachsender Breite ab.

2. Struktur, Temperatur, Lebensdauer und Größe der Flecken. Wie Abb. 7 zeigt, besteht jeder Fleck aus einem besonders dunklen zentralen Teil, der Umbra, und einem weniger dunklen, die Umbra umgebenden Teil, der Penumbra. Selbstverständlich ist die Umbra nicht völlig dunkel, auch sie emittiert Strahlung aber mit so verringerter Intensität, daß sie bei okularer Betrachtung oder auch bei photographischen Aufnahmen als schwarz erscheint. Abb. 12 zeigt nach photometrischen Auswertungen die Helligkeitsverteilung quer über einen Fleck hinweg. Wie man sieht, sinkt die Helligkeit im Zentrum der Umbra auf etwa den dritten Teil der Helligkeit in der Umgebung des Fleckes. Diese Helligkeitsabnahme kann nur durch eine Abnahme der Temperatur in dem Fleck erklärt werden. Nach dem Stefan-Boltzmannschen Gesetz ergibt sich für das Zentrum des Fleckes der Abb. 12 eine Temperatur von 4475^0. Eine Erklärung dieser Temperaturerniedrigung ergibt sich nach der von Russell entwickelten Vorstellung, daß die Sonnenflecke durch adiabatisch sich ausdehnende Gasmassen entstehen, die aus einer gewissen Tiefe unterhalb der Photosphäre aufsteigen. Da der Temperaturgradient einer solchen adiabatischen Strömung größer ist als der in den sie umgebenden, im Strahlungsgleichgewicht befindlichen Schichten, muß im Fleck eine Abkühlung eintreten.

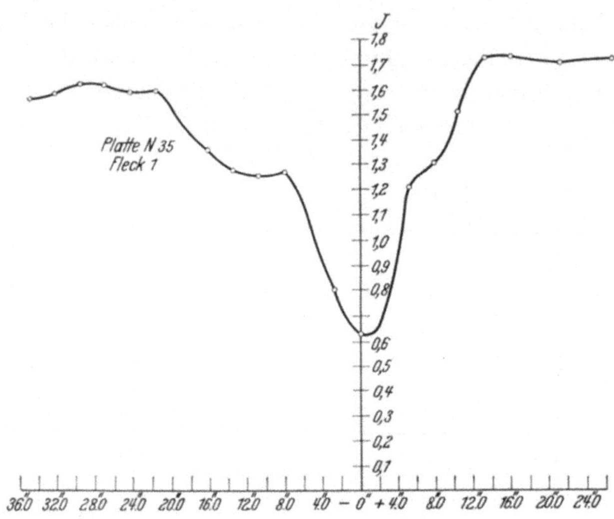

Abb. 12. Helligkeitsverteilung in einem Sonnenfleck. (Nach N. Barabascheff und B. Semejkin.)

Die Umbra erscheint bei den meisten Aufnahmen als gleichmäßig schwarzer Fleck, jedoch sind auch in ihr häufig Helligkeitsschwankungen

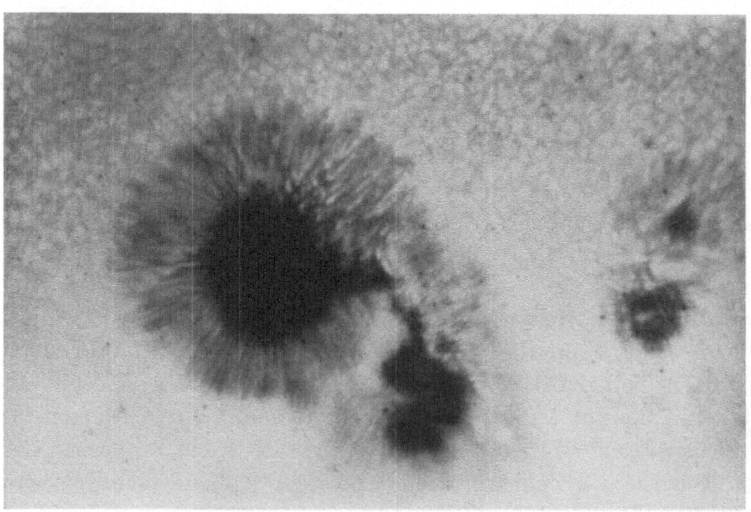

Abb. 13. Sonnenfleck mit Filamentstruktur der Penumbra. (Nach einer Aufnahme von B. Schmidt vom 15. Juni 1917 mit einem Spiegel von 9,4 m Brennweite.)

festzustellen. Viel auffälliger sind diese aber in der Penumbra, und auf guten Aufnahmen, wie z. B. in Abb. 13, kann man interessante Struktureinzelheiten erkennen. Abb. 13 erweckt den Eindruck, als bestehe die Penumbra aus säulenartigen Filamenten, die gegen das Zentrum des Fleckes hin schräg nach unten geneigt sind.

Wenn die Vorstellung der nach innen umgeklappten Säulen richtig ist, so müßte der Fleck eine Vertiefung in der Sonnenoberfläche darstellen. Bei Beobachtung der Flecken in der Nähe des Sonnenrandes

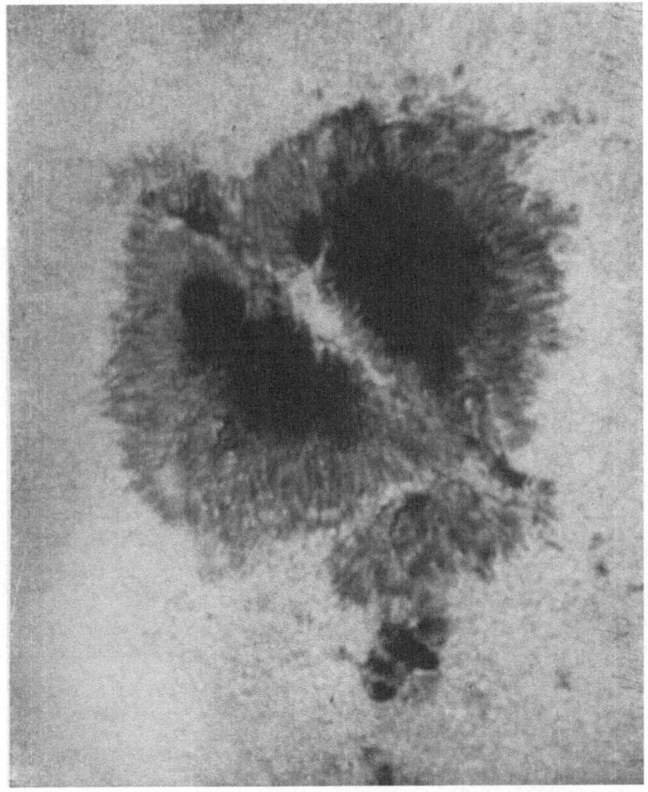

Abb. 14. Doppelfleck. (Nach einer Aufnahme von HANSKY in Pulkowo vom 16. Juli 1905.)

hat WILSON bereits 1774 Einsenkungen bis zu 3000 km festgestellt. Jedoch zeigen nicht alle Flecken das WILSON-Phänomen.

Die Lebensdauer der Flecken ist sehr verschieden. Während manche im Laufe von Stunden entstehen und wieder verschwinden, gibt es andere, die über mehrere Umdrehungsperioden der Sonne hinweg, wenn auch in veränderter Form, erhalten bleiben.

Auch die Größe der Flecken ist ganz verschieden. Neben den kleinsten, deren Größe sich kaum von der Granulationsstruktur unterscheidet, beobachten wir Gebilde von ganz gewaltigen Ausmaßen. Der größte im

8*

Jahre 1850 beobachtete Fleck hatte eine Ausdehnung von 230000 km, was etwa $^1/_6$ des Sonnendurchmessers entspricht. Flecken von 40000 km an aufwärts sind, selbstverständlich bei geeigneter Abschwächung des Lichtes, mit dem bloßen Auge beobachtbar.

Die Flecken haben eine ausgesprochene Neigung zur Vergesellschaftung. Besonders häufig treten Doppelflecken auf (Abb. 14). Sehr charakteristisch sind aber auch Anhäufungen von zahlreichen Flecken zu Fleckengruppen. Ein typisches Beispiel ist in Abb. 15 wiedergegeben. Dies Bild zeigt außerdem viele interessante Struktureinzelheiten. Wir

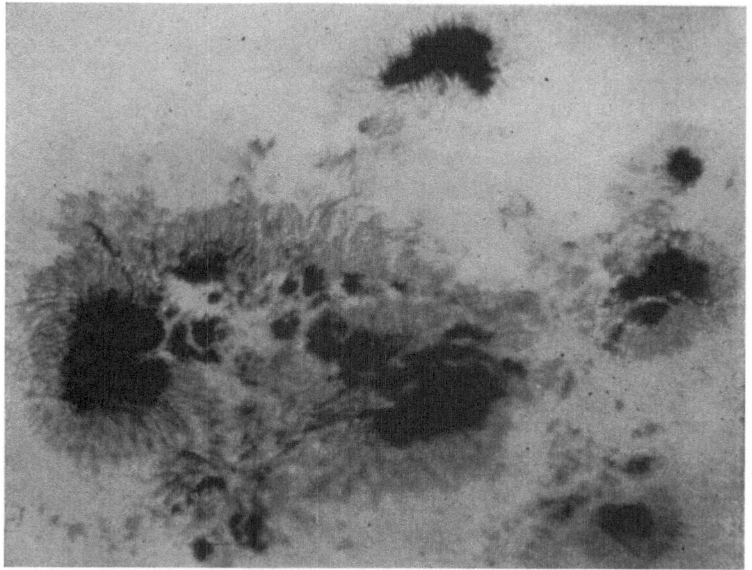

Abb. 15. Fleckengruppe. (Nach einer Aufnahme von B. Schmidt vom 8. August 1917 mit Spiegel von 9,4 m Brennweite.)

weisen hier nur auf die sog. Brücken hin, die als helle Lichtstreifen über die Umbra hinwegziehen.

3. Die 11,3 jährige Periode der Sonnenflecken. Eine der wichtigsten, sicherlich aber die bekannteste Eigenschaft der Flecken ist der 1843 von Schwabe entdeckte periodische Wechsel ihrer Häufigkeit. Als Maß für die zu einer bestimmten Zeit auf der Sonnenoberfläche vorhandene Anzahl von Flecken wurden von R. Wolf die sog. Sonnenfleckenrelativzahlen r eingeführt. Dieselben sind definiert durch

$$r = k \cdot (10\,g + f),$$

worin k eine Instrumentkonstante, g die Anzahl der Fleckengruppen und f die Anzahl der Einzelflecken bedeutet. Bei neueren Untersuchungen wird oft der von den Flecken eingenommene Bruchteil der Sonnenoberfläche als genaueres Maß angegeben. Die Sonnenflekkenrelativzahlen als Funktion der Zeit aufgetragen, ergeben (Abb. 16) die berühmte Periodenkurve der Sonnenfleckentätigkeit. Der Mittelwert der Periode ist 11,3 Jahre, jedoch schwanken die einzelnen Perioden um diesen Mittelwert nicht unerheblich. Im allgemeinen erfolgt der Anstieg vom Minimum zum Maximum im Mittel in 4,6 Jahren schneller als der Abstieg vom Maximum zum Minimum, der im Mittel 6,7 Jahre beträgt. Auch die Höhe der Maxima und die Tiefe der Minima ist Schwankungen unterworfen, in denen man wieder einen periodischen Charakter zu erkennen glaubt.

4. Sonnenfleckenzone, Spörersche Kurve. Die Sonnenflecken treten nur in einer beschränkten Zone der Sonnenoberfläche, nämlich in einem Breitengürtel von ± 40° auf. Abb. 17 zeigt in ihrer linken Hälfte die Häufigkeitsverteilung der Flecken in Abhängigkeit von der heliographischen Breite. Sie zeigt Maxima in ± 10 und 20° Breite und ein ausgesprochenes Minimum am Äquator. In Breiten größer als ± 45° ist noch nie ein Fleck beobachtet worden.

Die mittlere Breite der Flecken ändert sich im Laufe einer Periode, wie die im unteren Teile der Abb. 18 wiedergegebene, zuerst von Spörer abgeleitete Kurve zeigt. Ihr Vergleich mit der darüber befindlichen Perioden-

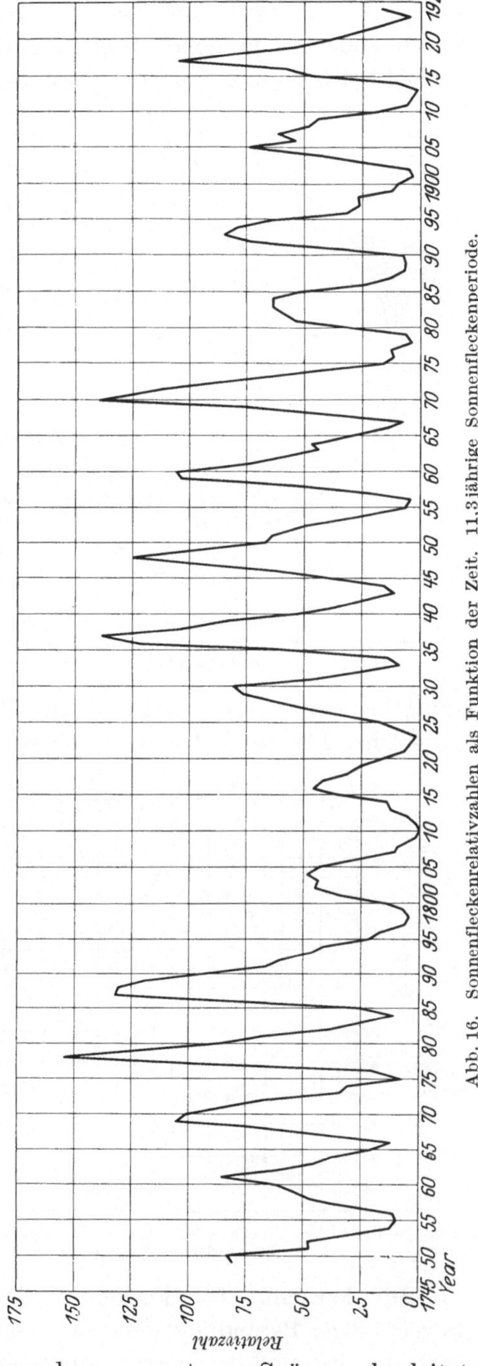

Abb. 16. Sonnenfleckenrelativzahlen als Funktion der Zeit. 11,3jährige Sonnenfleckenperiode.

kurve läßt erkennen, daß nach einem Sonnenfleckenminimum die Flecken zunächst in hohen Breiten auftreten; bei zunehmender Zahl verschiebt sich dann der mittlere Ort nach kleineren Breiten, und auch nach dem Häufigkeitsmaximum bleibt diese Tendenz der Annäherung an den Sonnenäquator bestehen. Aber bereits ehe das Minimum der Fleckenzahl erreicht ist, beginnt in hohen Breiten schon wieder die neue Periode.

Eine befriedigende Erklärung für die 11jährige Fleckenperiode und die eigenartigen Erscheinungen bei ihrem Auftreten gibt es noch nicht. Wahrscheinlich ist die Periode bedingt durch Zirkulationsströmungen unter der Oberfläche der Sonne. Ansätze zu einer solchen Theorie sind insbesondere von V. Bjerknes gegeben worden.

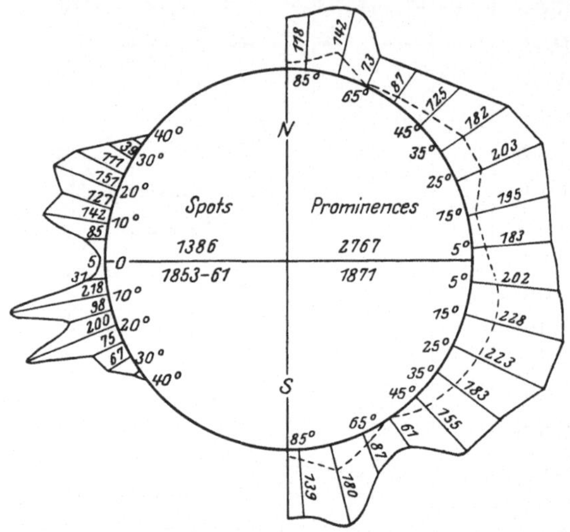

Abb. 17. Linke Hälfte: Häufigkeitsverteilung der Flecke, rechte Hälfte: Häufigkeitsverteilung der Protuberanzen in Abhängigkeit von der heliographischen Breite.

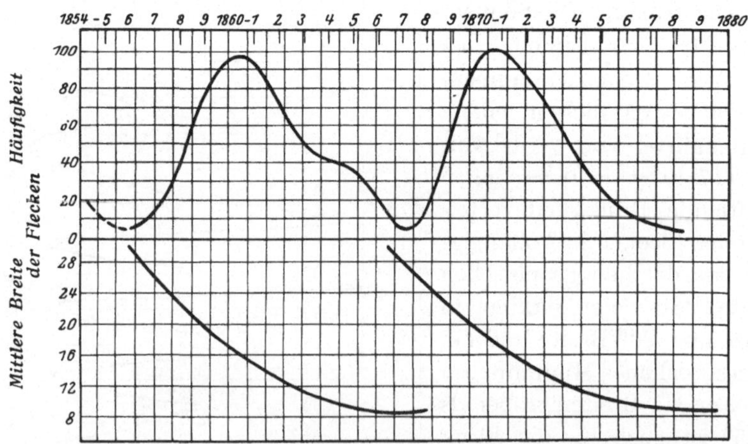

Abb. 18. Spörersches Gesetz. Obere Kurve: Häufigkeit, untere Kurve: mittlere heliographische Breite der Sonnenflecken als Funktion der Zeit.

5. Die Fackeln. Die Fackeln sind weitausgedehnte Gebiete mit unregelmäßiger Berandung, die heller erscheinen als die normale Sonnenoberfläche. Sie sind im Zentrum kaum, am Rande der Sonne aber deutlich erkennbar (Abb. 7). Das hängt wohl damit zusammen, daß dieselben in geringerem Maße dem Phänomen der Randverdunkelung unterworfen sind. Die Fackeln sind offensichtlich Gebiete erhöhter Temperatur, und aus dem ungefähren Helligkeitsverhältnis 2 : 1 zwischen Fackel und normaler Photosphäre ergibt sich ihre effektive Temperatur zu etwa 7000°. Die Fackeln treten bevorzugt in der Umgebung der Flecken auf, sind jedoch nicht auf die Fleckenzone beschränkt, sondern kommen noch in Breiten von 75—80° vor. Obwohl sich die Form der Fackeln im allgemeinen rasch verändert, ist ihre Lebensdauer im Durchschnitt doch größer als die der Flecken. Zur Zeit der Sonnenfleckenmaxima hat man Fackeln über ein Jahr lang verfolgen können. Wenn die Fackeln den Rand der Sonne erreichen, erkennt man, daß sie sich über die eigentliche Photosphäre bis zu Höhen von etwa 1000 km erheben.

e) Das Spektrum der Sonne.

1. Überblick über die Ergebnisse der spektroskopischen Sonnenforschung. Zu tiefgehenden Aufschlüssen über die Konstitution der Sonnenatmosphäre und über die Vorgänge, die sich in ihr abspielen, gelangen wir unter Ausnutzung der von der Spektroskopie entwickelten Methoden. Die auf diesem Wege erzielten Fortschritte lassen sich in drei Gruppen einteilen. 1. Die FRAUNHOFERschen Linien führen durch ihre Identifikation mit den Linien irdischer Lichtquellen zu einer qualitativen und durch die Untersuchung und Deutung ihrer Struktur zu einer quantitativen chemischen Analyse der Sonnenatmosphäre. 2. Die SAHAsche Theorie der thermischen Anregung der Linien gibt unter Ausnutzung der durch die Atomtheorie vermittelten Kenntnisse weitgehend Aufschluß über Druck, Temperatur und Ionisation in der Sonnenatmosphäre. 3. Die spektroheliographischen Methoden sowie die spektroskopischen Beobachtungen bei Sonnenfinsternissen geben Aufschluß über die Ausdehnung, Schichtung sowie die Bewegungen der Sonnenatmosphäre.

2. Kombination von Fernrohr und Spektralapparat. Das Sonnenspektrum läßt sich mit jedem Spektralapparat aufnehmen, der in geeigneter Kombination mit einem Fernrohr auf die Sonne gerichtet werden kann. Sobald es sich aber darum handelt, das von bestimmten Stellen der Sonnenoberfläche ausgehende Licht mit größtmöglicher Dispersion und Auflösungsvermögen zu untersuchen, werden Instrumente besonderer Konstruktion erforderlich, in denen langbrennweitige Fernrohre mit großen Spektralapparaten kombiniert sind. Da solche Spektralapparate wegen ihrer großen Dimensionen und ihrer Temperaturempfindlichkeit ortsfest in thermokonstanten Räumen aufgestellt werden müssen, muß man dem Fernrohr eine feste Richtung geben und durch davorgesetzte bewegliche Spiegel dafür sorgen, daß das Licht bei beliebiger Stellung der Sonne in das Fernrohr hineingeleitet wird. Als zweckmäßigste Anordnung hat sich die vertikale Stellung des Fernrohres ergeben, und solche Instrumente, die zuerst auf der Mount-Wilson-Sternwarte in Kalifornien ausgeführt worden sind, werden Turmteleskope genannt.

3. Turmteleskope. Abb. 19 zeigt schematisch die Anordnung eines Turmteleskops. Auf der oberen Plattform eines eisernen Gerüstes ist der aus zwei Spiegeln bestehende Heliostat angebracht. Der erste Spiegel (links noch einmal herausgezeichnet) ist um eine zur Erdachse parallele Achse mit Uhrwerk drehbar. Er fängt das Licht der Sonne auf, wirft es auf den zweiten Spiegel, der so eingestellt ist, daß das reflektierte Licht senkrecht nach unten auf die unter dem Heliostaten befindliche Linse des Fernrohres fällt. Diese erzeugt etwa in der Höhe des Erdbodens das Sonnenbild. Der Spektralapparat oder die Spektralapparate — häufig sind, wie auch in Abb. 19 angedeutet, zwei vorhanden — sind in einem vertikal nach unten in den Erdboden eingegrabenen Schacht angebracht, in dem sich die Temperatur sehr genau konstant halten läßt. In der Ebene des Sonnenbildes befinden sich die Spalte der Spektralapparate. In Abb. 19 ist links ein Gitterspektrograph in sog. Autokollimationsanordnung und rechts ein Prismenspektrograph angedeutet. Das spektral zerlegte Licht geht wieder vertikal nach oben, so daß die Kassetten zur Aufnahme des Spektrums bequem zu ebener Erde in derselben Höhe wie die Spalte angebracht werden können.

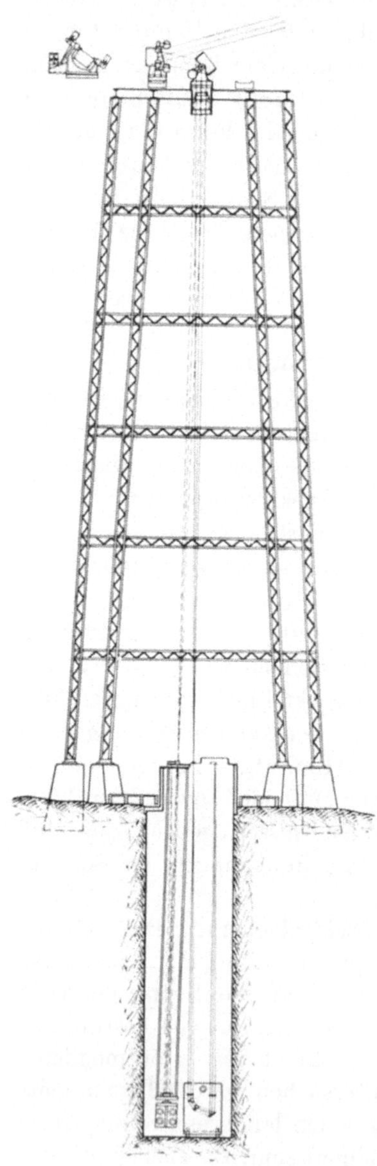

Abb. 19. Schematische Darstellung eines Turmteleskopes.

Auf der Mount-Wilson-Sternwarte sind zwei Turmteleskope vorhanden. Das kleinere, 1908 gebaute hat eine Brennweite von 18,3 m und erzeugt ein Sonnenbild von 17 cm ⌀. Der Gitterspektrograph hat 'eine

Brennweite von 9,1 m und in der 1. Ordnung eine Dispersion von 2,2 Å/mm.

Abb. 20 zeigt das große, 1913 erbaute Turmteleskop von 50 m Höhe.

Abb. 20. 50-m-Turmteleskop der Mount-Wilson-Sternwarte.

Die Brennweite des Fernrohrobjektivs ist 45,7 m, so daß das Sonnenbild einen Durchmesser von 43 cm hat. Der Spektrographenschacht ist 24,5 m tief, der in ihm untergebrachte Gitterspektrograph hat eine Brennweite von 23 m. Die Dispersion beträgt in 1. Ordnung 0,7 Å/mm.

In der 3. Ordnung haben die beiden D-Linien des Na einen Abstand von 29 mm.

Abb. 21 zeigt einen Querschnitt durch das 1919 erbaute Turmteleskop des Institutes für Sonnenphysik in Potsdam. Die Anordnung ist im Prinzip dieselbe wie bei den amerikanischen Instrumenten, jedoch ist der Turm zu einem richtigen Gebäude ausgestaltet und hat in seinem Keller einen Laboratoriumsraum, in dem auch Vergleichslichtquellen komplizierterer Art wie z. B. elektrische Öfen aufgestellt werden können. Die Spektrographen sind in einem aus wärmeisolieren-

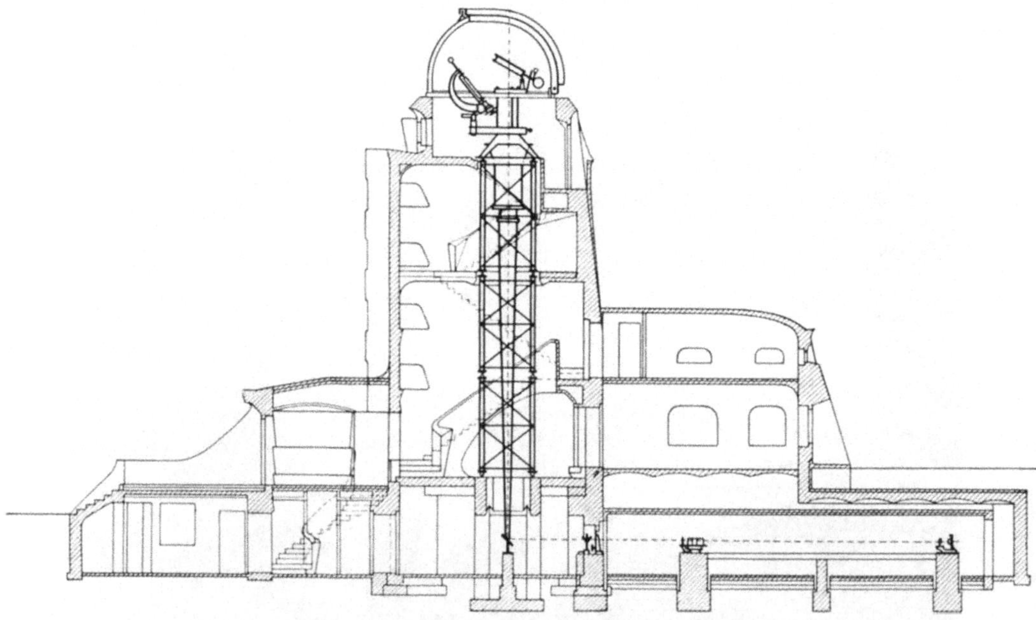

Abb. 21. Querschnitt durch das Turmteleskop des Potsdamer Institutes für Sonnenphysik.

dem Material hergestellten horizontalen Kasten aufgestellt, was den Vorteil hat, daß sie bequemer zugänglich sind. Die Brennweite der Fernrohrlinse beträgt 14,5 m, ihr entspricht ein Sonnenbild von 13,5 cm. In dem Spektrographenraum sind 2 Spektrographen untergebracht. Der Plangitterspektrograph in Autokollimationsaufstellung hat eine Brennweite von 12 m. Die Dispersion beträgt in 1. Ordnung 1,33 Å/mm. Außer diesem Gitterspektrographen ist noch ein sehr lichtstarker, großer Prismenspektrograph vorhanden.

4. Das kontinuierliche Sonnenspektrum. Das kontinuierliche Sonnenspektrum (s. Abb. 4 des 3. Vortrages, S. 47) erstreckt sich vom äußersten Ultrarot mit ansteigender Intensität ins sichtbare Gebiet, erreicht im Blaugrünen bei λ 4750 Å ein Maximum der Intensität und fällt nach dem Ultraviolett wieder ab. Sowohl die langwellige wie auch die kurzwellige Grenze des beobachtbaren Spektralgebietes sind nicht durch den wahren Intensitätsabfall, sondern durch Absorptionseffekte in der Erdatmosphäre bedingt. Die langwellige Grenze liegt bei $5,3\,\mu$. Das Fehlen noch langwelligerer Strahlung wird auf die Absorption durch Kohlensäure und Wasserdampf der Erdatmosphäre zurückgeführt. Die kurzwellige Grenze liegt praktisch bei etwa 2950 Å. Die kürzeste bisher beobachtete Wellenlänge (Götz, Arosa) ist λ 2863 Å. Der sehr steile Abfall am ultravioletten Ende ändert sich auch bei Beobachtung im Hochgebirge nicht wesentlich. Als Ursache für dies plötzliche Abbrechen des Spektrums sehen wir heute die Absorption des kurzwelligen Lichtes in der Ozonschicht der Erdatmosphäre an, die in etwa 30 km Höhe über der Erde liegt.

5. Die Intensitätsverteilung des kontinuierlichen Spektrums. Zur Messung der Intensitätsverteilung der an der Oberfläche der Erde auftreffenden Sonnenstrahlung benutzt man Spektralapparate, bei denen Bolometer, Thermoelemente oder Mikroradiometer zur Strahlungsmessung verwendet werden. Die Reduktion der Messungen auf die extraterrestrischen Werte erfolgt nach den Methoden, die bereits bei der Besprechung der Solarkonstante skizziert wurden. Das Ergebnis ist in Abb. 22 dargestellt. Als Abszisse ist die Wellenlänge in μ, als Ordinate die Strahlungsenergie $E\,(\lambda,\ T)$ in 10^{13} erg/cm^2 sec als Einheit aufgetragen. Die obere der beiden ausgezogenen Kurven entspricht der Strahlung des Zentrums der Sonnenscheibe, die untere der über die ganze Sonnenscheibe gemittelten Strahlungsenergie. Die gestrichelten Kurven zeigen die Energieverteilung von schwarzen Körpern der Temperaturen 5000°—8000° entsprechend der Planckschen Funktion. Wie man sieht, entspricht die Energieverteilung der Sonnenstrahlung zwar in großen Zügen der eines schwarzen Körpers bestimmter Temperatur, weicht

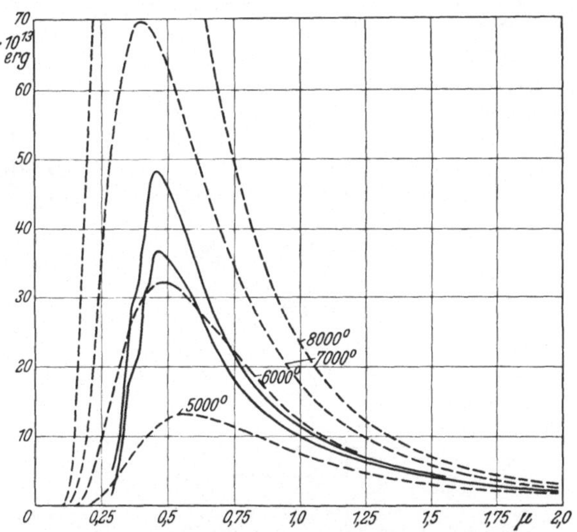

Abb. 22. Obere ausgezogene Kurve: Energieverteilung des kontinuierlichen Sonnenspektrums im Zentrum der Sonnenscheibe. Untere ausgezogene Kurve: Energieverteilung gemittelt über die ganze Sonnenscheibe. Gestrichelte Kurven: Energieverteilungen schwarzer Körper der angegebenen Temperatur. (Nach M. Minnaert.)

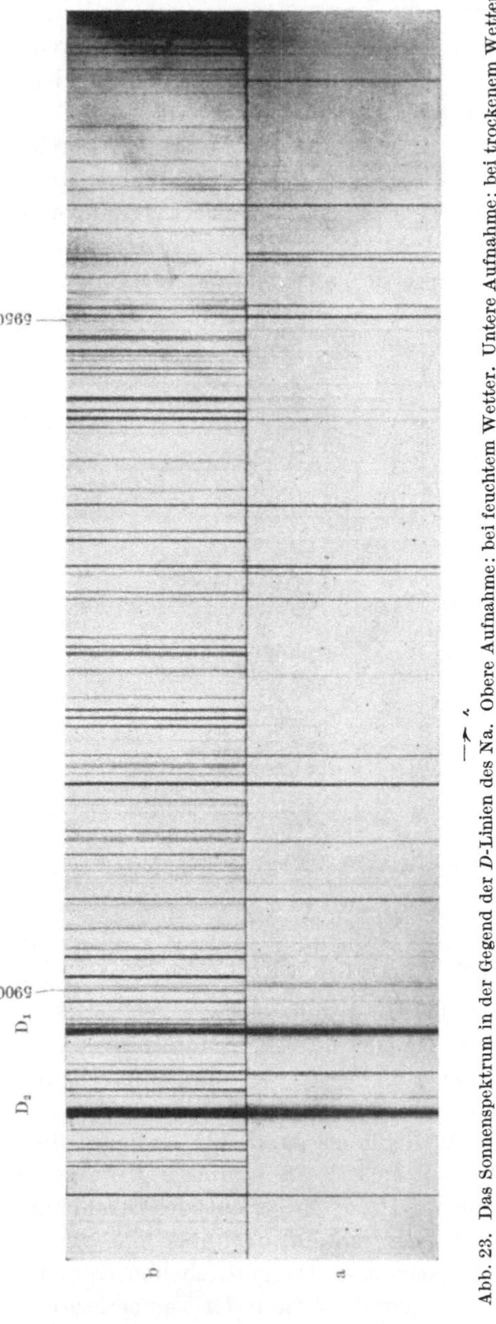

Abb. 23. Das Sonnenspektrum in der Gegend der D-Linien des Na. Obere Aufnahme: bei feuchtem Wetter. Untere Aufnahme: bei trockenem Wetter. (Nach Jewell.)

aber doch nicht unerheblich von einer Planckschen Kurve ab. Auf die Bedeutung dieser Abweichungen für das Problem der Temperaturbestimmung ist im dritten Vortrage ausführlich hingewiesen worden. Dort (s. S. 51) sind auch die Resultate, die sich den verschiedenen Temperaturdefinitionen entsprechend für die Sonne ergeben, mitgeteilt und diskutiert worden.

6. Die Fraunhoferschen Linien. Die Fraunhoferschen Linien zeichnen sich als dunkle Striche auf dem hellen Grunde des kontinuierlichen Spektrums ab. Die stärksten unter ihnen sind schon von Fraunhofer mit den großen Buchstaben des Alphabets bezeichnet wor-

Tabelle 4. Die stärksten Fraunhoferschen Linien.

Buch-stabe	Wellen-länge Å	Ele-ment	Ursprung
A	7593	O_2	
a	7183	H_2O	Erd-atmosphäre
B	6867	O_2	
C	6563	H_α	
D_1	5896	Na	
D_2	5890		
E	5270	CaFe	
	5269	Fe	
b_1	5183	Mg	
b_2	5173	Mg	
b_3	5169	Fe	Sonnen-atmosphäre
b_4	5167	Mg	
F	4861	H_β	
f	4340	H_γ	
G	4308	FeTi	
g	4227	Ca	
h	4102	H_δ	
H	3967	Ca^+	
K	3933		

den, später sind einige dazwischenliegende Linien mit kleinen Buchstaben gekennzeichnet worden. Tabelle 4 gibt die Wellenlängen dieser bekanntesten FRAUNHOFERschen Linien.

In späterer Zeit ist diese Nomenklatur bis zum Buchstaben T am ultravioletten Ende des Spektrums fortgesetzt worden.

7. Unterscheidung zwischen solaren und terrestrischen Linien. Wichtig ist die Entscheidung darüber, ob eine Linie in der Sonnen- oder Erdatmosphäre entsteht. Sie kann nach verschiedenen Methoden getroffen werden. Wenn eine Linie durch Absorption in der Luft der Erdatmosphäre entsteht, so muß ihre Intensität bei tiefem Stande der Sonne größer sein als bei hohem, weil im ersteren Falle die zu durchdringende Luftschicht wesentlich dicker ist. Auf diese Weise hat man z. B. ermittelt, daß die starken Absorptionsgebiete A und B auf den Sauerstoff der Luft zurückzuführen sind.

Abb. 23 a und b zeigen die Gegend der D-Linien. Während die Intensität der D-Linien auf beiden Aufnahmen dieselbe ist, sind zahlreiche schwächere Linien auf Abb. 23 b wesentlich verstärkt. Die Aufnahme der Abb. 23 a ist bei trockenem, die der Abb. 23 b bei feuchtem Wetter gemacht. Die Vermutung, daß die zahlreichen schwachen Linien von der Absorption des Wasserdampfes der Erdatmosphäre herrühren, wird durch Laboratoriumsuntersuchungen bestätigt. Man nennt diese Gruppe von Linien die „Regenbande".

Bei manchen schwachen Linien gelingt es nicht so einfach, den terrestrischen oder solaren Ursprung festzustellen. Ein sicheres Kriterium liefert dann aber die Feststellung, ob die Linien den durch die Rotation der Sonne bedingten Dopplereffekt zeigen oder nicht.

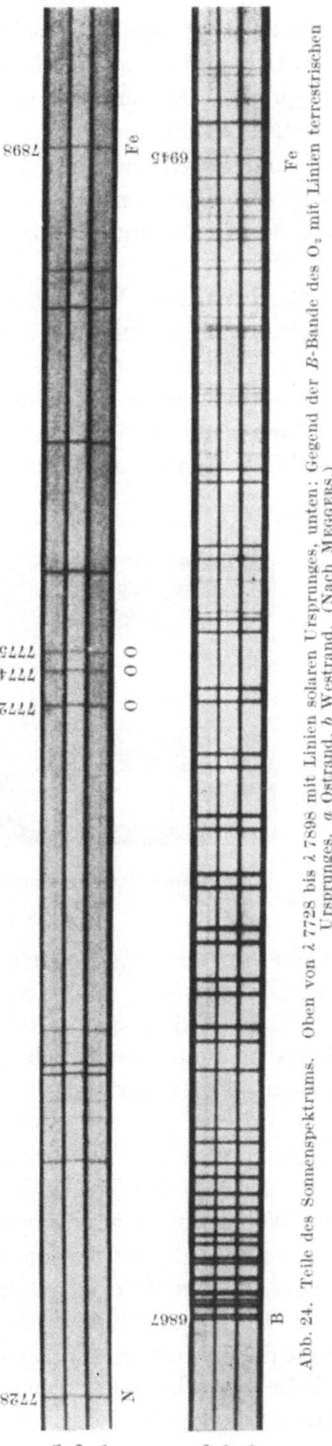

Abb. 24. Teile des Sonnenspektrums. Oben von λ 7728 bis λ 7898 mit Linien solaren Ursprunges, unten: Gegend der B-Bande des O_2 mit Linien terrestrischen Ursprunges. a Ostrand, b Westrand. (Nach MEGGERS.)

Abb. 24 zeigt zwei Spektralaufnahmen, deren oberer und unterer Teil dem Ost- und deren mittlerer Teil dem Westrande des Sonnenäquators entspricht. Man erkennt deutlich die Verschiebung der Linien. Linien, die die Verschiebung nicht zeigen, sind terrestrischen Ursprungs. Man hat andererseits aus der Messung der Dopplerverschiebung die Rotationsgeschwindigkeit der Sonne bestimmt. Die so erhaltenen Resultate bestätigen und ergänzen die aus Fleckenbeobachtungen gewonnenen Werte.

8. Rowlands Wellenlängentabelle. Nach den grundlegenden Arbeiten von Fraunhofer, Kirchhoff, Ångström hat sich insbesondere H. A. Rowland um die genaue Vermessung der Wellenlängen der Fraunhoferschen Linien große Verdienste erworben. Im Jahre 1896 erschien seine Preliminary table of solar spectrum wave lengths, in der die Wellenlängen und Intensitäten von 20027 Linien angegeben sind.

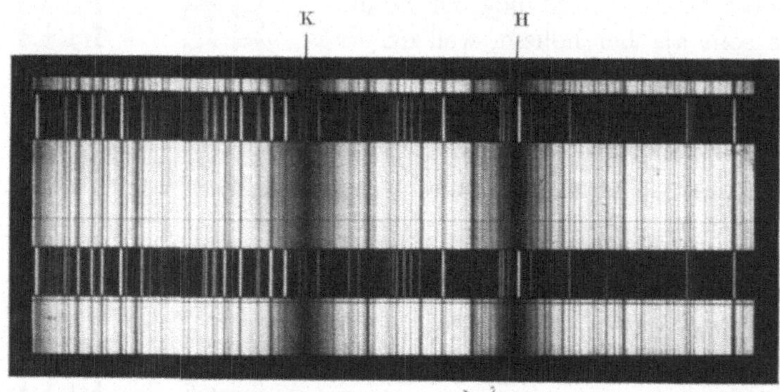

Abb. 25. Identifikation der Fraunhoferschen Linien. Mittlerer, oberster und unterster Streifen: Sonnenspektrum in der Gegend der Linien *H* und *K*. Die beiden dunklen Streifen: Emissionsspektrum des Eisenbogens.

In der Folgezeit stellte sich allerdings heraus, daß die Rowlandsche Wellenlängenskala mit kleinen systematischen Fehlern behaftet ist. Die Mount-Wilson-Sternwarte hat dann mit ihren großen Hilfsmitteln die ganze mühsame Arbeit noch einmal durchgeführt, und seit 1928 besitzen wir in der sog. Revision of Rowlands preliminary table ein Standardwerk über das Sonnenspektrum, das allen modernen Anforderungen gerecht wird. In diesem von St. John, C. E. Moore, L. M. Ware, E. F. Adams und H. D. Babcock herausgegebenem Bande sind für den Wellenlängenbereich von λ 2975 bis λ 10218 die Wellenlängen, Intensitäten, Identifikationen und sonstige Bestimmungsgrößen von 21835 Fraunhoferschen Linien angegeben.

9. Die Identifikation der Fraunhoferschen Linien. In welcher Weise die Identifikation vor sich geht, zeigt Abb. 25, auf der im mittleren Teil der Bereich des Sonnenspektrums in der Gegend der Linien *H* und *K* und darüber und darunter das Emissionsspektrum eines Eisenbogens abgebildet ist. Man erkennt deutlich, daß alle Eisenlinien mit Fraunhoferschen Linien zusammenfallen.

Auf diese Weise ist es gelungen, von den 21 835 Linien 12 502, d. h. also 57%, mit bekannten Linien der Elemente zu identifizieren. Das erscheint zunächst nicht sehr viel, man muß jedoch hinzufügen, daß mit nur ganz wenigen Ausnahmen alle stärkeren Linien identifiziert sind, und daß die fehlenden 43% sich hauptsächlich aus den schwachen Linien rekrutieren, deren Identifikation auch schon deshalb schwierig ist, weil die Kriterien zur Vermeidung zufälliger Koinzidenzen häufig bei ihnen versagen.

10. Qualitative Spektralanalyse der Sonnenmaterie. Von den 92 auf der Erde bekannten Elementen sind 57 auf der Sonne mit Sicherheit nachgewiesen. Von den fehlenden 35 sind 17 möglicherweise vorhanden, jedoch gelingt ihr Nachweis nicht völlig sicher. 18 Elemente lassen sich bisher nicht nachweisen. Die Elemente, die mit den zahlreichsten Linien vertreten sind, sind die Metalle der Eisengruppe. Fe mit 3288, Ti mit 1085, Cr mit 1028, Co mit 785, Ni mit 627, V mit 618, Mn mit 458 Linien. Zu den Elementen, die sich

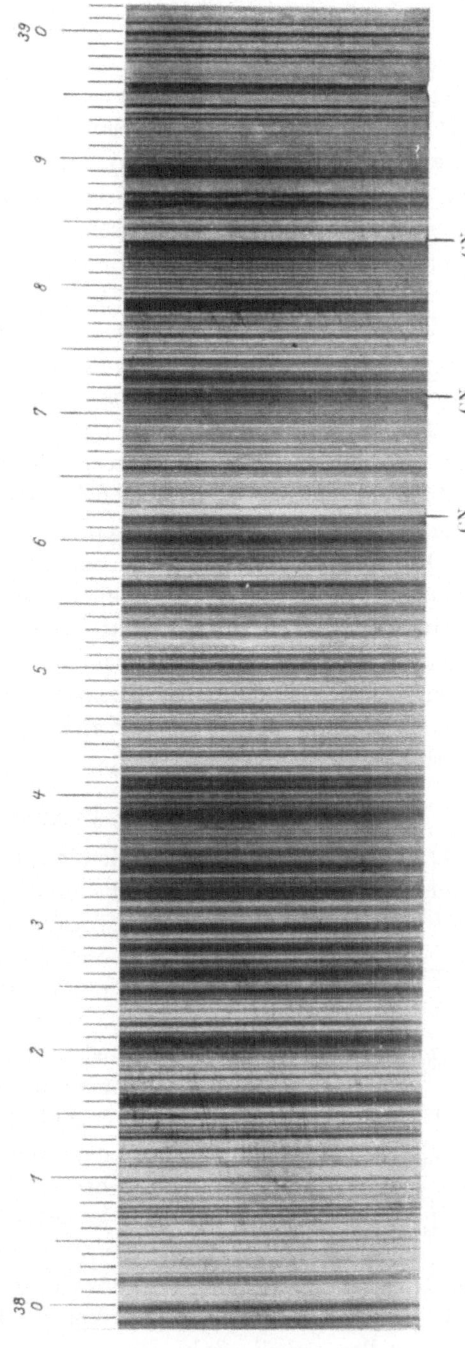

Abb. 26. Sonnenspektrum von λ 3800 bis λ 3900 mit Cyanbanden bei λ 3883, λ 3872 u. λ 3862.

bisher nicht nachweisen ließen, gehören die Edelgase, Ne, Ar, Kr, X, Em, die Halogene Fl, Cl, Br, J und eine Reihe der schweren Metalle wie Os, Ir, Pt, Ta, Au, Hg, Bi, dagegen ist die Mehrzahl der seltenen Erden neuerdings nachgewiesen worden. Besonders bemerkenswert ist das Fehlen der Halogene, da diese, vor allem Cl, auf der Erde sehr stark vertreten sind. Man muß hierbei jedoch bedenken, daß die Halogene spektroskopisch nur schwer nachweisbar sind, weil ihre stärksten und charakteristischsten Linien im extremen Ultraviolett liegen und sich daher der Beobachtung im Sonnenspektrum entziehen.

Während die bisher besprochenen Sonnenlinien ihrem Ursprunge nach ausschließlich den Atomen der betreffenden Elemente zuzuordnen sind, gibt es einige charakteristische Liniengruppen, die den Typus von Banden haben und ihren Ursprung dem Vorhandensein von Molekülen verdanken. Das bekannteste Beispiel hierfür ist die in Abb. 26 wiedergegebene Bandengruppe bei $\lambda\,3883$, die dem Cyanmolekül CN zuzuordnen ist. Außerdem lassen sich folgende Moleküle nachweisen: C_2, OH, NH, CH. Es handelt sich durchweg um dem Chemiker unbekannte Verbindungen; sie stellen die nur bei hohen Temperaturen beständigen Dissoziationsprodukte normaler Verbindungen dar.

Zusammenfassend läßt sich sagen, daß die aus der Identifikation der Linien folgende qualitative Spektralanalyse der Sonnenmaterie den Hinweis auf eine der Erde sehr ähnliche chemische Zusammensetzung liefert.

f) Die Struktur der Fraunhoferschen Linien.

1. Linienkonturen. Die Möglichkeit, die qualitative Spektralanalyse zu quantitativen Angaben über die Mengen der in der Sonnenatmosphäre vorhandenen Elemente zu erweitern, ergibt sich aus der genauen Bestimmung des Intensitätsverlaufes der Fraunhoferschen Linien. Schematisch ist derselbe in Abb. 27 dargestellt. Die genaue Messung der Intensität als Funktion von λ, d. h. die Bestimmung der wahren Linienkontur, ist vom beobachtungstechnischen Standpunkte keine einfache Aufgabe, sie gelingt aber mit den Hilfsmitteln der modernen Turmteleskope wenigstens für die stärkeren Linien.

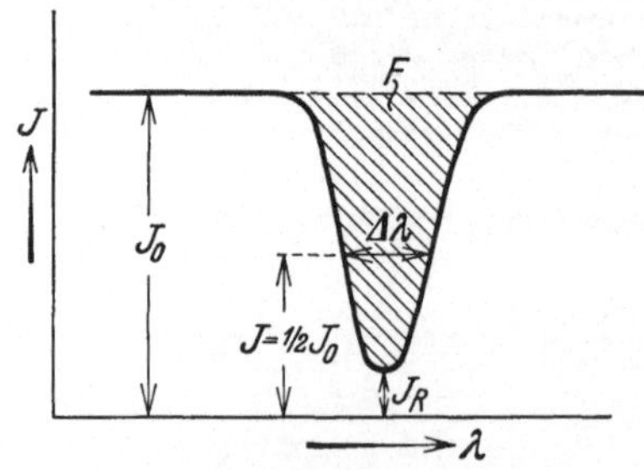

Abb. 27. Schematische Darstellung des Intensitätsverlaufes innerhalb einer Fraunhoferschen Linie.

Wenn wir aus dem bekannten Verlauf der Linienkontur Rückschlüsse ziehen wollen auf die Zahl der Atome, die an der Entstehung der betreffenden Linie beteiligt sind, so müssen wir uns theoretische Vorstellungen darüber bilden, durch welche physikalischen Prozesse die FRAUNHOFERschen Linien entstehen.

2. Absorption und Streuung. Die landläufige Vorstellung hierüber ist die folgende: Über der Photosphäre, von der die kontinuierliche Strahlung ausgeht, liegt eine Atmosphäre von Gasen und Dämpfen. Diese Atmosphäre ist für die kontinuierliche Strahlung völlig durchlässig mit Ausnahme der schmalen Wellenlängenbereiche, in denen die Atome ihren Eigenfrequenzen entsprechend selektiv absorbieren. Nach dieser Auffassung ist also die Entstehung der FRAUNHOFERschen Linien ganz analog zu dem bekannten Laboratoriumsversuch, bei dem (s. Abb. 28) das von einer Glühlampe hoher Temperatur kommende Licht eine mit Kochsalz getränkte Bunsenflamme niederer Temperatur

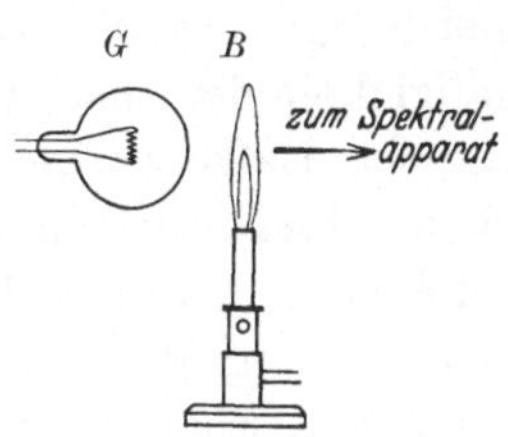

Abb. 28. Laboratoriumsversuch zur Erläuterung der Entstehung der FRAUNHOFERschen Linien. $G =$ Glühlampe hoher Temperatur, $B =$ mit Na getränkte Bunsenflamme niedrigerer Temperatur.

durchsetzt und bei spektroskopischer Untersuchung die D-Linien des Na in Absorption, d. h. dunkel auf hellem Grunde zeigt.

Auf Grund dieser einfachen Vorstellung über die Entstehung der FRAUNHOFERschen Linien kommen wir zu folgendem Ansatz: Bezeichnen wir (s. Abb. 29) die Intensität der photosphärischen Strahlung bei der Wellenlänge λ einer atomaren Absorptionslinie mit J_0, die Intensität der an der Grenze der Atmosphäre senkrecht zur Oberfläche austretenden Strahlung mit $J(\lambda)$, den atomaren Absorptionskoeffizienten, der sich im Wellenlängenbereich der Linie stark ändert, mit $k(\lambda)$, die Zahl der absorptionsfähigen Atome pro cm³ mit N und die gesamte Schichtdicke mit H, so ist

$$J(\lambda) = J_0 \cdot e^{-k(\lambda) \cdot N \cdot H}. \qquad (1)$$

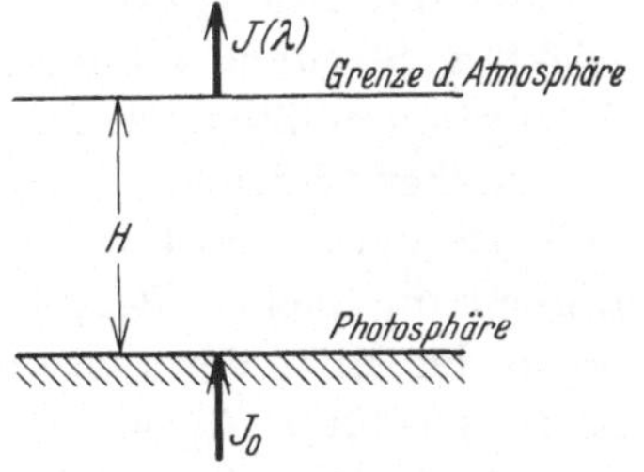

Abb. 29. Schema der idealisierten Sonnenatmosphäre.

Können wir auf Grund physikalischer Experimente oder Theorien den Wert von k als Funktion von λ angeben, so erhalten wir aus dem Vergleich zwischen dem beobachteten und berechneten Intensitätsverlauf den Wert von $N \cdot H$, d. h. die Gesamtzahl der über 1 cm² der Photosphäre vorhandenen absorptionsfähigen Atome und damit also eine quantitative Aussage über die Zusammensetzung der Sonnenatmosphäre.

Ganz so einfach, wie soeben skizziert, liegen die Verhältnisse aber nicht, und zwar aus folgenden zwei Gründen. 1. Die hochtemperierte Atmosphäre wird die Strahlung der betreffenden Linie nicht nur absorbieren, sondern auch emittieren, genau so, wie das die leuchtende Bunsenflamme auch tut. Diese Emission dürfen wir aber in der ausgedehnten Sonnenatmosphäre nicht vernachlässigen. Wir müssen also die Theorie des Strahlungsgleichgewichts auf den Frequenzbereich einer Spektrallinie anwenden. Die Lösung der hierbei auftretenden Differentialgleichungen ergibt wesentlich kompliziertere Ausdrücke für die Abhängigkeit der austretenden Strahlung von $k(\lambda) \cdot N \cdot H$ als das einfache Exponentialgesetz der Formel (1). 2. Wir müssen uns die Frage vorlegen, ob die Fraunhoferschen Linien tatsächlich durch wahre Absorption entstehen. Unter wahrer Absorption verstehen wir einen Prozeß, bei dem die vom Atom aufgenommene Energie in Wärme, d. h. ungeordnete kinetische Energie umgewandelt wird. Nun wissen wir aber, daß ein Atom die Frequenzen seiner Spektrallinien zwar in der Weise primär absorbiert, daß die aus der auffallenden Strahlung entnommene Energie in Anregungsenergie des betreffenden Atoms verwandelt wird. Im allgemeinen wird aber diese Anregungsenergie in einem nachfolgenden Emissionsprozeß in beliebiger Richtung wieder ausgestrahlt. Nur dann, wenn die Anregungsenergie vor Ablauf der Lebensdauer des angeregten Atoms infolge eines Zusammenstoßes mit einem andern Atom in kinetische Energie der Stoßpartner umgewandelt wird (sog. Stoß 2. Art), haben wir einen wahren Absorptionsprozeß. Tritt aber die Emission ein, so haben wir das Phänomen der selektiven Streuung. W. H. Julius hat als erster auf die Möglichkeit der Entstehung der Fraunhoferschen Linien durch selektive Streuung hingewiesen.

Für die Beantwortung der Frage, ob selektive Absorption oder selektive Streuung vorliegt, gibt es eindeutige Kriterien. Bei wahrer Absorption müßten, wie zuerst Schwarzschild gezeigt hat, die Fraunhoferschen Linien am Rande der Sonne verschwinden. Das ist nicht der Fall; sie werden dort vielmehr breiter und allerdings in ihrer zentralen Einsenkung flacher. Bei reiner Streuung andererseits müßte die Intensität in der Mitte der Linie verschwinden. Auch das trifft nicht zu, die Restintensitäten J_R (s. Abb. 27) erreichen Werte von 10—20 % der Intensität des Kontinuums. Wir sehen also, daß weder reine Absorption noch reine Streuung vorliegt, sondern offenbar eine Mischung beider Prozesse. Es gibt aber bestimmte Linien und zwar die sog. Resonanzlinien, das sind die Linien, die wie die D-Linien des Na oder die Linien H und K des Ca^+ von den unangeregten Atomen oder Ionen absorbiert bzw. gestreut werden, für die sicher die Streuung die Absorption wesentlich überwiegt. Wir wollen daher gerade im Hinblick auf das Verhalten dieser Linien das Phänomen der selektiven Streuung noch etwas genauer behandeln.

3. Streuende Atmosphäre im Strahlungsgleichgewicht. Wenn das von der Photosphäre kommende Licht eine selektiv streuende Atmosphäre durchsetzt, so wird es in unmittelbarer Nachbarschaft der Linienmitte durch die Streuung geschwächt. Solange wir den Einfluß des gestreuten Lichtes vernachlässigen, ist die an der Grenze der Atmosphäre senkrecht austretende Intensität ganz analog zu Formel (1)

$$J(\lambda) = J_0 \cdot e^{-\sigma(\lambda)\, N \cdot H}. \tag{2}$$

Hierin bedeutet $\sigma(\lambda)$ den atomaren Streukoeffizienten für die betreffende Spektrallinie. Der Wert von σ ist aus der Dispersionstheorie bekannt; es ist

$$\sigma(\lambda) = \frac{2\pi e^4}{3\,m^2 c^4}\,\frac{\lambda_0^2}{(\lambda - \lambda_0)^2}\cdot f = 1{,}67 \cdot 10^{-25}\,\frac{\lambda_0^2}{(\lambda - \lambda_0)^2}\cdot f. \tag{3}$$

Hier bedeuten: e und m Ladung und Masse des Elektrons, c Lichtgeschwindigkeit, λ_0 Wellenlänge der Linienmitte, λ Wellenlänge der betrachteten Stelle der Linienkontur, f Oszillatorenstärke. Einer Erläuterung bedarf nur die Größe f. Sie ist in der Elektronentheorie der

Dispersion gleich der Anzahl der der Linie zugeordneten Ersatzoszillatoren. Die Werte von f können für die meisten Linien auf Grund der Quantentheorie angegeben werden.

Formel (2) ist aus demselben Grunde wie Formel (1) unbrauchbar, denn in einer ausgedehnten Atmosphäre muß der Einfluß des gestreuten Lichtes unbedingt berücksichtigt werden. Wir müssen

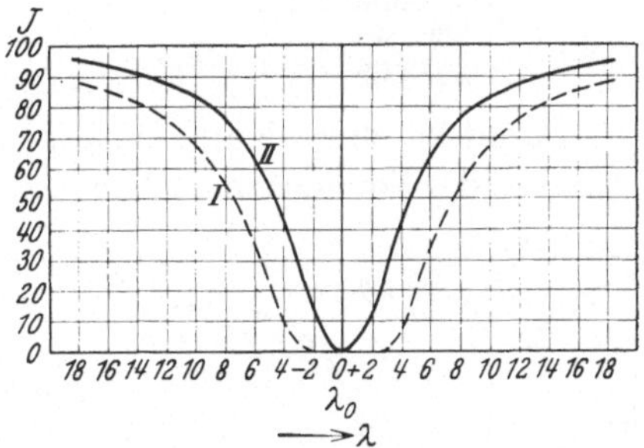

Abb. 30. Theoretische Linienkonturen. Kurve I: Exponentialgesetz entsprechend Formel (2). Kurve II: Strahlungsgleichgewicht entsprechend Formel (4).

also zur Berechnung der tatsächlich austretenden Lichtintensität die Differentialgleichungen des Strahlungsgewichtes für eine selektiv streuende Atmosphäre ansetzen. Unter bestimmten vereinfachenden Annahmen ergibt sich aus deren Lösung für die Intensität der senkrecht zur Oberfläche austretenden Strahlung (Schuster und Schwarzschild)

$$J(\lambda) = J_0 \cdot \left(\frac{3}{2}\cdot\frac{1}{1 + \sigma(\lambda)\cdot N \cdot H} - e^{-\sigma(\lambda)\cdot N \cdot H}\cdot\frac{1}{2}\frac{1}{1 + \sigma(\lambda)\cdot N \cdot H}\right). \tag{4}$$

Den Unterschied zwischen den Formeln (2) und (4) zeigt Abb. 30, in der für gleiche Werte von $N \cdot H$ die Linienkonturen dargestellt sind. Die Beobachtungen zeigen, daß Linienkonturen entsprechend Kurve I mit breiten Einsenkungen in der Linienmitte im Sonnenspektrum nicht vorkommen, daß sich dagegen die beobachteten Linienkonturen der Resonanzlinien durch Kurven der Form II befriedigend darstellen lassen. Wie weit dies möglich ist, zeigt Abb. 31, in der nach den wichtigen Untersuchungen von A. Unsöld für die Linien H und K des Ca^+ die beobachtete Linienkontur durch die kleinen Kreise und die berechnete durch die ausgezogene Linie dargestellt ist. Wie man sieht, ist die erreichte Übereinstimmung recht gut mit Ausnahme der Linienmitte $\lambda = \lambda_0$, bei der der theoretische Ansatz für reine Streuung zwangsweise auf die Intensität 0 führt, da $\sigma = \infty$ wird.

4. Zahl der Atome über 1 cm² Photosphäre. Aus derartigen Untersuchungen der Linienkonturen erhalten wir also die Werte $N \cdot H$ für bestimmte Atome. Das Resultat ist für einige Linien verschiedener Elemente in Tabelle 5 nach Unsöld angegeben.

Tabelle 5. $N \cdot H =$ Anzahl der Atome über 1 cm² Photosphäre, die durch Streuung bestimmte Spektrallinien erzeugen.

Element	Wellenlänge	f	$N \cdot H$	Element	Wellenlänge	f	$N \cdot H$
Na	D_1 5895,93 D_2 5889,96	$\frac{1}{3}$ $\frac{2}{3}$	$0{,}026 \cdot 10^{18}$	Sr+	4215,52 4077,71	$\frac{1}{3}$ $\frac{2}{3}$	$0{,}021 \quad \cdot 10^{18}$
Al	3961,54 3944,03	$\frac{2}{3}$ $\frac{1}{3}$	$0{,}070 \cdot 10^{18}$	Ba+	4934,10 4554,04	$\frac{1}{3}$ $\frac{2}{3}$	$0{,}004 \quad \cdot 10^{18}$
Ca+	H 3968,46 K 3933,66	$\frac{1}{3}$ $\frac{2}{3}$	$23{,}3 \quad \cdot 10^{18}$	Ca Sr	g 4226,73 4607,34	2 2	$0{,}034 \quad \cdot 10^{18}$ $0{,}00011 \cdot 10^{18}$

Damit ist eine wichtige Etappe auf dem Wege zu einer quantitativen Analyse der Sonnenatmosphäre erreicht, aber noch keineswegs das Endziel. Denn wir müssen bedenken, daß die Zahlen $N \cdot H$ der Tabelle 5 nur die Anzahlen der Atome geben, die die betreffende Fraunhofersche Linie erzeugen. Was wir aber wissen wollen, ist die Gesamtzahl der Atome des betreffenden Elements, die überhaupt in der Sonnenatmosphäre vorhanden sind. Diese Atome sind aber nicht nur über die verschiedenen Anregungszustände der neutralen, sondern auch die der einfach bzw. mehrfach ionisierten Atome verteilt. Bei manchen Elementen wie Ca und Sr können, wie Tabelle 5 zeigt, sowohl Linien des neutralen wie auch des ionisierten Atoms zur Beobachtung herangezogen werden, so daß sich aus den $N \cdot H$-Werten der Ionisationsgrad direkt berechnen läßt. Bei den meisten Elementen ist das aber nicht der Fall. Trotzdem ist es möglich, die Verteilung der Atome auf die verschiedenen Zustände anzugeben, und zwar auf Grund der Ionisationstheorie, die im dritten Vortrage behandelt worden ist und hier unter g) nochmals kurz besprochen wird. Wir nehmen hier die auf Grund der Ionisationstheorie erhaltenen Resultate vorweg und geben in Tabelle 6 für einige Elemente

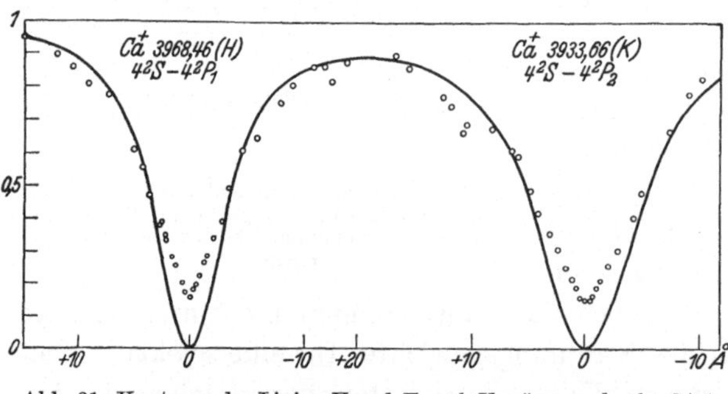

Abb. 31. Konturen der Linien H und K nach Unsöld. ○ beobachtet, ausgezogene Kurve: berechnet.

unter $N \cdot H$ die Gesamtzahl der Atome des betreffenden Elements über 1 cm² der Photosphäre.

5. Quantitative Spektralanalyse der Sonnenmaterie. Diese Tabelle 6 gibt das Endresultat der quantitativen Analyse für die betreffenden Elemente. Wie man sieht, haben sich

Tabelle 6. $N \cdot H =$ Gesamtzahl der Atome verschiedener Elemente über 1 cm² Photosphäre.

Ele-ment	$N \cdot H$	Masse g/cm²	Gesamt-masse t
Na	$64 \cdot 10^{18}$	$2{,}4 \quad \cdot 10^{-3}$	$3{,}6 \cdot 10^{13}$
Al	$22 \cdot 10^{18}$	$1{,}0 \quad \cdot 10^{-3}$	$1{,}5 \cdot 10^{13}$
Ca	$23 \cdot 10^{18}$	$1{,}5 \quad \cdot 10^{-3}$	$2{,}3 \cdot 10^{13}$
Sr	$0{,}021 \cdot 10^{18}$	$0{,}003 \quad \cdot 10^{-3}$	$4{,}6 \cdot 10^{10}$
Ba	$0{,}004 \cdot 10^{18}$	$0{,}0009 \cdot 10^{-3}$	$1{,}3 \cdot 10^{10}$

die Zahlenwerte gegenüber der Tabelle 5 wesentlich verschoben. Ca ist trotz der großen Intensität der Linien H und K weniger häufig als Na. Das liegt daran, daß auch die Na-Atome im wesentlichen im ionisierten Zustande vorhanden sind. In diesem entziehen sie sich aber wegen der ungünstigen Lage der Resonanzlinien des Na^+-Ions der Beobachtung. In der dritten Kolonne sind die Atomzahlen in g/cm² umgerechnet. Man erkennt, wie außerordentlich geringe Mengen der Elemente in einer Säule von 1 cm² Querschnitt über der Photosphäre genügen, um die FRAUNHOFERschen Linien zu erzeugen. Sobald wir die über der gesamten Sonnenoberfläche vorhandenen Massen der Elemente berechnen, ergeben sich natürlich sehr große Zahlen, die in der letzten Kolonne der Tabelle 6 stehen.

Diese quantitativen Angaben sind naturgemäß auf die Elemente beschränkt, bei denen sich die Messungen ohne zu großen Zeitaufwand durchführen lassen. Trotzdem wäre es sehr erwünscht, die Ergebnisse auf eine größere Zahl von Elementen auszudehnen, auch wenn sich dabei nicht dieselbe Genauigkeit erreichen ließe. Ein Weg, der zu diesem Ziel führt, ist von RUSSELL angegeben und beschritten worden. Unter Ausnutzung der durch die Messungen der Linienkonturen erhaltenen Resultate und auf Grund von theoretischen Überlegungen gelingt es ihm, die von ROWLAND für fast alle FRAUNHOFERschen Linien angegebenen Intensitätsschätzungen so zu kalibrieren, daß man aus ihnen die Anzahl der Atome bestimmen kann, die die betreffende FRAUNHOFERsche Linie erzeugen. Durch Summation dieser Zahlen für die verschiedenen Linien kommt er für zahlreiche Elemente zu Angaben über die Gesamtzahl der über 1 cm² der Photosphäre vorhandenen Atome. Auch diese Zahlen lassen sich natürlich leicht in die entsprechenden Massen M umrechnen. In Abb. 32 sind als Abszissen die Ordnungszahlen der chemischen Elemente und als Ordinaten die Werte von $\log M$ aufgetragen, wobei als Einheit von M 10^{-11} g/cm² gewählt ist. (Der Ordinate 11 entspricht also die Masse von 1 g/cm².)

Abb. 32 stellt das bisher vorliegende Gesamtresultat der quantitativen Analyse der Sonnenatmosphäre dar. Das Überraschendste ist die überwiegend große Häufigkeit von Wasserstoff. Die Masse des Wasserstoffs ist zwanzigmal größer als die Masse des nächsthäufigen Elementes Sauerstoff und zweihundertmal größer als die des häufigsten Metalles Mg. Sie ist auch noch etwa doppelt so groß wie die Masse aller Metalle zusammengenommen. Ein analoges Resultat hat sich auch bei der insbesondere von Miss PAYNE durchgeführten Analyse der Fixsternatmosphären ergeben. Das starke Überwiegen des Wasserstoffs in der Sonnen- und den Sternatmosphären ist deshalb um so überraschender, weil sich für die übrigen Elemente eine ziemlich gleichartige Verteilung auf der Sonne, den Fixsternen, der Erde und in den Steinmeteoriten ergibt. Man kann

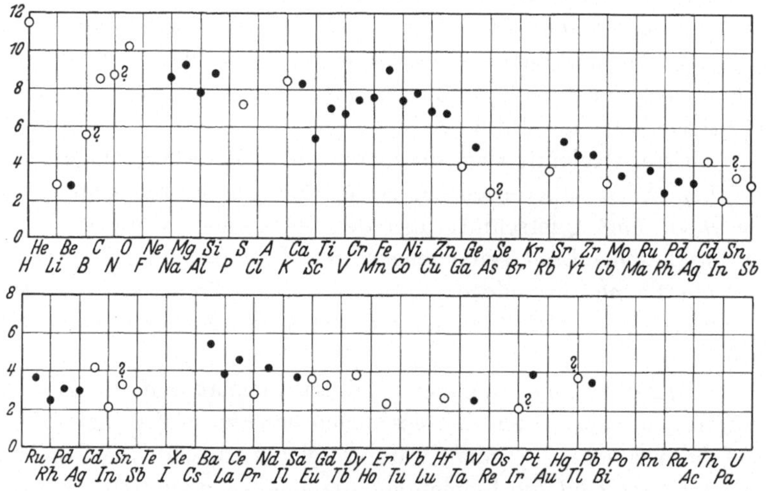

Abb. 32. Häufigkeitsverteilung der Elemente in der Sonnenatmosphäre. (Nach RUSSELL.)

daher den Satz aussprechen, daß die Verteilung der Elemente mit Ausnahme des Wasserstoffs im ganzen Kosmos nahezu dieselbe ist. Daß sich hinter dieser Tatsache ein fundamentales Gesetz über die Entstehung der Elemente verbirgt, ist fraglos.

g) Die Ionisationstheorie.

1. Die Grundlagen der Theorie. Die von dem indischen Forscher MEG NAD SAHA in die Astrophysik eingeführte Ionisationstheorie vermittelt uns die Kenntnis von der Verteilung der Atome auf die verschiedenen nach der Quantentheorie möglichen Anregungs- und Ionisationszustände. Sie geht von der Voraussetzung aus, daß Anregung und Ionisation der Atome in der Stern- und auch in der Sonnenatmosphäre auf rein thermischem Wege zustande kommen. Unter der Annahme, daß jedes Volumelement der Atmosphäre sich im thermischen Gleichgewicht befindet, wird die Verteilung der Atome auf die verschiedenen möglichen Zustände nach den Gesetzen der Thermodynamik berechnet.

Die auf Grund dieser Annahmen abgeleiteten Formeln sind im dritten Vortrage (S. 92ff.) angegeben und in ihrer Bedeutung diskutiert worden. Sie vermitteln einen Zusammenhang zwischen dem Druck P, der Temperatur T der Atmosphäre und dem Ionisationsgrade x eines Elements, dessen Ionisierungsenergie U bzw. Ionisierungsspannung V als bekannt vorausgesetzt wird.

2. Die Ionisation der Sonnenatmosphäre. Der größte Erfolg der Sahaschen Theorie liegt in der im dritten Vortrage ausführlich behandelten Erklärung für die Verschiedenheit der Sternspektren entsprechend der Harvardskala. In die durch die Sahasche Theorie gegebene Temperaturskala läßt sich auch die Sonne einordnen, und es wird ihr als einem G0-Stern die Temperatur von etwa 6000^0 zugeschrieben im vollen Einklang mit den Schlüssen, die wir aus anderen Beobachtungstatsachen gezogen haben.

Im Sonnenspektrum läßt sich wesentlich genauer als in den Sternspektren aus dem Auftreten der Linien der neutralen und der ionisierten Atome feststellen, bis zu welchem Grade die einzelnen Elemente ionisiert sind. So folgt z. B. aus dem verhältnismäßig schwachen Auftreten der Linie g (λ 4227) des Ca und dem sehr starken Auftreten der Linien H und K des Ca^+, daß das Element Ca mit einer Ionisierungsspannung von $V = 6{,}1$ Volt in der Sonnenatmosphäre praktisch völlig ionisiert sein muß. Genauer ergibt sich ein Ionisationsgrad von $99{,}8\,\%$. Elemente mit kleineren Ionisierungsspannungen wie z. B. die Alkalien sind noch vollständiger einfach und eventuell auch zweifach ionisiert, Elemente mit größeren Ionisierungsspannungen entsprechend weniger. Den Ionisationszustand in der Sonnenatmosphäre kann man nach Russell durch die Angabe charakterisieren, daß ein Element von der Ionisierungsspannung $V = 8{,}5$ Volt zu $50\,\%$ ionisiert ist.

3. Der Druck in der Sonnenatmosphäre. Die Ionisationstheorie gibt durch den von ihr postulierten Zusammenhang zwischen Ionisationsgrad, Temperatur und Druck auch Aufschluß über den letzteren. Man hatte früher angenommen, der Druck in der Sonnenatmosphäre sei von der Größenordnung einer oder mehrerer Atmosphären. Die Sahasche Theorie zeigt, daß davon keine Rede sein kann. Eine vollständige Ionisation des Ca bei 6000^0 ist nur bei Drucken kleiner als 10^{-4} Atmosphären möglich. Die genauere Diskussion (s. dritter Vortrag S. 96) ergibt, daß der mittlere Druck in der direkt über der Photosphäre liegenden Zone etwa 10^{-4} Atmosphären, in den höheren Schichten aber von der Größenordnung 10^{-6} bis 10^{-7} Atmosphären ist. Das sind also sehr kleine Drucke.

4. Das Spektrum der Sonnenflecken. Eine besonders interessante Anwendung findet die Sahasche Theorie bei der Erklärung des Unter-

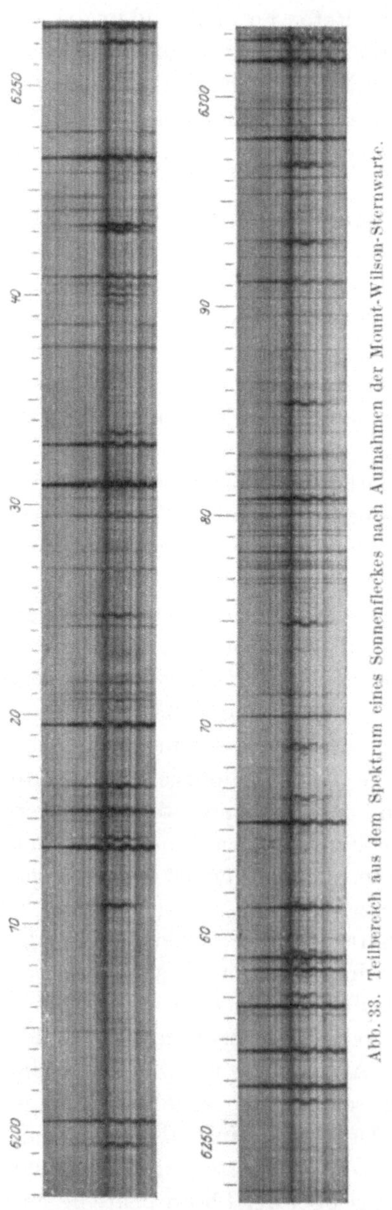

Abb. 33. Teilbereich aus dem Spektrum eines Sonnenfleckes nach Aufnahmen der Mount-Wilson-Sternwarte.

schiedes zwischen dem normalen Sonnenspektrum und dem der Sonnenflecken. Abb. 33 zeigt ein Teilstück aus dem roten Spektralbereich des Sonnenspektrums. Der Spalt ist quer über einen Sonnenfleck hinweggelegt, so daß im mittleren Teil das Spektrum des Flecks, darüber und darunter das normale Sonnenspektrum zu sehen ist[1]. Abb. 33 zeigt, daß manche Linien im Fleck verstärkt, manche geschwächt auftreten. Bei einzelnen Linien geht die Verstärkung so weit, daß sie nur in den Flecken auftreten. Einige Elemente, und zwar Li, Rb, In, lassen sich nur durch das Auftreten ihrer Linien in den Fleckenspektren nachweisen, auch die Banden einiger Verbindungen wie TiO, CaH und MgH kommen fast ausschließlich in den Flecken vor.

Es ergibt sich, daß die Linien der neutralen Atome, unter diesen insbesondere die Linien kleiner Anregungsenergie, in den Flecken verstärkt und die Linien der Ionen geschwächt auftreten. Das ist im vollen Einklang mit dem, was nach der Sahaschen Theorie zu erwarten ist, wenn wir annehmen, daß die Temperatur in den Flecken niedriger ist als in den normalen Teilen der Photosphäre. Auch das Auftreten neuer Verbindungen ist im gleichen Sinne zu verstehen. Die genauere, insbesondere von Miss Moore durchgeführte Untersuchung kommt zu dem Ergebnis, daß die Temperatur der Flecken rund 1000° tiefer ist als die der Photosphäre.

[1] Zur Erklärung der zackigen Struktur der Linien siehe S. 148.

und zwar gleich 4720°. Die Ionisation ist entsprechend geringer und dadurch charakterisiert, daß ein Element von der Ionisierungsspannung 7,0 Volt zu 50 % ionisiert ist.

h) Die Schichtung der Sonnenatmosphäre.

I. Das Flashspektrum.

1. Die Beobachtung des Flashspektrums. Bei einer totalen Sonnenfinsternis wird die Sonnenscheibe vollständig von der Mondscheibe bedeckt, und dabei wird, was prinzipiell wichtig ist, durch diese außerhalb der Erdatmosphäre eingeschobene Blende auch das Streulicht der Erdatmosphäre mit abgeblendet. Dadurch wird es möglich, auch schwache Lichtphänomene in unmittelbarer Nachbarschaft der Sonnenscheibe zu beobachten, die sonst durch das Streulicht der Erdatmosphäre überstrahlt werden. Wenn sich im Laufe einer Verfinsterung die Mondscheibe mehr und mehr über die Sonnenscheibe hinwegschiebt, kommt schließlich der Moment, in dem die ganze Photosphäre von der Mondscheibe bedeckt ist. Falls die Sonnenatmosphäre eine endliche Ausdehnung besitzt, so wird sie, wie Abb. 34 zeigt, in diesem Augenblick noch nicht bedeckt sein, sondern als schmale Sichel leuchten. Richtet man das Spektroskop auf das Licht dieser letzten Sichel, so verschwindet plötzlich das FRAUNHOFERsche

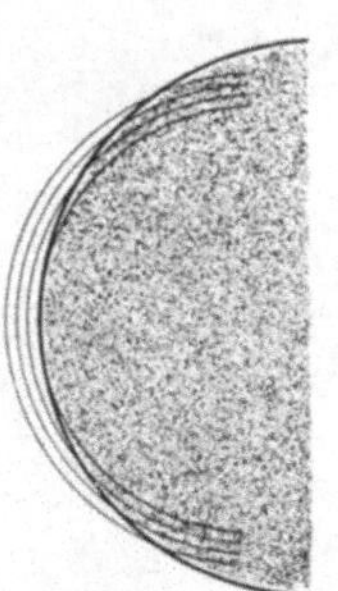

Abb. 34. Sonnenfinsternis im Augenblick des zweiten Kontaktes. Die grau gezeichnete Mondscheibe hat die ganze Sonnenscheibe bedeckt, läßt aber die durch die schwach ausgezogenen Kreise angedeuteten sichelförmigen Teile der Sonnenatmosphäre noch frei.

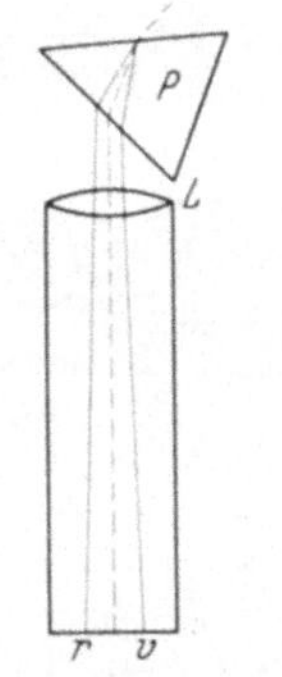

Abb. 35. Schematische Darstellung eines spaltlosen Objektivprismen-Spektralapparates zur Aufnahme des Flashspektrums. L = Fernrohrlinse, P = Prisma, S = sichelförmiges Bild der Sonnenatmosphäre bei der Verfinsterung.

Spektrum, und statt dessen blitzt für wenige Sekunden ein Spektrum von Emissionslinien auf. Dies ist das sog. Blitz- oder Flashspektrum.

2. Methode zur Aufnahme des Flashspektrums. Da das Lichtphänomen, das wir spektral zerlegen wollen, die Form einer schmalen Sichel hat, brauchen wir unsern Spektralapparat nicht mit einem Spalt zu versehen, sondern können die Sichel selbst als spaltähnliche Lichtquelle benutzen. Der Spektralapparat besteht dann, wie Abb. 35 schematisch zeigt, einfach aus einem photographischen Fernrohr mit einem vor die Linse gesetzten Prisma. Man kann auch statt des Prismas

ein Gitter verwenden, insbesondere ist von S. A. Mitchell das Konkav-
gitter für diesen Zweck benutzt worden, das dann jede weitere Optik
überflüssig macht.

Abb. 36 zeigt eine Reihe von Aufnahmen, die in Zeitabständen von
wenigen Sekunden nacheinander mit einem solchen spaltlosen Spektralapparat gemacht worden sind. Die erste Aufnahme hat in der Mitte
noch einen hellen Streifen, der von den letzten Re-
sten des Fraunhoferschen Spektrums der noch nicht
völlig bedeckten Photosphäre herrührt. Darüber hinaus ra-
gen aber schon die sichel-förmigen Bilder der Emissionslinien. Auf der zweiten Aufnahme ist das kontinuierliche Spektrum fast völlig verschwunden bis auf ganz
schmale Streifchen, die von den Unebenheiten der Mond-
oberfläche herrühren. Man erkennt nun in voller Deutlichkeit die den einzelnen Spektrallinien entsprechenden sichelförmigen Bilder der Sonnenatmosphäre. Aufnahme 3 ist während der Totalität gemacht und zeigt
einen ausgedehnten hellen Streifen, der von der Sonnenkorona herrührt. Die Auf-nahmen 4—7 sind am Ende
der Totalität gemacht. Der

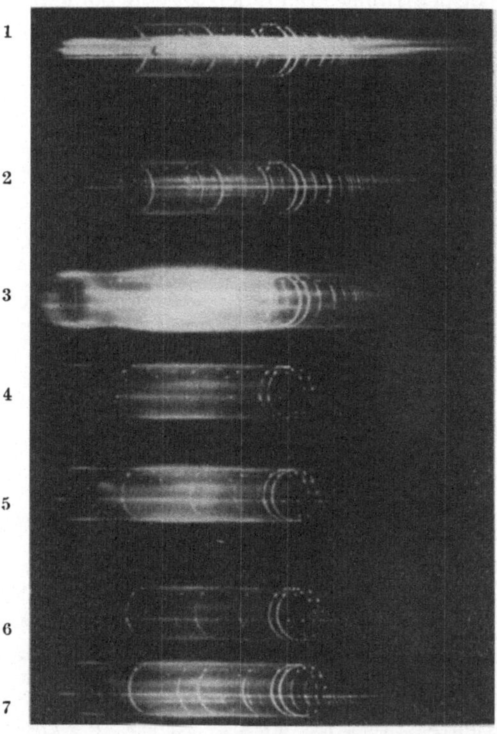

Abb. 36. Flashspektren, aufgenommen bei der Finsternis
vom 28. Juni 1927.

Mond hat sich währenddessen von links nach rechts über die Sonnenscheibe hinweggeschoben, so daß die sichelförmigen Bilder der Sonnenatmosphäre nun auf der anderen Seite des Mondes herauskommen.

3. Die Identifikation der Linien. Im großen und ganzen ist das
Flashspektrum ein getreues Abbild des Fraunhoferschen Spektrums,
d. h. die Linien, die im Fraunhoferschen Spektrum dunkel auf hellem
Grunde erscheinen, treten hier als helle Linien auf dunklem Grunde auf.
Auch hinsichtlich der Linienintensitäten besteht weitgehende Parallelität, jedoch mit gewissen Ausnahmen. Manche Linien, und zwar insbesondere Linien der ionisierten Atome, sind im Flash stärker als im

FRAUNHOFERschen Spektrum, außerdem treten einige Linien auf, die
im FRAUNHOFERschen Spektrum völlig fehlen. Die interessantesten und
wichtigsten unter ihnen sind die Linien des Edelgases Helium. Historisch
betrachtet, wurden diese Linien, von denen die bekannteste die als D_3
bezeichnete gelbe Linie bei λ 5875 Å ist, im Jahre 1868 von LOCKYER im
Spektrum des Sonnenrandes entdeckt, ehe man das Element kannte,
von dem sie emittiert werden; sie wurden daher einem auf der Erde unbekannten Sonnenelement „Helium" zugeschrieben. Erst im Jahre 1895
wurde die Identität des von RAMSAY aus radioaktiven Mineralien gewonnen Edelgases mit dem Helium durch die spektroskopische Untersuchung von CROOKES nachgewiesen.

4. **Die Entstehung der Emissionslinien.** Um das Auftreten der
Emissionslinien im Flashspektrum in elementarster Form verständlich zu
machen, wollen wir das kosmische Experiment, das
der Mond an der Sonne ausführt, mit dem irdischen
Experiment der hinter einer mit Na getränkten Bunsenflamme gestellten Lampe vergleichen. Wir wollen
(s. Abb. 37) in diesem Experiment die Beobachtungsrichtung um 90⁰ drehen, also in Richtung senkrecht
zur Zeichenebene beobachten und das Licht der Glühlampe durch den Schirm B' abblenden. Dann bleibt
nur das Licht der leuchtenden Bunsenflamme, und
wir beobachten im Spektroskop die D-Linien in Emission. Ähnlich liegt es bei der Sonnenatmosphäre; sie
besteht aus hochtemperierten Gasen und Dämpfen, die

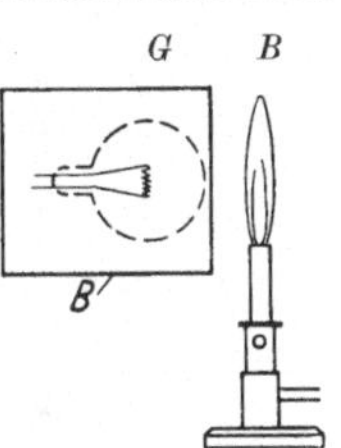

Abb. 37.
Bei Abdeckung der
Glühlampe G durch
die Blende B' er-
scheint im Spektral-
apparat das Emis-
sionsspektrum der
Bunsenflamme B.

die für die Elemente charakteristischen Spektrallinien infolge der
thermischen Anregung emittieren. Bei der Sonnenfinsternis wird
die den kontinuierlichen Hintergrund liefernde Photosphäre durch
den Mond abgeblendet, und es bleibt in den schmalen Sicheln lediglich das Eigenlicht der Sonnenatmosphäre selbst, das die für die
Gase und Dämpfe charakteristischen Spektrallinien in Emission zeigen
muß. In Wirklichkeit sind die Verhältnisse allerdings wesentlich
komplizierter.

5. **Umkehrende Schicht und Chromosphäre.** Abb. 38 zeigt ein
Flashspektrum, aufgenommen mit einem Spektralapparat wesentlich
größerer Dispersion. Diese Aufnahme läßt deutlich erkennen, daß die
Länge der den einzelnen Linien ntsprechenden Sicheln verschieden ist.
Es gibt eine große Zahl von kurzen Sicheln und eine kleine Anzahl von
sehr langen. Aus Abb. 34 erkennt man, daß bei einer definierten Dicke
der Schicht, in der ein bestimmtes Element vorhanden ist und zum
Leuchten angeregt wird, in jedem Augenblick der Verfinsterung eine
bestimmte Länge der Sicheln zu erwarten ist, die um so größer sein muß,
je dicker diese Schicht ist. Damit bietet also die Messung der Länge der

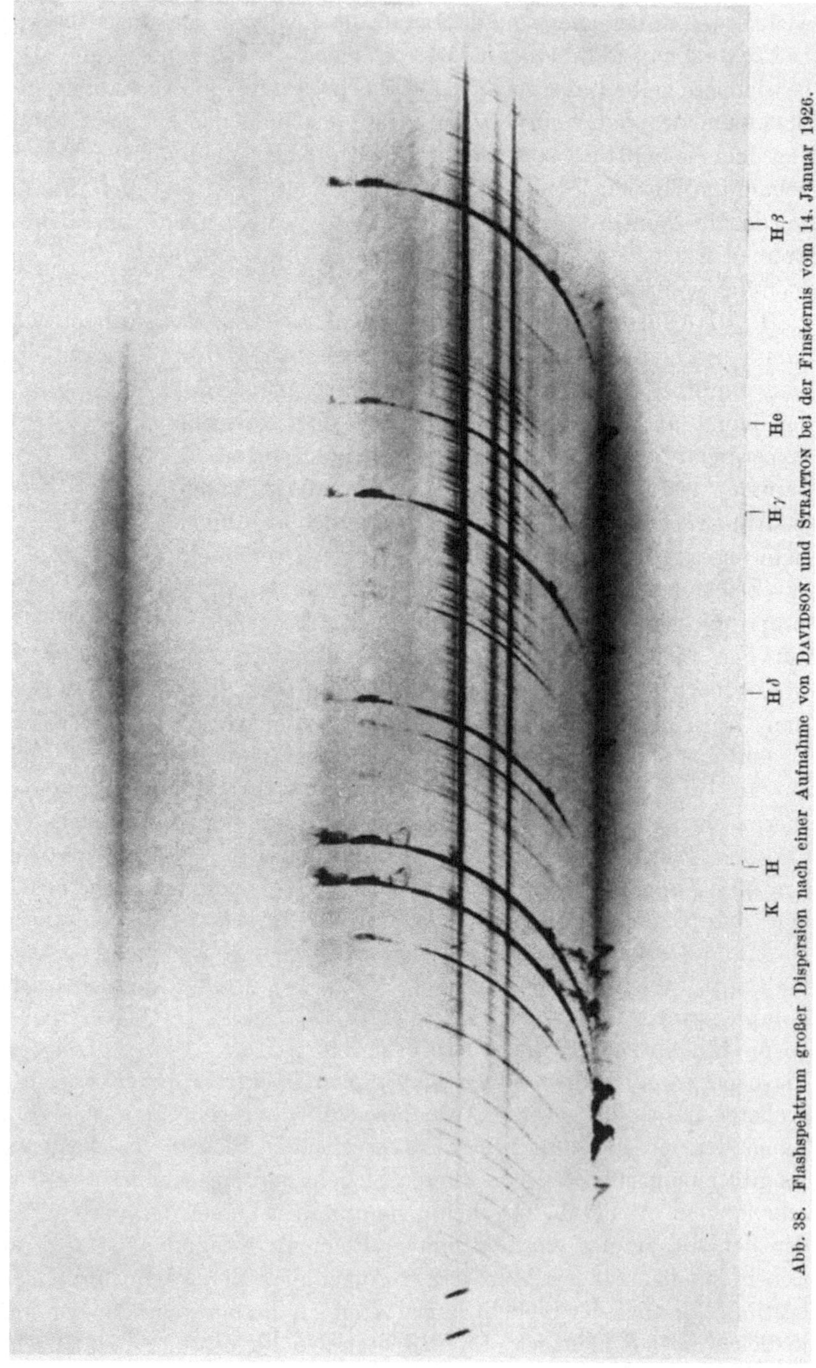

Abb. 38. Flashspektrum großer Dispersion nach einer Aufnahme von Davidson und Stratton bei der Finsternis vom 14. Januar 1926.

Sicheln im Flashspektrum die Möglichkeit, Aufschluß zu erhalten über die Höhen H, bis zu denen die einzelnen Elemente in der Sonnenatmosphäre hinaufreichen. Das Resultat solcher Untersuchungen ist dies, daß die große Mehrzahl der schwächeren Linien in einer Schicht emittiert wird, deren Dicke nur einige hundert Kilometer beträgt. Diese Schicht wird die „umkehrende Schicht" genannt, weil sie bei Durchstrahlung durch das Licht der Photosphäre zur Entstehung der Mehrzahl der FRAUNHOFERschen Linien Veranlassung gibt.

Die Linien einiger Elemente reichen aber bis zu wesentlich größeren Höhen. Dieselben sind für die wichtigsten Elemente in Tabelle 7 angegeben.

Tabelle 7.
Maximale Höhen einiger Elemente in der Chromosphäre.

Element	Maximale Höhe km	Element	Maximale Höhe km
Na	1500	He	7500
Al	2000	H	12000
Ca	5000	Ca+	14000
Mg	7000		

Es ist also offensichtlich so, daß über der als umkehrende Schicht bezeichneten Zone eine zweite wesentlich ausgedehntere Zone vorhanden ist, in die nur einige Elemente hinaufreichen. Diese Zone wird als „Chromosphäre" bezeichnet.

6. Die MILNEsche Theorie der Chromosphäre. Der Grund für die Unterscheidung zwischen umkehrender Schicht und Chromosphäre liegt darin, daß der physikalische Zustand in beiden verschieden ist. Während für die umkehrende Schicht die für die Anwendung der SAHAschen Theorie erforderlichen Voraussetzungen, nämlich das Vorhandensein thermischen Gleichgewichts, noch zutreffen, ist das bei der Chromosphäre nicht mehr der Fall; in ihr sinkt mit wachsender Höhe der Druck von 10^{-8} bis auf 10^{-13} Atm. Die freien Weglängen werden von der Größenordnung 100 km, und die Zeit zwischen zwei Zusammenstößen wird so groß, daß sich ein thermisches Gleichgewicht nicht mehr einstellen kann. E. A. MILNE kommt in der von ihm durchgeführten interessanten Theorie, von der wir hier nur einen skizzenhaften Abriß geben können, zu folgender Vorstellung über den physikalischen Zustand der Chromosphäre. Er nimmt an, daß die Ca^+-Ionen durch den sog. selektiven Strahlungsdruck in die großen Höhen bis zu 14000 km hinaufgehoben werden; darunter versteht man folgendes: wenn ein Atom ein Lichtquant $h \cdot v$ absorbiert, so wird dabei auf das Atom ein Impuls $\frac{h \cdot v}{c}$ in Richtung des einfallenden Quants übertragen. Die in der Chromosphäre vorhandenen Ca^+-Ionen absorbieren das von unten kommende

Licht der Linien H und K und erfahren dadurch bei jedem Absorptionsakt bevorzugt einen nach oben gerichteten Impuls. Zwar erfährt das Ion bei dem nachfolgenden Emissionsprozeß einen Rückstoß von demselben Betrage, jedoch sind die Richtungen in diesem Falle gleichmäßig über den ganzen Winkelraum verteilt, so daß die Rückstoßimpulse sich im Mittel aufheben. In der Zeit zwischen zwei Absorptionsakten bewegen sich die Ca^+-Ionen unter dem Einfluß der Schwerkraft, bis sie wieder einen neuen Stoß erfahren. Die Ca^+-Ionen der Chromosphäre tanzen also auf der Strahlung ähnlich wie ein Ball auf dem Wasserstrahl eines Springbrunnens und werden so in den großen Höhen gehalten. Nach dieser Vorstellung befindet sich die Chromosphäre niemals in einem stationären Zustande, sondern wogt dauernd auf und ab. Spektroskopische Beobachtungen im Lichte der Emissionslinien der Chromosphäre erwecken den Eindruck, daß die Chromosphäre aus lauter einzelnen flammenähnlichen Gebilden besteht. Zur Beschreibung dieses Eindrucks gebraucht man häufig das Bild einer brennenden Prärie.

II. Der Spektralheliograph.

1. Das Prinzip des Spektroheliographen. Weitere wichtige Aufschlüsse über die Schichtung der Sonnenatmosphäre ergeben die Beobachtungen mit dem Spektroheliographen, der im Jahre 1892 fast gleichzeitig von Hale und Deslandres in die Sonnenforschung eingeführt wurde. Der Zweck des Spektroheliographen ist es, monochromatische

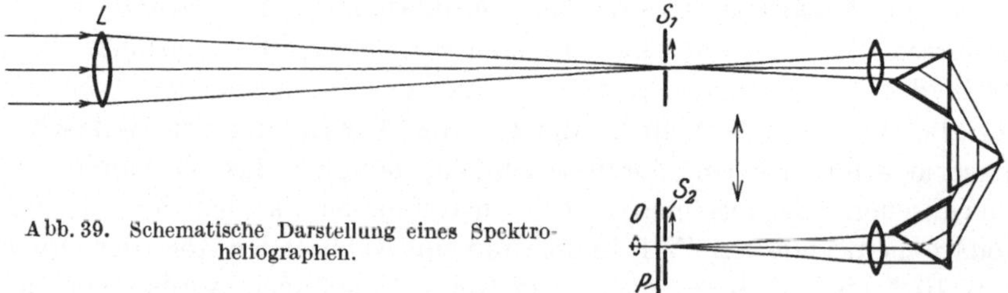

Abb. 39. Schematische Darstellung eines Spektroheliographen.

Bilder der Sonnenscheibe zu erzeugen, wobei der zur Erzeugung des Bildes benutzte Wellenlängenbereich kleiner sein soll als die Breite einer nicht zu schmalen Fraunhoferschen Linie. Das Prinzip des Spektroheliographen ist in Abb. 39 dargestellt. Die Linse L eines Fernrohrs oder eines Turmteleskops erzeugt ein Sonnenbild. In der Ebene des Bildes befindet sich der Spalt S_1 eines Spektrographen großer Dispersion. In Abb. 39 haben wir 3 Prismen angenommen; meist werden Beugungsgitter verwendet. Die Anordnung sei so getroffen, daß die Ablenkung für die benutzte Wellenlänge 180^0 beträgt. In der Ebene, in der das Spektrum entsteht, bringen wir einen zweiten Spalt S_2 an, der aus dem Spektrum den gewünschten schmalen Wellenlängenbereich ausblendet.

Hinter S_2 wird eine photographische Platte P aufgestellt. Nun wollen wir uns den ganzen Spektralapparat mit den Spalten, Linsen und Prismen, aber bei festgehaltener Platte P, in einer der Richtungen des Doppelpfeiles langsam und gleichförmig bewegt denken. Dann wandert der Spalt S_1 über die verschiedenen Teile des Sonnenbildes hinweg, und hinter S_2 entsteht auf der Platte P das gewünschte monochromatische Bild der Sonne. Natürlich kann man auch den Spektrographen festhalten und Sonnenbild nebst Platte P synchron über die Spalte hinwegbewegen. Die meisten Turmteleskope sind so eingerichtet, daß die in ihnen befindlichen Spektrographen auch als Spektroheliographen benutzt werden können.

2. Spektroheliogramme in verschiedenen Teilen einer Linie. Wesentlich ist es, daß der vom Spalt S_2 ausgeblendete Spektralbereich kleiner ist als die Breite der zu untersuchenden FRAUNHOFERschen Linien, so daß es möglich ist, entsprechend den verschiedenen Stellungen 1, 2 und 3 des 2. Spaltes in Abb. 40 nur Licht der Linienmitte, der Linienflügel oder des angrenzenden Kontinuums zur Herstellung des Bildes zu benutzen.

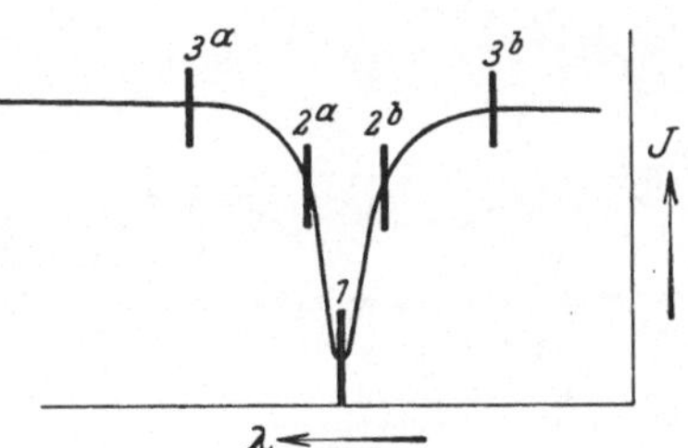

Abb. 40. Verschiedene Stellungen des zweiten Spektroheliographenspaltes innerhalb einer Linienkontur.

Abb. 41 zeigt eine Folge von Spektroheliogrammen desselben Teiles der Sonnenscheibe, die mit den verschiedenen Wellenlängenbereichen der FRAUNHOFERschen Linie H des Ca^+ aufgenommen sind, und zwar entspricht der Reihenfolge von unten nach oben wachsende Annäherung des wirksamen Wellenlängenbereiches an die Mitte der Linie. Man erkennt das überraschende Resultat, daß das Aussehen der Bilder sich mit Annäherung an die Linienmitte ganz wesentlich ändert in der Weise, daß die im unteren Bilde deutlich erkennbare Fleckengruppe mehr und mehr durch helle Wolken scheinbar zugedeckt wird.

3. Erklärung des spektroheliographischen Effektes. Unsere Behauptung geht dahin, daß das tatsächlich so ist, und daß die Bilder in ihrer Reihenfolge von unten nach oben den Zustand in verschiedenen Schichten der Sonnenatmosphäre darstellen, angefangen vom Niveau der Photosphäre bis zu den hohen Schichten der Chromosphäre. Um dies zu verstehen, wollen wir nochmals die in Abb. 40 schematisch dargestellte Intensitätsverteilung einer Spektrallinie betrachten. Wir wollen uns auf den Standpunkt stellen, daß die Linie durch Streuung entsteht. Dann variiert der Streukoeffizient innerhalb der Linie in der Weise, daß er von den Rändern der Linie nach der Mitte zu von kleinen zu großen Werten anwächst. Das Licht der Wellenlängen außerhalb der

Linie geht also ohne Streuung durch die Sonnenatmosphäre hindurch,
und wenn wir eine Photographie der Sonnenscheibe im Lichte dieser

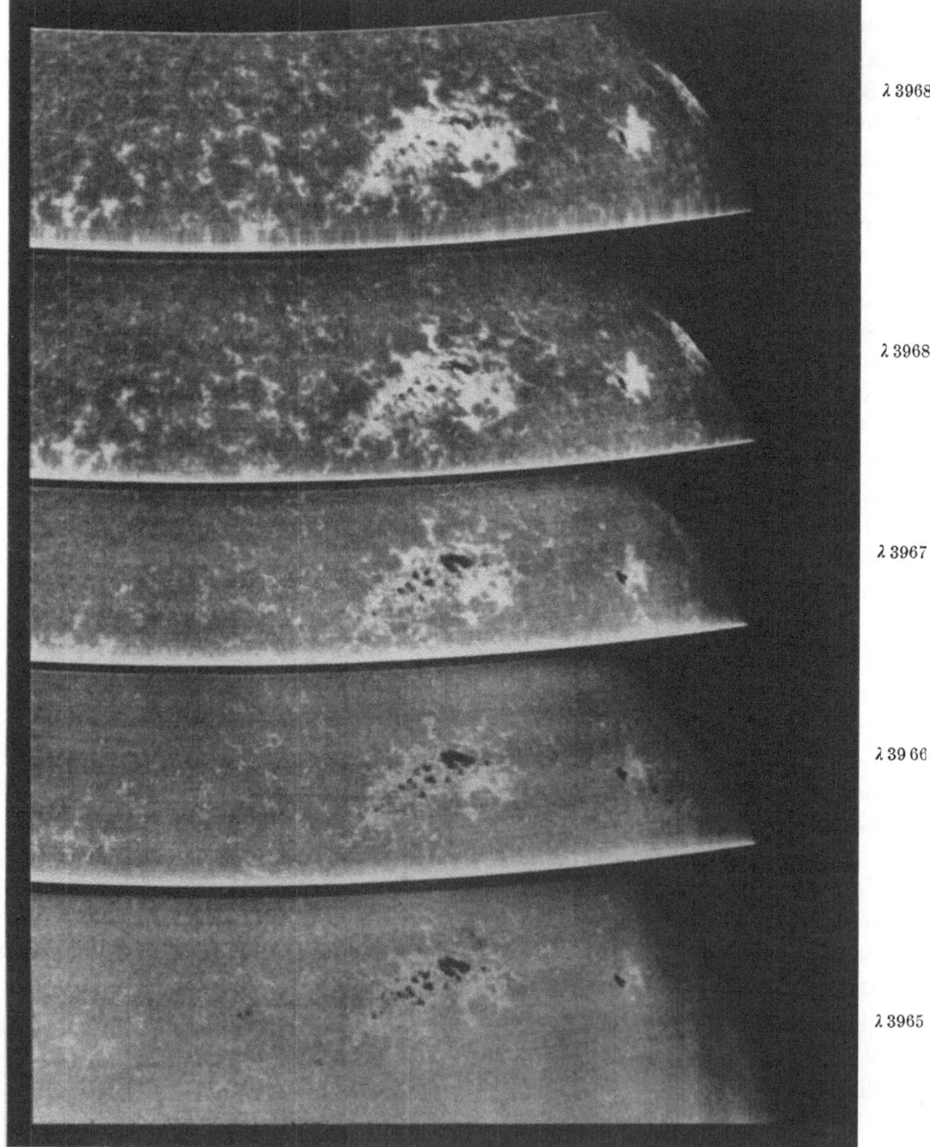

Abb. 41. Spektroheliogramme desselben Teiles der Sonnenoberfläche in der Umgebung einer
Fleckengruppe bei verschiedenen Stellungen des zweiten Spaltes innerhalb der Kontur der Linie H.
Unterste Aufnahme: Linienflügel, 3,6 ÅE von der Mitte entfernt, oberste Aufnahme: Linienmitte.
Nach Aufnahmen von Fox am 25. August 1904.

Wellenlängen machen, so erhalten wir ein Abbild der Schichten, aus denen dies Licht stammt, nämlich der Photosphäre. Rücken wir nun aber mit dem für die Photographie benutzten Wellenbereich in die Linie herein, so zerstreut die über der Photosphäre liegende Wolke der Atome des betreffenden Elementes dies Licht ganz ähnlich, wie eine Wolke in der Erdatmosphäre das gesamte Licht zerstreut. Dadurch wird die Wolke selbstleuchtend, und wenn wir im Lichte dieses Wellenlängenbereiches eine Aufnahme machen, so erhalten wir ein Bild der über der Photosphäre liegenden lichtzerstreuenden Wolken, die aus den für die betreffende Spektrallinie charakteristischen Atomen bestehen.

Aber nicht nur dies; je nach dem Wellenlängenbereich, den wir benutzen, stammt das gestreute Licht aus verschiedenen Zonen der Sonnenatmosphäre. Die von der Mitte weit entfernten Teile der Spektrallinie werden nur in den unteren Schichten gestreut, in denen die Dichte groß ist, dagegen wird das Licht der Linienmitte infolge des großen Streukoeffizienten auch in den höchsten Schichten der äußerst verdünnten Chromosphäre noch hinreichend gestreut, und die Bilder dieser Wellenlänge geben also deren Zustand wieder.

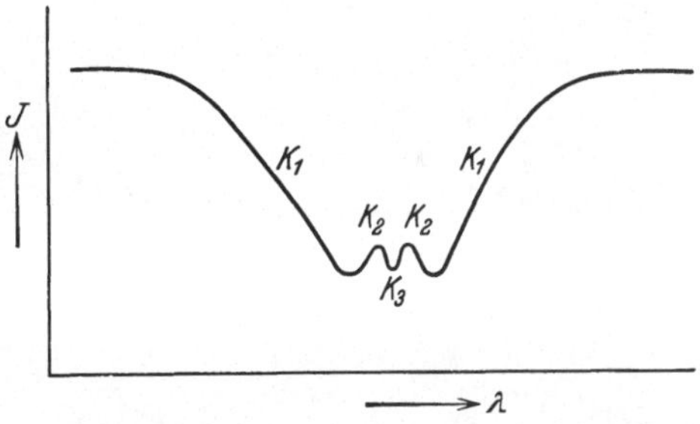

Abb. 42. Schematische Darstellung des Intensitätsverlaufes der Linie K im Gebiet der Fackeln.

4. Spektroheliogramme der Kalzium- und Wasserstoffwolken.

Bei den Linien H und K des Ca^+ liegen die Verhältnisse insofern noch etwas anders, als die Linienkonturen insbesondere in den Fackeln den komplizierteren in Abb. 42 dargestellten Verlauf zeigen; derselbe kommt dadurch zustande, daß sich über den normalen Verlauf K_1 der Abb. 40 die Intensität der Emission der Chromosphäre K_2 lagert, die ihrerseits infolge der Absorption der höchsten Schichten die Einsenkung K_3 aufweist. Hiernach erwarten und finden wir auch, daß Spektroheliogramme, die in den Teilen K_1, K_2 und K_3 aufgenommen sind, die Unterschiede zeigen, die wachsender Höhe in der Sonnenatmosphäre entsprechen. Abb. 43 zeigt ein Spektroheliogramm der ganzen Sonnenscheibe, aufgenommen im Lichte von K_3. Dies Bild gibt also den Zustand in den höchsten Schichten der Ca^+-Chromosphäre wieder. Charakteristisch ist die flockige Struktur der Ca^+-Wolken, die von HALE als „flocculi" bezeichnet werden. Abb. 44 zeigt das am gleichen Tage aufgenommene Spektroheliogramm im Lichte der Wasserstofflinie H_α. Man erkennt, daß die Struktur der Wasserstoffwolken zwar

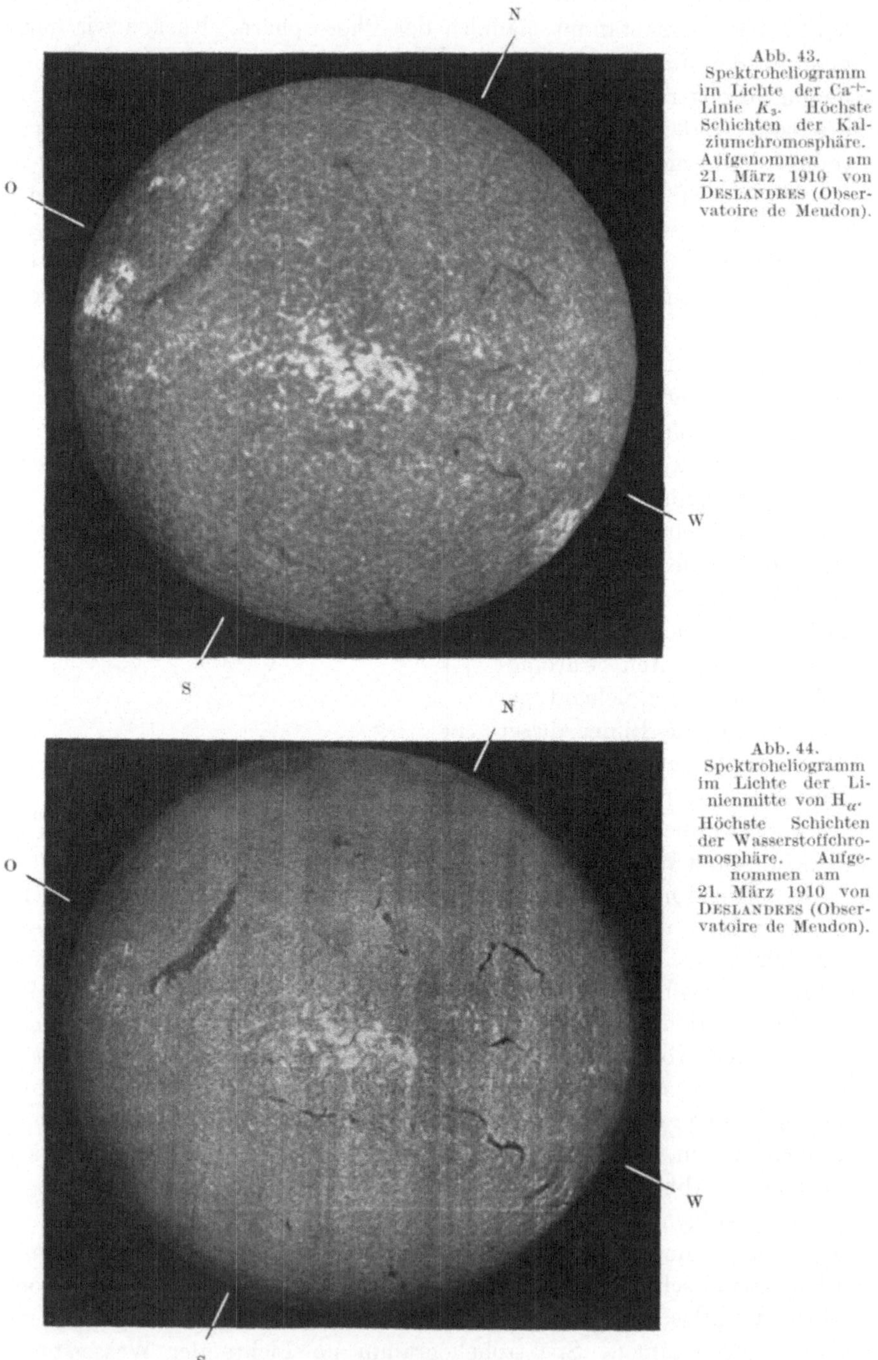

Abb. 43. Spektroheliogramm im Lichte der Ca$^+$-Linie K_3. Höchste Schichten der Kalziumchromosphäre. Aufgenommen am 21. März 1910 von Deslandres (Observatoire de Meudon).

Abb. 44. Spektroheliogramm im Lichte der Linienmitte von H_α. Höchste Schichten der Wasserstoffchromosphäre. Aufgenommen am 21. März 1910 von Deslandres (Observatoire de Meudon).

ähnlich, aber doch in vielen Einzelheiten anders als die der Ca$^+$-Wolken ist. Außer den hellen Wolken treten hier besonders deutlich die dunklen Gebiete hervor, die, wie wir sehen werden, durch Protuberanzen erzeugt werden.

i) Die Wirbelstruktur der Sonnenflecken.

1. Die Wirbelstruktur der Wasserstoff-Flocculi. Abb. 45 ist das im Lichte von H_α aufgenommene Spektroheliogramm der Umgebung

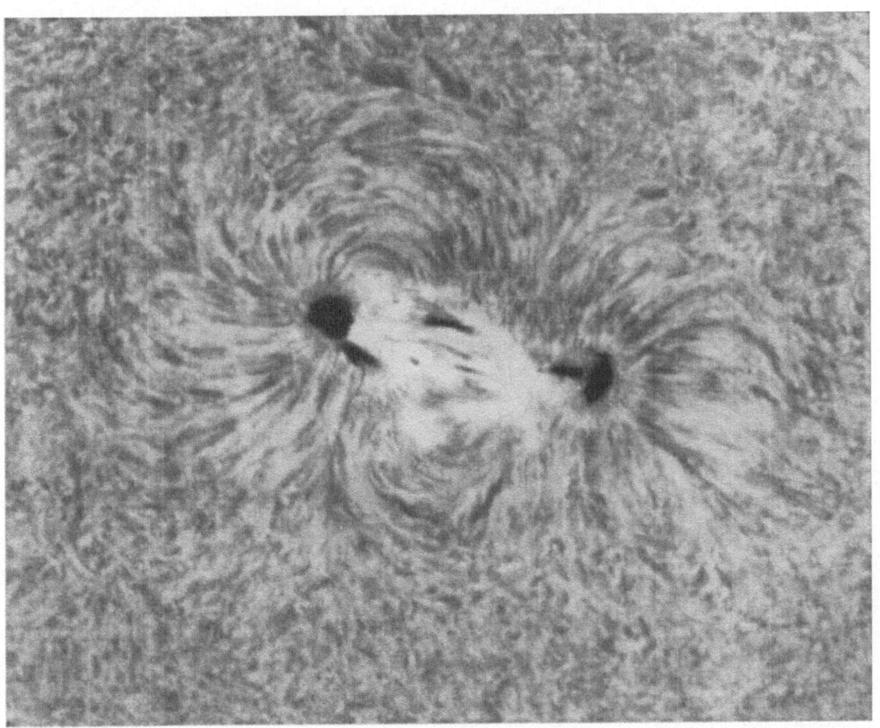

Abb. 45. Wirbelstruktur der Wasserstoff-Flocculi in der Umgebung einer Fleckengruppe. Spektroheliogramm im Lichte von H_α. (Nach einer Aufnahme der Mt.-Wilson-Sternwarte vom 30. August 1924.)

zweier benachbarter Sonnenflecke. Die Wasserstoff-Flocculi zeigen deutlich eine Wirbelstruktur, für die der Fleck das Zentrum bildet. Diese Beobachtungen sprechen für die Annahme, daß alle Flecken Wirbelzentren sind, und das ist die Auffassung, die heute allgemein vertreten und jeder Theorie der Flecken zugrunde gelegt wird.

2. Der Zeeman-Effekt der Fraunhoferschen Linien in den Flecken. Wirbelartige Bewegungen der geladenen Teilchen in den Flecken sollten zur Entstehung magnetischer Felder Veranlassung geben. Magnetische

Felder in den Flecken müßten sich in einer magnetischen Aufspaltung
der Spektrallinien entsprechend dem Zeeman-Effekt bemerkbar machen.
Das waren die Überlegungen, die Hale im Jahre 1908 veranlaßten, die
Struktur der Fraunhoferschen Linien in den Sonnenflecken näher zu
untersuchen. Es war schon länger bekannt, daß dieselben dort in zwei
Komponenten aufspalten, aber diese Erscheinung war früher anders
erklärt worden. Wenn es sich aber tatsächlich um einen Zeemann-Effekt
handelt, so muß das Licht der einzelnen Komponenten in der Weise
polarisiert sein, wie es die Theorie des Zeeman-Effektes verlangt.
Hale untersuchte also die Doppellinien in den Flecken mit einer geeigneten Polarisationsoptik. Er stellte bei den verschiedensten Flecken
Polarisationseigenschaften der Komponenten fest, die sich durch die
Theorie des Zeeman-Effektes völlig erklären lassen. Abb. 46 zeigt in

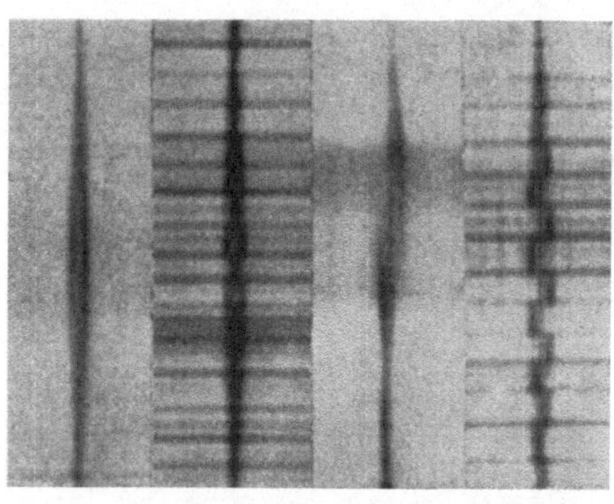

a   b   c   d

Abb. 46. Zeeman-Aufspaltung der Fraunhoferschen Linie λ 6173 (Fe) über einem Sonnenfleck.
(Nach Aufnahmen der Mt.-Wilson-Sternwarte.)

a und c die Aufspaltung der
roten Eisenlinie λ 6173 über
einem Fleck, bei b und d ist
vor dem Spalt eine aus einem
Nikol und schmalen Glimmer-
streifen verschiedener Dicke
bestehende Polarisationsoptik
eingeschaltet, die bewirkt, daß
abwechselnd die äußeren oder
die mittlere Komponente (b)
bzw. die rechte oder linke Komponente (d) des Aufspaltungs-
bildes ausgelöscht werden. Auch
das in Abb. 33 wiedergegebene
Fleckenspektrum ist mit einer
solchen Polarisationsoptik aufgenommen, und daraus erklärt sich die
zackige Struktur der Linien über dem Fleck.

Aus der Größe der beobachteten Linienaufspaltungen lassen sich
die Intensitäten der in den Flecken wirksamen magnetischen Felder
berechnen. Es ergeben sich Werte bis zu 4500 Gauß. Wenn auch die
Entstehung der Felder fraglos mit der Rotation der geladenen Teilchen
um den Fleck zusammenhängt, so ist es doch heute ein im einzelnen
noch ungelöstes Problem, wie die Entstehung so starker Magnetfelder
in den Flecken zu erklären ist.

3. Die Polarität der Flecken. Aus den Polarisationsbeobachtungen
läßt sich auch die Polarität der Flecken feststellen, d. h. angeben, ob der
nach oben gerichtete Pol ein Nord- oder Südpol ist. Hiernach kann
man die Flecken in drei Hauptgruppen, nämlich einpolige, zweipolige
und vielpolige Flecke einteilen. Die Statistik ergibt, daß die überwiegende Mehrzahl der Flecken zweipolig ist, d. h. dicht nebeneinander

liegen zwei Flecken entgegengesetzter Polarität. Es hat sich gezeigt, daß auch manche zunächst einpolig erscheinende Flecken in Wirklichkeit zweipolig sind. Durch die magnetische Analyse der Linienaufspaltung lassen sich nämlich häufig in der Nachbarschaft einpoliger Flecken Stellen entgegengesetzter Polarität entdecken, die durch keine anderen Beobachtungen als Flecken erkennbar sind. Man muß annehmen, daß sich in solchen Fällen die für den Fleck charakteristischen Wirbelvorgänge tief unterhalb der Photosphäre abspielen.

4. Die 23jährige Periode. Die von der Mount-Wilson-Sternwarte fortlaufend durchgeführte Untersuchung der Polarität der Flecken ergab, daß die Polarität doppelpoliger Flecken auf der nördlichen und südlichen Halbkugel verschieden ist. Das soll folgendes bedeuten: wenn

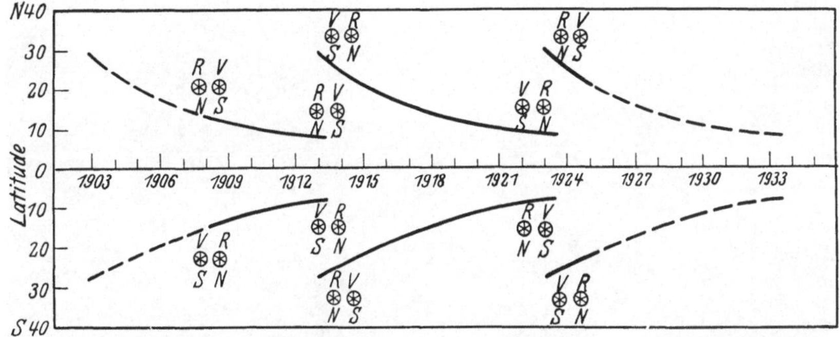

Abb. 47. Polaritätsgesetz der Sonnenflecken nach Beobachtungen der Mt.-Wilson-Sternwarte. Abszisse: Zeit, Ordinate: heliographische Breite. N = Nordpol, S = Südpol. Die Bezeichnung NS bedeutet, daß der im Sinne der Sonnenrotation vorausgehende Fleck ein Südpol ist, die Bezeichnung SN bedeutet das Umgekehrte.

auf der nördlichen Halbkugel der im Sinne der Rotation der Sonne vorausgehende Fleck ein Südpol und der nachfolgende ein Nordpol ist, so ist es auf der südlichen Halbkugel umgekehrt. Vom Beginn der Beobachtungen 1908 bis zum Ende der laufenden 11jährigen Fleckenperiode im Jahre 1913 blieb diese Ordnung bestehen, aber dann stellte sich bei den 1913 in hohen Breiten auftretenden Flecken der neuen Periode heraus, daß der Sinn der Polarität der umgekehrte war. Bei Beginn der nächsten 11jährigen Periode im Jahre 1923 hat sich diese Umkehr, die mit großer Spannung erwartet wurde, erneut vollzogen, desgleichen bei den ersten Flecken der 1934 beginnenden Periode, so daß nunmehr das Gesetz des Polaritätswechsels von einer 11,3jährigen Periode bis zur nächsten als sichergestellt gelten darf. Diese Verhältnisse sind in der Abb. 47 in leichtverständlicher Weise dargestellt. Strenggenommen gibt es also nicht eine 11,3jährige, sondern nur eine 23jährige Periode der Sonnenfleckentätigkeit. Auch einige andere feinere Gesetzmäßigkeiten der Sonnenfleckenperiode bestätigen dies.

k) Die Protuberanzen.

1. Beobachtung der Protuberanzen bei Finsternissen. Bei Sonnenfinsternissen beobachtet man während der Totalität rötlich leuchtende, flammenartige Gebilde, die über den Rand des Mondes mehr oder

Abb. 48. Aufnahme der Expedition des Lick-Observatoriums bei der Finsternis vom 8. Juni 1918. Links oben die sog. „Adler"-Protuberanz, außerdem kleinere Protuberanzen verteilt am Sonnenrande.

weniger weit hinausragen: die Protuberanzen. Mitunter sind es nur verhältnismäßig kleine Gebilde, wie in Abb. 48; wenn man aber, wie z. B. die Beobachter bei der Finsternis vom 29. Mai 1919, Glück hat, so kann man auch Protuberanzen von der gewaltigen Ausdehnung und bizarren Form beobachten, die in Abb. 49 dargestellt ist. Diese Protuberanz, übrigens die größte, die bisher beobachtet worden ist, hatte an ihrer Basis eine Länge von 570000 km und erreichte eine Höhe von 150000 km.

2. Das Spektrum der Protuberanzen. Jede Aufnahme des Flashspektrums liefert zwangsweise das Spektrum der Protuberanzen, die zur Zeit der Finsternis am Sonnenrande vorhanden sind. Dieselben machen sich als unregelmäßige, in allen starken Linien in gleicher Form auftretende Auswüchse bemerkbar. In Abb. 38, S. 140, sind dieselben deutlich erkennbar. Das Spektrum der Protuberanzen ist also ein Emissionsspektrum, in dem die Linien des Wasserstoffs, des Heliums und des ionisierten Kalziums besonders stark, im übrigen aber auch alle Linien der hohen Chromosphäre vorhanden sind. Nach diesem Befunde kann kein Zweifel sein, daß die Protuberanzen,

Abb. 49. Große Protuberanz bei der Sonnenfinsternis am 29. Mai 1919. (Nach einer Aufnahme von EDDINGTON.)

wie schon ihr Name andeutet, Gasausbrüche aus der Sonnenatmosphäre sind.

3. Spektroskopische Beobachtung der Protuberanzen außerhalb einer Sonnenfinsternis. Die systematische Erforschung der Protuberanzen wurde erst möglich, als es 1868 den berühmten Sonnenforschern LOCKYER und JANSSEN fast gleichzeitig gelang, die Protuberanzen auch außerhalb totaler Finsternisse zu beobachten. Die Methode besteht einfach darin, ein Fernrohr mit einem geeigneten Spektroskop zu versehen und den weit geöffneten Spalt tangential an den Rand des Sonnenbildes zu legen. Dann erscheinen auf dem kontinuierlichen Untergrund, der vom Streulicht herrührt, an den den Emissionslinien der Protuberanzen entsprechenden Stellen die monochromatischen Bilder derselben. Nach dieser Methode kann man ohne zu große Mühe den Rand der Sonne nach Protuberanzen absuchen und ihren Ort wie auch ihre Form durch Zeichnungen festlegen.

4. Häufigkeit und Verteilung der Protuberanzen. Durch die insbesondere in Italien fortlaufend durchgeführten Untersuchungen ist festgestellt, daß die Häufigkeit der Protuberanzen der der Flecken weitgehend parallel läuft. Dagegen ist, wie Abb. 17, S. 118, zeigt, das Auftreten der Protuberanzen nicht auf die Fleckenzone beschränkt. Die Protuberanzen kommen auch an den Polen und zwar dort sogar verhältnismäßig häufig vor. Zweifellos besteht also ein Zusammenhang zwischen Flecken und Protuberanzen in dem Sinne, daß beide Folgeerscheinungen der periodisch variablen Sonnenaktivität sind, aber nicht in dem Sinne, daß jede Protuberanz räumlich und zeitlich in unmittelbarem Zusammenhange mit einem Fleck steht, obwohl auch das letztere oft vorkommt.

5. Spektroheliographische Beobachtung der Protuberanzen. Zur Beobachtung der Protuberanzen mit dem Spektroheliographen ist es lediglich erforderlich, das Bild der Sonnenscheibe durch eine dicht vor den ersten Spalt gesetzte genau passende kreisförmige Scheibe abzublenden. Man erhält dann die Bilder der am Sonnenrande vorhandenen Protuberanzen im Lichte der Wellenlängen, auf die der Spektroheliograph eingestellt ist. Durch Folgen von Aufnahmen, die in möglichst kurzen Zeitabständen hintereinander gemacht werden, kann man feststellen, ob ihre Form sich ändert und ob sie sich bewegen.

6. Klassifikation der Protuberanzen. Aus solchen Untersuchungen ergibt sich, daß Form, Größe, Lebensdauer und Bewegungszustand der Protuberanzen sehr verschieden sind. Meist teilt man die Protuberanzen in zwei große Gruppen ein: die ruhenden und die eruptiven Protuberanzen, je nachdem, ob sie für längere Zeit fast unverändert Ort und Gestalt beibehalten, oder ob sie in kurzen Zeiten von der Größenordnung einer Stunde unter lebhafter Änderung ihrer Gestalt in die Höhe steigen.

Besonderes Interesse beanspruchen natürlich die eruptiven Protuberanzen. Die bei der Finsternis vom 29. Mai 1919 vorhandene riesenhafte Protuberanz ist auf der Mount-Wilson-Sternwarte von Petit in einer Reihe von Spektroheliogrammen aufgenommen worden. Wie Abb. 50 zeigt, hat es sich um eine eruptive Protuberanz gehandelt, die im Laufe von wenigen Stunden eine Höhe von 800000 km über der Sonnenoberfläche erreichte. Abb. 51 zeigt nach Aufnahmen von T. Royds am Kodaikanal Observatory in Indien das charakteristischste und schönste Beispiel einer kleinen eruptiven Protuberanz, die wie ein Engel von der Sonne entschwebt. Dieselbe konnte bis zu einer Höhe von 929000 km verfolgt werden.

7. Die Geschwindigkeit der eruptiven Protuberanzen. Aus solchen in kurzen Zeitabständen hintereinander gemachten Aufnahmen lassen sich die Geschwindigkeiten des Aufstieges ermitteln. Es ergeben sich Werte bis zu 400 km pro Sekunde. Am überraschendsten ist aber die von Petit gemachte Feststellung, daß die Aufstieggeschwindigkeit während gewisser Zeitintervalle konstant bleibt, dann plötzlich zunimmt, um wieder für einige Zeit konstant zu bleiben. Dies eigenartige Verhalten geht aus dem in Abb. 52 wiedergegebenen Zeit-Höhe-Diagramm für die in Abb. 50 dargestellte große Protuberanz deutlich hervor. Auch andere Protuberanzen zeigen ein ganz analoges Verhalten. Man gewinnt also folgenden Eindruck: während der Bewegung ist für den größten Teil der Zeit die Resultante der auf die Protuberanzen wirkenden Kräfte gleich 0, gelegent-

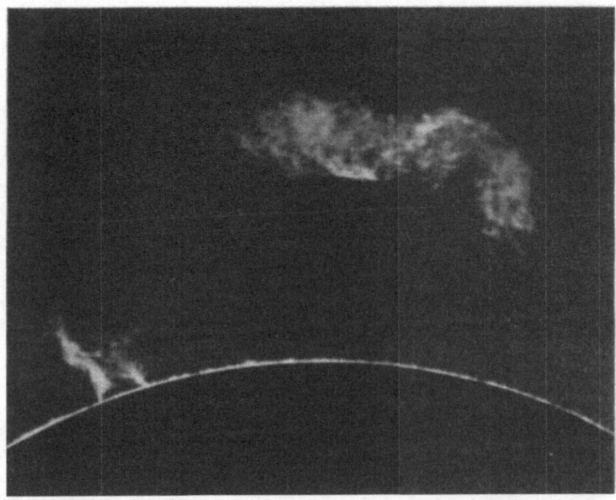

5 ^h 32 ^m 41 ^s

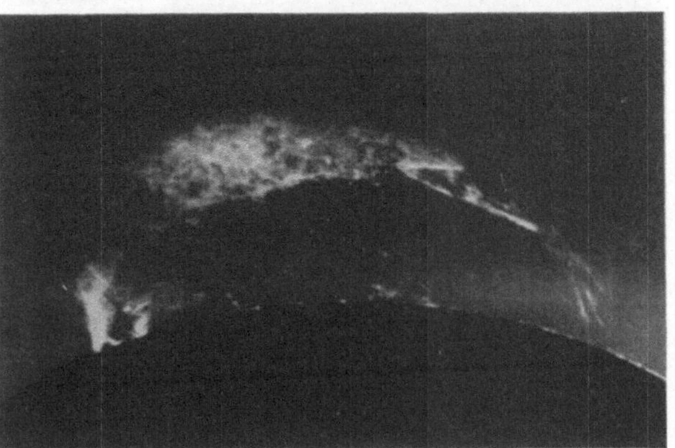

2 ^h 56 ^m 56 ^s

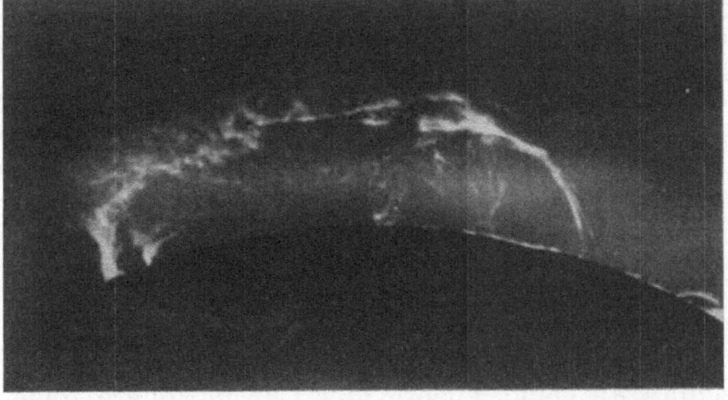

1 ^h 41 ^m 16 ^s

Abb. 50. Große eruptive Protuberanz vom 29. Mai 1919. Nach Spektroheliogrammen im Lichte der Ca$^+$-Linie H aufgenommen von Petit auf der Mt.-Wilson-Sternwarte.

lich aber erfahren die Protuberanzen einen kurzen nach oben gerichteten Impuls, der ihre Geschwindigkeit vergrößert.

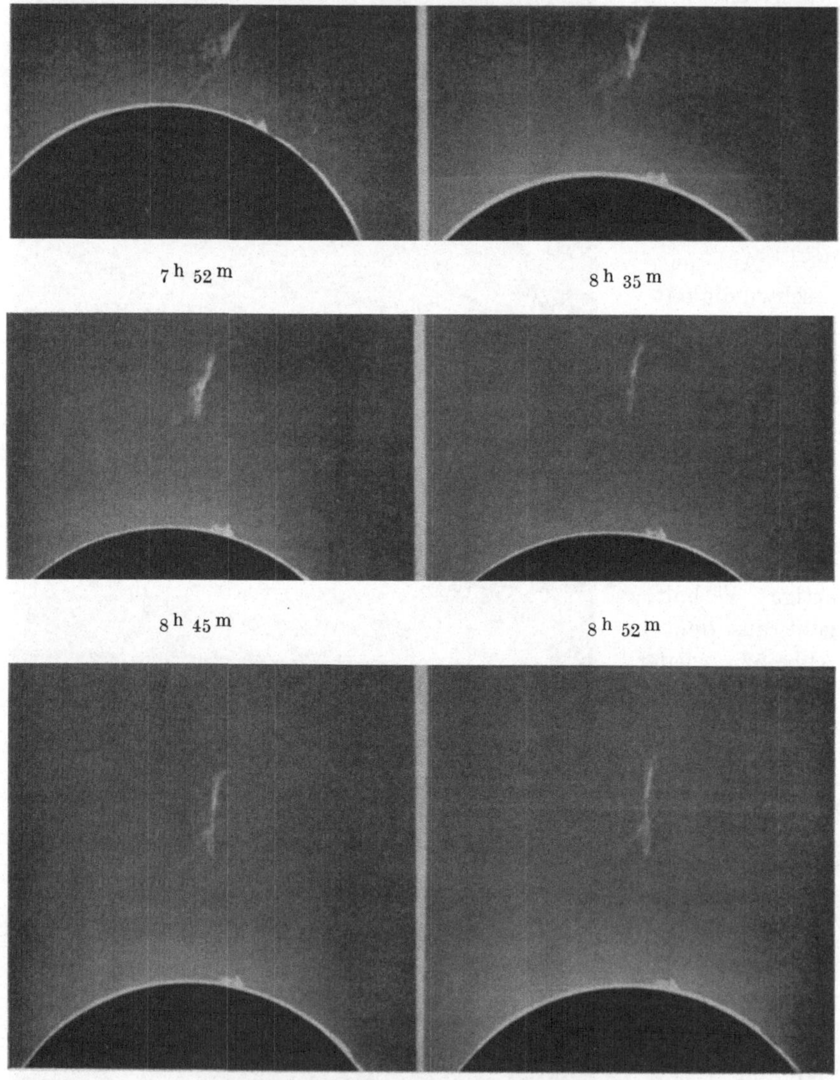

Abb. 51. Aufsteigende Protuberanz nach Spektroheliogrammen aufgenommen von T. Royds am 19. November 1928 (Kodaikanal-Observatorium, Indien).

8. Die Milnesche Theorie der Protuberanzen. Milne hat im Anschluß an seine Theorie der Chromosphäre folgende interessante Gedanken über die Entstehung der Protuberanzen entwickelt. Nach seiner Auffassung werden die Ca^+-Ionen in der Chromosphäre durch den selektiven Strahlungsdruck getragen, wobei lediglich die Restintensität J_R in der Mitte einer Linie (s. Abb. 53) wirksam ist. Tritt infolge irgendeiner Störung eine Verstärkung der Strahlung J_R ein, so erhalten die Ca$^+$-Ionen eine Beschleunigung nach außen. Dann aber absorbieren bzw. streuen die Ca$^+$-Ionen infolge des Doppler-Effektes die etwas nach Violett verschobene Strahlung J' im Flügel der Linie. J' ist aber größer als J_R, der selektive Strahlungsdruck nimmt also zu, die Geschwindigkeit der Ca$^+$-Ionen wächst weiter usf., bis bei dauernd zunehmender Geschwindigkeit und entsprechend zunehmender wirksamer Strahlung J'', J''' usw. die Ca$^+$-Ionen eine Grenzgeschwindigkeit v_∞ erreichen. Man kann also, wenn auch etwas unkorrekt, sagen: die Protuberanzen klettern auf den Flügeln der Fraunhoferschen Linien in die Höhe. Für die

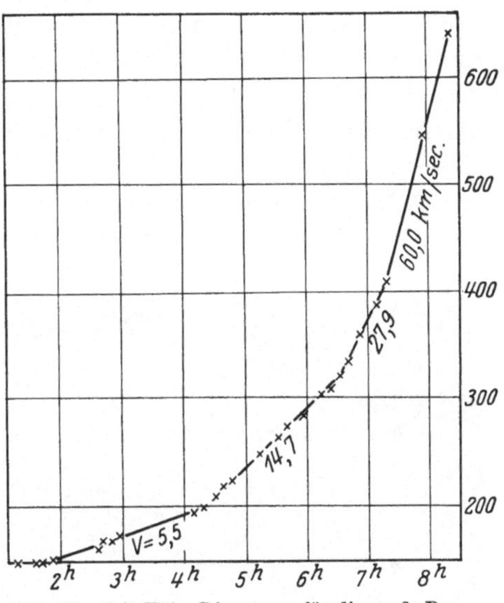

Abb. 52. Zeit-Höhe-Diagramm für die große Protuberanz vom 29. Mai 1919 nach Petit. Abszisse Zeit in Stunden. Ordinate: Höhe über dem Sonnenrande in 1000 km.

Grenzgeschwindigkeit berechnet Milne unter plausiblen Annahmen den Wert

$$v_\infty = 1630 \text{ km/sec.}$$

Diese Geschwindigkeit ist größer als die größten beobachteten, aber das erscheint unbedenklich, da ja die Protuberanzen in dem beobachteten Raumgebiet ihre Grenzgeschwindigkeit noch nicht erreicht zu haben brauchen.

Bedenklicher sind aber folgende Einwände: nach der Theorie sollten sich die Ca$^+$-Ionen mit kontinuierlich zunehmender Geschwindigkeit nach außen bewegen. In Wirklichkeit trifft das aber, wie wir gesehen haben, nicht zu. Außerdem sollte die Wirkung des selektiven Strahlungsdruckes auf ver-

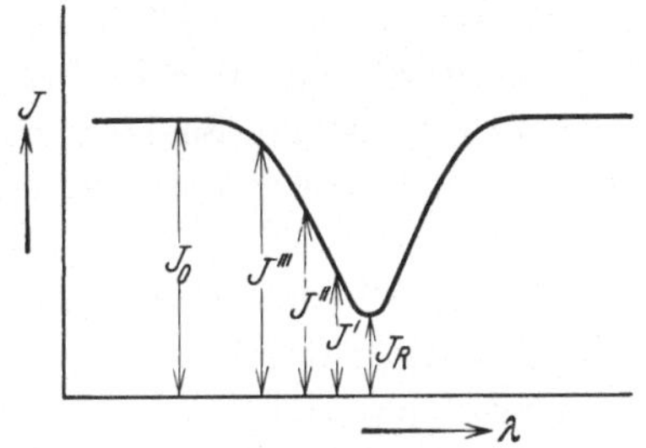

Abb. 53. Zur Erläuterung der Milneschen Theorie.

schiedenartige Atome verschieden sein, d. h. es müßte im Laufe der Bewegung eine Trennung der Elemente eintreten; aber auch das ist, wie durch sorgfältige Untersuchungen nachgewiesen wurde, nicht der Fall.

9. Nachweis der Protuberanzen auf der Sonnenscheibe. Der Spektro-

heliograph ermöglicht es auch, die Protuberanzen auf der Sonnenscheibe
selbst zu beobachten. Es zeigt sich, daß die dunklen Gebiete, die besonders deutlich auf den Spektroheliogrammen im Lichte von H_α
hervortreten, Projektionen von Protuberanzen sind. Abb. 54 zeigt
deutlich, wie solche dunklen Gebiete, wenn sie infolge der Sonnenrotation an den Rand der Sonnenscheibe kommen, Protuberanzen entwickeln. Die eruptiven Protuberanzen lassen sich auf der Sonnenscheibe auch durch den Doppler-Effekt nachweisen, den ihre aufsteigende Bewegung verursacht.

10. Das Spektrohelioskop. Da die eruptiven Vorgänge auf der Sonne
sich häufig in sehr kurzen Zeiten abspielen, die Aufnahme eines Spektro-
heliogramms aber min-
destens 5 bis 10 Minu-
ten in Anspruch nimmt,
bestand schon lange der
Wunsch nach einem In-
strument, das auch sehr
schnell verlaufende Vor-
gänge zu erfassen gestat-
tet. Es ist klar, daß die
visuelle Beobachtung in
diesem Falle der photo-
graphischen überlegen
sein muß. Vorschläge,
wie man einen Spektro-
heliographen in ein visu-
elles Beobachtungsin-
strument, also ein Spek-

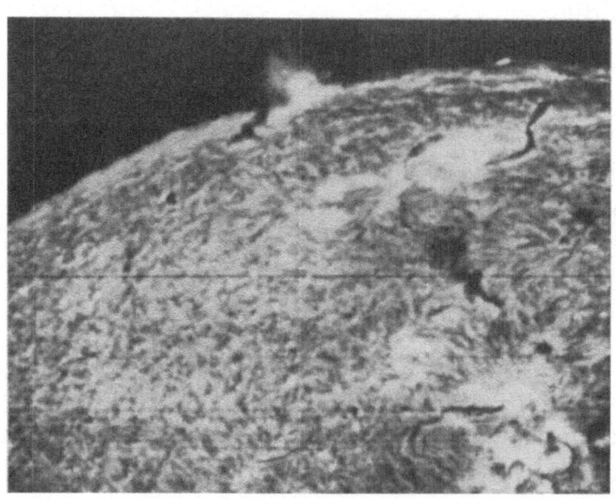

Abb. 54. Spektroheliogramm des Sonnenrandes mit Protuberanz. Aufgenommen im Lichte von H_α am 30. Juni 1917
von Ellermann.

trohelioskop, umwandeln könne, sind häufig gemacht worden, aber erst
kürzlich ist es Hale gelungen, die technischen Schwierigkeiten zu
überwinden, die der Durchführung im Wege standen.

Im Prinzip ist die Sache ganz einfach. Wir denken uns in Abb. 39,
S. 142, die hinter dem Spalt S_2 angebrachte Platte P durch ein Okular O
ersetzt, das auf S_2 scharf eingestellt ist. Wir beobachten dann das durch
S_2 austretende Licht. Wir denken uns nun den ganzen Spektralapparat
in der Richtung des Doppelpfeiles schnell hin- und herbewegt. Dann
überstreicht der Spalt S_1 in schneller Folge verschiedene Teile des Sonnenbildes, und mit dem Auge beobachten wir ein monochromatisches Bild
dieses von S_1 überstrichenen Gebietes, da das Auge die schnell aufeinanderfolgenden Einzelbilder zu einem einheitlichen Gesamtbilde zu-
sammensetzt. Bei der praktischen Ausführung wäre es natürlich kaum
möglich, den ganzen Spektrographen mit seinen großen Massen in
schnell oszillierende Bewegung zu versetzen. Das ist aber auch, wenn

man sich auf die Beobachtung kleinerer Bereiche der Sonnenoberfläche beschränkt, nicht nötig. Es genügt vielmehr, nur den beiden Spalten diese Oszillation zu erteilen, was leicht durchführbar ist.

Die tatsächliche Ausführung des HALEschen Spektrohelioskops zeigt Abb. 55. Zwei geeignet aufgestellte Zölostatenspiegel sorgen dafür, daß das Licht der Sonne in die Horizontale umgelenkt wird. Die dahinter angebrachte Linse erzeugt ein Sonnenbild in der Ebene des 1. Spaltes. Statt der Linsen sind in dem Spektralapparat Konkavspiegel benutzt. Das hat außer anderem den Vorteil, daß das große Plangitter in dem trapezförmigen Träger untergebracht und vom Beobachter bequem zur Einstellung der Spektrallinie gedreht werden kann. Der ganze Strahlengang ist so angelegt, daß die beiden Spalte untereinander liegen.

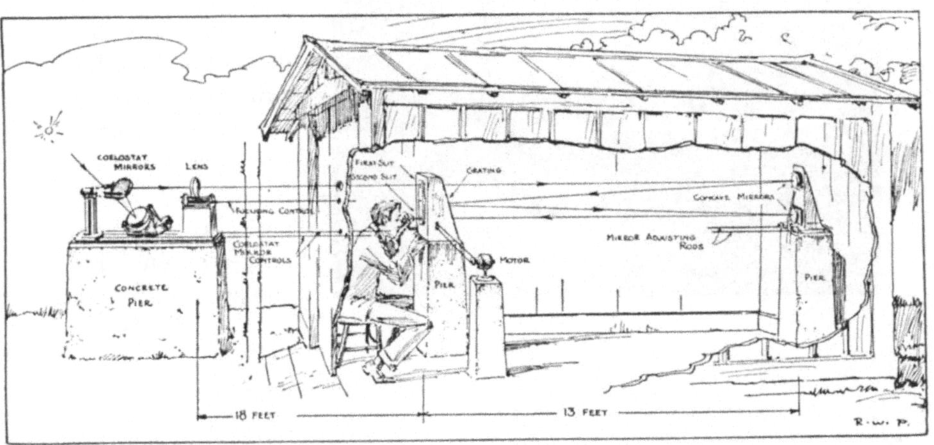

Abb. 55. Schematische Darstellung des Spektrohelioskops von G. HALE.

Sie sind auf einem gemeinsamen Balken angebracht, der mit Hilfe eines kleinen Motors um eine horizontale Achse in schnell oszillierende Bewegung versetzt werden kann. Vor dem unteren Spalt befindet sich das Okular, durch das der Beobachter schaut.

Wichtig ist noch eine Vorrichtung, die HALE den „Linienverschieber" nennt. Dieselbe besteht aus einer planparallelen Glasplatte, die hinter dem Spalt S_2 um eine vertikale Achse drehbar in den Strahlengang eingeschaltet ist. Durch Drehung dieser Platte läßt sich das Spektrum, das hinter S_2 entsteht, um kleine Beträge in der Dispersionsrichtung verschieben, und man kann damit den Wellenlängenbereich, in dem beobachtet wird, schnell in der Weise ändern, daß der Spalt S_2 entweder das Licht der Linienmitte oder eines beliebigen Teiles der Linienflügel aussondert.

11. Beobachtungsergebnisse mit dem Spektrohelioskop. Die Beobachtungen gehen in der Weise vor sich, daß ein interessanter Teil der

Sonnenscheibe, z. B. die Umgebung eines Sonnenflecks, im Lichte von H_α beobachtet wird. Man sieht dann etwa die wirbelartig gekrümmten Wasserstoff-Flocculi der Abb. 56a und kann schnell verlaufende Änderungen ihrer Form feststellen. Zudem gestattet die Benutzung des Linienverschiebers festzustellen, ob in einem Wirbelfaden Bewegungen in der Beobachtungsrichtung vorhanden sind; denn ein gekrümmter Flocculus, wie er z. B. in Abb. 56b schematisch dargestellt ist, wird nur im Lichte der Wellenlänge erkennbar sein, die die bewegten H-Atome absorbieren. Diese Wellenlänge ist aber gegen die Linienmitte nach kurzen oder langen Wellenlängen verschoben, je nachdem, ob in dem Flocculus auf- oder absteigende Strömungen vorhanden sind. So ließ sich z. B. für den in Abb. 56b dargestellten Flocculus feststellen, daß in ihm die Wasserstoffgase von oben nach unten in den Fleck hineinströmen mit Geschwindigkeiten, die von 22 km/sec in Teil A bis auf 50 km/sec in Teil C zunehmen.

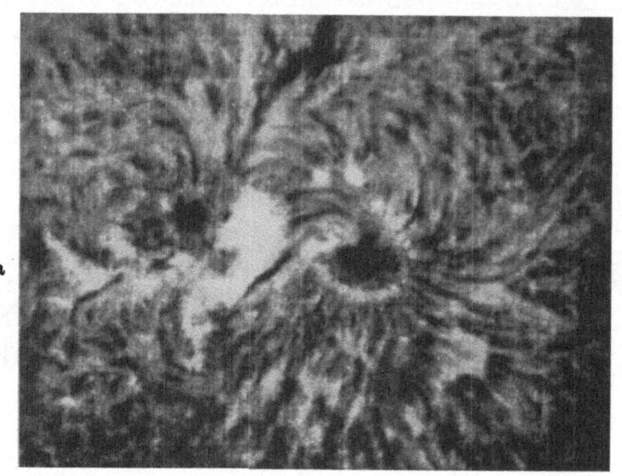

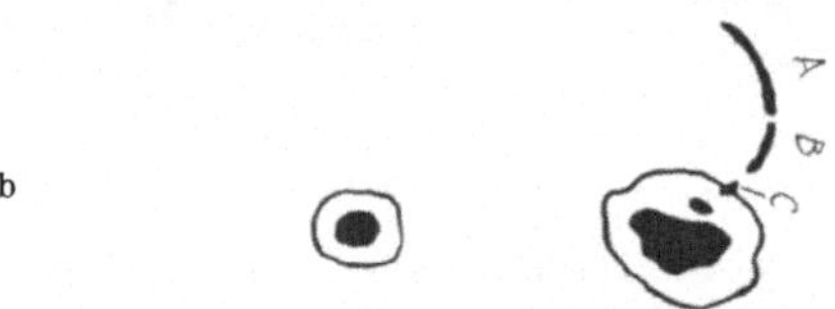

Abb. 56.   a Spektroheliogramm einer doppelpoligen Fleckengruppe mit Wasserstoffwirbeln. — b Schematische Darstellung der Flecken und eines gekrümmten Wirbelfadens.

Dunkle Flocculi ändern oft im Laufe von wenigen Minuten ihre Form und ihren Bewegungszustand. Mit dem Spektrohelioskop kann man solche schnell veränderlichen Vorgänge erfassen. Trotzdem wird dadurch der Spektroheliograph keineswegs überflüssig. Das Ideal ist ein Instrument in dem Spektroheliograph und Spektrohelioskop vereinigt sind, wobei sich die Zusammenarbeit in der Weise abspielt, daß mit dem Spektrohelioskop durch okulare Betrachtung Ort und Zeitmoment für aufschlußreiche Aufnahmen mit dem Spektroheliographen ermittelt werden. In seiner privaten Sonnenwarte in Pasadena hat Hale ein wunderbares Instrument, das für alle Zwecke der Sonnenforschung geeignet ist, und Spektrograph, Spektroheliograph und Spektrohelioskop in sich vereinigt.

l) Die Korona.

1. Erscheinungsform. Eine totale Sonnenfinsternis wird zu einem
Naturschauspiel von überwältigender Schönheit in dem Augenblick,
in dem nach Verschwinden der letzten Sichel der Sonnenscheibe um
den schwarzen Kreis der Mondscheibe herum die Sonnenkorona auf-
leuchtet (Abb. 57). In mattweißem Lichte leuchtend erscheint die

Abb. 57. Sonnenkorona. Aufgenommen bei der Finsternis vom 9. Mai 1929 von H. v. KLÜBER,
Belichtungszeit 56″.

Korona als ein Lichtkranz mit strahlenförmigen Ausläufern, die gelegentlich mit dem Auge bis zu Entfernungen von 15 Sonnendurchmessern verfolgt werden konnten.

2. Helligkeit und Intensitätsabfall. Die Gesamtstrahlung der Korona ist, wenn auch von Finsternis zu Finsternis verschieden, dem Betrage nach etwa der millionste Teil der Gesamtstrahlung der Sonne oder etwa die Hälfte der Strahlung des Vollmondes. Die Flächenhelligkeit der Korona fällt, wie Abb. 58 zeigt, in der Nähe des Sonnenrandes zunächst sehr steil und dann langsam ab. Entsprechend diesen beiden Teilen des Intensitätsabfalles bezeichnet man als innere Korona den sonnennahen Teil bis zu etwa $^1/_2$ Sonnenradius Abstand vom Sonnenrande, als äußere Korona den weiter außenliegenden Bereich.

3. Form der Korona. Die Form der Korona ist von Finsternis zu Finsternis verschieden und zeigt in ihren Veränderungen einen deutlichen Zusammenhang mit der Sonnenfleckenperiode. Zur Zeit des Sonnenfleckenmaximums hat die innere Korona eine nahezu kreisförmige Umrandung, und die Koronastrahlen gehen gleichmäßig nach allen Richtungen (Maximumtyp). Zwischen Maximum und Minimum ist die Ausdehnung der Korona an den Polen kleiner als am Äquator, die Strahlen treten bevorzugt in kleineren heliographischen Breiten auf (intermediärer Typ). Zur Zeit des Fleckenminimums hat man eine deutliche Zweiteilung in die an den Polen auftretenden kurzen, nahezu radial gerichteten Strahlen und in die viel weiter reichenden äquatorialen Strahlen (Minimumtyp).

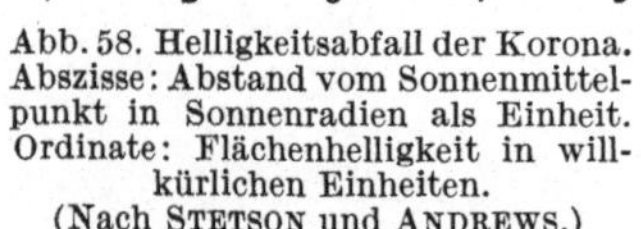
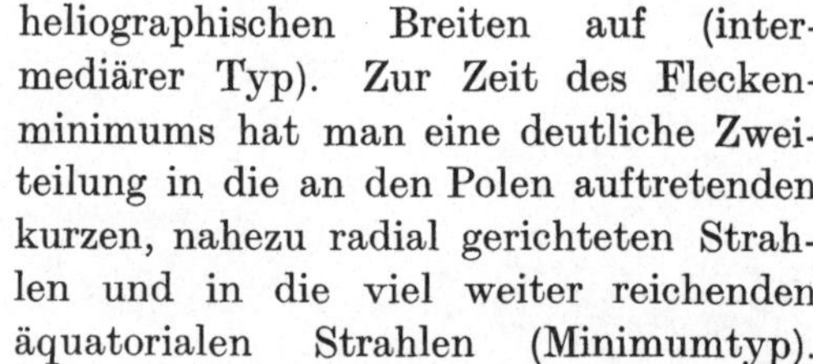

Abb. 58. Helligkeitsabfall der Korona. Abszisse: Abstand vom Sonnenmittelpunkt in Sonnenradien als Einheit. Ordinate: Flächenhelligkeit in willkürlichen Einheiten. (Nach Stetson und Andrews.)

In Abb. 59 sind charakteristische Beispiele dieser drei Typen dargestellt.

4. Die Störmersche Theorie. Insbesondere die beim Minimumtyp hervortretende charakteristische Form legt den Gedanken nahe, daß die Korona aus bewegten geladenen Teilchen besteht, die in einem dem Erdfelde ähnlichen allgemeinen Magnetfelde der Sonne abgelenkt werden. Hale hat im Anschluß an seine Untersuchungen über die Magnetfelder der Sonnenflecken zeigen können, daß ein solches allgemeines Magnetfeld der Sonne tatsächlich existiert. Die Untersuchungen führten zu dem Ergebnis, daß die Pole dieses Magnetfeldes sehr nahe mit den Rotationspolen zusammenfallen. Die Intensität des Feldes nimmt von 50 Gauß in 250 km Höhe über der Photosphäre auf 10 Gauß in 400 km Höhe ab. Störmer hat daraufhin den obigen Gedanken durch Rechnungen über die Bewegung geladener Teilchen im Felde eines magnetischen Dipoles geprüft und unter bestimmten Annahmen über die Geschwindigkeit der Teilchen und die Stärke des Feldes die beobachteten Koronaformen erklären können. Dabei wurde angenommen, daß die von der Sonne ausgehenden Teilchen Elektronen von

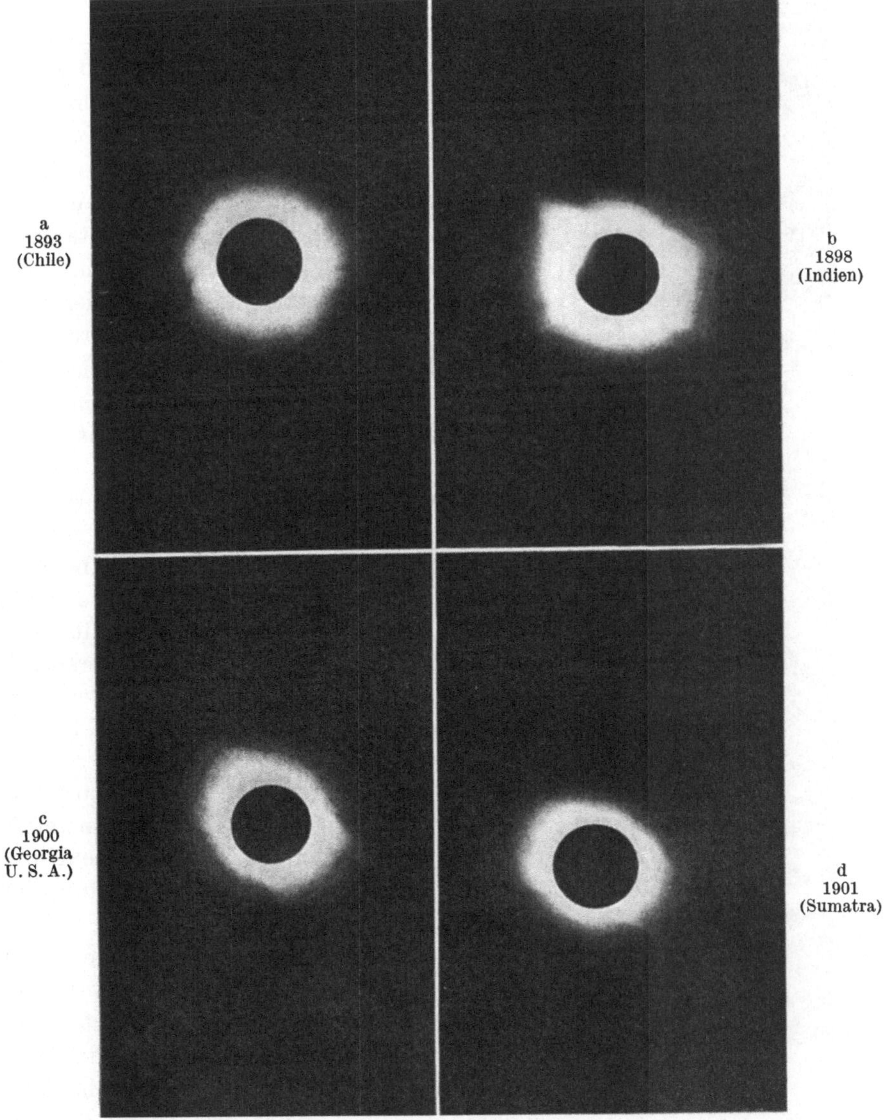

Abb. 59. Verschiedene Formen der Sonnenkorona nach Aufnahmen von Expeditionen des Lick-Observatoriums. a = Maximumtyp, b = intermediärer Typ, c und d = Minimumtyp. (Aus Mitchell, Eclipses of the sun.)

etwa $^1/_3$ Lichtgeschwindigkeit sind. Für die Stärke des magnetischen Feldes ergeben sich aber sehr kleine Werte von etwa 10^{-7} Gauß.

Das deutet darauf hin, daß das von Hale in der umkehrenden Schicht festgestellte allgemeine Magnetfeld durch Ströme geladener Teilchen in den höheren Schichten der Sonnenatmosphäre nach außen hin abgeschirmt wird.

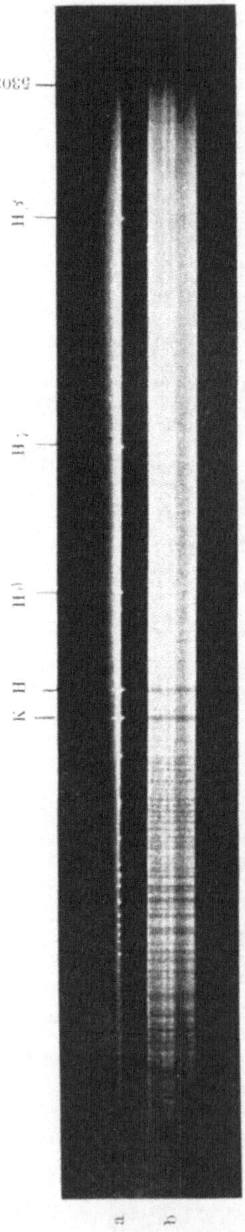

5. Die Polarisation des Koronalichtes. Die zuerst von Schwarzschild ausgesprochene Erklärung für das Leuchten der Korona behauptet, daß dasselbe durch Streuung des von der Photosphäre kommenden Lichtes an freien Elektronen entsteht. Wenn es sich tatsächlich um einen Streuprozeß handelt, so muß das Licht der Korona partiell linear polarisiert sein. Die Beobachtungen ergeben, daß dies tatsächlich der Fall ist, und zwar in der Weise, daß der elektrische Vektor vorzugsweise tangential zum Sonnenrande schwingt (die Polarisationsebene liegt radial), wie es nach der Streutheorie zu erwarten ist. Der von der Wellenlänge unabhängige Polarisationsgrad wächst erwartungsgemäß mit zunehmendem Abstande vom Sonnenrande, erreicht aber in ca. 6—9 Bogenminuten ein Maximum und fällt dann wieder ab. Das letztere steht im Widerspruch zur Streutheorie und zeigt, daß außer dem Streuprozeß noch ein anderer Effekt vorhanden sein muß.

6. Das kontinuierliche Spektrum der Korona. Abb. 60 zeigt ein bei der Finsternis vom 8. Juni 1918 aufgenommenes Spektrum. Der obere Teil ist das Koronaspektrum, der untere Teil ein zu Vergleichszwecken aufgenommenes Sonnenspektrum. Wie man sieht, ist das Spektrum der Korona streng kontinuierlich, d. h. es sind wenigstens in der inneren Korona keine Fraunhoferschen Linien vorhanden. Die photometrische Auswertung desselben ergibt, wie zuerst Ludendorff gezeigt hat, daß die Intensitätsverteilung in allen Teilen der Korona unabhängig von der Höhe dieselbe ist und innerhalb der Fehler-

Abb. 60. a) Koronaspektrum aufgenommen von einer Expedition des Lick-Observatoriums bei der Finsternis vom 8. Juni 1918. Die Linien K, H, $H\delta$, $H\gamma$, $H\beta$ sind Protuberanzenlinien, λ 5303 (nur schwach erkennbar) ist eine Koronalinie. b) Sonnenvergleichsspektrum mit Fraunhoferschen Linien. (Nach Campbell und Moore.)

grenzen übereinstimmt mit der Intensitätsverteilung des mittleren Sonnenspektrums. Dies Resultat ist eine wesentliche Stütze für die Deutung des Koronalichtes durch Streuung an freien Elektronen; denn wenn das Koronalicht durch Streuung an gebundenen Elektronen entstände, so müßte entsprechend dem RAYLEIGHschen Gesetz die Intensitätsverteilung dieselbe wie die des Streulichtes der Erdatmosphäre sein, d. h. die Korona müßte blau und nicht weiß aussehen. Dagegen verlangt gerade die Theorie der Streuung an freien Elektronen, daß die Intensitätsverteilung des gestreuten Lichtes sich nicht ändert, denn der Streukoeffizient für freie Elektronen ist unabhängig von der Wellenlänge. Aus dieser Streutheorie ergibt sich die Gesamtzahl der über $1\ cm^2$ in der Korona vorhandenen Elektronen größenordnungsmäßig zu 10^{18}. Das Fehlen der FRAUNHOFERschen Linien in der inneren Korona wird erklärt durch den DOPPLER-Effekt bei der Streuung an den ungeordnet schnell bewegten Elektronen, der die Linien verwischt.

7. Das Linienspektrum der Korona. Außer dem kontinuierlichen Spektrum zeigt die Korona noch ein Spektrum von 20 über den ganzen beobachtbaren Spektralbereich verteilten Emissionslinien, die sich dem kontinuierlichen Spektrum überlagern. Die stärkste und bekannteste Koronalinie ist die grüne Linie bei λ 5303 Å. Eine starke rote Linie hat die Wellenlänge λ 6374 Å. Keine der Koronalinien hat sich bisher mit irgendeiner aus Laboratoriumsuntersuchungen bekannten Linie eines chemischen Elementes identifizieren lassen. Früher hat man angenommen, daß diese Linien von einem auf der Erde unbekannten Element „Coronium" emittiert werden. Solch ein Element kann aber, wie wir heute wissen, nicht existieren, einfach weil im periodischen System kein Platz mehr vorhanden ist. Viel wahrscheinlicher ist es, daß diese Linien besonderen Anregungszuständen eines oder mehrerer wohlbekannter Elemente zuzuschreiben sind. Der Ursprung dieser Linien ist das letzte große spektroskopische Rätsel der Astrophysik.

8. Beobachtung der Korona außerhalb totaler Sonnenfinsternisse. Bis vor kurzem war die Beobachtung der Korona auf die wenigen Minuten während der totalen Sonnenfinsternisse beschränkt. Es hat daher seit langem nicht an Versuchen gefehlt, die Korona unter Anwendung geeigneter Methoden auch außerhalb derselben beobachtbar zu machen. Namhafte Astronomen wie LANGLEY, DESLANDRES, HALE, RICCO haben sich an diesen Versuchen beteiligt, aber stets ohne Erfolg. Der Hauptgrund liegt darin, daß das Streulicht der Erdatmosphäre in der direkten Umgebung der Sonnenscheibe im Meeresniveau stets wesentlich stärker ist als die lichtschwache Korona. Man muß also unbedingt die Beobachtungsstation auf hohe Berge mit ausgesucht günstigen Luftverhältnissen verlegen. Das haben auch frühere Beobachter getan, sie haben aber meist den zweiten Punkt übersehen bzw. unterschätzt: das Streulicht in dem zur Beobachtung verwendeten Instrument. Auf diesen Punkt hat nun der junge französische Astronom B. Lyot sein besonderes Augenmerk gerichtet, und es ist ihm mit Hilfe einer geschickten Anordnung gelungen, das Streulicht im Fernrohr auf ein Minimum herabzudrücken. Dies Instrument bezeichnet Lyot als Koronographen. Mit demselben hat er in den Sommermonaten der Jahre 1930 und 1931 seine Beobachtungen auf dem in den Nordpyrenäen gelegenen 2800 m hohen Pic du Midi durchgeführt, wo die atmosphärischen Bedingungen ganz ausgezeichnete sind.

Nach drei verschiedenen Methoden ist es Lyot gelungen, die Korona am hellen Tage nachzuweisen; die erste ist die direkte Photographie im roten Lichte, die allerdings nur Andeutungen der inneren Korona zeigt, die zweite beruht auf der Feststellung, daß das am Rande der Sonne auftretende Licht so polarisiert ist, wie man es bei Koronalicht erwarten muß; die dritte schließlich ist die spektroskopische Beobachtung der grünen und der roten Koronalinie. Schon aus diesen ersten Beobachtungen haben sich interessante und wichtige Resultate ergeben, z. B. genaue Wellenlängenwerte der beiden Koronalinien sowie die Feststellung, daß die Breite der grünen Koronalinie etwa 1 Å beträgt. Diese verhältnismäßig große Breite deutet darauf hin, daß die noch unbekannten Träger der Koronalinien ungeordnete Geschwindigkeiten haben, die wesentlich größer sind als die mittleren Temperaturgeschwindigkeiten.

m) Solare Korpuskularstrahlen und terrestrische Phänomene.

1. Parallelität zwischen erdmagnetischen Schwankungen und Sonnenfleckenzahlen. Das Phänomen der Sonnenkorona wie auch die eruptiven Protuberanzen stellen es wohl außer Zweifel, daß von der Sonne Korpuskularstrahlen ausgehen. Der Nachweis derselben gelingt durch Feststellung der Einflüsse, die dieselben bei ihrer Annäherung an die Erde auf diese ausüben. Am klarsten tritt der Zusammenhang zwischen solaren Korpuskularstrahlen und geophysikalischen Erscheinungen in den Schwankungen des Erdmagnetismus zutage. Aus den seit vielen Jahren mit hoher Genauigkeit durchgeführten Messungen der erdmagnetischen Elemente ergibt sich einwandfrei, daß sowohl die Amplituden der regelmäßigen mittleren tagesperiodischen Schwankungen wie auch die Häufigkeit und Stärke der unperiodischen Schwankungen, der sog. erdmagnetischen Unruhe, die 11,3 jährige Sonnenfleckenperiode deutlich erkennen lassen. Abb. 61 zeigt dies für die erdmagnetische Unruhe, die durch die mittlere Differenz aufeinanderfolgender Tagesmittel der Horizontalintensität charakterisiert ist. Die Entstehung der erdmagnetischen Schwankungen erklärt man durch Schwankungen des Stromes geladener Teilchen der in den hohen Atmosphärenschichten die Erde mit einer Gesamtstromstärke von etwa 100000 Amp. umkreist. Aus dem engen Zusammenhang zwischen Fleckenzahl und erdmagnetischer Unruhe schließt man, daß diese Schwankungen des Stromes hervorgerufen werden durch geladene Korpuskularstrahlen, die von der Sonne kommend in die hohen Schichten der Erdatmosphäre eindringen.

2. Die 27 tägige Periode der erdmagnetischen Unruhe. Darüber hinaus kommt man zu der Annahme, daß diese Korpuskularstrahlen von bestimmten Emissionszentren auf der Sonne ausgehen müssen. Dafür spricht die Tatsache, daß sich auch die 27 tägige synodische Rotationsperiode der Sonne in den erdmagnetischen Schwankungen deutlich bemerkbar macht. Durch statistische Untersuchungen hat insbesondere C. Chree festgestellt, daß in periodischen Abständen von 27 Tagen vor oder nach einem magnetisch besonders gestörten bzw. einem besonders ruhigen Tage solche des gleichen Charakters wiederkehren. Diese Erscheinung ist in Abb. 62 dargestellt; sie kann fraglos nur durch die Annahme erklärt werden, daß es auf der Sonne Zentren für die Emission korpuskularer Teilchen gibt, die örtlich scharf begrenzt sind, dauernd Teilchen emittieren und diese Emissionsfähigkeit über mehrere Monate beibehalten. Entsprechend muß es auch Gebiete geben, die für längere Zeit frei von solchen Emissionszentren sind. Bisher ist es nicht gelungen, diese Zentren langandauernder Emission durch direkte Beobachtungen nachzuweisen.

3. Die erdmagnetischen Stürme. Genauere Aussagen über andersartige Zentren der Emission erhalten wir dagegen, wenn wir die starken magnetischen Störungen betrachten, die als erdmagnetische Stürme

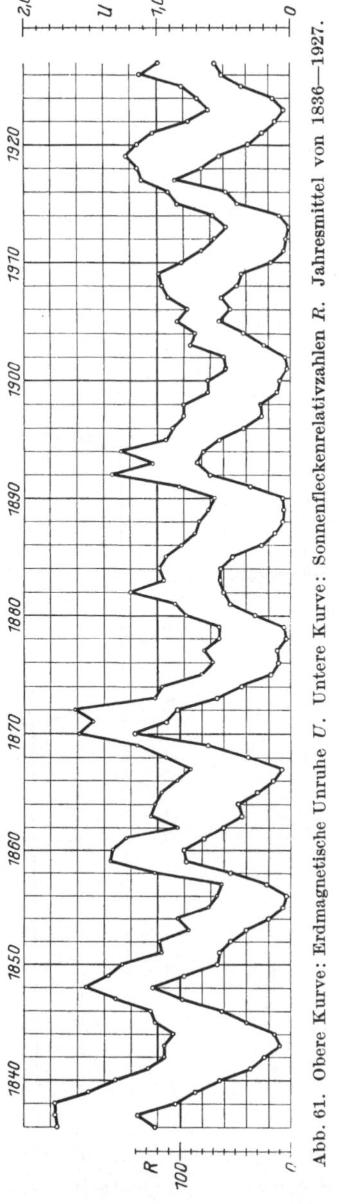

Abb. 61. Obere Kurve: Erdmagnetische Unruhe U. Untere Kurve: Sonnenfleckenrelativzahlen R. Jahresmittel von 1836—1927.

bezeichnet werden. Dieselben machen sich als eine plötzlich einsetzende Abnahme der Horizontalintensität um Beträge von etwa 1 % bemerkbar, die im allgemeinen im Laufe von einigen Tagen wieder zurückgeht. Die erdmagnetischen Stürme fallen in vielen Fällen zeitlich mit dem Durchgange eines großen Fleckes durch den Zentralmeridian der Sonne zusammen. Allerdings gibt es auch Ausnahmen von dieser Regel. Man kann hieraus schließen, daß die Emissionszentren, die erdmagnetische Stürme verursachen, mit großen Sonnenflecken zeitlich und räumlich in engem Zusammenhange stehen, aber nicht mit ihnen identisch zu sein brauchen.

4. Spektrohelioskopische Ermittlung der Eruptionszentren.

Wichtige Aufschlüsse über die wahre Natur der Emissionszentren haben sich durch die spektrohelioskopischen Beobachtungen ergeben. Am 24. Januar 1926 beobachtete Hale mit dem Spektrohelioskop eine hellleuchtende Protuberanz in der Nähe einer Fleckengruppe; dieselbe

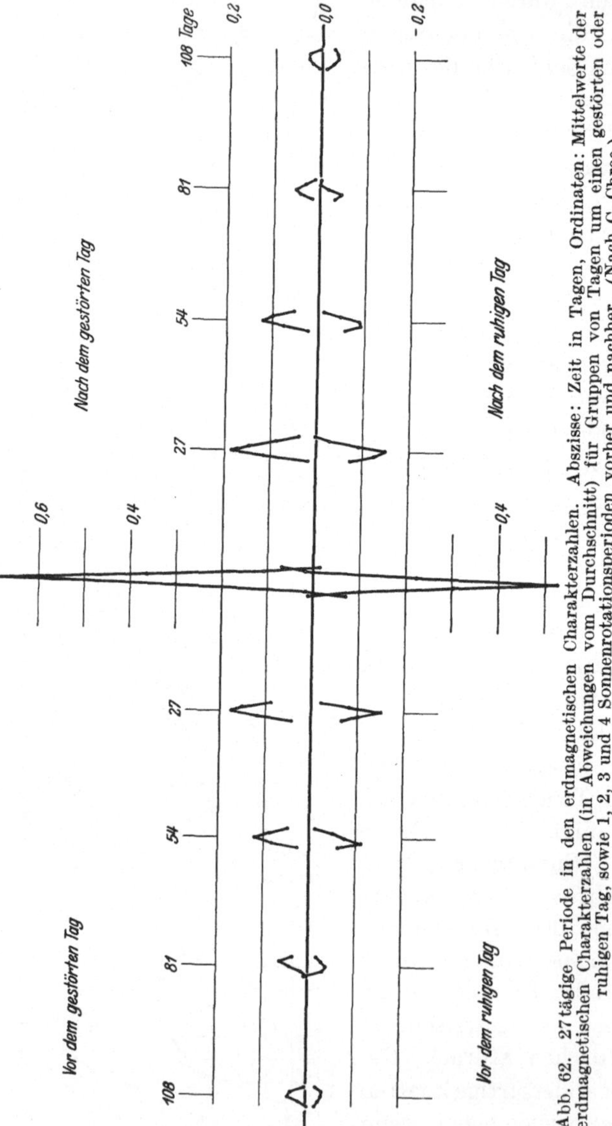

Abb. 62. 27tägige Periode in den erdmagnetischen Charakterzahlen. Abszisse: Zeit in Tagen, Ordinaten: Mittelwerte der erdmagnetischen Charakterzahlen (in Abweichungen vom Durchschnitt) für Gruppen von Tagen um einen gestörten oder ruhigen Tag, sowie 1, 2, 3 und 4 Sonnenrotationsperioden vorher und nachher. (Nach C. Chree.)

ist in Abb. 63 nach einem Spektroheliogramm der Mount-Wilson-Sternwarte dargestellt. Sie änderte ihre Form sehr rasch, und in ihr waren, wie mit dem Linienverschieber festgestellt werden konnte, starke Strömungen vorhanden. Am 25. Januar dauerte die Eruption mit außerordentlicher Helligkeit während des Morgens und des Nachmittags an. Am nächsten Morgen schien sie vorüber zu sein, flackerte aber am Nachmittag und während des 27. Januar noch einmal auf. Am 26. Januar wurde vom Observatorium in Greenwich der stärkste magnetische Sturm seit 5 Jahren festgestellt. Die Störung begann um $16^h\,30^m$, erreichte ein hohes Maximum und erlosch bald nach 5 Uhr am nächsten Morgen. Aber nicht nur dies: am 26. Januar abends beobachtete STÖRMER in Oslo das hellste Nordlicht, das seit Jahren beobachtet worden war. Da auch das Nordlicht nach allem, was wir wissen, auf das Eindringen geladener, im Magnetfeld der Erde nach den Polen hin abgelenkter, von der Sonne ausgehender Korpuskularstrahlen zurückgeführt werden muß, so ist es offensichtlich, daß HALE in der Eruption der Protuberanz den eigentlichen Herd der Korpuskularstrahlen entdeckt hat. HALE wurde durch diese Beobachtung von der Wichtigkeit einer dauernden Überwachung der Sonne mit dem Spektrohelioskop überzeugt. Zur Zeit sind denn auch schon im Sinne des von ihm organisierten Überwachungsdienstes bereits etwa 25 Instrumente an verschiedenen über die ganze Erde verteilten Observatorien in Betrieb.

5. Die Laufzeit der Korpuskularstrahlen. Das wichtigste Ergebnis, das von solchen Beobachtungen erwartet werden kann, ist eine möglichst genaue

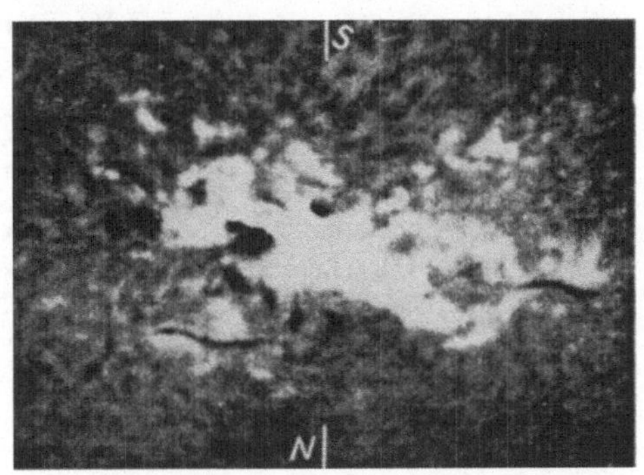

Abb. 63. Spektroheliogramm der Sonneneruption vom 24. Januar 1926. (Nach einer Aufnahme der Mt.-Wilson-Sternwarte.)

Feststellung der Zeitdifferenzen zwischen dem Beginn der solaren Eruption und dem Beginn des magnetischen Sturmes bzw. eines Nordlichtes. Das bisher vorliegende Material ist noch gering. HALE kommt zu dem Resultat, daß die Zeit zwischen Beginn der Eruption und Ankunft der Korpuskularstrahlen auf der Erde im Mittel 26 Stunden beträgt. Daraus ergibt sich eine mittlere Geschwindigkeit von 1600 km/sec.

Diese Geschwindigkeit stimmt genau überein mit der Grenzgeschwindigkeit der Ca^+-Ionen nach der MILNEschen Theorie (s. S. 155). Man wird nicht anstehen, diese Übereinstimmung als eine Stütze der Theorie zu betrachten. Natürlich ist es aber kaum möglich, daß lediglich positive Ionen die Sonne verlassen, vielmehr muß man annehmen, daß die wegfliegenden Ca^+-Ionen Elektronen mit sich ziehen, so daß die austretende Wolke als Ganzes ungeladen ist. Wie sich eine solche Wolke bewegt, ist neuerdings von CHAPMAN untersucht worden; wie zu erwarten, stellt sich heraus, daß die ungeladene Wolke sich geradlinig im Raume bewegt, und daß der Einfluß des erdmagnetischen Feldes sich erst wenige Erdradien von der Erde entfernt bemerkbar macht und zu einer Trennung der verschieden geladenen Bestandteile führt. Diese Auffassung von der Natur der von der Sonne ausgehenden Korpuskularstrahlen steht nun aber im offensichtlichen Widerspruch zu der Störmerschen Theorie des Nordlichtes, in der angenommen wird, daß Elektronen von etwa ein Drittel Lichtgeschwindigkeit, im Magnetfelde der Erde abgelenkt, an den Polen der Erde auf die hohen Schichten der Erdatmosphäre auftreffen und durch ihren Stoß die Atome und Moleküle der Luft zum Leuchten anregen. Zweifellos kann andererseits die Störmersche Theorie so viele Einzelheiten der Nordlichterscheinungen erklären, daß man unbedingt an die Richtigkeit ihrer Grundannahmen glauben möchte. Wir befinden uns also hier in einem Dilemma, das nur durch weitere Forschungen gelöst werden kann.

Literatur.

Zusammenfassende Darstellungen der Sonnenphysik aus neuerer Zeit.

Handbuch der Astrophysik 4, Kap. 1, 2, 3. 1929; 1, 1. Teil, Kap. 5. 1933. Berlin: Julius Springer.

Bruhat, G.: Le Soleil. Paris: Librairie Felix Alcan 1931.

Graff, K.: Grundriß der Astrophysik, Kap. V. Leipzig: B. G. Teubner 1928.

Julius, W. H.: Leerbook der Zonnephysica. Groningen: P. Nordhoff 1928.

Mitchell, S. A.: Eclipses of the Sun, 3. ed. New York, Columbia Univ. Press 1932.

Müller u. Pouillet: Lehrbuch der Physik, 11. Aufl., 5, 2. Hälfte, Kap. 4. Braunschweig: F. Vieweg 1928.

Fünfter und sechster Vortrag.

Der Aufbau des Sternsystems.

Von E. F. Freundlich, Istanbul.

Mit 14 Abbildungen.

Fünfter Vortrag.

I. Die Abstände und die Verteilung der Himmelskörper.

Einleitung.

Die folgenden zwei Vorlesungen werden den Aufbau des Sternsystems behandeln. Mit diesem Forschungsgebiet betreten wir die ureigenste Domäne astronomischer Forschungsmethoden. Denn an dem Zentralproblem der Vermessung des Weltraums, aus welchem nur Lichtzeichen zu uns dringen, dem sog. Parallaxenproblem, haben die Astronomen die außerordentlich spitzfindigen und feinen Methoden entwickeln müssen, die ihre Wissenschaft in so besonderem Maße auszeichnen.

Noch vor 100 Jahren ließ sich über die Ausdehnung des Weltraums keine bestimmte Aussage machen. Denn es war bis dahin nicht ein einziger Sternabstand mit Sicherheit bestimmt worden. Aber im Laufe des letzten Jahrhunderts ist es gelungen, weit in den Weltraum vorzustoßen, und nachzuweisen, daß der Beobachtung zugängliche Himmelsobjekte so fern von uns stehen, daß ihr Licht 100 Millionen Jahre und mehr unterwegs ist, bevor es uns erreicht. Während es also der Menschheit nie vergönnt sein wird, in die Zukunft zu schauen, wie sie es so gern möchte, wird ihr auf diesem Wege die Möglichkeit gegeben, weit in die Vergangenheit des Kosmos zurückzublicken.

Seitdem hat die Erforschung des Weltraumes alle drei Phasen durchlaufen, die als Etappen auf dem Wege zum Ziel liegen, nämlich: die statische, die kinematische, die dynamische Phase.

In der statischen Phase sucht die Astronomie als erstes das Problem zu lösen: welcher Art sind die Massen, die den Weltraum bevölkern und wie sind sie über den Weltraum verteilt? Und da man nicht in der Lage sein wird, den gesamten Weltraum zu erfassen, wird es ein Kernpunkt des Problems sein, Strukturgesetze in der Verteilung der Massen der Welt zu entdecken, um aus ihnen Schlüsse über den Aufbau der Welt als Ganzes zu ziehen.

In der dieser Etappe folgenden kinematischen Phase werden die Bewegungsverhältnisse der Himmelskörper in die Forschung einbezogen. Schließlich sucht die dynamische Phase das, was an Erkenntnissen in den beiden vorangehenden gewonnen wurde, einheitlich zusammenzufassen; also sowohl die Verteilung der Massen, als auch ihre Bewegungsverhältnisse aus der Wechselwirkung der Massen und aus kosmogonischen Prinzipien zu verstehen. Diese dynamischen Untersuchungen werden durch das kosmologische Problem gekrönt: nach welchen Prinzipien ist es möglich, den ganzen, also den möglicherweise unendlichen, unbegrenzten Raum mit gravitierenden Massen zu erfüllen?

a) Die Vermessung der nächsten Umgebung der Sonne; trigonometrische Parallaxen.

Die Schwierigkeiten, welche sich der Ausmessung des Weltraums entgegenstellen, leiten sich von zweierlei Umständen her; erstens von der außerordentlichen Größe der Abstände der Himmelskörper und zweitens von den besonders schwierigen Bedingungen, unter denen der Astronom seine Beobachtungen anzustellen hat. Wir sind gezwungen, alle Erfahrungen zu sammeln, während wir auf der rotierenden Erde sitzen, die ihrerseits wieder die Sonne umkreist und gleichzeitig mit ihr durch den Sternenraum fliegt. Von diesem höchst ungeeigneten Beobachtungsposten aus suchen wir den Weltraum zu erforschen. Außerdem leben wir am Boden eines Luftmeeres und sind gezwungen, alle Messungen durch dieses brechende Medium hindurch auszuführen.

Die Astronomen mußten darum erst die „sphärische Astronomie" zu einer hochentwickelten Disziplin ausbauen, bevor es möglich war, aus der einfachsten Beobachtung das herauszuschälen, was wirklich eine Aussage über die Vorgänge im Raum und nicht nur eine Aussage über die besonderen Umstände des Beobachters darstellt.

Auf die Probleme der sphärischen Astronomie soll hier nicht eingegangen werden. Wir wollen vielmehr sofort das Zentralproblem ins Auge fassen: wie ist es möglich geworden, den Weltraum auszumessen, aus dem uns die ihn bevölkernden Himmelskörper nur durch das Licht Mitteilung von ihrer Existenz zukommen lassen? Die wesentlichste Schwierigkeit seiner Lösung liegt, wie schon gesagt wurde, in der Größe des Weltraums begründet. Sie zwang die Astronomen, ihre Beobachtungsmethoden zu einer außerordentlichen Genauigkeit auszugestalten, so daß man mit Recht von einer Beobachtungskunst spricht. Warum eine solche pedantische Genauigkeit wirklich unumgänglich ist, das lehrt folgendes Beispiel:

Jedes Fernrohr ist eine Visiervorrichtung. Will der Beobachter mit seinem Fernrohr den Ort irgendeines Himmelskörpers ermitteln, so hat er die Lage des Rohres zu fixieren, bei welcher sich das Objekt in der Mitte des Gesichtsfeldes befindet. Es stehe ihm nun ein schon recht ansehnliches Fernrohr zur Verfügung, dessen Einstellungen an einem Teilkreise von 1 m Durchmesser ablesbar seien. Der Umfang dieses Kreises beläuft sich auf etwa 3 m und sei in Bogenminuten geteilt. Die 21 600 Bogenminuten des Kreisumfanges ergeben dann einen Strichabstand von ungefähr $^1/_{10}$ mm. Hat der Beobachter den Ort eines Sternes zu ermitteln, der uns, astronomisch gesprochen, sehr nahe steht, nämlich eines Sternes in nur 10 Lichtjahren Abstand, und begeht er dabei einen Fehler von nur einer Bogenminute, so verlagert er dadurch den Stern im Raum um 30 Milliarden Kilometer von seinem wahren Ort. Hätte dieser Stern eine Geschwindigkeit von nur 10 km in der Sekunde, so würde er 100 Jahre brauchen, um diese Strecke zu durchlaufen. Wir wären nicht nur außerstande, die Entfernung eines schon ganz nahen Sternes zu bestimmen, hätte die Beobachtungsgenauigkeit nicht um eine Größenordnung gesteigert werden können, sondern ebensowenig könnten wir auch bisher über die Bewegungen der Sterne irgendwelche Aussagen machen. Denn schon um die Entfernung des uns nächsten Sternes zu ermitteln, war eine Genauigkeit erforderlich, die mehr als hundertmal die im obigen Beispiel vorausgesetzte übertreffen muß.

Die direkte Möglichkeit, Sternabstände zu ermitteln, ist grundsätzlich dadurch gegeben, daß die Erde nicht im Raum still steht. Also gerade einer der Umstände, die uns den Einblick in die kosmischen Vorgänge erschweren, eröffnet dafür eine Möglichkeit der Vermessung des

Raumes. Dadurch, daß die Erde die Sonne in einer fast kreisförmigen
Bahn umläuft, visieren wir in halbjährigen Zwischenzeiten alle Objekte
von den Enden einer *Basis* an, die gleich dem Durchmesser der Erdbahn
ist. Was der Astronom die jährliche oder trigonometrische Parallaxe π
eines Sternes nennt, ist der Winkel, unter welchem der Radius der Erdbahn von dem Stern aus gesehen erscheint.

Es ist also:

$$\sin \pi = \frac{a}{r} \text{ , wobei } r \text{ den Abstand des Sternes,}$$

$$a = 1{,}49481 \cdot 10^{13} \text{ cm den Erdbahnradius}$$

bezeichnen. Da es sich bei allen diesen parallaktischen Verschiebungen
um sehr kleine Winkel handelt, kann man den Sinus durch den Winkel
ersetzen; es gilt also:

$$\pi'' = 206\,265 \cdot \frac{a}{r}$$

(206 265 ist der Wert des Kreisradius in Bogensekunden gemessen). In
Wahrheit ist das Dreieck, um dessen Vermessung es sich bei der Ermittelung einer Parallaxe handelt, so spitz, daß selbst bei dem uns zunächst-
stehenden hellen Stern, α Centauri, die beiden langen Seiten des gleich-
schenkeligen Dreiecks etwa 140 km lang sein würden, wenn wir die Meßbasis, d. h. also den Erdbahndurchmesser, auf 1 m herabgesetzt denken.
Die Parallaxe von α Centauri beträgt nämlich nur $0''{,}76$. Die erste nach
dieser Methode ermittelte Sternparallaxe verdanken wir BESSEL. Aber die
Möglichkeit, in größerer Zahl Sternparallaxen in dieser Weise zu messen,
wurde erst durch die Ausbildung photographischer Methoden erreicht.

Man photographiert zu dem Zweck mit einem Fernrohr großer
Brennweite, mindestens von etwa 10 m, den Bereich des Himmels, der
den zu untersuchenden Stern enthält, und zwar möglichst zu einer
Epoche, zu der seine parallaktische Verschiebung den größten Wert hat.
Die erhaltene Aufnahme entwickelt man jedoch nicht sofort, sondern
man wiederholt die Aufnahme $^1/_2$ Jahr später und eventuell sogar durch
mehrere solcher Epochen hindurch[1]. Auf der Platte erscheint dann eine
Folge von Bildern des Sternes, und außerdem natürlich noch die anderer,
schwächerer, Sterne in seiner Nachbarschaft. Solche schwachen Sterne
wird man als so weit entfernt annehmen dürfen, daß ihre Parallaxen
unmeßbar klein sind. Die Diskussion der Vermessung dieser schwachen
Vergleichssterne gibt Aufschluß über die Verrückungen, welche die Platte
zwischen den verschiedenen Aufnahmeepochen erfahren hatte. Der
Parallaxenstern jedoch wird, falls seine Parallaxe wirklich meßbar groß

---

[1] Diese photographische Methode der Parallaxenmessung ist natürlich nicht
an die Voraussetzung gebunden, zwischen den Aufnahmeepochen die Platten
unentwickelt zu belassen.

ist, überdies gesetzmäßige Schwankungen in den Abständen seiner Abbilder auf der Platte zeigen, durch deren genaue Messung man seine Parallaxe, bezogen auf die mittlere Parallaxe der schwachen Vergleichssterne, abzuleiten vermag. Für etwa 2000 Sterne sind bis heute nach dieser Methode mehr oder minder genaue Parallaxen bestimmt worden; der mittlere Fehler einer Bestimmung liegt gegenwärtig etwas unterhalb von $0'',01$. Als Einheit der Entfernung benutzt die Astronomie das Parsec oder das Lichtjahr. Ein Parsec entspricht dem Sternabstand mit der Parallaxe: $\pi = 1''$, so daß, in Parsec gemessen, der Abstand eines Sternes gleich dem reziproken Wert seiner Parallaxe ist. Ein Parsec beträgt 3,26 Lichtjahre $= 3,08 \cdot 10^{18}$ cm. Mit den bisher ermittelten etwa 2000 trigonometrischen Parallaxen überblicken wir einen Teil des Weltraums von ungefähr 300 Lichtjahren Radius.

Bedenkt man, daß die Ausdehnung des uns unmittelbar umgebenden Sternsystems sich auf Zehntausende von Lichtjahren beläuft, so kann man die Schwierigkeiten ermessen, die sich seiner erschöpfenden Beschreibung entgegenstellten.

b) Dynamische und perspektivische Parallaxen.

Es gibt noch einige andere, sogar etwas weiter reichende Methoden, um individuelle Sternabstände zu messen. Sind z. B. von einem Doppelsternsystem genügend viele Daten bekannt, um die absoluten Dimensionen der Bahn nach dem dritten Keplerschen Gesetz zu berechnen, so kann man aus dem scheinbaren Winkelabstand der beiden Komponenten und der wirklichen, aus der Bahnbestimmung ermittelten Größe ihres Abstandes die Parallaxe ableiten. In solcher Weise indirekt erschlossene Sternabstände bezeichnet man als *dynamische* Parallaxen. Ein noch einfacherer Weg bietet sich dar, wenn man auf Sternströme stößt, deren Mitglieder wie eine Vogelschar parallel durch den Raum fliegen. Kennt man den Zielpunkt des Stromes, die Radialgeschwindigkeiten[1] und Eigenbewegungen[2] seiner Mitglieder, so läßt sich sein Abstand bestimmen. Ein bekanntes Beispiel ist der Taurusstrom, bei welchem der Zielpunkt der Strombewegung mit einer Genauigkeit von $\pm 1^\circ,1$ bekannt ist. Aus dem Winkel φ zwischen Strom- und

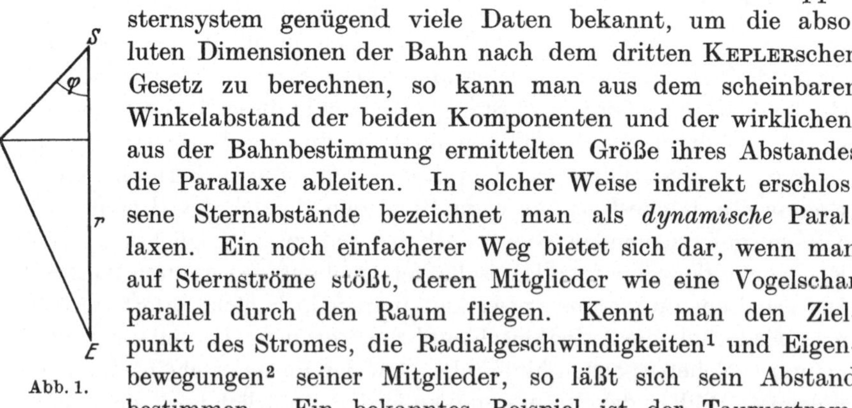

Abb. 1.

---

[1] Die *Radialgeschwindigkeit* eines Sternes ist die nach dem Dopplerprinzip aus der Verschiebung der Spektrallinien gefolgerte Geschwindigkeitskomponente in der Visionsrichtung (siehe den sechsten Vortrag S. 193).

[2] Die *Eigenbewegung* eines Sternes ist die auf die Zeiteinheit (Jahr oder Jahrhundert) bezogene Änderung seiner Position am Himmel, gemessen in Winkelmaß. Hat eine Schar von Sternen einander parallele Raumgeschwindigkeiten, so haben ihre Eigenbewegungen einen gemeinsamen *Konvergenzpunkt* (Zielpunkt).

Visierrichtung, der Radialgeschwindigkeit v_R in Richtung SE berechnet man die Komponenten senkrecht zur Visierrichtung, d. h. die Eigenbewegungen in absolutem Maß und gewinnt damit, wenn μ die beobachtete Eigenbewegung der Sterne an der Sphäre bezeichnet, die Beziehung:

$$\frac{\mu''}{206\,265} = \frac{v_R \, \mathrm{tg}\, \varphi \cdot T}{r} \qquad T = 3{,}156 \cdot 10^7 = \begin{cases} \text{Anzahl der Zeit-} \\ \text{sekunden im Jahr.} \end{cases}$$

Die Parallaxe im Winkelmaß gemessen ergibt sich zu:

$$\pi'' = 4{,}74 \cdot \frac{\mu''}{v_R \, \mathrm{tg}\, \varphi}\,.$$

Nach dieser Methode, die man gewissermaßen die der *perspektivischen* Parallaxen bezeichnen könnte, hat man für den Taurusstrom und einige andere die Abstände ermittelt. Sie führen absolut etwas weiter als die trigonometrischen Parallaxen, nämlich bis zu 600 Lichtjahren weit, in den Raum.

c) Säkulare Parallaxen.

Es leuchtet aber ein, daß ein so außerordentlich ausgedehntes, aus Milliarden einzelner Sterne sich aufbauendes Gebilde wie das Sternsystem mit diesen Hilfsmitteln nicht erschöpfend zu erforschen sein kann. Die Astronomen mußten wirksamere Methoden, wenn auch vielleicht unter Opfern, entwickeln. Ein Opfer war der Verzicht auf die Ermittlung einzelner Sternabstände. Von den *individuellen* Parallaxen einzelner Sterne ging man zu den *mittleren, statistischen* Parallaxen ganzer Sterngruppen über. Man hatte allerdings dabei mit größter Vorsicht darauf zu achten, daß bei der Auswahl der Sterngruppen — man kann ja nicht alle Objekte erfassen — statistisch wirklich repräsentative Gruppen erfaßt wurden.

Als Gewinn steht der statistischen Bestimmungsmethode eine noch größere Basis als der Erdbahndurchmesser zur Verfügung. Die sogenannten mittleren „säkularen Parallaxen“ benutzen nämlich die Tatsache[1], daß das Sonnensystem in anscheinend geradliniger Bahn mit 20 km Sekundengeschwindigkeit durch den Sternraum fliegt. Es legt dabei schon im Laufe eines Jahres etwa 600 Millionen km zurück. Eine Abstandsbestimmung, die sich auf die parallaktischen Verrückungen gründet, welche aus dem Vergleich zeitlich getrennter Positionsbestimmungen der Sterne erschlossen werden, benutzt folglich eine Meßbasis, die schon nach einem Jahr mehr als doppelt so groß ist, als der Durchmesser der Erdbahn. Vergleicht man gar Beobachtungen, die 10 oder sogar 100 Jahre auseinanderliegen, so läßt sich die Basis noch beliebig vergrößern. Allerdings erhält man auf diesem Wege, wie

---

[1] Siehe den folgenden Vortrag, S. 193.

gesagt, keine individuellen Parallaxen. Denn jeder Stern wird ebenso wie die Sonne seine individuelle Geschwindigkeit im Sternraum haben; und man kann für den einzelnen Stern ohne weiteres nicht entscheiden, wieviel von der wahrgenommenen Verrückung durch die Bewegung der Sonne hervorgerufen wird bzw. durch die des Sternes. Diese Aufspaltung der Eigenbewegungen in ihre zwei Bestandteile kann nur nach einer statistischen Methode in folgender Weise erreicht werden.

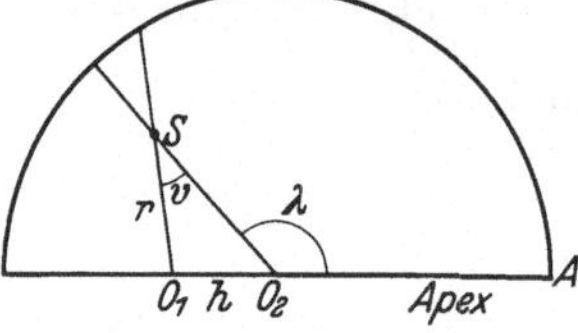

Abb. 2. Säkulare Parallaxe.

Es verlagere sich in irgendeiner Zeitspanne die Sonne von dem Ort O_1 nach O_2 um den Betrag h. Ein Stern S im Abstand r, den man anfangs gegen die Sphäre in Richtung $O_1 \rightarrow S$ projiziert sah, erscheine von O_2 aus dagegen in Richtung $O_2 \rightarrow S$. Der Zielpunkt (Apex) der Sonne in A werde als bekannt angenommen. Dann gilt, wenn v in Bogensekunden die jährliche parallaktische Verrückung des Sternes infolge der Bewegung der Sonne bezeichnet:

$$\frac{h}{r} = \frac{v \cdot \sin 1''}{\sin \lambda}.$$

Ordnet man die Sterne nach ihrem Winkelabstand λ vom Apex der Sonne in Gruppen, so gilt für die Mittelwerte der von Stern zu Stern variierenden Größen v und r

$$h \cdot \overline{\left(\frac{1}{r}\right)} = \frac{\bar{v}}{\sin \lambda}.$$

Beobachtungsdaten, für einen möglichst großen Umkreis des Himmels nach diesem Prinzip zusammengefaßt, liefern dann ein System von Gleichungen, aus denen man die Unbekannte $h\left(\dfrac{1}{r}\right)$ nach der Methode der kleinsten Quadrate ableiten kann. Die Normalgleichungen erhalten die Gestalt:

$$h\overline{\left(\frac{1}{r}\right)} = \frac{\overline{v \sin \lambda}}{\overline{\sin^2 \lambda}},$$

aus welchen für die mittlere Säkularparallaxe der benutzten Sterne in Bogensekunden sich der Ausdruck:

$$\bar{\pi} = 0{,}234 \, \frac{\overline{v \sin \lambda}}{\overline{\sin^2 \lambda}}$$

ergibt.

Die Verwertung der mittleren Säkularparallaxen ist ein außerordentlich machtvolles Mittel geworden, um tiefer in den Sternenraum vorzudringen, als dies mit trigonometrischen Parallaxen bis dahin möglich gewesen war. Nach den verschiedensten Gesichtspunkten hat man die Sterne in Gruppen geordnet und mittlere Säkularparallaxen für Tausende von ihnen abgeleitet.

Tabelle 1. Mittlere säkulare Parallaxen $\left(\dfrac{h}{r}\right)$ als Funktion der Helligkeit m und galaktischen Breite b.

b m	$0°$ bis $\pm 20°$ $10°$	$\pm 20°$ bis $\pm 40°$ $30°$	$\pm 40°$ bis $\pm 90°$ $57°$	$0°$ bis $\pm 90°$
3,0	0″,108	0″,143	0″,143	0″,125
5,0	0 ,059	0 ,070	0 ,082	0 ,068
7,0	0 ,032	0 ,033	0 ,047	0 ,036
9,0	0 ,017	0 ,017	0 ,027	0 ,019
11,0	0 ,0086	0 ,0086	0 ,0155	0 ,0098
13,0	0 ,0045	0 ,0045	0 ,0089	0 ,0051

Tabelle 1 zeigt eine Zusammenstellung solcher mittlerer Säkularparallaxen für Sterne verschiedener Helligkeit, nach galaktischer Breite gruppiert.

d) Die ersten Ansätze der Stellarstatistik.

Aber bei den meisten Sternen sind auch die zur Ermittelung säkularer Parallaxen erforderlichen Eigenbewegungen zu klein, als daß sie mit genügender Sicherheit hätten ermittelt werden können. Es bedurfte einer noch einfacheren, noch weniger Daten erfordernden Methode, sollte der entscheidende Vorstoß gelingen, die Verteilung der Massen im Weltraum zu ergründen. Von den mittleren Parallaxen ausgesuchter Sterngruppen ging man deshalb zu der ganz allgemeinen Begriffsbildung der Dichtefunktion $D(r)$ über, welche die in der Entfernung r in der Volumeinheit vorhandene Zahl von Sternen mißt. Ihren Verlauf zu erschließen, hatte man sich ausschließlich auf statistische Daten über die Anzahl der Sterne verschiedener Helligkeit zu beschränken.

Wären die Sterne alle von gleicher bekannter Leuchtkraft (Kerzenstärke), so ließe sich $D(r)$ unmittelbar aus Sternzählungen ableiten und es würde genügen, überhaupt nur diese eine Funktion zu kennen. In Wahrheit schwankt aber (s. S. 67 u. 184) die Leuchtkraft der Sterne ganz außerordentlich, so daß man nicht mit dieser einen Funktion $D(r)$ auskommt. Wir müssen außerdem noch wissen, in welchem Mischungsverhältnis die Sterne verschiedener Leuchtkraft mit wachsendem Abstand von der Sonne in der Volumeneinheit vorkommen. Neben $D(r)$ tritt also noch eine Funktion $\varphi(J, r)$, welche die relative Häufigkeit der Sterne der Leuchtkraft J im Wertintervall J und $(J + dJ)$ in der Volumeneinheit mißt. Bestimmt man nun durch Zählungen entweder die Zahl aller Sterne bis zu einer bestimmten Grenzhelligkeit oder aber die Anzahl der Sterne, deren *scheinbare* Helligkeit innerhalb eines begrenzten Intervalls liegt, bezeichnet man z. B. mit $N(i)$ die Anzahl der Sterne, deren scheinbare Helligkeit in dem Intervall i bis $(i + di)$

liegt, so ist für ein unter dem Raumwinkel ω gesehenes Flächenstück der Himmelssphäre:

$$N\,(i) = \omega \int\limits_0^\infty D\,(r) \cdot \varphi\,(J) \cdot r^4 \cdot d\,r\,^1.$$

Da zwei unbekannte Funktionen, $D\,(r)$ und $\varphi\,(J,\,r)$, in diese Gleichung eingehen, so reicht sie nicht aus, um beide zu bestimmen. Eine weitere Gleichung ließe sich im Prinzip gewinnen, würde man z. B. noch einen analytischen Ausdruck für die mittleren säkularen Parallaxen der Sterne im Helligkeitsintervall i bis $i + d\,i$ aufstellen. Es ist aber gerade die ungenügende Kenntnis der mittleren Parallaxen schwächerer Sterne dafür entscheidend gewesen, die statistische Methode der Abstandsmessung weiter zu verallgemeinern. Es mußte darum ein anderer Weg eingeschlagen werden.

Man entschloß sich zu der hypothetischen Annahme, daß der Wert der Funktion $\varphi\,(J,\,r)$ unabhängig vom Raumteil, d. h. unabhängig vom Abstand von der Sonne, sei. Zwar wissen wir heute, daß diese Hypothese nicht streng erfüllt ist, aber es eröffnete sich für den Anfang kaum ein anderer Ausweg.

Die Zählungen der Sterne unserer näheren Umgebung lehrten, daß die Funktion $\varphi\,(J)$ sich in diesem Raumteil genügend genau durch einen Ausdruck der Gestalt darstellen läßt:

$$\log \varphi\,(J) = \alpha' + \beta' \cdot M + \gamma'\,M^2,$$

in welchem M die absolute Leuchtkraft in Größenklassen, definiert durch $M = -2{,}5\,\log J$ bezeichnet. Wohlverstanden, es handelt sich hier um eine rein empirisch gewonnene Beziehung, welche Kapteyn bei der Untersuchung der Sterne der nächsten Umgebung erfüllt fand. Ebenso ergab sich rein empirisch, daß die Zahl $N\,(i)$ aller Sterne im Helligkeitsintervall i bis $i + d\,i$ durch einen Ausdruck der Gestalt wiedergegeben werden kann:

$$\log N\,(i) = \alpha + \beta \cdot m + \gamma \cdot m^2,$$

hier bezeichnet m die scheinbare Helligkeit in Größenklassen, definiert durch $m = -2{,}5\,\log i$.

Dann ist die obige Bestimmungsgleichung für $D\,(r)$ durch einen Ausdruck befriedigt:

$$\log D\,(r) = \alpha'' + \beta''\,\log r + \gamma'' \cdot \log^2 r,$$

in welchem die Größen α'', β'', γ'' aus den empirisch gewonnenen Daten zu berechnen sind.

---

^{1} Der Faktor $r^4 \cdot d\,r$ rührt daher, daß einerseits die scheinbare Helligkeit eines Sternes quadratisch mit dem Abstand r abnimmt, andererseits einem räumlichen Winkel ω das Volumen $r^2 \cdot \omega\,d\,r$ einer räumlichen Kugelschale der Dicke $d\,r$ entspricht.

Nach solchen Ansätzen haben SEELIGER, KAPTEYN und SCHWARZ-SCHILD die Struktur des uns umgebenden Sternsystems erforscht. Dabei haben sie die fundamental wichtige Entdeckung gemacht, daß wir uns nicht in einem unbegrenzten, gleichmäßig von Sternen ausgefüllten Raum, sondern innerhalb einer endlichen Sterninsel befinden. Man nennt diese häufig das „lokale Sternsystem". Wie sich KAPTEYN dieses Sternsystem vorstellte, zeigt Abb. 3. Es ist stark abgeflacht, linsenförmig und hat einen Halbmesser von etwa 25 000 Lichtjahren[1], wenn man die

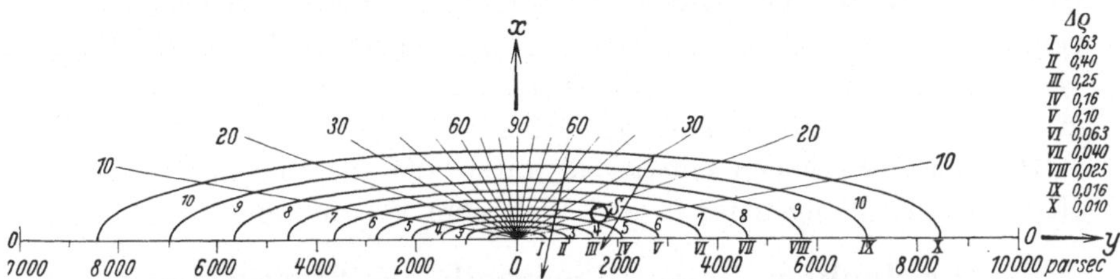

Abb. 3. Die Dichte der Sterne in dem die Sonne umgebenden Sternsystem, nach KAPTEYN; die vermutliche Stellung der Sonne im System ist mit (S) bezeichnet.

Grenze in einen Abstand verlegt, in welchem die Dichte auf etwa 1 % des Wertes gesunken ist, der in unserer Umgebung herrscht. Die bevorzugte Ebene der Abflachung ist die Milchstraßenebene. Die Anzahl der Objekte, die diesen Raumteil erfüllen, ergab sich schätzungsweise zu $50 \cdot 10^9$.

e) Die Bedeutung des lokalen Sternsystems.

Nachdem diese wichtige Feststellung gelungen war, lag die Frage nahe: haben wir mit dem lokalen Sternsystem die nächst größere, kosmisch selbständige, dynamische Einheit aus dem Weltraum herausgeschält? KAPTEYN war optimistisch genug, dies zu glauben. Und so sahen wir ihn in den letzten Jahren seines Lebens bemüht, die Strukturgesetze dieses Kosmos zu erforschen.

Aber das von ihm entworfene einfache Bild ist nur eine erste grobe Annäherung an die wahren Verhältnisse und dies aus zweierlei Gründen. Es war, wie wir gesehen haben, unter der Annahme gewonnen worden, daß das Mischungsverhältnis der Sterne verschiedener Leuchtkraft nach jeder Richtung im Raum die gleiche sei; auch daß das Milchstraßensystem symmetrisch gestaltet sei, hatte man von Anfang an vorausgesetzt. Ferner war bei allen Zählungen die Wirkung dunkler, Licht absorbierender Massen im Raum außer acht gelassen worden. Alle diese Voraussetzungen haben die Resultate systematisch verfälscht.

---

[1] Nach der gegenwärtigen Auffassung ist das lokale Sternsystem wesentlich kleiner, vielleicht nicht mehr als einige tausend Lichtjahre ausgedehnt.

Darum ist man in den letzten Jahren dazu übergegangen, die Struktur des lokalen Sternsystems unter Berücksichtigung dieser Faktoren sorgfältiger zu erforschen. Und da die außerordentlich fernen Milchstraßensternwolken bei den ersten Zählungen zweifellos noch gar nicht erfaßt worden waren, versuchte man auch, gewissermaßen mit Tiefensonden, so weit in den Raum vorzustoßen, daß man in den Bereich dieser Milchstraßenwolken hinein gelangte. Die statistischen Methoden erwiesen sich dabei zwar als leistungsfähig genug, wenn es galt, die Struktur des lokalen Sternsystems in unserer nächsten Umgebung zu erforschen, aber letzter Hand doch nicht als leistungsfähig genug, um den Aktionsradius der astronomischen Forschung ausreichend zu erweitern. Deshalb hat man nicht eher geruht, als bis grundsätzlich neue Methoden entwickelt waren, die es ermöglichten, noch eine Größenordnung tiefer in den Weltraum vorzudringen.

f) Die dunklen Massen innerhalb des Sternsystems.

Wir müssen hier eine kurze Einschaltung machen, um die Frage der Absorption des Lichtes im Weltraum zu streifen. Sie ist ein sehr wichtiger Gegenstand der Forschung geworden, weil unzweifelhaft ein ansehnlicher Teil der kosmischen Materie, aus welcher sich unser Sternsystem aufbaut, als diffus verteilter Staub die Zwischenräume zwischen den Sternen ausfüllt und das Sternenlicht auf dem Wege zu uns in ausgedehnten Raumteilen durch Absorption merklich geschwächt wird. Für die genauere Kenntnis des Aufbaues unseres Sternsystems ist das Wesen dieser dunklen Massen und der Einfluß der Lichtabsorption auf die scheinbare Struktur des Sternsystems von größter Bedeutung geworden. Allerdings hat es den Anschein, als sei nur innerhalb eines engen Bereiches in der Milchstraßenebene die Wirkung dunkler Wolken von maßgeblicher Wirkung. Außerhalb dieser schmalen Zone können wir ungehindert tief in den Raum hinausschauen, ohne daß sich eine andere Lichtschwächung als die, gewissermaßen geometrische, dem Quadrat des Abstandes proportionale bemerkbar machte. Daß dem wirklich so ist, läßt sich in folgender Weise einfach nachweisen:

Die Gesamthelligkeit sehr ferner Gebilde, z. B. von Spiralnebeln, wird, falls keine Absorption wirksam ist, mit dem Quadrat des Abstandes absinken. Andererseits folgt auch der scheinbare Durchmesser mit zunehmendem Abstand einem einfachen geometrischen Gesetz. In der Coma-Virgo-Gegend am Himmel erscheinen mehrere Gruppen von Spiralnebeln nahe zusammengedrängt, erfüllen aber in Wahrheit einen außerordentlich tiefen Raumteil. Man kann an diesen Objekten nun untersuchen, wie weit die bei Abwesenheit einer Lichtabschwächung zu erwartende Beziehung zwischen Helligkeit und Durchmesser erfüllt ist. Der verfälschende Einfluß, den die Schwankung der absoluten Ausmaße der Gebilde hineinbringen könnte, läßt sich bei der großen Zahl von Spiralnebeln, die diesen Raumteil bevölkern, durch Mittelbildungen eliminieren. Die für verschieden weit entfernte, *im Mittel* gleich großen Objekte ohne Lichtabsorption gültige Beziehung zwischen den scheinbaren Durchmessern und scheinbaren Helligkeiten ist in dem nachfolgenden Bild durch den stetigen Kurvenzug wiedergegeben. Die Helligkeiten sind darin als Abszissen gegen die Logarithmen der Durchmesser aufgetragen. Die Daten beziehen sich auf 2775 Spiralnebel in der Coma-Virgo-Gegend.

Die Abbildung zeigt, daß die Beobachtungen durch den erwarteten theoretischen Verlauf gut dargestellt werden, daß also das Licht in diesem Raumteil, der sich über Millionen von Lichtjahren erstreckt, in der Tat anscheinend keiner anderen Schwächung als der notwendig mit dem Quadrate des Abstandes zu erwartenden unterliegt. Es läßt sich abschätzen, daß in diesem Bereich die Lichtschwächung (l), gemessen in Größenklassen, geringer ist als

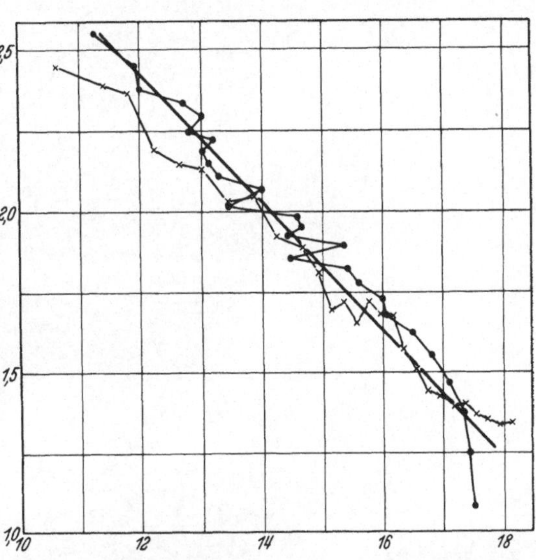

Abb. 4. Beziehung zwischen dem scheinbaren Durchmesser und der scheinbaren photographischen Helligkeit für 2750 Spiralnebel der Coma-Virgo-Gruppe. Ordinaten: Logarithmen der Durchmesser, Abszissen: Helligkeiten in Größenklassen. (Nach Shapley.)

$$l < 0{,}000\,000\,007 \text{ Größenklassen pro Parsec.}$$

Diese Feststellung ist außerordentlich wichtig, weil sie die Voraussetzung dafür bildete, daß man überhaupt die Methoden entwickeln konnte, um Millionen von Lichtjahren tief in den Weltraum vorzustoßen, von denen gleich die Rede sein wird. Innerhalb der Milchstraßenebene selbst sind jedoch die Verhältnisse durchaus andere. Hier ist in vielen Richtungen mit einer Lichtschwächung von der Größenordnung

$$l \leq 0{,}0003 \text{ Größenklasse pro Parsec}$$

zu rechnen.

Das Vorhandensein absorbierender Wolken ist in manchen Bereichen der Milchstraße ganz offensichtlich. Um den Abstand und die Tiefe einer solchen Wolke zu ermitteln, hat man folgende einfache Methode

ersonnen: Es liege in einer bestimmten Richtung eine deutlich be-
grenzte Wolke lichtabsorbierender Massen im Raum eingebettet. Zählt
man die Sterne in einem der Wolke benachbarten, normalen Himmels-
bereich ab, so erfährt man, wie die Anzahl der Sterne zunehmen würde,
falls man, ohne das Dazwischentreten der Wolke, zu immer schwächeren Sternen, also immer tiefer in den Raum fortschreitet. In Rich-

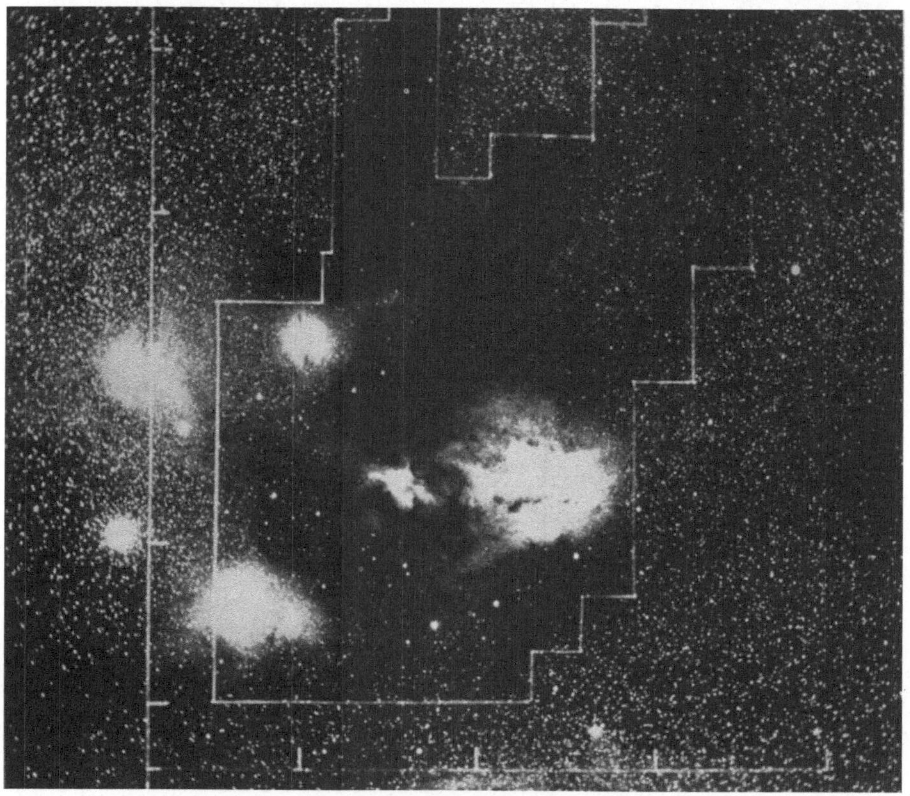

Abb. 5. Absorptionsgebiet bei ϱ Ophiuchi. (Nach Barnard.)

tung auf die Wolke selbst werden die entsprechenden Zählungen jedoch
den auf das Normalgebiet bezüglichen nur so lange parallel laufen, als
die Sterne noch vor der Wolke liegen. Sobald man in die Wolke ein-
getaucht ist, wird die Zunahme der Sternzahlen von der normalen
systematisch abweichen. Und erst, wenn man die Wolke durchdrungen
hat und es bei den Zählungen nur noch mit hinter ihr stehenden Sternen
zu tun hat, wird die Zunahme der Sternzahlen mit abnehmender Helligkeit wieder dem normalen Anstieg parallel laufen. Die Abb. 5 zeigt eine
Gegend im Ophiuchus, in der helle Wolken neben ausgesprochenen Ab-

sorptionsgebieten erscheinen. Für dieses Gebiet hat man nach der soeben skizzierten Methode Größe und Tiefe der Wolken ermitteln können. Die Abb. 6 gibt das Ergebnis wieder. Die Zunahme der Sternzahlen mit abnehmender Helligkeit folgt in dem Normalgebiet dem ungeknickten Kurvenzug. Innerhalb der dunklen Wolke dagegen beginnt die Divergenz schon bei der 7. Größenklasse und dauert bis zur 13. Größenklasse an. Es folgt daraus, daß man schon in etwa 100 Parsec in die Wolke eintaucht; dies entspricht dem mittleren Abstand der Sterne 7. Größe; ihre Tiefe ergibt sich zu etwa 2000 Parsec. In dieser Weise lassen sich ausgesuchte Himmelsgegenden im einzelnen untersuchen. Wenn mit der Zeit ausreichende Daten über die Ausdehnung und die Abstände von dunklen Wolken — allgemeiner über die Strukturbesonderheiten der Massenver-

teilung — im Sternsystem vorliegen, wird man die Einzeldaten zu einem Gesamtbild zusammenfassen können. Aber dieser Weg erscheint sehr langwierig.

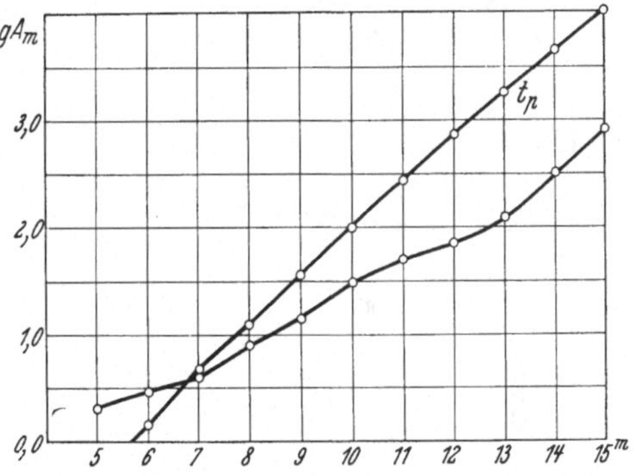

Abb. 6. Verlauf der Sternzahlen A_m in ungestörten und durch Absorption dunkler Massen gestörten Gebieten. (Nach R. MÜLLER.)

g) Neuere Untersuchungen über das lokale Sternsystem.

Man hat deshalb in den letzten Jahren versucht, mit allgemeineren Ansätzen arbeitend, das Bild des lokalen Sternsystems den wahren Verhältnissen sorgfältiger anzupassen. Unter Wahrung der Vorstellung seiner einheitlichen Struktur wurden umfangreiche Zählungen von SEARES u. a. bis zu noch viel schwächeren Sternen, als bisher erfaßt worden waren, ausgedehnt. Die Differenzen Δ zwischen den Sternzahlen, welche resultieren würden, wenn das System symmetrisch wäre, und den Zahlen, die sich tatsächlich ergeben, lassen sich, wenn in ihrer Abhängigkeit von der Richtung in der Milchstraße (galaktische Länge λ) untersucht, durch einen Ausdruck der Gestalt

$$\Delta = a + b \cos(\lambda - L)$$

darstellen, wobei a, b und L Konstanten sind.

Ein solcher Ausdruck ist zu erwarten, wenn kein anderer Umstand wirksam wäre als der, daß das Sonnensystem exzentrisch innerhalb des lokalen Sternsystems gelegen ist. Es zeigt sich jedoch, daß die Größe L, für Sterngruppen verschiedener Helligkeit abgeleitet, merklich von der Helligkeit der benutzten Sterne abhängt. Je schwächer die Sterne, um so mehr verändert sich die Größe L in Richtung zunehmender Längen. Dies deutet darauf hin, daß sich in unserem Raumteil Sterne verschiedenen Ursprungs vermischen. Unser Sternsystem ist also nicht einheitlicher Struktur. Je weiter man in den Raum fortschreitet, um so ausgesprochener macht sich in der Sternverteilung der Einfluß eines zweiten Systems bemerkbar, während man gleichzeitig

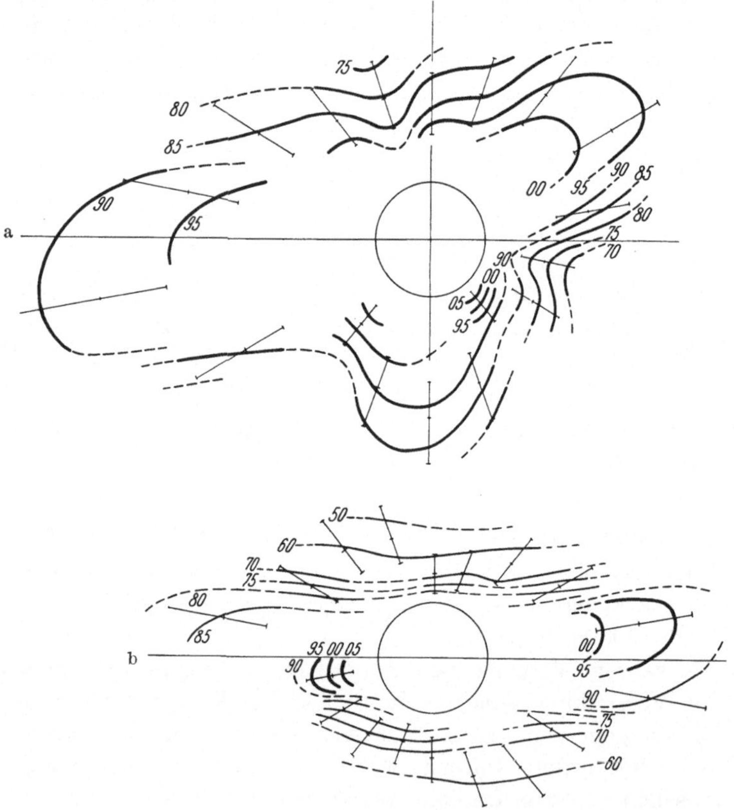

Abb. 7. Kurven konstanter Dichte der Sternverteilung im lokalen Sternsystem nach Pannekoek. a Schnitt parallel der Milchstraßenebene, b Meridianschnitt.

aus dem uns unmittelbar umgebenden „lokalen Sternsystem" heraustritt. Das lokale Sternsystem erscheint darum nicht als ein selbständiges Gebilde, sondern nur als Außenprovinz eines wesentlich größeren Sternsystems, des sogenannten großen Milchstraßensystems, dessen Existenz man, wie wir sofort sehen werden, auch noch auf ganz anderem Wege unabhängig erschlossen hat.

Stellt man sich andererseits, wie das Pannekoek insonderheit getan hat, streng deskriptiv auf den Boden der Erfahrungsdaten, die Absorption dunkler Wolken und Unregelmäßigkeiten der Sternverteilung im einzelnen untersuchend, so wandelt sich das einheitliche Bild des lokalen Systems immer mehr in ein solches sehr komplizierter Struktur um. Abb. 7 b z. B. ergibt einen Meridianschnitt durch das lokale Sternsystem nach PANNEKOEK wieder, wie man ihn erhält, wenn der Dichteverlauf sorgfältig den sich tatsächlich offenbarenden Schwankungen in der Sternverteilung angepaßt wird. Eine Abflachung tritt wohl noch zutage, aber der Verlauf gleicht durchaus nicht mehr einer Ellipse, sondern ist sehr viel komplizierterer Natur. Darum ist auch eine erschöpfende Beschreibung der Struktur des lokalen Sternsystems mit Hilfe zweier einfach verlaufender Funktionen $D(r)$ und $\varphi(J, r)$ nicht möglich. Denn weder ist die Funktion $\varphi(J, r)$, die das Mischungsverhältnis der Sterne verschiedener Leuchtkraft angibt, unabhängig vom Raumteil, noch ist die Dichtefunktion $D(r)$ eine einfache, nach allen Seiten symmetrisch und monoton abfallende Funktion.

Es wird eine der wichtigsten Aufgaben der nächsten Zeit sein, die Struktur des großen Milchstraßensystems möglichst in allen Richtungen bis ins einzelne zu erforschen, um die Rolle, die das lokale Sternsystem in ihm spielt, aufzuklären.

h) Der entscheidende Vorstoß bis zu den kugelförmigen Sternhaufen mit Hilfe der Helligkeitsparallaxen.

Aber die statistischen Methoden der Abstandsbestimmung sind durchweg sehr schwerfällig. Es würde wohl kaum möglich sein, die Struktur des großen Milchstraßensystems erschöpfend zu erfassen, wäre man auf sie allein angewiesen. Und noch weniger hätte ihre Leistungsfähigkeit ausgereicht, um über das Milchstraßensystem hinaus in den Weltraum bis zu den kugelförmigen Sternhaufen und Spiralnebeln vorzustoßen, die schon seit HERSCHELS Zeiten das Interesse der Astronomen beschäftigt hatten. Sind diese Gebilde durch besondere Struktureigentümlichkeiten ausgezeichnete Einschlüsse innerhalb des Milchstraßensystems oder koordinierte Systeme? Die Beantwortung dieser Frage hing von der Ermittelung ihrer Abstände ab, und diese gelang nicht mit Hilfe der bis dahin entwickelten Methoden der Parallaxenforschung. Darum hat man immer wieder versucht, zu individuellen Parallaxen zurückkehrend, unter alleiniger Verwendung von Sternhelligkeiten, die ja als Erfahrungsdaten immer zur Verfügung stehen, die Vermessung des Weltraums bis zu noch größeren Abständen fortzusetzen. Die größte Schwierigkeit, auf welche die Abstandsbestimmung hierbei stößt, ist die Tatsache, daß die Leuchtkraft, d. h. die Kerzenstärke der Sterne, von Stern zu Stern außerordentlich schwankt.

Tabelle 2. Die 16 nächsten Sterne.

Name	R.A. 1900	Dekl. 1900	Visuelle Helligkeit	Spektrum	Jährliche Eigenbewegung	Parallaxe	Abstand Lichtjahre	Absolute visuelle Helligkeit	Helligkeit in Einheiten der Sonnenhelligkeit
Proxima Centauri	14^h 22^m,9	—62^0 2′	11,0	dM	3″,76	0″,786	4,15	+ 15,5	0,000055
α Centauri A . .	14 32 ,8	—60 25	0,3	G0	3 ,68	,758	4,30	+ 4,7	1,15
α Centauri B . .	14 32 ,8	—60 25	1,7	K5	3 ,68	,758	4,30	+ 6,1	0,32
Barnards Stern .	17 52 ,9	+ 4 28	9,7	dM3	10 ,30	,542	6,01	+13,4	0,00038
Wolf 359 . . .	10 51 ,6	+ 7 36	13,5	dM4e	4 ,84	,407	8,0	+16,5	0,000022
Lalande 21185 .	10 57 ,9	+36 38	7,6	dM2	4 ,77	,403	8,1	+10,6	0,0050
Sirius A	6 40 ,7	—16 35	—1,6	A0	1 ,32	,363	9,0	+ 1,2	29,0
Sirius B	6 40 ,7	—16 35	8,4	dA7	1 ,32	,363	9,0	+11,2	0,0029
B.D.—12^0 4523 .	16 24 ,4	—12 24	9,5	dM5	1 ,24	,351	9,3	+12,2	0,0011
Innes' Stern . .	11 12 ,0	—57 2	12,0	—	2 ,69	,340	9,6	+14,7	0,00011
B.D. —7^0 4003 .	15 14 ,3	— 7 21	9,2	dM5	1 ,33	,331	9,8	+11,8	0,0017
Kapteyns Stern .	5 7 ,7	—44 59	9,2	dK2	8 ,70	,320	10,2	+11,7	0,0018
τ Ceti	1 39 ,4	—16 28	3,6	K0	1 ,92	,319	10,2	+ 6,1	0,32
ε Eridani	3 28 ,2	— 9 48	3,8	K0	0 ,97	,305	10,7	+ 6,2	0,29
Procyon A . . .	7 34 ,1	+ 5 29	0,5	F5	1 ,24	,304	10,7	+ 2,9	6,0
Procyon B . . .	7 34 ,1	+ 5 29	13,0	—	1 ,24	,304	10,7	+15,4	0,00006

In welchem Maße dies der Fall ist, lehrt Tabelle 2, in der alle Erfahrungsdaten für die uns zunächst stehenden 16 Sterne zusammengestellt sind. Die letzte Rubrik gibt die absoluten Helligkeiten dieser Sterne in Einheiten der Leuchtkraft der Sonne wieder. Sie offenbaren, wie man sieht, so gewaltige Unterschiede, daß keine Aussicht zu bestehen schien, die Kenntnis der Leuchtkraft der Sterne in den Dienst der Abstandsmessung zu stellen, wozu sich folgender naheliegender Weg darbieten würde. Hätten alle Sterne die gleiche absolute Helligkeit M, so brauchte man nur die scheinbare Helligkeit eines Sternes zu messen und könnte dann unmittelbar aus der Gleichung [1]:

$$m - M = 5 \left(\log r - 1\right),$$

welche aus der Definition der Größenklasse und dem Gesetz des Abfalls der Helligkeit mit dem Quadrate des Abstandes fließt, den Abstand r eines Sternes berechnen. $(m - M)$ nennt man den Abstandsmodul. Die Gleichung besteht natürlich nur dann zu Recht, wenn das Licht des Sternes auf dem Wege zu uns keiner anderen als der geometrischen Schwächung mit dem Quadrat des Abstandes unterliegt.

Diese Überlegung erscheint müßig, weil eben die Bedingung: M = const. durchaus nicht erfüllt ist und es bei den riesigen Schwankungen von M von Stern zu Stern ausgeschlossen schien, M ohne Kenntnis des Abstandes r zu ermitteln. Trotzdem ist es gelungen, wenigstens für gewisse Gattungen von Sternen diese einfache Methode der Abstandsbestimmung nutzbar zu machen, und zwar insbesondere für die Klasse der sogenannten Cepheidenveränderlichen. Die Helligkeit solcher Sterne

---

[1] Vergl. zweiter Vortrag S. 35.

schwankt periodisch, und zwar anscheinend infolge von Pulsationen des Sternvolumens. Von solchen Cepheiden kennt man nicht nur zahlreiche innerhalb unseres engen Sternsystems, sondern man entdeckte auch solche in großer Zahl in den MAGELLANschen Wolken. Da diese Sternwolken, wie wir heute wissen, etwa 100000 Lichtjahre weit von uns abstehen, und ihre eigenen Ausmaße klein im Verhältnis zu ihrem Abstande sind, dürfen die in ihnen eingebetteten Sterne praktisch alle als gleich weit von uns entfernt gelten. Infolgedessen offenbaren sich bei ihnen schon in den *scheinbaren* Helligkeiten m der Sterne diejenigen Gesetz-

mäßigkeiten, welche für ihre absoluten Leuchtkräfte M gelten. Bei den Cepheiden unserer Umgebung hatte ihre willkürliche Zerstreuung über den Raum eine solche Gesetzmäßigkeit nicht offenbar werden lassen. Miss LEAVITT entdeckte nun bei den Cepheiden der MAGELLANschen Wolken eine einfache Relation zwischen Periode und scheinbarer Helligkeit, die folglich auch in gleicher Weise zwischen Periode und Leuchtkraft besteht. Die Perioden des Lichtwechsels steigen, wie Abb. 8

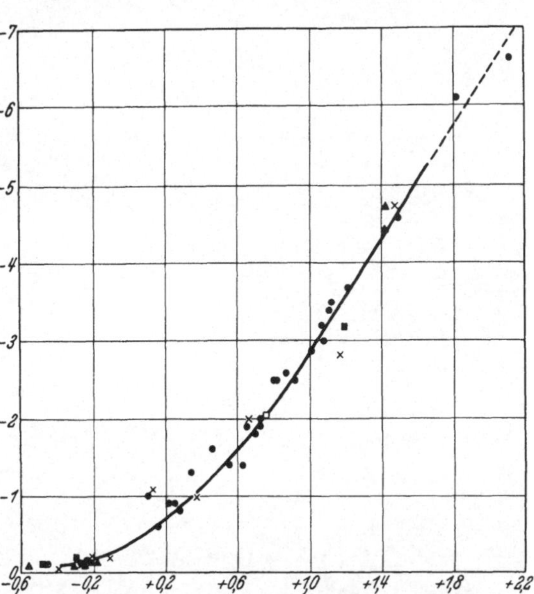

Abb. 8. Visuelle Periodenhelligkeitskurve. Ordinaten: absolute Helligkeiten, Abszissen: Logarithmen der Perioden. ● kleine MAGELLANsche Wolke, ✕ ω Centauri, ▲ Messier 5, ■ Messier 3, ⊕ Messier 15. (Nach SHAPLEY.)

zeigt, mit der absoluten Helligkeit der Veränderlichen gesetzmäßig an. Um diese Periodenhelligkeitsbeziehung in den absoluten Helligkeiten der Sterne wiederzugeben, hatte man sie natürlich an den Cepheiden unseres Sternsystems zu eichen, deren Abstände nach anderen Methoden gemessen werden konnten. Man erhält nach der Eichung ein Diagramm, aus dem sich die absolute Helligkeit irgendeines Cepheiden entnehmen läßt, sobald die Periode seiner Helligkeitsschwankungen aus den Beobachtungen abgeleitet worden ist. Aus der absoluten Helligkeit und der durch Photometrierung ermittelbaren scheinbaren Helligkeit m erhält man dann sofort den Abstandsmodul $(m - M)$ und damit den Abstand r in Parsec. Mit dem Abstand eines solchen Sternes ist dann auch der Abstand des Sternsystems ermittelt, in welches er eingebettet erscheint (Methode von SHAPLEY).

Nachdem diese wichtige Entdeckung gelungen war, hat man die verschiedenen Himmelsobjekte, deren Abstände sich nach den sonst

Abb. 9. Sternhaufen im Herkules, *M* 13. (Nach einer Aufnahme von Keeler.)

üblichen Methoden nicht hatten bestimmen lassen — es waren dies insonderheit die Spiralnebel und die kugelförmigen Sternhaufen — nach Cepheidenveränderlichen abgesucht.

Bisher sind in 20 Sternhaufen etwa 500 Veränderliche entdeckt worden, größtenteils sogenannte Haufenveränderliche, deren Lichtwechsel zwar im allgemeinen kürzere Perioden haben als die Cepheiden unseres Sternsystems, die aber sonst unzweifelhaft Veränderliche der gleichen Art sind. Denn sie lassen sich stetig in das Periodenhelligkeits-

Abb. 10. Spiralnebe Canum Venaticorum M 51. (Nach einer Aufnahme von KEELER.

diagramm einordnen. An der Hand aller verfügbaren Daten hat man nun ein außerordentlich feinmaschiges Netz von Relationen gewoben, die eine Reihe von mehr oder minder voneinander unabhängigen Abstandsbestimmungen ermöglichen. So hat man z. B. eine ziemlich streng erfüllte Beziehung zwischen der absoluten Helligkeit der veränderlichen Sterne und der Helligkeit der hellsten Sterne innerhalb eines Sternhaufens bzw. Spiralnebels ableiten können. Diese gründet sich darauf, daß die Leuchtkraft der Sterne eine ziemlich sicher bestimmte obere Grenze hat, die selten überschritten wird. Sobald man also einen Sternhaufen nach Veränderlichen abgesucht hat, ermittelt man als weiteres Abstandskriterium die Differenz zwischen der mittleren Helligkeit dieser Variablen und derjenigen der hellsten Sterne im Haufen. Und damit nicht zufällig vorgelagerte Vordergrundsterne verfälschend einwirken, läßt man die hellsten Sterne aus und zieht nur die Helligkeiten der nächst hellen Sterne des Haufens, z. B. vom 6. bis 25. Stern, heran.

Ferner läßt sich zur Abstandsbestimmung die Erfahrungstatsache verwenden, daß Objekte gleicher Art, also z. B. die kugelförmigen Sternhaufen, im wesentlichen auch absolut gleich groß sind. Dies liefert eine einfache, empirisch geeichte Relation zwischen Durchmesser und Abstandsmodul der Sternhaufen. Schließlich hat man noch die einfache Beziehung zwischen der scheinbaren Gesamthelligkeit eines Sternhaufens und dem Abstandsmodul aufgestellt, die bestehen muß, wenn die Helligkeit der Objekte mit wachsendem Abstand nur nach dem quadratischen Gesetz abfällt. Man gewinnt so verschiedene Anhaltspunkte zur Ermittelung der Abstände sehr ferner Sternhaufen, auch dann noch, wenn in ihnen einzelne Sterne nicht mehr beobachtet werden können. Mit welcher Sicherheit nach diesem Prinzip Abstände ermittelt werden können, mag folgendes Beispiel veranschaulichen.

Für den kugelförmigen Sternhaufen im Herkules Messier 13 erhält man aus den veränderlichen Sternen für den Abstandsmodul den Wert:

$$m - M = 15^{\mathrm{m}},20.$$

Aus den Helligkeiten der 25 hellsten Sternen dagegen:

$$m - M = 15^{\mathrm{m}},03.$$

Aus der zwischen Durchmesser und Abstandsmodul aufgestellten Beziehung:

$$m - M = 15^{\mathrm{m}},20.$$

Und schließlich aus der Gesamthelligkeit-Abstandsmodul-Relation

$$m - M = 14^{\mathrm{m}},80.$$

Die verschiedenen Bestimmungen schwanken nur mäßig. Mit dem Mittelwert 15,12 — die verschiedenen Bestimmungsarten werden, ihren sehr verschiedenen Gewichten entsprechend, mit den Gewichtskoeffizienten 8, 4, 1 und 1 gemittelt — in die obige Gleichung für den Abstandsmodul eingehend, resultiert dann für den Abstand des Herkulessternhaufen $r = 10568$ Parsec $= 44523$ Lichtjahre. In dieser Weise sind für das System der kugelförmigen Sternhaufen, die dem großen Milchstraßensystem zugehören, — es sind im ganzen nur etwa 100 — die Abstände seiner Mitglieder ermittelt worden.

Das wichtigste Ergebnis dieser Forschungen war die Erkenntnis, daß die kugelförmigen Sternhaufen, außerhalb des lokalen Sternsystems liegend, Abstände haben, die zwischen 20000 und 200000 Lichtjahren schwanken. Sie sind also nicht Einschlüsse innerhalb des lokalen Sternsystems. Trotzdem spielt in ihrer räumlichen Anordnung die Milchstraßenebene die gleiche ausgezeichnete Rolle wie in der Struktur des lokalen Sternsystems. Um diese Ebene gruppieren sich nicht nur die Massen unseres lokalen Sternsystems, sondern auch die des viel größeren Systems, des sog. großen Milchstraßensystems, dessen Gerippe die kugelförmigen Sternhaufen repräsentieren dürften.

Es erhebt sich damit das umfassendere Problem der Erforschung der Struktur dieses großen Milchstraßensystems, von dem das lokale Sternsystem nur eine exzentrisch gelegene Provinz darstellt. Es ist nicht sehr wahrscheinlich, daß die Lösung dieses Problems restlos gelingen würde, wären wir gezwungen, auf stellarstatistische Forschungsmethoden allein beschränkt, seine Struktur zu erforschen. Dadurch daß es gelungen ist, bis in das System der Spiralnebel vorzustoßen, und die Struktur anderer außergalaktischer Sternsysteme zu erforschen, vermögen wir rückschließend Aussagen über die wahrscheinlichen Strukturverhältnisse unseres Milchstraßensystems zu machen.

i) Die außergalaktischen Sternsysteme und ihre Stellung zum Milchstraßensystem.

Es wurde darum zu einer sehr wichtigen Aufgabe, auch die Abstände der außerhalb des Milchstraßensystems liegenden Sternsysteme, speziell der Spiralnebel, zu ermitteln. Die Methoden, welche bei den kugelförmigen Sternhaufen so erfolgreich gewesen waren, erwiesen sich hierbei als ebenso leistungsfähig. Mit den Spiralnebeln verläßt man endgültig den Bereich des Milchstraßensystems. Denn ihre Verteilung im Raum offenbart keinerlei Beziehung mehr zur Milchstraßenebene. Deshalb werden sie auch als außergalaktische Systeme bezeichnet. In dem uns zunächst stehenden Andromedanebel M 31 entdeckte HUBBLE viele Veränderliche vom Cepheidentyp und bestimmte aus der Periodenhelligkeitsrelation seinen Abstand zu etwa 900000 Lichtjahren. Eine völlig unabhängige Stütze fand diese Bestimmung durch die Untersuchung der „Neuen Sterne", die in dem Andromedanebel in großer Zahl aufleuchten. Man weiß auf Grund des Studiums zahlreicher im Milchstraßensystem beobachteter „Neuen Sterne" (s. S. 239), daß ihre maximale Leuchtkraft nur mäßig um einen Grenzwert schwankt. Die im Andromedanebel untersuchten Novae offenbaren ebenfalls sehr ausgeprägt eine solche Häufung der maximalen Leuchtkraft um einen bevorzugten Wert. Er ist mit dem obigen Wert für den Abstand und den bisherigen Annahmen über die maximale Leuchtkraft der Novae in bester Übereinstimmung. Für eine zwar noch kleine Zahl von Spiralnebeln sind nach diesen Methoden einigermaßen zuverlässige Abstandsbestimmungen gelungen und in der Tabelle 3 für die nächsten 10 Stern-

Tabelle 3. Außergalaktische Systeme.

System	Abstand Parsec	M_n	M_s
Große Magellansche Wolke .	$0{,}290 \cdot 10^5$	—16,6	—5,8
Kleine Magellansche Wolke .	0,262	15,8	7,4
N. G. C. 6822	1,92	12,0	5,6
M 33	2,36	14,9	6,3
M 31	2,47	17,0	5,8
M 32	2,47	13,2	—
N. G. C. 205	2,47	12,7	—
M 101	4,0	13,1	6,0
N. G. C. 2403	(6,3)	15,3	6,0
M 81	(7,3)	—16,0	—5,8
Mittel M_s	—	—	—6,1

systeme zusammengestellt (M_n bedeutet die absolute Gesamthelligkeit). Die Magellanschen Wolken stehen danach etwa 100 000 Lichtjahre entfernt; bei den 8 Spiralnebeln dagegen erreichen die Abstände schon Werte bis zu 2 Millionen Lichtjahren. Die letzte Rubrik M_s zeigt, daß die Leuchtkraft der hellsten Sterne in ihnen nur sehr mäßig schwankt, was ja ein wichtiges Kriterium bei der Ermittelung der Abstände der Sternhaufen und außergalaktischen Systeme abgibt. Diese Sternsysteme sind so die nächsten entscheidend wichtigen über das Milchstraßensystem hinausgreifenden Fixpunkte zur Ausmessung des Weltraums geworden.

Bei noch ferneren Gebilden, bei denen wir nicht mehr die Möglichkeit haben, im Fernrohr einzelne Sterne zu beobachten, sind wir darauf angewiesen, ihre Abstände aus ihren scheinbaren Durchmessern und Helligkeiten abzuleiten, wie das auch im Falle der kugelförmigen Sternhaufen möglich gewesen ist. Falls keine Lichtabsorption die Beobachtungen verfälscht, gelingt die Abschätzung ihrer Abstände einigermaßen sicher mit Hilfe der empirisch geeichten Relation, welche die Gesamthelligkeit und die Durchmesser (s. Abb. 11) miteinander verknüpft.

So gelang der Astronomie der bedeutungsvolle Vorstoß mehrere Millionen Lichtjahre tief in den Weltraum bis in die Welt der Spiralnebel hinein. Die Himmelskörper, die die fernen Bereiche des Weltraums bevölkern, sind, wie wir nunmehr wissen, Sternsysteme von der Größenordnung des uns umgebenden „lokalen Sternsystems". Der Andromedanebel stellt z. B. eine gewaltige Massenansammlung von etwa 40000 Lichtjahren Durchmesser dar. Die außergalaktischen Sternsysteme sind darum als unserem Milchstraßensystem koordinierte Bausteine des Weltgebäudes aufzufassen. Aber das Problem ihrer Zuordnung zueinander birgt noch eine Fülle prinzipieller und ungelöster Probleme.

Der Gedanke war naheliegend und verlockend, das Milchstraßensystem als einen Spiralnebel anzusprechen. Denn daß der Spiralstruktur bei Sternsystemen eine universelle kosmogonische Bedeutung zukommt, erhellt daraus, daß unter den etwa 1000 hellsten außergalaktischen Sternsystemen 700 unzweifelhaft Spiralstruktur haben und bei 200 weiteren vermutet werden darf. Es war deshalb eine naheliegende Hypothese, anzunehmen, unser Sternsystem sei nichts anderes

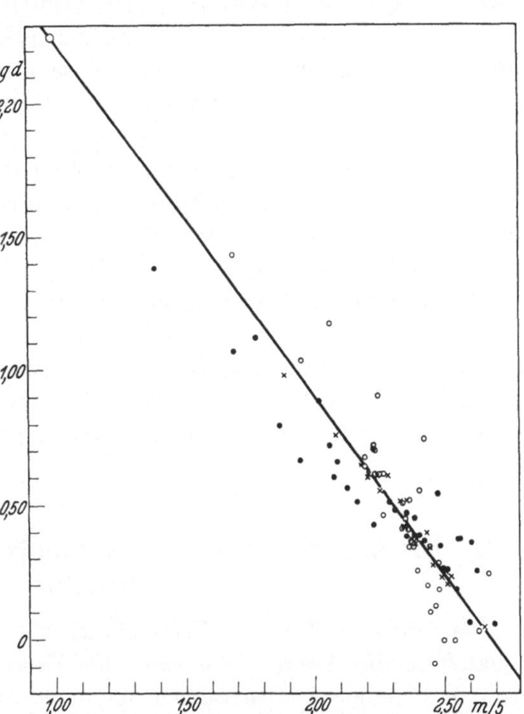

Abb. 11. Beziehung zwischen Helligkeit und Logarithmen der scheinbaren Durchmesser bei den Spiralnebeln. (Nach DE SITTER.)

als ein Spiralnebel. Diese Vorstellung hätte ihm immerhin die Charakterzüge eines dynamisch einheitlichen Gebildes verliehen. Aber erfahrungsgemäß schwankt die absolute Größe der Spiralnebel nur mäßig. Ihre durchschnittliche Größe beläuft sich auf etwa 15000 Lichtjahre. Unser Milchstraßensystem, dessen Gerippe das System der kugelförmigen Sternhaufen darzustellen scheint, hat dagegen einen Durchmesser von kaum weniger als 200000 Lichtjahren; denn bis in diese Ferne reichen die ihm angehörenden kugelförmigen Sternhaufen. Deshalb erscheint die Vorstellung, das Milchstraßensystem sei ein einziger Spiralnebel, höchst unwahrscheinlich. Sie ist aber auch nicht unausweichlich, denn die Beobachtungen weisen selbst einen Ausweg aus dieser Schwierigkeit.

Die Spiralnebel sind nämlich nicht gleichmäßig, isoliert, über den Raum verteilt, sondern offenbaren die Neigung, Nester zu bilden, in denen manchmal nur wenige, oft aber Hunderte von ihnen zu *übergalaktischen Systemen* vergesellschaftet sind. Es gewinnt darum gegenwärtig die Vorstellung mehr und mehr an Boden, daß unser Milchstraßensystem eine solche Vergesellschaftung von mehreren Sternsystemen vorstelle, also ein übergalaktisches System, zu dem der Andromedanebel und die Magellanschen Wolken gehören mögen. Dann haben wir es allerdings mit einem Gebilde sehr uneinheitlicher Struktur zu tun, einem Gebilde, von dem man nicht annehmen kann, daß es nach einem dynamisch einheitlichen Prinzip aufgebaut ist.

Von der bei der Abgrenzung des lokalen Sternsystems noch vor wenigen Jahren genährten Hoffnung, unsere Sternenwelt ließe sich zu einem einfachen einheitlichen Weltbild ausgestalten, ist also nur wenig übriggeblieben. Je tiefer wir in die Einzelheiten der Struktur des Milchstraßensystems eindringen, desto mehr löst es sich in Gebilde anscheinend nur locker zusammenhängender Sternwolken auf. Als einzigem wohldefiniertem Strukturgesetz der kosmischen Massen begegnen wir nur immer wieder der Spiralstruktur der Sternsysteme, zu deren tieferem Verständnis wir aber noch nicht haben vordringen können.

Sechster Vortrag.

II. Die kinematischen und dynamischen Verhältnisse im Weltraum.

Der statische Teil der Erforschung des Aufbaus des Sternsystems behandelte die Frage: Wie sind die Massen im Weltraum verteilt? Ihre Bewegungsverhältnisse wurden nicht in den Kreis der Betrachtungen einbezogen. Das Bild, das sich uns entrollt, zeigt die Sonne eingebettet in eine lokale Massenverdichtung, das sog. lokale Sternsystem. Dieses ist aber nicht, wie man ursprünglich glaubte, ein kosmisch selbständiges Gebilde, sondern stellt nur eine exzentrisch gelegene Massenansammlung innerhalb des großen Milchstraßensystems dar, eines Sternsystems, von dessen Massenverteilung wir noch wenig wissen. Nur über seine Größe können wir einigermaßen zuverlässige Aussagen machen, weil die kugelförmigen Sternhaufen gewissermaßen sein Gerippe darstellen; sie beläuft sich auf etwa 70000 Parsec oder 200000 Lichtjahre. Außerhalb des Milchstraßensystems beginnt die Welt der außergalaktischen Sternsysteme, besonders der Spiralnebel, von denen der nächste, der Andromedanebel, schon fast 900000 Lichtjahre von uns absteht. Von diesen außergalaktischen Systemen gehören vielleicht die nächsten noch organisch zu uns; die übrigen sind dem Milchstraßensystem koordinierte Welten.

In dem kinematischen Teil, der die nächste Phase der Entwicklung darstellt, ist der Stand unserer Kenntnisse in mancher Hinsicht ganz ähnlich dem, der sich auf die Massenverteilung bezieht. Wir können bestimmtere Aussagen nur über die Bewegungsverhältnisse der nächsten Umgebung der Sonne machen. Dagegen sind unsere Kenntnisse über die Bewegungsverhältnisse innerhalb des großen Milchstraßensystems ebenso gering wie die über die Massenverteilung. Und erst, wenn wir zu den Spiralnebeln übergehen, werden die Aussagen wieder etwas bestimmter. Hier stoßen wir auf die eigenartige, in letzter Zeit viel diskutierte Erscheinung der Expansion der Spiralnebel.

Als Abschluß der Erforschung der Massen- und Geschwindigkeitsverteilung im Kosmos erhebt sich dann das Problem, beide zu einem dynamisch deutbaren Bild der Welt zusammenzufassen. In diesem Forschungsgebiet der Astronomie ist noch alles im Fluß. Aber der weite Ausblick der Probleme, ja schon die Tatsache, daß so allgemeine, weitausschauende Probleme der exakten Forschung methodisch zugänglich gemacht werden können, verleiht diesen Forschungen eine besondere Bedeutung.

a) Die Bewegung der Sonne im lokalen Sternsystem.

An der Spitze des kinematischen Teiles der Erforschung des Aufbaues des Sternsystems steht die Aufgabe der Ermittlung der Bewegung der Sonne innerhalb des Sternsystems. Schon HERSCHEL hat aus den Eigenbewegungen einiger heller Sterne den Schluß gezogen, daß sich die Sonne relativ zum Sternsystem bewege und hat Richtung und Größe der Geschwindigkeit zu bestimmen versucht. Inzwischen sind die Daten an Eigenbewegungen der Sterne vervollständigt und überdies die Radialgeschwindigkeiten von Tausenden von ihnen mit großer Genauigkeit gemessen worden, so daß die Ermittlung der Sonnenbewegung innerhalb des Sternsystems zahlenmäßig mit großer Genauigkeit möglich geworden ist. Auch die Lösung dieser Aufgabe erfordert die Anwendung statistischer Methoden.

Denn wenn man die Radialgeschwindigkeit v_R irgendeines Sternes mit den Koordinaten α, δ mißt, ist unmittelbar nicht entscheidbar, welcher Bruchteil derselben von der Bewegung der Sonne bzw. des Sternes selbst herrührt. Seien die Geschwindigkeitskomponenten der Sonne, die ursprünglich als nicht bekannt zu gelten haben, in irgendeinem Koordinatensystem gemessen gleich X, Y, Z, so bringt, wie sich leicht einsehen läßt, die Gleichung

$$X \cos \alpha \cos \delta + Y \sin \alpha \cos \delta + Z \sin \delta = -S_R$$

zum Ausdruck, welcher Anteil der Radialgeschwindigkeit des Sternes von der Sonnenbewegung herrührt. Solange aber die individuelle

Bewegung des Sternes nicht bekannt ist, läßt sich dieser Anteil von der beobachteten Radialgeschwindigkeit nicht abspalten. Macht man jedoch die Hypothese, daß die Bewegungen der Sterne regellos verteilt seien, so werden in einer genügend großen Zahl von Sternen ebenso viele Sterne sich auf uns zu, als von uns fort bewegen, und der Mittelwert des von den Sternbewegungen herrührenden Anteils an den Radialgeschwindigkeiten wird gleich Null gesetzt werden dürfen. Man bildet deshalb den obigen Ansatz für Gruppen nahe zusammenliegender Sterne. Es tritt dann der Mittelwert der beobachteten Radialgeschwindigkeiten für das S_R der rechten Seite der Gleichung ein. Solche auf Gruppenmittel sich beziehende Gleichungen stellt man für möglichst viele, gleichmäßig über die Sphäre verteilte Areale auf. Auf dem Wege der Ausgleichung sind dann die Unbekannten X, Y, Z mit großer Genauigkeit ermittelbar. Man erhält als Resultat: die Sonne bewegt sich mit einer Geschwindigkeit von nahezu 20 km/sec in Richtung auf den sog. Apex ihrer Bewegung, einen Punkt der Sphäre mit der RA 270⁰ und der Dekl. $+30^0$

b) Die Strombewegung der Sterne im lokalen Sternsystem.

Nunmehr lag es im Bereich der Möglichkeit, zu entscheiden, ob die Hypothese der regellosen Verteilung der Sternbewegung zulässig gewesen war oder nicht. Sind die individuellen Bewegungen regellos verteilt, so ist in irgendeinem Gebiet der Sphäre die Wahrscheinlichkeit dafür, daß eine Eigenbewegung in irgendeine Richtung fällt, für alle Richtungswinkel gleich groß. Bildet man das Vektordiagramm, welches durch die Länge der Vektoren die Anzahl der innerhalb eines kleinen Öffnungswinkels fallenden Eigenbewegungen darstellt, so wird bei regelloser Verteilung dieses Diagramm ein Kreis sein müssen.

Weil sich aber der Sternbewegung die Sonnenbewegung überlagert, müßten die Beobachtungsdaten Diagramme, sog. Driftkurven, ergeben, wie Abb. 12a solche wiedergibt. In Wahrheit resultieren jedoch Kurven durchaus anderer Gestalt (s. Abb. 12b). Die Hypothese der regellosen Verteilung der individuellen Geschwindigkeiten erscheint also nicht befriedigend erfüllt. Vielmehr sprechen die aus den Beobachtungen folgenden Driftkurven dafür, daß sich zwei Sternströme durchdringen, wobei innerhalb jedes Stromes regellose Verteilung der Geschwindigkeiten herrschen kann. Als Vertex, d. h. also die Richtung, in welcher sich die beiden Sternströme durchdringen, erhält man einen Punkt in der Milchstraßenebene in Richtung der galaktischen Länge 347⁰. Das Mischungsverhältnis der Sterne beider Ströme in dem die Sonne umgebenden Raumteil entspricht etwa dem Zahlenverhältnis 2 : 3.

Bei den ausgedehnten Sternzählungen der letzten Jahre hatte sich ebenfalls, wie schon in der vorangehenden Vorlesung erwähnt wurde (s. S. 181), eine gewisse Dualität des Systems offenbart. Auch sie führte auf die Vorstellung hin, es durchdrängen sich zwei Systeme von Sternen. Es mag also sein, daß wir es bei dem einen Sternstrom mit Mitgliedern des lokalen Systems, bei dem anderen dagegen

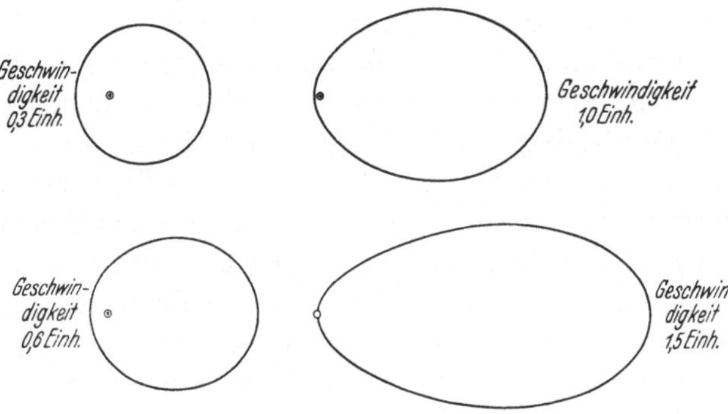

Abb. 12a. Normale Driftkurven.

mit Feldsternen des Milchstraßensystems zu tun haben. Eine letzte, endgültige Deutung hat dieses Phänomen noch nicht erfahren.

Die Zweistrombewegung der Sterne unserer Umgebung ist unzweifelhaft die wichtigste Erfahrungstatsache aus dem kinematischen Teil des Problems. Außer ihr treten noch eine Reihe weniger ausgeprägter und allgemeiner Besonderheiten in den Bewegungsverhältnissen des lokalen Sternsystems hervor. Sie sind aber bis auf eine, auf die wir noch zu sprechen kommen werden, für das Verständnis des Aufbaues des Sternsystems noch nicht von ausschlaggebender Wichtigkeit geworden.

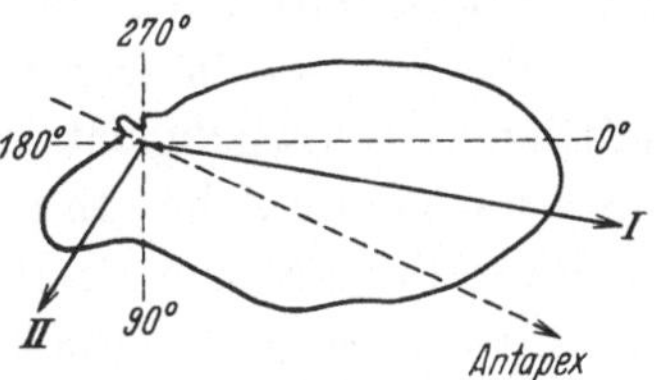

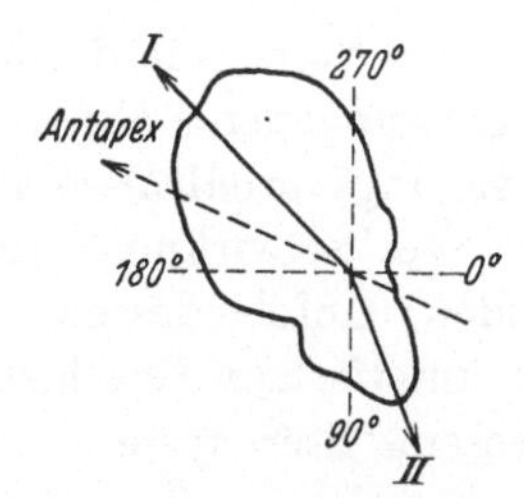

Abb. 12b. Vektordiagramm der beobachteten Geschwindigkeitsverteilung. (Nach EDDINGTON.)

c) Das dynamische Problem des Sternsystems.

Aus den bisher gewonnenen Erfahrungstatsachen entspringt das dynamische Problem: ist die Verteilung der Sterne und ihrer Geschwindigkeiten in unserer Umgebung aus dem Schwerefeld zu verstehen, das diese Massen erzeugen? Anfänglich nahm das Problem die speziellere Fassung an: ist die Anordnung der Sterne in einem, wie man vermutete, stark abgeflachten Ellipsoid und die Tatsache der Zweistrombewegung deutbar durch das Bild eines im Gleichgewicht befindlichen einheitlichen Massensystems?

Eine Antwort auf diese Frage suchte man anfangs auf rein deduktivem Wege zu erhalten. Man glaubte auf die Vorgänge im Sternsystem die allgemeinen Prinzipien der kinetischen Gastheorie anwenden und mit ihrer Hilfe den Nachweis erbringen zu können, daß die beobachtete Verteilung der Massen im Sternsystem als die eines im Gleichgewicht befindlichen Sterngases zu verstehen sei. Aber die Anwendung der Prinzipien der kinetischen Gastheorie auf das „Sterngas" ist doch nur sehr bedingt möglich. Der Unterschied ist ganz prinzipieller Natur. Denn der Zustand eines Gases wird weitgehend durch die Wechselwirkung der Atome bedingt; das Sternsystem läßt sich dagegen nur mit einem so verdünnten Gas vergleichen, daß die Wechselwirkung der Atome ohne Bedeutung für seinen Aufbau ist. Folgende Darlegungen bringen dies anschaulich zum Ausdruck:

Würde man alle Maßverhältnisse im Sternsystem gleichmäßig herabsetzen, so daß den Sternen Kügelchen von 20 mm Durchmesser entsprächen, dann betrüge der Abstand solcher Kügelchen voneinander im Durchschnitt etwa 400 km. Befände sich eines hier in Berlin, so läge das nächste in Danzig, dann eines vielleicht in Köln usf. Die mittlere Geschwindigkeit eines solchen Sternes betrüge nicht mehr als etwa 6 m im Jahr. In einem so verdünnten „Gase" ist die Wechselwirkung der „Atome" vollkommen zu vernachlässigen. Erst in etwa $5 \cdot 10^{13}$ Jahren (d. h. 50000 Milliarden Jahren) würde ein Stern infolge der Wechselwirkung von „Atom" auf „Atom" von der geradlinigen Bahn um 90° abgelenkt werden. Hingegen beläuft sich die Umlaufszeit eines Sternes in der ihm von dem Gravitationsfeld des Sternsystems aufgezwungenen Bahn auf ungefähr 10^8 Jahre (d. h. 100 Millionen). Die Bewegungsverhältnisse sind also durch das Gesamtpotential bedingt. Die Wechselwirkung der Sterne kann völlig außer acht gelassen werden. Infolgedessen haben alle Versuche, auf den Prinzipien der kinetischen Gastheorie fußend, die dynamischen Verhältnisse in unserem Sternsystem zu verstehen, nur insofern eine Bedeutung gehabt, als sie die prinzipiell neuen Eigentümlichkeiten des Problems aufgedeckt haben. Immerhin haben sie aber doch zu der Erkenntnis geführt, daß die Zweistrombewegung und die starke Abflachung des lokalen Sternsystems nicht als ein Gleichgewichtszustand des Systems aufgefaßt werden können. Als man überdies zu der Einsicht gelangte, daß das den Betrachtungen zugrunde gelegte, von Kapteyn entwickelte, einfache Bild des lokalen Sternsystems überhaupt nur als eine erste grobe Annäherung an die wahren Verhältnisse zu gelten habe, verloren diese allgemeinen Betrachtungen für längere Zeit an Bedeutung.

d) Neuere Ansätze zur Dynamik des Sternsystems.

Es sah in der Folgezeit lange so aus, als würde man nur weniges über die dynamischen Verhältnisse im Sternsystem in Erfahrung bringen können. Denn wenn man nicht deduktiv aus der Massenverteilung im großen und den diese Verteilung erhaltenden Bewegungsformen einen Einblick in seinen dynamischen Zustand gewinnen konnte, so blieb nur der induktive Weg über die individuellen Beschleunigungen der Sterne selbst offen. Auf den ersten Blick schien aber nicht die geringste Aussicht dafür zu bestehen, aus den Beobachtungen einen Einblick in die Beschleunigungsverhältnisse des Sternsystems zu gewinnen; und zwar aus folgendem Grunde. Abschätzungsweise umfaßt das ganze Milchstraßensystem 10^{10}—10^{11} Sonnenmassen. Der Abstand der Sonne vom Mittelpunkt des Systems ist von der Größenordnung von 10^4 Parsec. Die Beschleunigung, welche die Sonne in diesem Schwerefeld erfährt, ist von der Größenordnung von 10^{-8} cm/sec^2, was in 100000 Jahren einem Geschwindigkeitszuwachs von 3 km/sec entspricht. Auf direktem Wege so winzige Beschleunigungen zu messen, ist durchaus unmöglich, und darum schien es auch nicht minder aussichtslos zu sein, auf diesem Wege zu einer Dynamik des Sternsystems vorschreiten zu wollen. Aber ein etwas komplizierterer Gedankengang zeigt, daß es trotzdem möglich ist, die Auswirkung so kleiner Beschleunigungen nachzuweisen und für die Dynamik des Sternsystems indirekt nutzbar zu machen. Zwei Umstände: die gewaltigen Ausmaße des Systems und die außerordentlich feine Verteilung der Materie, welche sich sonst allen Untersuchungen im Sternsystem erschwerend entgegenstellen, kommen uns in diesem Falle zustatten. Unterliegt nämlich ein Stern einer Beschleunigung von dem geringen, soeben abgeschätzten Betrage, so kann sie bei der außerordentlichen Verdünnung der Materie im Weltraum über äußerst lange Zeiten und durch gewaltige Fallräume ungestört wirken und schließlich den Ursprung zu ganz bemerkenswerten Geschwindigkeiten geben. Die in solcher Weise entspringenden Geschwindigkeiten werden bestimmte Gesetzmäßigkeiten in ihrer räumlichen Verteilung offenbaren. Deshalb lautete das dynamische Problem, nachdem dieser Gesichtspunkt gewonnen war: lassen sich Gesetzmäßigkeiten in der Geschwindigkeitsverteilung der Sterne aufdecken, die als Ausfluß lang wirkender, gleichsinniger Beschleunigung zu verstehen sind; lassen sich also auf indirektem Wege, aus der Erforschung der kinematischen Verhältnisse des Sternsystems, die besonderen Merkmale der Bewegungsvorgänge unter dem Einfluß des Gravitationsfeldes der Massen des Sternsystems verstehen?

Folgendes Beispiel bringt das Charakteristische dieser Forschungsmethode dem Verständnis näher: Es bewege sich eine Sternwolke in einer stark exzentrischen Bahn um den Schwerpunkt des gesamten Systems. Die Sternwolke sei klein, aber gegenüber den Ausmaßen des Schwerefeldes doch nicht verschwindend klein. Diese Sternwolke habe in Kugelform den apogalaktischen Punkt ihrer Bahn, d. h. den Punkt größten Abstandes vom Schwerpunkt des gesamten Systems, umlaufen und befinde sich in der Phase der Annäherung an den Schwerpunkt. Dann werden die an der Vorderfront der Wolke liegenden Sterne ständig einer etwas größeren Beschleunigung unterliegen als die Sterne, die näher zum und im Mittelpunkt liegen. Ein im Mittelpunkt postierter Beobachter wird wiederum schon eine etwas größere Beschleunigung haben als die Sterne, die ihm nachfolgen. Wenn dieser Prozeß relativer Beschleunigung lange genug in gleichem Sinne andauert, so wird der Beobachter eine Expansion der ganzen Sternwolke in Richtung zur Bahntangente feststellen. Sie wird mehr oder minder in die Länge gezogen, den perigalaktischen Punkt der Bahn umkreisen und dann, allmählich wieder zur Kugelform zusammenschrumpfend, sich von dem Schwerpunkt des Schwerefeldes entfernen.

Eine Erscheinung dieser Art läßt sich nun tatsächlich in unserem Sternsystem nachweisen. Als man zum ersten Male die Verteilung der Radialgeschwindigkeiten der Sterne verschiedenen Spektraltyps untersuchte, ergab sich, daß der Mittelwert der Radialgeschwindigkeiten im allgemeinen nicht gleich Null ist, daß also die Anzahl der Sterne, die sich auf uns zubewegen, nicht gleich der Anzahl derer ist, die sich von uns fort zu bewegen scheinen. Es ist dies der sog. K-Effekt der Radialgeschwindigkeiten. Anfangs vermutete man, da bei der Mittelung der Radialgeschwindigkeiten im allgemeinen eine mittlere „Rotverschiebung" resultiert, und zwar besonders ausgesprochen bei den Sternen mit großer Masse, daß es sich um einen relativistischen Effekt handle[1]. Eine ausführliche Diskussion des Beobachtungsmaterials führte aber zu der Entdeckung, daß der K-Effekt eine Richtungsabhängigkeit von der galaktischen Länge offenbart, und zwar gerade von der Art, wie man sie zu erwarten hätte, befänden wir uns mit der Sonne im Innern eines im Schwerefeld der Milchstraße fallenden Sternsystems. Diese Einsicht nahm der relativistischen Deutung des K-Effekts der Radialgeschwindigkeiten ihre innere Wahrscheinlichkeit, gab aber dafür einen neuen unerwarteten Impuls zur Erforschung der dynamischen Verhältnisse des Sternsystems, in welches wir eingebettet sind.

Das soeben ausgeführte Beispiel stellt einen Spezialfall einer viel allgemeineren Betrachtungsweise dar, in welchem die Bewegungsvorgänge der Massen im Schwerefeld des Sternsystems wie die Strömungsvorgänge einer inkompressiblen Flüssigkeit behandelt werden. Bezeichnet

---

[1] Nach der allgemeinen Relativitätstheorie erscheinen Spektrallinien, die an einem Ort mit niedrigerem Werte des Gravitationspotentials entstehen als dem auf der Erdoberfläche herrschenden, gegenüber den gleichen Spektrallinien irdischer Lichtquellen nach Rot verschoben, deshalb „Rotverschiebung".

man mit u, v die Komponenten der Strömungsgeschwindigkeit als Funktionen des Ortes, also

$$u = u(x, y) \qquad v = v(x, y),$$

so lassen sich auf ganz elementarem Wege die charakteristischen Merkmale einer solchen Strömung, von einem im Innern des Systems mitströmenden Beobachter aus gesehen, ableiten. Wir wollen uns auf den Fall der zweidimensionalen Strömung in einer Ebene, nämlich der Ebene der Milchstraße, beschränken. Geht man innerhalb des Strömungsfeldes von einem Punkt zu einem benachbarten über, so ändern sich die Geschwindigkeitskomponenten in erster Näherung nach der Formel:

$$u = u_0 + \frac{\partial u}{\partial x} \cdot x + \frac{\partial u}{\partial y} \cdot y$$

$$v = v_0 + \frac{\partial v}{\partial x} \cdot x + \frac{\partial v}{\partial y} \cdot y.$$

Nun vermag ein solcher innerhalb der Strömung mitbewegter Beobachter im allgemeinen nur zwei Arten von Bewegungsvorgängen festzustellen. Er kann Radialgeschwindigkeiten v_R messen oder aber Eigenbewegungen v_E, d. h. Verlagerungen der Sterne an der Sphäre wahrnehmen. Es wird darum durch die Problemstellung nahegelegt, Polarkoordinaten r und λ einzuführen und die beobachtbaren Größen v_R bzw. v_E durch die Komponenten u und v der Strömungsgeschwindigkeit auszudrücken. Man erhält dann:

$$v_R = r\,[B' + A \sin 2\lambda + C \cos 2\lambda] \quad A = \frac{1}{2}\left(\frac{\partial u}{\partial y} + \frac{\partial v}{\partial x}\right) \quad B = -\frac{1}{2}\left(\frac{\partial u}{\partial y} - \frac{\partial v}{\partial x}\right)$$

$$v_E = r\,[B - C \sin 2\lambda + A \cos 2\lambda] \quad B' = \frac{1}{2}\left(\frac{\partial u}{\partial x} + \frac{\partial v}{\partial y}\right) \quad C = \frac{1}{2}\left(\frac{\partial u}{\partial x} - \frac{\partial v}{\partial y}\right).$$

Ein in unserem Sternsystem mitströmender Beobachter wird also im Verlauf der Radialgeschwindigkeiten und Eigenbewegungen längs der Milchstraßenebene eine Doppelwelle wahrnehmen. Beide Doppelwellen sind aber in Phase um den Betrag von 45^0 gegeneinander verschoben. Die Größen A, B, B', C sind die Tensorkomponenten der Flüssigkeitsströmung; unter ihnen bedeutet B' die Divergenz der Strömung. Sie ist nichts anderes als der den Ausgangspunkt dieser Betrachtungen bildende K-Effekt der Radialgeschwindigkeiten, welcher bei der Untersuchung der B-Sterne (der sog. Heliumsterne) entdeckt worden war. Bei diesen ergibt sich für die Divergenz B' der Wert $+ 4{,}3$ km. Für die Größe C andererseits liefert die Diskussion des Beobachtungsmaterials den Wert Null, was auf eine symmetrische Expansion hindeutet. Die folgende Abbildung gibt den Verlauf des K-Effektes der Radialgeschwindigkeiten für die B-Sterne wieder.

In Abb. 13 ist oben die Doppelwelle der Radialgeschwindigkeiten, unten die der Eigenbewegungen wiedergegeben. Die theoretisch verlangte Phasenverschiebung um 45^0 ist — wenn auch nur sehr wenig gesichert — angedeutet. Bündige und mehr ins einzelne gehende Schlußfolgerungen im Sinne der Theorie sind aber noch nicht möglich. Das Wichtigste an diesen Betrachtungen ist vorläufig noch das Methodische, ist die Tatsache, daß sich überhaupt ein Weg hat finden lassen, der durch eine systematische Erforschung der kinematischen Verhältnisse im Sternsystem uns zu dem Verständnis der in ihm herrschenden dynamischen Verhältnisse zu leiten verspricht. Die endgültige Lösung des Problems, die Berechnung des Gravitationspotentials, das den beobachteten Strömungszustand hervorruft, und die Aufdeckung des kosmogonischen Ursprungs der Verteilung der Massen im Milchstraßensystem liegt aber noch in weiter Ferne.

Abb. 13. Verlauf des K-Effektes für Radialgeschwindigkeiten und Eigenbewegungen in Abhängigkeit von der galaktischen Länge bei den B-Sternen.
(Nach OGRODNIKOFF.)

An gesicherten Resultaten bietet der dynamische Teil der Erforschung des Aufbaues des Sternsystems also noch sehr wenig. Wie schon oft in der Astronomie ist aber auch in diesem Falle die Frage, wie soll der Astronom es überhaupt ermöglichen, einen Ansatz zur Lösung des Problems zu finden, der am schwierigsten zu lösende Teil des Problems gewesen. Darum fanden die neu gewonnenen Gesichtspunkte, die zu konkreten Ansätzen für eine Dynamik des Sternsystems hinführten, besondere und allgemeine Beachtung. Sie sind allerdings in den letzten Jahren gewöhnlich im Rahmen der viel diskutierten, sehr viel spezielleren Rotationstheorie der Milchstraße (OORT, LINDBLAD) behandelt worden.

Diese Theorie der „Rotation" der Milchstraße stellt nur einen Spezialfall der oben skizzierten Strömungstheorie dar, und es besteht nur eine geringe Wahrscheinlichkeit dafür, daß die Natur sich gerade gemäß diesem einfachsten Spezialfall der Strömungstheorie verhalten sollte. Es erübrigt sich darum, auf Einzelheiten dieser Rotationstheorie näher einzugehen. Sie bedeutet methodisch keinen Fortschritt gegenüber der allgemeineren Strömungstheorie.

e) Das kosmologische Problem.

Die Krönung des dynamischen Teils der Erforschung des Kosmos stellt das sog. kosmologische Problem dar: nach welchen Prinzipien baut sich die mit gravitierenden Massen erfüllte Welt als Ganzes auf? Da die Betrachtungen prinzipiell auf alle Massen der Welt ausgedehnt werden, hat man es nicht mehr mit einem abgrenzbaren, endlichen Massensystem zu tun; und so entartet das dynamische Problem zu einem solchen ganz besonderer Art.

Soweit man gegenwärtig eine Aussage über die Verteilung der Massen im Weltraum machen kann, erfüllen sie, zu Sternsystemen, speziell Spiralnebeln zusammengeballt, den Raum mehr oder minder gleichförmig. Die Spiralnebel zeigen zwar, wie wir gesehen haben, ein Bestreben zur Vergesellschaftung; aber von einer genügend großen Maßeinheit aus betrachtet, verteilen sie sich doch einigermaßen gleichmäßig über den Raum, wie sich in folgender Weise an der Erfahrung prüfen läßt. Erfüllen leuchtende Himmelskörper irgendwelcher Art den Raum gleichförmig, so wächst ihre Anzahl für einen in irgendeinem Raumpunkt postierten Beobachter mit abnehmender Helligkeit — d. h. zunehmendem Abstand der Objekte — in stetiger Progression an. Falls er sie ihrer Helligkeit entsprechend nach Größenklassen ordnet, wächst bei dem Übergang von einer Größenklasse zu der nächst schwächeren die Anzahl um einen konstanten Faktor 4 — genau genommen um den Zahlenfaktor $(2,5)^{\frac{3}{2}}$ gleich 3,98 — an. Ein Faktor dieser Größenordnung offenbart sich in der Tat, genähert bei den Abzählungen der Spiralnebel. Man ist also berechtigt, in erster Näherung anzunehmen, daß sie gleichförmig den Raum erfüllen.

Schon C. NEUMANN und SEELIGER hatten ausführlich die Frage diskutiert, unter welchen Bedingungen eine gleichmäßige Erfüllung des Raumes mit gravitierenden Massen möglich sei. Sie gingen dabei von den speziellen Voraussetzungen aus, daß die Massen sich nach dem NEWTONschen Gravitationsgesetz anziehen und über einen ebenen euklidischen Raum verteilt seien. Bei diesen Voraussetzungen treten Schwierigkeiten ganz prinzipieller Art auf. Sobald man nämlich den Grenzübergang zum Unendlichen macht — der euklidische Raum ist unbegrenzt und unendlich — werden die Integrale in den Ausdrücken für das Potential, die Anziehungskraft und die Zerrung unbestimmt bzw. unendlich, solange die Massen mit gleichförmiger wenn auch noch so geringer endlicher Dichte über den Raum verteilt gedacht werden. Eine Erfüllung des euklidischen Raumes mit Materie, die sich nach dem NEWTONschen Gesetz anzieht, erscheint darum physikalisch unmöglich. Es gibt aber zwei Auswege aus dieser Schwierigkeit. Entweder die Materie erfüllt den Raum nicht vollständig; die Dichte fällt vielmehr mit wachsendem Abstande von uns so rasch auf den Wert Null ab, daß die mittlere, auf den gesamten Weltraum bezogene Dichte gleich Null wird. Diesen Ausweg zu beschreiten, widerrät folgender Einwand. Da in unserer unmittelbaren Umgebung gegenwärtig die Dichte durchaus nicht Null ist, wäre man zu der Annahme gezwungen, daß wir zufällig noch in der Entwicklungsphase der Welt leben, da die Materie sich noch nicht in den Weltraum verflüchtigt hat. Das ist der sog. Verödungseinwand, den Einstein mit Nachdruck hervorgehoben hat. Er ist allerdings nur zwingend, wenn man annimmt, daß die Welt im statistischen Gleichgewicht befindlich sei. Den anderen Ausweg aus der Schwierigkeit bietet die Annahme, daß eine Absorption der Gravitation im Weltraum wirksam sei. Das Gravitationspotential würde dann nicht mehr lauten:

$$\varphi = \frac{A}{r},$$

sondern

$$\varphi = \frac{A \cdot e^{-\sqrt{\lambda} \cdot r}}{r}$$

und die Poissonsche Gleichung für das Potential, die ohne Annahme einer Absorption lautet:

$$\Delta \varphi = 4 \pi k \varrho$$

ginge in eine Gleichung der Gestalt über:

$$\Delta \varphi + \lambda \varphi = 4 \pi k \varrho.$$

Diese Gleichung, den Betrachtungen zugrunde gelegt, führt aber, auch wenn man den gesamten unendlichen Raum mit Materie in endlicher mittlerer Verteilungsdichte erfüllt denkt, nicht mehr auf die Singularitäten, die bei dem üblichen Ansatz für das Gravitationspotential eine physikalisch realisierbare Lösung ausschlossen. Aber auch dieser Ausweg ist wenig befriedigend. Denn die Hypothese einer Absorption der Gravitation muß ad hoc gemacht werden, ohne daß es bisher gelungen wäre, sie irgendwie sonst nachzuweisen. Infolge dieser Mißerfolge trat das kosmologische Problem für lange Zeit in den Hintergrund, bis es durch die Relativitätstheorie eine Neubelebung erfuhr.

Nachdem Einstein die Feldgleichungen der Relativitätstheorie aufgestellt hatte, trat er an die Frage heran, wie weit im Rahmen seiner neuen Gravitationstheorie eine Lösung des kosmologischen Problems möglich sei. Die Feldgleichungen der Relativitätstheorie sind ähnlich gestaltet wie die Poissonschen Gleichungen für das Newtonsche Potential des Schwerefeldes. An die Stelle der skalaren Größe φ tritt jedoch ein in eine entsprechende Zahl von Komponenten aufspaltbarer Tensor. Es ist der Tensor, der die geometrischen, d. h. also die Maßverhältnisse des Raumes bestimmt, den die gravitierenden Massen erfüllen. Seine Komponenten werden proportional den Komponenten des Energie-

Materie-Tensors gesetzt, dessen Verlauf im Raum die Verteilung der das Schwerefeld erzeugenden Größen bedingt; so wie in der NEWTON-Mechanik die Dichte ϱ der Materie, als Funktion des Ortes im Raum betrachtet, das Schwerefeld bestimmt. An die Stelle des einen Gravitationspotentials φ treten also in der Relativitätstheorie die 10 Komponenten $g_{\mu\nu}$ (μ, $\nu = 1, 2, 3, 4$) des Linienelements einer RIEMANNschen Metrik. Sie spielen die Rolle der Gravitationspotentiale. Eine Lösung des kosmologischen Problems im Rahmen der allgemeinen Relativitätstheorie muß darum gestatten, aus der räumlichen Verteilung der das Schwerefeld erzeugenden Größen: Materie und Energie, den Ausdruck für das Linienelement der Metrik abzuleiten und muß Aussagen über die Maßverhältnisse des Raumes ermöglichen.

Die Feldgleichungen haben die Gestalt:

$$R_{\mu\nu} = - \varkappa \left[T_{\mu\nu} - \tfrac{1}{2} g_{\mu\nu} T \right],$$

wo $R_{\mu\nu}$ den die Ableitungen der Koeffizienten $g_{\mu\nu}$ des Linienelementes enthaltenden Krümmungstensor der RIEMANNschen Metrik bezeichnet, $T_{\mu\nu}$ den Materie-Energie-Tensor, der an die Stelle der Dichte ϱ der Materie eingeht, $\varkappa$ die Gravitationskonstante, T die zum Energietensor gehörige Invariante.

In dieser ihrer ursprünglichen Fassung führt die Relativitätstheorie auf die gleichen Schwierigkeiten, die auch in der NEWTONschen Mechanik auftraten, falls man die Materie mit endlicher Dichte gleichmäßig über den unendlichen Raum verteilt denkt. Die Schwierigkeiten offenbaren sich nunmehr in der Weise, daß sich für die die Gravitationspotentiale repräsentierenden Koeffizienten $g_{\mu\nu}$ des Linienelementes keine sinnvollen Grenzwerte im Unendlichfernen angeben lassen. Aber ein der Einführung einer Absorption der Gravitation analoger Kunstgriff überbrückt auch hier die Schwierigkeiten des Problems. Ersetzt man nämlich die obigen Feldgleichungen durch die allgemeineren, eine neue Konstante λ enthaltenden Gleichungen:

$$\Re_{\mu\nu} + \lambda\, g_{\mu\nu} = - \varkappa \left[T_{\mu\nu} - \tfrac{1}{2} g_{\mu\nu} T \right],$$

so erlauben diese neuen Gleichungen eine einfache Lösung, auch wenn der Raum gleichförmig mit Materie erfüllt gedacht wird.

So weit laufen diese Betrachtungen den in der klassischen NEWTONschen Theorie üblichen durchaus parallel. Trotzdem kommt ihnen eine weitergehende Bedeutung zu. Denn eine Lösung der durch das sog. „kosmologische Glied" λ erweiterten Feldgleichungen ist von besonderer Art. Wird die mittlere Dichte der Materie im Weltraum als konstant, und wird die Materie, im Großen betrachtet, als ruhend angenommen, so führt die Lösung auf ein Linienelement, das dem physikalischen Raum die Zusammenhangsverhältnisse eines endlichen, geschlossenen, sphärischen Raumes erteilt. Es war damit zum ersten Male gelungen, die Vorstellung der Endlichkeit der Welt aus exakten physikalischen Ansätzen und nicht nur als die Frucht reiner Spekulation zu gewinnen. Hierauf beruht die große prinzipielle Bedeutung dieser speziellen Lösung des kosmologischen Problems. Sie wird die *statische* genannt, weil sie die Bewegungsverhältnisse der Materie außer acht läßt. Sie eröffnet die Möglichkeit, sich den Weltraum als endlich, geschlossen, von konstanter mittlerer Krümmung und endlicher Gesamtmasse vorzustellen.

Aufgabe der Astronomie war es nun, an der Erfahrung zu prüfen, wieweit die Voraussetzungen dieser Lösung erfüllt seien. Hätten sich, so weit man auch in den Raum vordrang, immer wieder folgende zwei Tatsachen bestätigt gefunden:

1. die mittlere Dichte der Massenverteilung, also die mittlere Anzahl der Spiralnebel innerhalb einer genügend groß gewählten Volumeinheit, ist im wesentlichen unabhängig vom Ort im Raum;

2. die mittlere Geschwindigkeit der Himmelskörper bleibt immer klein relativ zur Lichtgeschwindigkeit,

so hätte dieser Befund weitgehend den Einsteinschen Voraussetzungen der statischen Lösung des kosmologischen Problems entsprochen. Jeder Punkt im Weltraum hätte bei diesem Befund das gleiche Recht wie jeder andere gehabt, sich als den zentralen Punkt des Raumes zu betrachten.

Die Erfahrungen, die in den letzten Jahren an den Spiralnebeln gewonnen worden sind, haben aber diesen Erwartungen nicht entsprochen. Der amerikanische Astronom Slipher stellte nämlich fest, daß die Radialgeschwindigkeiten der Spiralnebel überwiegend positiv sind, d. h. zunehmenden Entfernungen entsprechen. Und seitdem Hubble und Humason mit den großen Hilfsmitteln des Mt.-Wilson-Observatoriums systematisch an die Erforschung der Radialgeschwindigkeiten der fernsten Himmelskörper gegangen sind, ist dieser Befund nicht nur allgemein bestätigt, sondern auch in seiner prinzipiellen Bedeutung für das kosmologische Problem erkannt worden. Es darf heute als gesichert gelten, daß die Materie den Weltraum nicht gemäß den Voraussetzungen der statischen Lösung des kosmologischen Problems erfüllt. Sie kann nicht im Großen als in Ruhe befindlich betrachtet werden. Die Geschwindigkeiten der Spiralnebel sind vielmehr ausgesprochen systematischer Natur. Alle außergalaktischen Sternsysteme entfernen sich von uns mit Geschwindigkeiten, die mit zunehmenden Abständen stetig anwachsen. Bei den fernsten, zur Zeit beobachtbaren Objekten erreichen die Geschwindigkeiten schon Werte, die nicht mehr als klein gegenüber der Lichtgeschwindigkeit zu erachten sind.

f) Die Expansion der Spiralnebel.

Bevor wir auf die grundsätzliche Bedeutung dieser Erscheinung eingehen, wollen wir prüfen, wieweit die Beobachtungen die weitgehenden prinzipiellen Schlüsse stützen, die in den letzten Jahren an dieses Phänomen geknüpft worden sind. Von den etwa 300000

Spiralnebeln, deren Helligkeit oberhalb der 17. Größenklasse liegen, sind bisher nur bei etwa 70 unter ihnen Radialgeschwindigkeiten gemessen worden. Und es besteht nicht sehr viel Aussicht, daß man in der allernächsten Zeit mit einem wesentlichen Zuwachs an Daten über den bisher überspannten Bereich hinaus wird rechnen können. Denn für die fernsten Objekte sind die erforderlichen Belichtungszeiten bei der Aufnahme ihrer Spektren schon außerordentlich groß.

Das Spektrum eines Spiralnebels ist das integrierte Spektrum der zahllosen Sterne, aus denen er sich aufbaut. Es zeigt die Linien H und K des ionisierten Kalziums, einige Wasserstofflinien, die G-Gruppe bei 4308 und manchmal eine der stärksten Eisenlinien.

Um von den schwächsten Spiralnebeln, deren Entweichgeschwindigkeit schon auf etwa $^1/_{15}$ der Lichtgeschwindigkeit ansteigt, Spektren zu erhalten, mußte eine besondere Optik für den mit dem 2,5 m-Reflektor kombinierten Spektralapparat geschaffen werden, und zwar eine Mikroskopoptik größter Lichtstärke mit dem Öffnungsverhältnis 0,57. Und selbst bei dieser Optik dauern die Expositionen über 10 Stunden. Solche Aufnahmen stellen also eine äußerst schwierige Beobachtungsaufgabe dar. Trotzdem ist die innere Genauigkeit der Messung einer Radialgeschwindigkeit selbst bei den fernsten Objekten, wie aus der folgenden Tabelle hervorgeht, unbedingt ausreichend. Die Daten geben das Ergebnis der Vermessung der Linien eines Spiralnebels wieder, der mit 19 700 km Sekundengeschwindigkeit von uns entweicht und etwa 100 Millionen Lichtjahre entfernt ist:

Linie Å	Beobachter: E. M. km/sec	Beobachter: M. H. km/sec
3933	+ 19,890	+ 19,925
3968	19,571	19,708
4101	19,609	19,615
4308	19,778	19,276
4340	+ 19,815	+ 19,579
	Mittel + 19,733	Mittel + 19,621

In den nachfolgenden Tabellen sind alle an Spiralnebeln bisher gewonnenen Beobachtungsdaten zusammengefaßt. Aus ihnen tritt die mit zunehmendem Abstand zunehmende Entweichgeschwindigkeit der Objekte deutlich hervor. Nur innerhalb des Bereiches der relativ kleinen Radialgeschwindigkeiten, zu welchen auch die des Andromedanebels gehört, werden noch negative Werte der Radialgeschwindigkeiten, d. h. Annäherungen, gefunden. Auf diesen Umstand sei deshalb besonders hingewiesen, weil oft der Einwand erhoben wird, man deute bei diesen Beobachtungen fälschlich die Linienverschiebungen in den Spektren als Dopplereffekte, d. h. also als reelle Bewegungen. Für diesen Einwand lassen sich aber keine stichhaltigen Anhaltspunkte gewinnen. Denn wenn dem übergalaktischen System, dem unser Milchstraßensystem angehört, auch der Andromedanebel, die MAGELLANschen Wolken und eventuell noch einige der nächsten Spiralnebel angehören, so ist innerhalb

Tabelle 4.   Radialgeschwindigkeiten von kugelförmigen Sternhaufen und nichtgalaktischen Nebeln.

N.G.C.	α (1900)	δ (1900)	Slipher km/sec	Andere Autoren km/sec	Mittel km/sec
221	0h 37m,2	$+40^0$ 19′	— 300	—	—
224	0 37	$\div$ 40 43	— 300	—320	—315
278	0 46 ,4	$+47$ 1	+ 650	—	—
404	1 3 ,9	$+35$ 11	— 25	—	—
584	1 26 ,3	— 7 23	+ 1800	—	—
598	1 28 ,2	$+30$ 9	— 260	—70	—70
936	2 22 ,5	— 1 36	+ 1300	—	—
1023	2 34 ,1	$+38$ 38	+ 300	—	—
1068	2 37 ,6	— 0 26	+ 1120	+ 814	+ 916
1700	4 52 ,0	— 5 1	—	+ 800	—
2681	8 46 ,4	$+51$ 41	—	+ 700	—
2683	8 46 ,5	$+33$ 48	+ 400	—	—
2841	9 15 ,1	$+51$ 24	+ 600	—	—
3031	9 47 ,4	$+69$ 32	— 30	—	—
3034	9 47 ,6	$+70$ 10	+ 290	--	--
3115	10 0 ,3	— 7 14	+ 600	—	—
3368	10 41 ,5	$+12$ 21	+ 940	—	—
3379	10 42 ,6	$+13$ 7	+ 780	+ 845	+ 812
3489	10 55 ,0	$+14$ 26	+ 600	—	—
3521	11 0 ,7	+ 0 30	+ 730	—	—
3623	11 13 ,7	$+13$ 38	+ 800	—	—
3627	11 15 ,0	$+13$ 32	+ 650	—	—
4111	12 2 ,0	$+43$ 37	+ 800	—	—
4151	12 5 ,5	$+39$ 58	+ 980	+ 940	+ 950
4214	12 10 ,6	$+36$ 53	+ 300	—	—
4258	12 14 ,0	$+47$ 52	+ 500	—	—
4382	12 20 ,3	$+18$ 45	+ 500	—	—
4449	12 23 ,3	$+44$ 39	+ 200	—	—
4472	12 24 ,7	+ 8 33	+ 850	—	—
4486	12 25 ,6	$+12$ 57	+ 800	—	—
4526	12 29 ,0	+ 8 15	+ 580	—	—
4565	12 31 ,4	$+26$ 32	+ 1100	—	—
4594	12 34 ,8	—11 4	+ 1100	+ 1180	+ 1140
4649	12 38 ,6	$+12$ 6	+ 1090	—	—
4736	12 46 ,2	$+41$ 40	+ 290	—	—
4826	12 51 ,8	$+22$ 14	+ 150	—	—
5005	13 6 ,3	$+37$ 36	+ 900	—	—
5055	13 11 ,3	$+42$ 34	+ 450	—	—
5194	13 25 ,7	$+47$ 43	+ 270	—	—
5195	13 25 ,7	$+47$ 43	+ 240	—	—
5236	13 31 ,4	—29 21	+ 500	—	—
5866	15 3 ,7	$+56$ 9	+ 650	—	—
7331	22 32 ,5	$+33$ 54	+ 500	—	—
Magellan- Wolken	{ 5 27 { 1 6	—68 —73 44	— —	+ 287 + 168	— —

dieser engeren Gruppe durchaus noch mit dem Auftreten negativer Radialgeschwindigkeiten zu rechnen. Die hier festgestellten Dopplereffekte sind ihrem *absoluten* Betrage nach von der gleichen Größe wie die bei den nächstfolgenden Sternsystemen in Erscheinung tretenden. Bei diesen tritt aber das Expansionsphänomen schon unzweideutig

Tabelle 5. Beobachtete Entweichgeschwindigkeit und Spektraltyp.

N.G.C.	Beobachtete Entweichgeschwindigkeit km/sec	Geschätzte Ungenauigkeit km/sec	Spektraltyp	Bemerkungen
380	+ 4400	75	$G\,5$	Gruppe in den Fischen;
383	+ 4500	100	$G\,3$	nicht eines der großen
384	+ 4500	100	$G\,5$	Nester, sondern eine
385	+ 4900	100	$G\,5$	Gruppe von ungefähr 25 Nebeln
1270	+ 4800	100	$G\,4$	
1273	+ 5800	75	$G\,5$	Nest im Perseus
1275	+ 5200	25	$G + P\,(\text{pec})$	
1277	+ 5200	75	$G\,3$	
2562	+ 5100	100	$G\,4$	Nest im Krebs
2563	+ 4800	100	$G\,4$	
	+19700	300	$G\,5$	Nest im Löwen
	+11700	200	$G\,5$	Nest im großen Bär
4192	+ 1150	100	$G\,2$	Nest in der Jungfrau
4374	+ 1050	100	$G\,4$	
4853	+ 7600	100	$G\,1$	
4860	+ 7900	75	$G\,3$	
4865	+ 5000	75	$G\,3$	
4872	+ 6900	200	$G\,3$	
4874	+ 7000	200	$G\,4$	
4881	+ 6900	200	$G\,3$	
4884	+ 6700	75	$G\,3$	
4895	+ 8500	200	$G\,4$	
J.C. 4045	+ 6600	200	$G\,1$	
7611	+ 3400	75	$G\,2$	
7617	+ 3900	100	$G\,1$	
7619	+ 3800	75	$G\,3$	Nest im Pegasus
7623	+ 3800	125	$G\,2$	
7626	+ 3700	100	$G\,3$	
205	— 300	50	$F\,5$	
2859	+ 1500	100	$G\,3$	
2950	+ 1500	75	$G\,4$	
3193	+ 1300	100	$G\,3$	
3227	+ 1150	30	$G + P\,d$	
3610	+ 1850	75	$G\,2$	
4051	+ 650	40	$G + P\,b$	
5457	+ 300	25	$G + P\,d$	

zutage. Es läßt sich darum keineswegs rechtfertigen, den Linienverschiebungen unvermittelt eine prinzipiell andere Deutung geben zu wollen, nur weil sich ihre Vorzeichen nunmehr nicht mehr ändern.

So sehr also auch Skeptiker den Wunsch haben mögen, der Schlußfolgerung einer allgemeinen Expansion der Massen der Welt auszuweichen, besteht zur Zeit wohl kaum eine Möglichkeit, einen begründeten Einwand gegen diese Deutung der Messungen vorzubringen. Man kann nicht anders, als sich vorläufig auf den Boden der Erfahrungen zu stellen, die einen linearen Anstieg der Entweichgeschwindigkeiten aller Sternsysteme mit wachsendem Abstand lehren (Abb. 14). In dem Diagramm sind die Daten der demselben übergalaktischen System angehörenden Spiralnebel zu einem Mittelwert zusammengefaßt; dies ist zulässig, weil, wie aus der Tabelle 5 hervorgeht, in der Tat die beobachteten Werte innerhalb einer solchen Gruppe nicht über Gebühr schwanken.

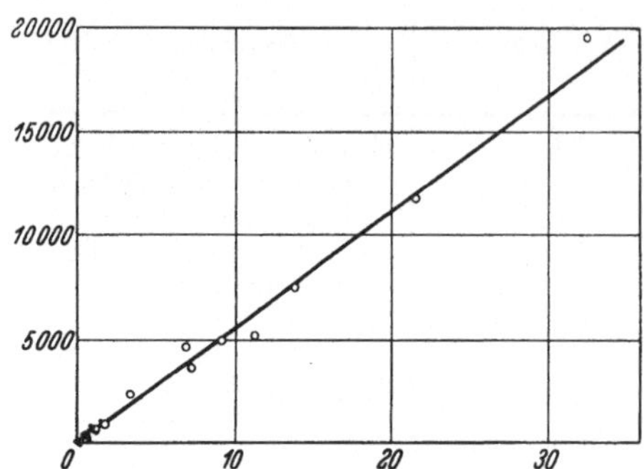

Abb. 14. Zunahme der Radialgeschwindigkeiten der Spiralnebel mit zunehmendem Abstande. Ordinaten: Kilometer pro sec, Abszissen: Abstände in Einheiten von 10⁶ Parsec. (Nach Hubble.)

Die beobachtete Zunahme der Radialgeschwindigkeiten mit wachsendem Abstand läßt sich durch die Formel wiedergeben:

$$\frac{1}{r}\frac{dr}{dt} = 500 \text{ km/sec pro } 10^6 \text{ Parsec}.$$

Da die fernsten beobachteten Spiralnebel etwa 10^7—10^8 Parsec entfernt sind, so werden ihre Entweichgeschwindigkeiten $\frac{dr}{dt}$ schon von der Größenordnung von $^1/_{10}$ der Lichtgeschwindigkeit.

Es sind also sicherlich die Voraussetzungen der statischen Lösung des kosmologischen Problems in der Natur nicht erfüllt. Und damit erhebt sich die fundamental wichtige Frage: gibt es eine Lösung des kosmologischen Problems, welche die Verteilung der Massen einschließlich dieses besonderen Bewegungsphänomens der Expansion der Spiralnebel zu deuten vermag?

g) Versuche einer theoretischen Deutung der Expansion der Spiralnebel.

In den letzten Jahren sind mannigfache Versuche gemacht worden, eine befriedigende Antwort auf diese Frage zu erteilen. Bei allen hatte man aber fürs erste noch an folgenden Voraussetzungen festgehalten:

1. die Materie der Welt erfüllt gleichmäßig und vollständig den ihr zur Verfügung stehenden Raum,

2. der Krümmungsradius der Welt ist positiv, d. h. die Welt ist endlich und geschlossen.

Diese beiden Voraussetzungen hatte man mit der Tatsache der Expansion der Spiralnebel in Einklang zu bringen. Formal ist dies durchaus möglich. Man wird zu der Vorstellung eines expandierenden sphärischen Raumes geführt. Es läßt sich aber nachweisen, daß diese Vorstellung, so befriedigend sie auch als Lösung des Problems in mancher Hinsicht wäre, zwar zulässig, aber durch die Erfahrung bisher in keiner Weise näher gelegt wird, als die Vorstellung eines Weltraumes von durchaus anderen Zusammenhangsverhältnissen. Zum Beispiel ist ein unendlicher, nicht geschlossener, expandierender Raum als Lösung des kosmologischen Problems sowohl mit der Theorie verträglich, als auch mit den bisherigen Erfahrungstatsachen vereinbar. Das kosmologische Problem gestattet also Lösungen, die dem Raum die verschiedensten Zusammenhangsverhältnisse erteilen. Die lebhafte Diskussion des Problems in letzter Zeit, die den Weltraum stets als endlich und geschlossen voraussetzte, beschränkte sich auf einen Spezialfall, für dessen Bevorzugung die Erfahrung bisher keine Anhaltspunkte liefert.

Die Annahme gleichmäßiger Erfüllung des ganzen unbegrenzten Raumes mit Materie ist gleichbedeutend mit einer Isotropieaussage über das Schwerefeld in jedem Raumpunkt. Denn um jeden Raumpunkt gruppieren sich die das Schwerefeld erzeugenden Massen in durchaus gleicher Weise. Und da gemäß der Relativitätstheorie das Schwerefeld auf Grund der Feldgleichungen die Maßverhältnisse des Raumes bestimmt, so sind wegen der Isotropiebedingung des Feldes die Maßverhältnisse des Raumes in jedem Punkt die gleichen, also bestimmt, sobald sie für *einen* Punkt des Feldes ermittelt worden sind. Man hat demgemäß, wenn die obige Voraussetzung (1) an die Spitze gestellt wird, die Feldgleichungen nur für *einen* Raumpunkt zu lösen, um eine vollständige Lösung des Problems in der Hand zu haben.

Nun läßt sich unmittelbar angeben, von welcher Gestalt das Linienelement der Metrik bei diesen einschränkenden Voraussetzungen sein wird. Denn da wir annehmen, der Raum sei isotrop, so muß die die Zeit enthaltende, die Expansion des Raumes zum Ausdruck bringende Funktion in die drei Raumkoordinaten symmetrisch eingehen, und man wird ein Linienelement der Gestalt ansetzen dürfen:

$$d\,s^2 = R\,(t)^2 d\,\sigma^2 + d\,t^2\,,$$

hierin bezieht sich das Linienelement $d\,\sigma$ nur auf die drei Raumkoordinaten:

$$d\,\sigma^2 = \sum_1^3 g_{\mu\,\nu}\,d\,x_\mu\,d\,x_\nu\,.$$

Mit einem solchen Ausdruck des Linienelementes in die Feldgleichungen (S. 203) der allgemeinen Relativitätstheorie eingehend, hat man nun Lösungen derselben zu suchen, die das beobachtete Expansionsgesetz der Spiralnebel richtig wiedergeben. Man wird auf eine Differentialgleichung für die Funktion $R\,(t)$ geführt, deren Diskussion folgendes lehrt: in die Gleichungen gehen zwei willkürliche Konstanten ein. Je nachdem die eine von ihnen: $C \gtreqless 0$ ist, ist der Raum sphärisch geschlossen, euklidisch oder hyperbolisch. Gleichzeitig können verschiedene Annahmen über das Vorzeichen der zweiten, der sog. kosmologischen Konstanten λ, gemacht werden; also $\lambda \gtreqless 0$ sein. Die verschiedenen Kombinationen möglicher Werte beider Konstanten, 9 an Zahl, liefern dementsprechend grundsätzlich verschiedene Lösungen des kosmologischen Problems; Lösungen, die dem Weltraum verschiedene Zusammenhangsverhältnisse erteilen. Aus der Erfahrung sind bisher keine Anhaltspunkte zugunsten einer dieser verschiedenen möglichen Alternativen zu gewinnen. Man erhält also neun verschiedene Lösungstypen. Ihnen entsprechen die verschiedenen Modelle sowohl expandierender als auch kontrahierender, endlicher wie unendlicher Räume. Die Expansion der Spiralnebel erfährt also auf Grund dieser Ansätze keine zwangsläufige Deutung. Die Ansätze lehren nur, daß Lösungen der Feldgleichungen der Relativitätstheorie mit den beiden Annahmen der Expansion und der gleichmäßigen Verteilung der Materie im Weltraum verträglich sind.

Vor kurzem hat jedoch Milne einen grundsätzlich anderen Standpunkt gegenüber dem Problem eingenommen und versucht, eine elementare physikalische Deutung für das Expansionsphänomen der Spiralnebel zu entwickeln. Milne gibt die Hypothese der vollständigen und gleichförmigen Erfüllung des Raumes mit Materie auf. Ferner verzichtet er in erster Näherung auf eine Berücksichtigung der Gravitation, gründet also seine Überlegungen nicht auf die Feldgleichungen der Relativitätstheorie, sondern auf rein kinematische Betrachtungen. Es läßt sich dann unter bestimmten Voraussetzungen zeigen, daß die Expansion, und zwar nach dem beobachteten Expansionsgesetz, ein notwendig einsetzendes mechanisches Phänomen ist. Die wesentlichste dieser Voraussetzungen ist, daß die Massen der Welt vor sehr langer Zeit auf einen sehr kleinen Bruchteil des Weltraums zusammengedrängt waren; sie mögen z. B. eine endliche Kugel erfüllt haben. Worauf dieser Anfangszustand zurückzuführen sei, bleibt vorläufig noch außerhalb der Fragestellung. Den „Bausteinen" der Welt — sie sind bei dem gegenwärtigen Stand unserer Kenntnisse ganze Sternsysteme (Spiralnebel) — seien in diesem Ausgangsstadium beliebige Geschwindigkeiten zwischen Null und der Lichtgeschwindigkeit aufgeprägt worden. Die Wechselwirkung zwischen ihnen möge vernachlässigt werden. Was wird dann eintreten? Jedes Teilchen wird mit der Zeit aus dem Raumteil, der alle Massen einschloß, hinauswandern und alle bis auf die, deren Geschwindigkeiten von Anfang an sehr klein gewesen sind, werden nach einer gewissen Zeit aus ihm hinausdiffundiert sein. Das System expandiert dabei nach einem einfachen Gesetz. Bezeichnet r den Abstand eines Systemteilchens in dem Zeitpunkt t — gerechnet vom Zeitpunkt minimalster

Raumerfüllung durch die Massen — v seine Geschwindigkeit, so wird gelten:

$$r = v \cdot t \quad \text{oder} \quad \frac{1}{r} \cdot \frac{dr}{dt} = \frac{1}{t}.$$

Das ist nichts anderes als das beobachtete Expansionsgesetz der Spiralnebel, nur mit dem Unterschied, daß jetzt rechter Hand eine deutbare Konstante steht. Sie hängt nach dieser Auffassung in einfacher Weise mit der seit beginnender Expansion verstrichenen Zeit t zusammen. Diese Zeitspanne läßt sich aus den Beobachtungen nunmehr unmittelbar ableiten. Ließen sich nämlich die Geschwindigkeiten aller Spiralnebel plötzlich umkehren, so würde sich das ganze System der Spiralnebel nach einiger Zeit wieder auf das ursprüngliche Minimalvolumen zusammengedrängt haben, um erneut zu expandieren. Die Expansion ist in dem hier entwickelten Bilde eine immer wieder notwendig einsetzende Erscheinung. Für unsere Welt liegt die Anfangsepoche der Expansion etwa $2 \cdot 10^9$ Jahre zurück. Denn die etwa 3 Millionen Lichtjahre von uns entfernten Spiralnebel haben eine Entweichgeschwindigkeit von ungefähr 500 km in der Sekunde. Wenn sie diese Geschwindigkeit unverändert in der ganzen Zeit beibehalten haben, benötigen sie 2 Milliarden Jahre, um so weit zu entweichen. Wir müssen also annehmen, daß an diesem, vom astronomischen Standpunkt durchaus nicht so sehr weit zurückliegenden Zeitpunkt mit den bisher der Beobachtung zugänglichen Massen der Welt etwas ganz besonderes sich ereignet hat. Übrigens führen auch die Lösungen des kosmologischen Problems, welche mit expandierenden sphärischen Räumen arbeiten, auf einen solchen ausgezeichneten Anfangspunkt der Zeitrechnung. Er ist der gegebene Anfangspunkt der Zeitrechnung im kosmologischen Problem.

MILNE hat nun versucht, das kinematische Bild der Expansion zu einer vollständigen Lösung des kosmologischen Problems auszugestalten, wobei er sich ganz auf die Kinematik der speziellen Relativitätstheorie stützt. Seine Lösung führt zu einem Weltbild, welches die bei den Spiralnebeln beobachtete allgemeine Expansion als notwendiges Bewegungsphänomen einschließt. Sie wird zum Ausdruck der Tatsache, daß die Massen der Welt den ihr zur Verfügung stehenden Raum noch nicht erfüllen.

Auch diese Lösung führt in gewisser Hinsicht zu der Vorstellung einer endlichen Ausdehnung der Welt. Denn das Expansionsgesetz $vt = r$ verlegt die mit Lichtgeschwindigkeit sich vor uns ausbreitende Geschwindigkeitsfront zu jedem Zeitpunkt in einen endlichen Abstand von jedem Beobachter, der dieser Welt angehört. Diese Front stellt darum die Grenze der unserer Beobachtung zugänglichen Welt dar. Denn da sie sich mit Lichtgeschwindigkeit von uns entfernt, so ist sie weder zu erreichen, noch mit irgendeiner Beobachtung zu überschreiten. Diese Grenze unserer Erfahrungswelt liegt gegenwärtig etwa 10^9 Lichtjahre vor uns.

Natürlich kann eine solche, nur auf kinematische Vorstellungen sich gründende Lösung des kosmologischen Problems nur als eine erste, ganz genäherte Lösung aufgefaßt werden. Aber sie darf insofern ein besonderes Interesse beanspruchen, als sie die Bedeutung des geheimnisvollen Expansionsphänomens der Spiralnebel wieder in die Sphäre der rational deutbaren Bewegungsphänomene rückt. Bei den bis dahin angestellten Lösungsversuchen, welche als selbstverständlich voraussetzen, daß die Massen der Welt den ihr zur Verfügung stehenden Raum lückenlos ausfüllen, erscheint die Expansion als ein kinematisches Attribut des als endlich vorausgesetzten Krümmungsradius des Raumes. Warum der Krümmungsradius als endlich, also der Raum als sphärisch geschlossen angenommen wird, warum sein Krümmungsradius sich mit der Zeit vergrößert und nicht z. B. verkleinert, findet dort weder eine kausale noch auch eine empirische Begründung. Es ist deshalb unbedingt als ein Fortschritt zu betrachten, daß die Expansion der Spiralnebel schon mit einem Minimum an einschränkenden speziellen Voraussetzungen über die metrische Struktur des Raumes gedeutet werden kann.

An eine auch nur irgendwie abschließende Lösung des kosmologischen Problems ist bei dem gegenwärtigen Stand sowohl der empirischen Kenntnisse über den Aufbau der Welt als auch des theoretischen Ausbaues der Feldgleichungen der Relativitätstheorie noch nicht zu denken. Man ist zweifellos mit zuviel Hoffnungen und zu geringen Hemmungen an dieses Problem herangegangen, verlockt von der allerdings bestrickenden Aussicht, die Endlichkeit unserer Welt ergründen zu können. Aber wie eine Fata morgana scheint das Ziel doch immer wieder vor uns zurückzuweichen. Diese Feststellung bedeutet keine Herabsetzung des Wertes der bisherigen Bemühungen. Denn nur eine so vielfältige Diskussion des Problems, wie sie die letzten Jahre mit sich gebracht haben, konnte die nötige Aufklärung über die wirklich dem Problem innewohnenden Schwierigkeiten zu Tage fördern. Nur sie konnte der Forschung die richtigen Wege weisen bei dem Bestreben, solche Erfahrungsdaten in ihre Hand zu bringen, welche einmal auch dieses Problem in die Sphäre der spruchreifen Probleme rücken werden.

Literatur.

Außer den einschlägigen Artikeln im Handbuch der Astrophysik, Bd. 5, in der Enz. der math. Wiss. Bd. 6, 2 und in Müller-Pouillets Lehrb. der Physik Bd. 5, 2:

Eddington, A. S.: Stellar Movements and the Structure of the Universe. London 1914.

Jeans, J. H.: Astronomy and Cosmogony. Cambridge 1928.

Siebenter Vortrag.

Besondere Leuchtvorgänge im Weltraum.

Von **W. Grotrian**, Potsdam.

Mit 31 Abbildungen.

Einleitung.

Die normale Verteilung der Materie im Weltraum ist, wie aus den vorhergehenden Vorträgen klar hervorgeht, die Konzentration erheblicher Massen in Fixsternen, die ihrerseits im Raume so verteilt sind, daß Anhäufungen von Fixsternen zu neuen Einheiten mit typischer Raumkonfiguration zusammentreten. So beobachten wir Doppelsterne, Sternhaufen, das Milchstraßensystem, Spiralnebel und Anhäufungen von Spiralnebeln. Für alle diese Systeme ist der Fixstern der Elementarbestandteil. Das gilt auch für die Spiralnebel. Die Bezeichnung dieser Objekte als Nebel ist also irreführend, denn unter einem Nebel wird man sich, dem landläufigen Sinne des Wortes entsprechend, stets ein Gebilde vorstellen, das aus kleinen Teilchen besteht oder sich im gas- bzw. dampfförmigen Zustand befindet. Es erhebt sich nun die Frage: Kommt im Weltraum Materie auch in einem Verteilungszustande vor, der mit Recht die Bezeichnung als Nebel verdient? Diese Frage kann auf Grund eines großen Beobachtungsmaterials bejaht werden, und die Aufgabe dieses Vortrages ist es, die wichtigsten zu diesem interessanten Kapitel der Astrophysik gehörigen Erscheinungen zu beschreiben und ihre Deutung darzulegen. Da die Nebel durch besondere Lichterscheinungen im Weltraume ihre Existenz verraten, ist es berechtigt, das auf sie bezügliche Forschungsgebiet unter dem für diesen Vortrag gewählten Titel zusammenzufassen.

a) Die Nebel der Milchstraße.

1. Die diffusen Nebel. Außer den als Spiralnebel bekannten Gebilden gibt es einige Stellen am Himmel, an denen eine flächenhafte Helligkeitsverteilung zu beobachten ist, die sich auch bei Anwendung der stärksten Fernrohre nicht in einzelne Lichtpunkte auflösen läßt. Die bekannteste solche Stelle befindet sich im Sternbild des Orion unterhalb der drei Gürtelsterne, sie erscheint schon dem bloßen Auge als diffuser Fleck. Die photographische Aufnahme ergibt das in Abb. 1 dargestellte Bild des Orionnebels. Es handelt sich hier also um ein wolkenartiges Gebilde von völlig unregelmäßiger Gestalt und Umrandung, das in dem ebenso unregelmäßigen Wechsel zwischen Hell und Dunkel den Eindruck eines chaotischen Durcheinanders erweckt.

Der Orionnebel ist der Prototyp einer Gruppe von Nebeln, die wegen ihrer völlig unregelmäßigen Form als diffuse Nebel bezeichnet werden.

Abb. 1. Der Orionnebel, N.G.C. 1976[1]. (Nach einer Aufnahme der Lick-Sternwarte.)

[1] N. G. C. = New General Catalogue ist der von Dreyer im Jahre 1888 angelegte Katalog aller Nebel und Sternhaufen. Zusammen mit den Ergänzungen I u. II enthält er 13 223 Objekte.

Abb. 2. Der Nordamerikanebel, N.G.C. 7000 im Sternbilde des Schwanes. (Nach einer Aufnahme von BARNARD.)

Abb. 2 zeigt als einen zweiten typischen Vertreter dieser Gruppe den Nordamerikanebel im Sternbild des Schwanes, der diesen Namen seiner dem Erdteil Nordamerika ähnlichen Form verdankt. Ganz anders geartet ist der in Abb. 3 dargestellte, auch zur Klasse der diffusen

Abb. 3. Der Zirrusnebel, N.G.C. 6990, im Sternbild des Schwanes. (Nach einer Aufnahme der Mt.-Wilson-Sternwarte.)

Nebel gehörige Zirrusnebel im Schwan. Seine sehr eigenartige netzwerkartige Struktur erinnert in der Tat an die Zirruswolken der Erdatmosphäre.

So verschieden wie die Form ist auch die scheinbare Ausdehnung und Helligkeit der diffusen Nebel. Es gibt ganz kleine Gebilde, die kaum die Größe der Fixsternbilder überschreiten, und es gibt ganz große Objekte, wie z. B. den Nordamerikanebel, der am Himmel eine Fläche von 10 Quadratgrad bedeckt. Die Helligkeit schwankt zwischen ganz lichtschwachen Gebilden, die nur einen eben erkennbaren Kontrast gegen den Himmelsgrund zeigen, und so hellen Objekten wie den Orionnebel, der mit bloßem Auge deutlich erkennbar ist.

Um die wahre Ausdehnung der Nebel berechnen zu können, müssen wir ihre Entfernung ermitteln. Dieselbe ist nach den gewöhnlichen Methoden der Abstandsbestimmung nicht feststellbar. Es zeigt sich aber, daß in allen leuchtenden Nebeln oder zum mindesten in ihrer Nachbarschaft Fixsterne stehen, deren Zugehörigkeit zu den Nebeln sich zweifelsfrei nachweisen läßt. Aus der Abstandsmessung dieser Fixsterne erhalten wir also auch die der Nebel. Es ergeben sich so Entfernungen, die zwischen einigen hundert und viertausend Lichtjahren liegen. Die Nebel gehören also sicher unserem Milchstraßensystem an. Dafür spricht auch die Tatsache, daß die 150 diffusen Nebel, die wir kennen, hinsichtlich ihrer Verteilung im Raume eine deutliche Konzentration nach der Ebene der Milchstraße zeigen. Sie werden daher häufig auch als Milchstraßennebel bezeichnet.

Bei Kenntnis der Entfernung lassen sich auch die wahren Ausdehnungen der Nebel berechnen. Für den Orionnebel ergibt sich aus der Entfernung von 900 Lichtjahren eine Ausdehnung von etwa 10 Lichtjahren, für den Amerikanebel mit einem Abstand von 600 Lichtjahren eine Ausdehnung von etwa 40 Lichtjahren. Man sieht also, daß es sich bei den großen Objekten um Gebilde handelt, deren Ausdehnung von derselben Größenordnung ist wie die Entfernung der nächsten Fixsterne von der Sonne.

2. Die planetarischen Nebel. In Abb. 4 ist der sog. Trifidnebel dargestellt, der auch zu den diffusen Nebeln gerechnet wird. Wir erkennen aber, daß bei diesem Objekt die Gestalt und Umrandung nicht mehr so regellos ist wie bei den bisher betrachteten Nebeln. Der Trifidnebel bildet den Übergang von den extrem diffusen Nebeln zu solchen mit regelmäßiger Form und Umrandung, deren bekanntester Vertreter, der Ringnebel in der Leier, in Abb. 5 dargestellt ist. Die Nebel, die zu dieser Kategorie gehören, haben viel kleinere scheinbare Ausdehnungen von der Größenordnung 10 bis 20 Bogensekunden bis zu etwa 1 Bogenminute. Sie erscheinen daher im Fernrohr mittlerer Größe als kleine helle Scheibchen, die den Bildern der Planeten nicht unähnlich sind. Aus diesem rein äußerlichen Grunde werden solche

Nebel als planetarische Nebel bezeichnet. Trotz der viel regelmäßigeren
Gestalt zeigen auch die planetarischen Nebel in ihren Formen erheb-

Abb. 4. Der Trifid-Nebel, N.G.C. 6514. (Nach einer Aufnahme der Lick-Sternwarte.)

liche Mannigfaltigkeit. Neben der Form strukturloser kreisförmiger
Scheiben treten elliptische und gelegentlich auch spiralartige Formen
auf, häufig durchdringen sich auch offensichtlich mehrere ringförmige

Gebilde. Als Beispiel zeigen wir noch in Abb. 6 einen planetarischen Nebel, der eine etwas kompliziertere Struktur hat.

Besonders charakteristisch für alle planetarischen Nebel ist die Tatsache, daß in ihrer Mitte ein Stern steht, der fraglos zu dem Nebel hinzugehört und sich nicht nur zufällig auf ihn projiziert. Dieser Stern wird der Zentralstern genannt. Sein Vorhandensein ermöglicht es, die Entfernungen der planetarischen Nebel und damit auch ihre tatsächliche Ausdehnung zu bestimmen. Für die Entfernungen ergeben sich Werte zwischen 100 und 1600 Lichtjahren, so daß auch diese Nebel fraglos zu unserem Milchstraßensystem gehören. Dafür spricht auch wieder die Tatsache, daß die 125 bekannten

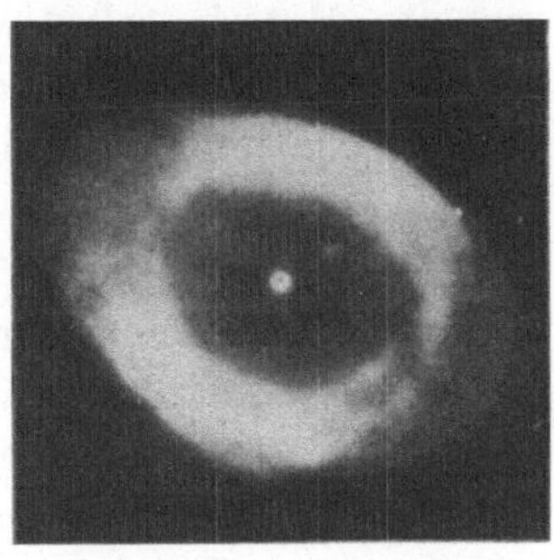

Abb. 5. Der Ringnebel in der Leier, N.G.C. 6720. (Nach einer Aufnahme der Lick-Sternwarte.)

planetarischen Nebel in ihrer räumlichen Verteilung eine deutliche Konzentration nach der Ebene der Milchstraße zeigen. Die Durch-

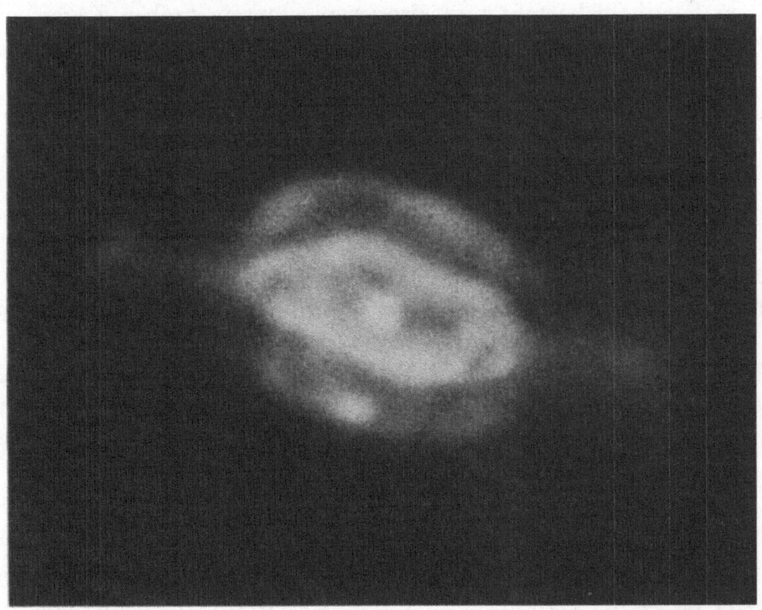

Abb. 6. Planetarischer Nebel, N.G.C. 7009. (Nach einer Aufnahme der Mt.-Wilson-Sternwarte.)

messer schwanken zwischen sehr kleinen Werten von etwa 0,01 Lichtjahren bis zu etwa 1 Lichtjahr bei den größten Objekten, die wir kennen. Bei den letzteren handelt es sich also immerhin noch um sehr ausgedehnte Gebilde, die aber immer noch klein sind gegenüber den gewaltigen diffusen Nebeln.

3. Die Lichtanregung in den Nebeln. Weshalb leuchten die Nebel? Es ist von vornherein unplausibel, anzunehmen, daß diese nebelartig verteilte Materie selbstleuchtend ist etwa infolge ihrer hohen Temperatur. Viel näherliegend ist es, anzunehmen, daß auch diese kosmischen Nebel ganz ähnlich wie die Wolken in unserer Erdatmosphäre nur deswegen leuchten, weil sie von einer anderen selbstleuchtenden Lichtquelle beleuchtet werden. Da wir nun gesehen haben, daß sich in den Nebeln oder zum mindesten in ihrer Nachbarschaft stets Sterne finden lassen, die zu den Nebeln gehören, liegt es nahe, diese Sterne als die Lichtquellen zu betrachten, durch deren Beleuchtung die Lichtemission der Nebel verursacht wird. Wie naheliegend diese Annahme ist, zeigen z. B. die in Abb. 7 dargestellten Plejadennebel. Man erkennt deutlich, daß jeder hellere Stern von einer Nebelhülle umgeben ist, die ganz das Aussehen hat, das wir nach den obigen Überlegungen erwarten.

Wir können diese Annahme in mehrfacher Weise prüfen. Die erste Überlegung, die dazu führt, ist folgende: Wenn die Nebelmasse aus kleinen Partikeln besteht und also, wenigstens in groben Zügen, einer Nebel- oder Staubwolke in unserer Erdatmosphäre ähnlich ist, so entsteht also das Nebelleuchten durch Zerstreuung des Sternlichtes an diesen Partikeln. Der Fall ist also ähnlich dem, wenn wir aus einiger Entfernung eine Laterne betrachten, die in eine Nebelwolke eingehüllt ist. Die Laterne erscheint dann umgeben von einem Lichthof, in dem die Helligkeit mit wachsendem Abstande von der Laterne abnimmt. Der scheinbare Durchmesser dieses Lichthofes ist bestimmt durch die Grenzhelligkeit, die wir mit dem Auge noch wahrnehmen können. Je heller die Laterne ist oder je näher wir an die Laterne herankommen, um so größer muß der Durchmesser des Lichthofes erscheinen. Es muß also auf die kosmischen Verhältnisse übertragen offensichtlich zwischen der scheinbaren Helligkeit i des lichtspendenden Sternes und dem scheinbaren Durchmesser a des Nebels eine Beziehung bestehen. Dieselbe lautet einfach

$$i = C \cdot a^2,$$

wobei C eine Konstante ist, die von den Eigenschaften des zur Beobachtung benutzten Fernrohres und bei photographischen Beobachtungen von der Länge der Expositionszeit abhängt. Drücken wir die scheinbare Helligkeit des Sternes gemäß $\log i = -0{,}4\,m$ in Größenklassen m aus, so wird

$$m + 5 \log a = \text{const},$$

d. h. es sollte eine lineare Beziehung bestehen zwischen der scheinbaren Größe m des Sternes und dem log des scheinbaren Nebeldurchmessers.

HUBBLE hat diese Beziehung an etwa 80 diffusen Nebeln geprüft. Für das von ihm benutzte Instrument und die Expositionsdauer von 60 Minuten berechnete er die Konstante zu 11,09. Abb. 8 zeigt, daß die Beobachtungen sich der berechneten Geraden sehr gut an-

Abb. 7. Die Plejadennebel. (Nach einer Aufnahme von BARNARD.)

schließen. Hieraus wird man schließen, daß die für das Nebelleuchten entwickelte Vorstellung richtig ist.

4. Die Spektren der Nebel. Wir würden aber in unseren Schlüssen zu weit gehen, wollten wir es nun schon als sichergestellt ansehen, daß alle Nebel, die der obigen Beziehung genügen, aus kleinen Partikeln, also vermutlich kosmischem Staube, bestehen. Um diese Frage zu prüfen, haben wir in der spektroskopischen Untersuchung des Nebellichtes noch ein weiteres, sehr wichtiges Prüfmittel. Wenn es sich bei dem Nebelleuchten tatsächlich um das an kleinen Partikeln gestreute oder reflektierte Sternlicht handelt, so muß das Spektrum des Nebellichtes mit dem des anregenden Sternes übereinstimmen, d. h. es muß sich ein kontinuierliches Spektrum mit den für den betreffenden Stern charakteristischen Absorptionslinien ergeben. Die spektroskopische Untersuchung ergibt nun, daß diese Erwartung in der Tat für eine Reihe von Nebeln, die der Hubbleschen Beziehung genügen, zutrifft. Ein typisches Beispiel dieser Art von Nebeln sind die Plejadennebel. Auf Grund dieses Befundes wird man die Annahme, daß diese Nebel aus kosmischem Staub bestehen, als weitgehend sichergestellt betrachten.

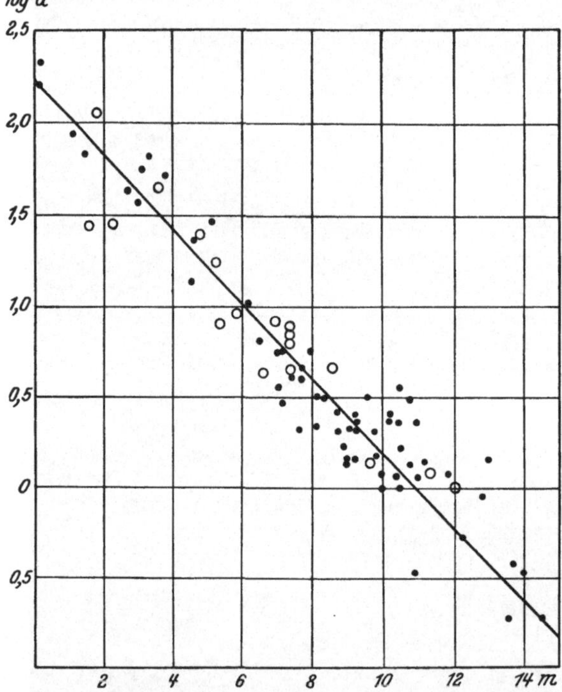

Abb. 8. Lineare Beziehung zwischen der scheinbaren Helligkeit m eines Sternes und dem log des scheinbaren Durchmessers a des ihn umgebenden Nebels. (Nach Hubble.)

Bei anderen diffusen Nebeln, z. B. dem Orionnebel, ergibt sich aber ein völlig andersartiges Resultat. Die spektrale Zerlegung ihres Lichtes ergibt entweder nur ein schwaches oder gar kein kontinuierliches Spektrum, dafür aber ein intensives Spektrum von charakteristischen Emissionslinien. Auch die planetarischen Nebel ergeben durchweg dies Linienspektrum. Aus dem Auftreten von Emissionslinien können wir nun sofort mit absoluter Sicherheit den Schluß ziehen, daß die Nebelmaterie, die dies Spektrum emittiert, sich im atomaren gasförmigen Zustande befindet. Diese Nebel sind also richtige Gasnebel.

Bei der genaueren Untersuchung, welche Nebel ein kontinuierliches und welche ein Linienspektrum emittieren, stoßen wir auf folgende gesetzmäßige Beziehung zwischen dem Spektrum des Nebels und dem des anregenden Sternes:

Art des Nebels	Spektraltyp des anregenden Sternes
Diffuser Nebel mit kontinuierlichem Spektrum . . .	$B\,1$ oder kühler
Diffuser Nebel mit Emissions-Spektrum	$B\,0$ bis $Oe\,5$
Planetarische Nebel	$Oe\,5$ bis Wolf-Rayet

Hieraus lesen wir folgendes ab: Wenn die Temperatur des anregenden Sternes gleich oder kleiner als die eines $B\,1$-Sternes von etwa $12\,000^0$ ist, so emittiert der Nebel ein kontinuierliches Spektrum und besteht also sehr wahrscheinlich aus kosmischem Staub, ist die Temperatur höher als die eines $B\,0$-Sternes, so tritt neben einem kontinuierlichen Spektrum das Linienspektrum auf, d. h. die Nebelmaterie hat sich wenigstens teilweise in den gasförmigen Zustand verwandelt. Mit wachsender Temperatur des anregenden Sternes verschiebt sich das Schwergewicht des Leuchtens mehr und mehr auf die Linienemission. Bei den planetarischen Nebeln schließlich, deren Zentralsterne dem heißesten Typus angehören, den wir überhaupt kennen, befindet sich die Nebelmaterie völlig im gasförmigen Zustande.

5. Das Linienspektrum der Gasnebel. Die spektroskopische Untersuchung des Nebellichtes gibt also Aufschluß über den Aggregatzustand der Nebelmaterie. Sie leistet aber noch mehr. Die genauere Analyse des Linienspektrums gestattet nicht nur Aussagen über die chemische Konstitution der Nebelgase, sondern führt auch im Zusammenhange mit den Ergebnissen der Atomtheorie zu außerordentlich interessanten Erkenntnissen über den Zustand der Atome und die Art und Weise, in der sie unter dem Einfluß der Strahlung des Zentralsternes zur Emission der Spektrallinien angeregt werden.

Wenn wir versuchen, die Linien des Nebelspektrums auf Grund der Wellenlängenübereinstimmung mit Linien bestimmter Elemente zu identifizieren, so stoßen wir teilweise auf alte Bekannte. Die Nebelspektren enthalten mit großer Intensität die Linien der Balmerserie des Wasserstoffs, und zwar oft bis zu sehr hohen Seriengliedern. Auch das kontinuierliche Spektrum, das sich an die Grenze der Balmerserie nach kurzen Wellenlängen anschließt, ist häufig mit merklicher Intensität vorhanden. Da dies Spektrum bei der Wiedervereinigung eines Wasserstoffions mit einem Elektron entsteht, können wir schließen, daß der Wasserstoff in den Nebeln sehr merklich ionisiert ist.

Weitere Linien lassen sich leicht mit den bekannten Linien des neutralen und ionisierten Heliums identifizieren. Einige schwächere Linien konnten als Linien der ionisierten Atome von C, N, und O erkannt werden, obwohl hier die Identifikation nicht so sicher ist wie bei H und He. Wir sehen also, daß sich die leichten Elemente bevorzugt in den Nebelspektren bemerkbar machen.

Mit der Zuordnung dieser Linien war aber die Deutung der Emissionsspektren keineswegs erledigt. Es blieben vielmehr eine ganze Reihe von sehr starken und besonders charakteristischen Linien ohne Identifikation. Abb. 9 zeigt die Spektren einiger Nebel. Die Linien von H und He sind als solche gekennzeichnet. Die stärksten und charakteristischsten nicht identifizierbaren Linien sind zwei benachbarte Linien im

grünen Spektralgebiet. Sie werden die Hauptnebellinien genannt und
mit den Buchstaben N_1 und N_2
bezeichnet. In Tabelle 1 sind
die Wellenlängen dieser und der
stärksten anderen, lange Zeit
nicht identifizierbaren Nebellinien angegeben:

Tabelle 1. Die Wellenlängen der
stärksten Nebellinien.

λ in ÅE	λ in ÅE	λ in ÅE
7325	5754,8	4363,2
6583,6	N_1 5006,84	3728,9
6548,1	N_2 4958,91	3726,1

Die Gesamtzahl dieser Linien ist etwa 30.

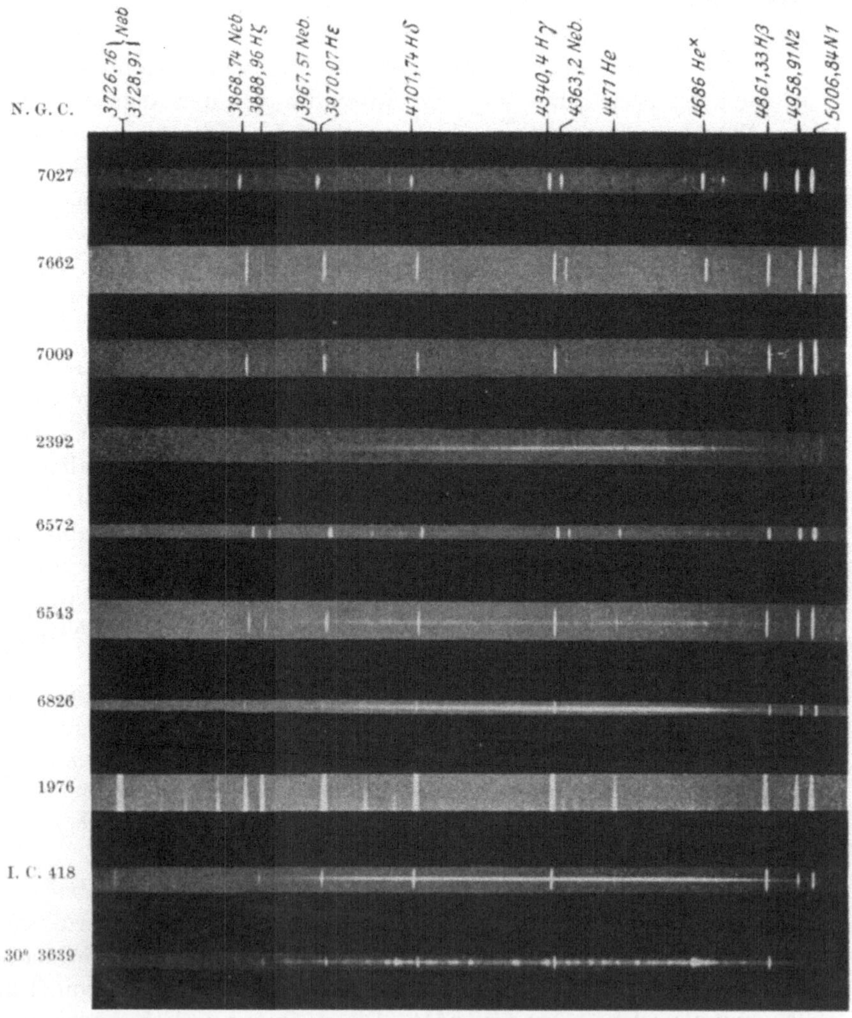

Abb. 9. Die Spektren einiger Nebel mit Linienemission. (Nach Aufnahmen der Lick-Sternwarte.)

Man muß sich darüber klar sein, daß die Unmöglichkeit, so charakteristische Linien wie die starken Nebellinien mit bekannten Linien der Elemente zu identifizieren, einen außergewöhnlichen Fall darstellt. Wir kennen in den Spektren kosmischer Lichtquellen Tausende von Spektrallinien, die sich ohne Schwierigkeit mit bekannten Linien identifizieren lassen. Wenn das nicht gelingt, so handelt es sich in den meisten Fällen um schwache Linien, von denen sich annehmen läßt, daß ihre Beobachtung in den Laboratoriumslichtquellen eben wegen ihrer geringen Intensität bisher nicht gelungen ist. Wenn aber starke und besonders charakteristische Linien sich mit keiner im Laboratorium erzeugbaren Spektrallinie identifizieren lassen, so muß etwas Besonderes vorliegen. Die nächstliegende Annahme war die, daß diese Linien von einem Element emittiert werden, das wir auf der Erde nicht kennen. Obwohl sich über ein solches hypothetisches Element zur Zeit der Entdeckung der Nebellinien keine Aussage machen ließ, hat man ihm doch einen Namen gegeben und es „Nebulium" genannt. Die nicht identifizierbaren Nebellinien wurden also damals und werden auch heute noch „Nebuliumlinien" genannt, obwohl das Rätsel, das über diesen Linien lag, inzwischen gelöst ist.

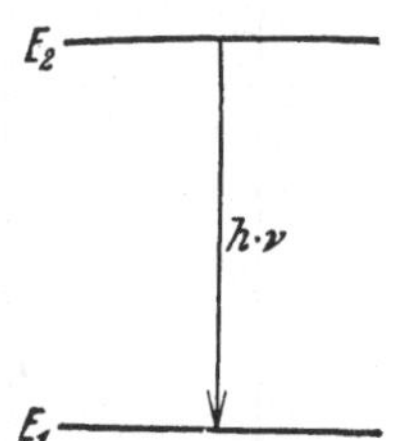

Abb. 10. Schematische Darstellung der Entstehung einer Spektrallinie der Frequenz ν als Übergang zwischen den Energieniveaus E_2 und E_1 des betreffenden Atomes.

Die Lösung des Nebuliumrätsels gelang im Jahre 1928 dem amerikanischen Physiker I. S. Bowen. Sie stellt eine der wichtigsten Entdeckungen der letzten Zeit dar, interessant auch besonders deshalb, weil hier zwei Forschungsgebiete: die Astrophysik und die Atomphysik, in wunderbarer Ergänzung ihrer Ergebnisse sich zur Lösung eines Problems vereinigten, das bisher allen Anstrengungen getrotzt hatte. Interessant ist es auch, festzustellen, wie für beide Forschungsgebiete aus der Lösung fruchtbare neue Erkenntnisse erwachsen sind.

6. Erlaubte und verbotene Spektrallinien. Um die Entdeckung von Bowen verstehen zu können, müssen wir zunächst einige Ergebnisse aus der Atomtheorie der Spektrallinien kurz rekapitulieren. Nach der Bohrschen Theorie entsteht jede Spektrallinie, wie es in Abb. 10 schematisch dargestellt ist, durch den Übergang zwischen zwei ausgezeichneten Energieniveaus des betreffenden Atoms gemäß der Bohrschen Frequenzbeziehung

$$h \cdot \nu = E_2 - E_1 .$$

Die Deutung der gesetzmäßigen Beziehung zwischen den verschiedenen Linien desselben Spektrums besteht darin, die Energieniveaus ausfindig zu machen, zwischen denen die mit Linienemission verbundenen Übergänge stattfinden. Abb. 11 zeigt für den einfachsten Fall des Wasserstoffatomes die Lage der Energieniveaus in der typischen stufen-

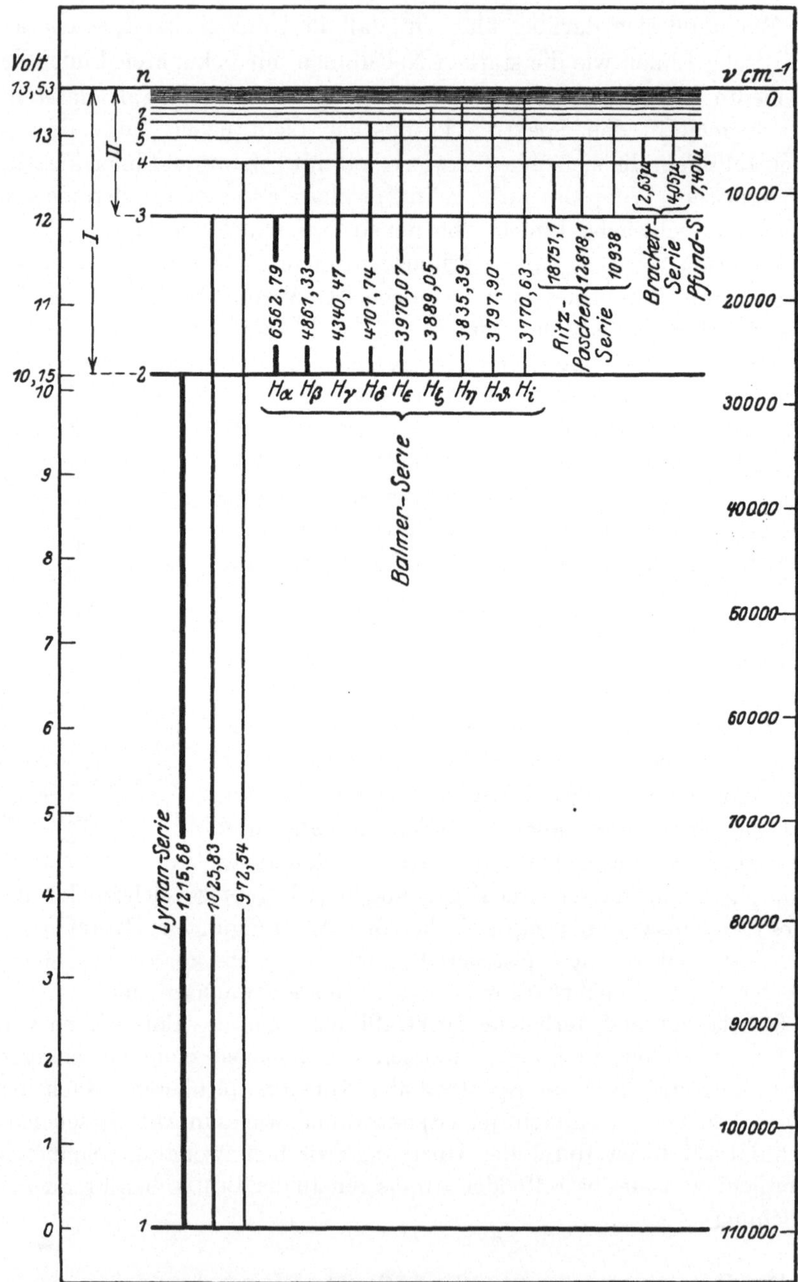

Abb. 11. Das Niveauschema des Wasserstoffatomes.

artigen Anordnung mit nach oben abnehmenden Abständen sowie die
den bekannten Linienserien entsprechenden Übergänge zwischen den
einzelnen Niveaus.

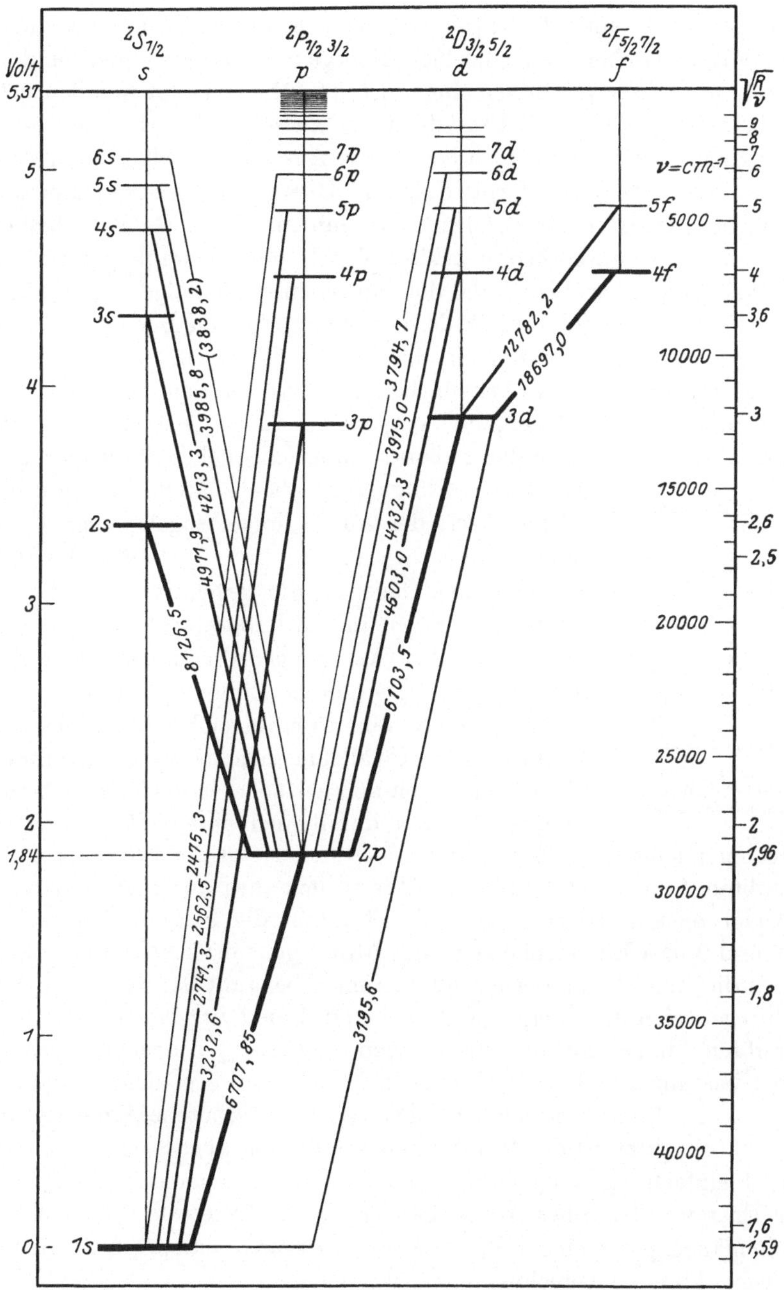

Abb. 12. Das Niveauschema des Lithiumatomes.

Bei komplizierteren Atomen ist die Zahl der Energieniveaus größer, sie lassen sich aber, wie Abb. 12 für das Li-Atom zeigt, stets in mehrere Stufenfolgen anordnen, die denen des Wasserstoffs in ihrem generellen

Verlauf ähnlich sind. Die Spektrallinien des Li-Spektrums, die durch Übergänge zwischen den einzelnen Energieniveaus entstehen, sind in Abb. 12 durch schräge Linien eingezeichnet. Man erkennt nun deutlich, daß keineswegs alle möglichen Übergänge zwischen den Energieniveaus vorkommen, sondern nur eine bestimmte Auswahl derselben, und zwar besteht diese Auswahl darin, daß nur Übergänge zwischen Energiestufen benachbarter Stufenfolgen vorkommen. Diese Gesetzmäßigkeit wird in der Quantentheorie erklärt durch die Auswahlregel für die sog. Nebenquantenzahlen l, die den einzelnen Stufenfolgen zuzuordnen sind. Für die vier in Abb. 12 dargestellten, mit den Buchstaben s, p, d, f bezeichneten Stufenfolgen hat l die Werte 0, 1, 2, 3. Die Auswahlregel lautet dann bekanntlich so: Zwischen den Energieniveaus kommen nur solche Übergänge vor, für die $\varDelta l = \pm 1$ ist. Fast alle Spektrallinien, die wir in den Laboratoriumslichtquellen unter normalen

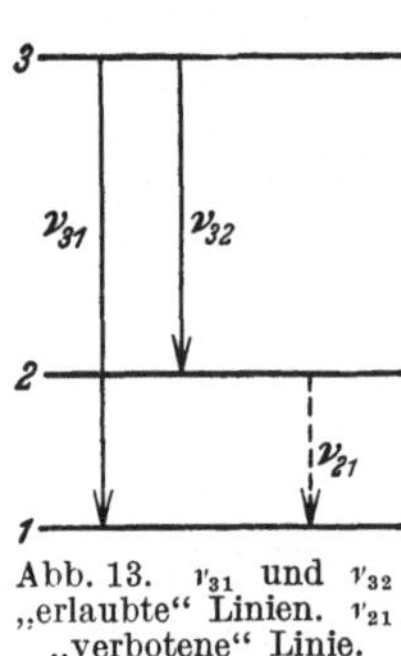

Abb. 13. ν_{31} und ν_{32} „erlaubte" Linien. ν_{21} „verbotene" Linie.

Anregungsbedingungen beobachten, entsprechen solchen nach der Auswahlregel zugelassenen Übergängen. Wir nennen sie kurz „erlaubte Linien". Solche Linien dagegen, die gegen die Auswahlregel verstoßen und die in den Laboratoriumslichtquellen unter normalen Anregungsbedingungen nicht auftreten, werden „verbotene Linien" genannt.

Wichtig ist nun, sich folgendes klarzumachen: Wenn wir auch im allgemeinen die verbotenen Linien nicht beobachten können, so ist es doch möglich, ihre Frequenzen und damit auch ihre Wellenlängen zu berechnen, sobald die Energiestufen des Atoms aus der Einordnung der erlaubten Linien bekannt sind. Wir wollen dies an einem einfachen Beispiel zeigen. Es seien in Abb. 13 durch die horizontalen Striche 1, 2 und 3 drei Energieniveaus eines Atoms gekennzeichnet, deren Lage durch die Einordnung der erlaubten Linien bekannt ist. Nach der Auswahlregel seien die Übergänge 3 → 1 und 3 → 2 zugelassen, so daß die erlaubten Linien mit den Frequenzen ν_{31} und ν_{32} beobachtet werden. Der Übergang 2 → 1 sei dagegen nach der Auswahlregel nicht zugelassen, so daß die Linie mit der Frequenz ν_{21} eine verbotene Linie ist und nicht beobachtet wird. Ihre Frequenz läßt sich aber leicht berechnen. Es ist einfach $\nu_{21} = \nu_{31} - \nu_{32}$. Wir sind also, sobald wir das System der Energiestufen eines Atoms kennen, in der Lage, die Frequenz und Wellenlänge jeder einem bestimmten Übergange entsprechenden, verbotenen Linie zu berechnen.

7. Die Identifikation der Nebuliumlinien. Die Identifikation der Nebuliumlinien durch Bowen gelang nun auf folgendem Wege: Bowen konnte zeigen, daß die Wellenlängen der in Tabelle 1 angegebenen, in den Nebeln beobachteten Linien genau übereinstimmen mit den be-

rechneten Wellenlängen verbotener Linien aus den Spektren des einfach
und zweifach ionisierten Sauerstoff- und des einfach ionisierten Stick-
stoffatoms. Das Resultat ist also dieses, daß sich das hypothetische
Element Nebulium im wahrsten Sinne des Wortes zu Luft verflüchtigt,
wobei allerdings dieses Gemisch von Sauerstoff und Stickstoff in den
Nebeln nicht aus Molekülen besteht wie die Luft unserer Erdatmosphäre,
sondern aus den atomaren Ionen dieser beiden Elemente.

Ohne uns in spektroskopische Einzelheiten zu verlieren, wollen wir
doch etwas ge-
nauere Angaben
über die Identifika-
tion der einzelnen
Linien machen.
Voraussetzung für
die Möglichkeit der
BOWENschen Iden-
tifikation war der
Umstand, daß kurz
vorher durch die
Arbeiten von Bo-
WEN und MILLIKAN,
A. FOWLER und an-
deren die Analyse
der Spektren der
Ionen O^+, O^{++} und
N^+ gelungen war.
Diese Spektren sind
recht kompliziert.
Lediglich um von
dieser Kompliziert-
heit eine Vorstellung

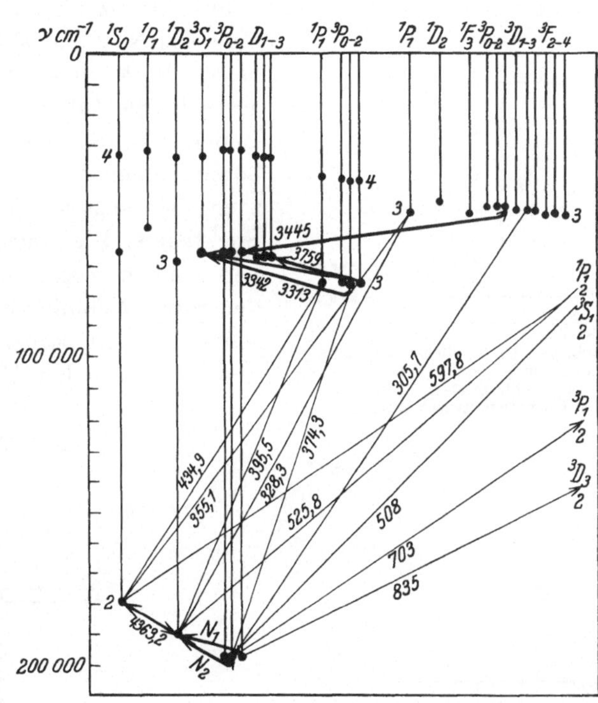

Abb. 14. Energieniveaus des O⁺⁺-Ions.

zu geben, zeigen wir in Abb. 14 die durch schwarze Punkte ihrer Lage
nach angedeuteten Energiestufen des O^{++}-Ions. Besonders charakteristisch für das Spektrum des O^{++}-Ions wie auch für die Spektren der
Ionen O^+ und N^+ ist die Tatsache, daß es einige Energiestufen gibt,
die dicht über der tiefsten, dem sog. Grundzustande des Ions entsprechenden Energiestufe liegen, während die große Mehrzahl der
Energiestufen wesentlich höher liegt. Den Übergängen zwischen den
hohen und den tiefen Energiestufen entsprechen extrem ultraviolette
Linien, die nur mit den modernen Hilfsmitteln der Vakuumspektro-
skopie beobachtbar sind. In Abb. 15 sind lediglich diese tief liegenden
Energiestufen des O^{++}-Ions noch einmal in größerem Maßstabe auf-
gezeichnet. Wesentlich ist nun dies: Sämtliche Übergänge zwischen

den fünf in Abb. 15 gezeichneten Energiestufen sind nach der Auswahlregel für l nicht zugelassen. Die Wellenlängen der in Abb. 15 eingezeichneten verbotenen Linien lassen sich aber aus der bekannten Lage der Energiestufen berechnen und stimmen genau überein mit den Wellenlängen der Nebuliumlinien N_1, N_2 und λ 4363. Damit sind also diese drei Linien als verbotene Linien des O^{++}-Spektrums erkannt. Ganz analog liegen die Verhältnisse bei N^+. Die tiefsten Energiestufen dieses Spektrums sind in Abb. 16 dargestellt. Sie führen zur Einordnung der Linien λ 6583, 6548 und 5754 als verbotene Linien des N^+-Spektrums. Abb. 17 zeigt die tiefsten Energiestufen des O^+-Spektrums. Die eingezeichneten verbotenen Linien ergeben die Identifikation der roten Nebuliumlinie λ 7325 und der sehr charakteristischen Doppellinien λ 3726 und 3729 im nahen Ultraviolett.

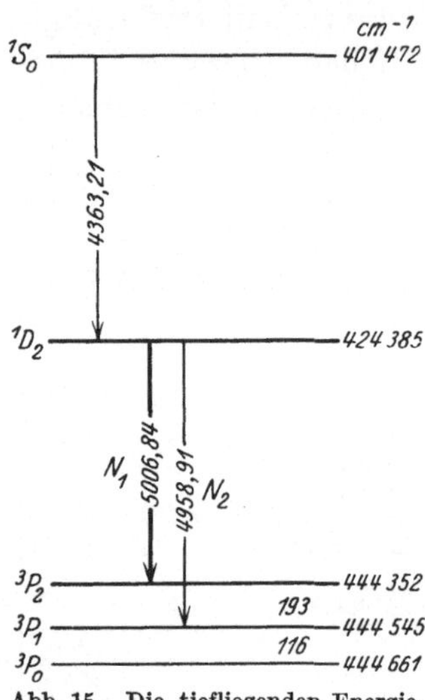

Abb. 15. Die tiefliegenden Energiestufen des O^{++}-Ions und die als Nebellinien beobachteten „verbotenen" Übergänge zwischen ihnen.

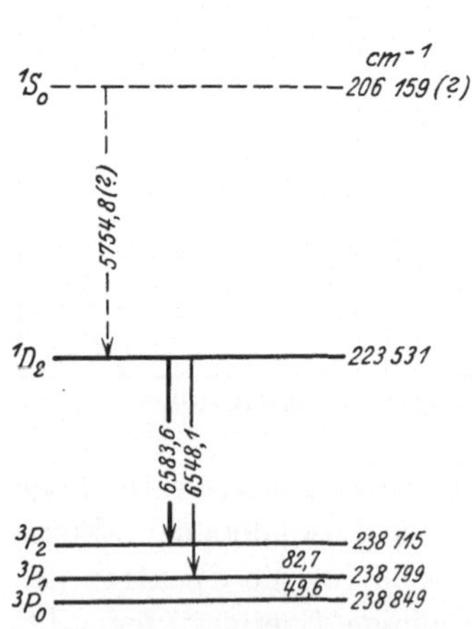

Abb. 16. Die tiefliegenden Energiestufen des N^+-Ions mit „verbotenen" Nebellinien[1].

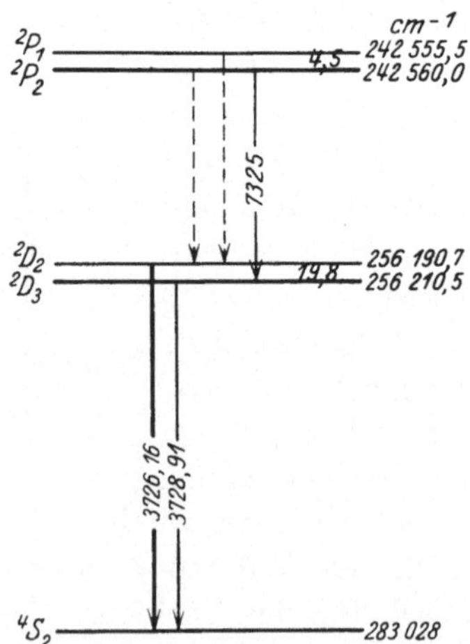

Abb. 17. Die tiefliegenden Energiestufen des O^+-Ions mit „verbotenen" Nebellinien.

Dies war der Stand der Ergebnisse kurz nach der ersten Veröffentlichung von Bowen im Jahre 1928 und damit waren bereits die stärksten und charakteristischsten Linien des Nebuliumspektrums erklärt.

---

[1] Die Einordnung der in Abb. 16 noch mit (?) versehenen Linie λ 5754 ist inzwischen sichergestellt.

In der Zwischenzeit ist es gelungen, auch einige schwächere Linien zu identifizieren. Auch sie stellen sich durchweg als verbotene Linien heraus. Als Träger dieser Linien ergaben sich das neutrale O-Atom, das S^+- und S^{++}-Ion, das Na^{+++}-Ion und überraschenderweise das Ne^{++}-Ion, dem die starken Linien λ 3967,5 und λ 3868,7 zugeordnet werden. Damit sind heute alle stärkeren und die Mehrzahl der schwächeren Nebuliumlinien gedeutet. Außerdem sieht man, daß die Zusammensetzung der Nebel keineswegs auf die ganz leichten Elemente beschränkt ist.

8. Die Erklärung für das Auftreten der verbotenen Linien. Auf die Frage, weshalb in den Nebeln bevorzugt diese verbotenen Linien emittiert werden, hat BOWEN bereits in seiner ersten Publikation eine klare und außerordentlich interessante Antwort gegeben. Um dieselbe zu verstehen, müssen wir die durch die BOHRsche Atomtheorie entwickelten Vorstellungen über den Emissionsprozeß einer Spektrallinie noch etwas ergänzen. Zu diesem Zwecke betrachten wir noch einmal die drei Energiestufen der Abb. 18. Wir wollen annehmen, daß das Energieniveau 1 dem Grundzustande, d. h. dem Zustande kleinstmöglicher Energie des betreffenden Atoms oder Ions entspricht. Diesen stabilen Zustand nimmt das Atom ein, sobald es sich unbeeinflußt durch äußere Kräfte im Raume befindet. Das Atom werde nun durch den Stoß eines Elektrons oder Absorption eines Lichtquants der Frequenz ν_{31} in den Zustand 3

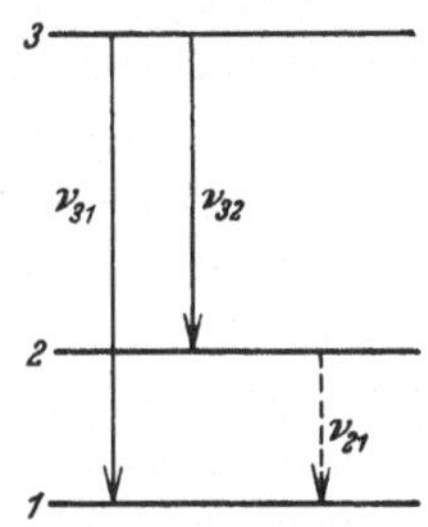

Abb. 18.
1 = Grundzustand,
2 = metastabiler Zustand,
3 = instabiler Zustand.

überführt. Dieser ist als angeregter Zustand instabil, d. h. es besteht eine gewisse Wahrscheinlichkeit dafür, daß das Atom nach kurzer Lebensdauer unter Emission einer der beiden erlaubten Linien ν_{32} oder ν_{31} in den Zustand 2 oder 1 spontan übergeht. Die mittlere Lebensdauer eines angeregten Zustandes ist von der Größenordnung 10^{-8} sec. Wir wollen annehmen, das angeregte Atom gehe unter Emission von ν_{32} in den Zustand 2 über. Wie ist es nun mit diesem? Es ist zwar auch ein angeregter Zustand, da das Atom ja noch überschüssige Energie besitzt. Von ihm aus ist aber kein nach der Auswahlregel erlaubter Übergang nach dem Grundzustande möglich, denn die Linie ν_{21} soll ja eine verbotene Linie sein. Das Atom wird also sicher längere Zeit in diesem Zustande verweilen, und man nennt daher nach J. FRANCK einen solchen Zustand „metastabil". Die entscheidende Frage ist nun die: Wird ein im Zustande 2 befindliches Atom, falls es frei von allen äußeren Störungen bleibt, diesen Zustand beliebig lange beibehalten oder nicht? BOWEN gibt hierauf im Anschluß an die von der BOHRschen Atomtheorie entwickelten Vorstellungen die Antwort: Nein! Auch ein metastabiles Atom hat nur eine endliche mittlere Lebensdauer. Dieselbe ist zwar groß gegenüber der mittleren Lebensdauer eines gewöhnlichen angeregten Zustandes, es besteht aber immer noch eine zwar kleine, aber doch endliche Wahrscheinlichkeit dafür, daß das metastabile Atom unter Emission der verbotenen Linie ν_{21} in den Grundzustand übergeht.

Wir sehen also: Zwischen einem gewöhnlichen instabilen und einem metastabilen Zustande besteht kein prinzipieller, sondern nur ein gradueller Unterschied. Er ist durchaus analog dem Unterschiede zwischen einem kurzlebigen und einem langlebigen radioaktiven Element. Während, wie schon gesagt, die mittlere Lebensdauer eines instabilen Zustandes von der Größenordnung 10^{-8} sec ist, kommen wir auf Grund bestimmter Experimente für die metastabilen Zustände auf Werte von der Größenordnung 1 sec.

Die Erklärung für das Auftreten der verbotenen Linien in den Nebeln und ihr Fehlen in den irdischen Lichtquellen liegt nun auf der Hand: Da die Anfangszustände sämtlicher Nebellinien metastabil sind, kann es zu einer intensiven Emission dieser verbotenen Linien nur dann kommen, wenn die metastabilen Atome bzw. Ionen für Zeiten von der Größenordnung ihrer mittleren Lebensdauer, also von etwa 1 sec, ungestört bleiben. In einer irdischen Lichtquelle ist das niemals zu erreichen, denn die metastabilen Atome erleiden stets selbst bei den kleinsten Drucken, die wir mit unseren besten Vakuumpumpen erreichen können, vor Ablauf dieser Zeit Zusammenstöße entweder mit anderen Atomen oder mit den Wandungen des verwendeten Gefäßes, die zu ihrer Vernichtung führen. In den Nebeln aber sind, so behaupten wir, die Dichten so gering und die Zeiten zwischen zwei Zusammenstößen so groß, daß die metastabilen Atome tatsächlich für Zeiten von der Größenordnung ihrer mittleren Lebensdauer ungestört bleiben und damit die Möglichkeit haben, unter Emission einer der verbotenen Nebellinien in einen Zustand kleinerer Energie überzugehen.

9. Die Dichte der Gasnebel. Um die Richtigkeit dieser Behauptung zu beweisen, müssen wir zeigen, daß die Dichten in den Nebeln tatsächlich so gering sind, wie es die obigen Bedingungen verlangen. Man kann die Dichten der Nebel abschätzen. Auf Grund theoretischer Überlegungen kam Eddington für die diffusen Nebel zu einer Dichte $\varrho = 10^{-20}$ g/cm³. Für die planetarischen Nebel lassen sich auf Grund einer Schätzung ihrer Masse Angaben über ihre Dichte machen. Aus verschiedenen Gründen ist es berechtigt anzunehmen, daß die Masse eines planetarischen Nebels nicht größer ist als die Masse eines Fixsterns. Setzen wir also die Masse eines planetarischen Nebels zu 10 Sonnenmassen $= 2 \cdot 10^{34}$ g an, so werden wir eher zu hoch als zu niedrig greifen. Betrachten wir speziell den Ringnebel in der Leier, so ergibt sich aus Parallaxe und scheinbarer Ausdehnung ein Volumen des Nebels von $V = 6 \cdot 10^{53}\,\mathrm{cm}^3$. Also ist die mittlere Dichte $\varrho = 3 \cdot 10^{-20}\,\mathrm{g/cm}^3$. Wir kommen demnach auch hier auf dieselbe Größenordnung von 10^{-20} g/cm³ und wollen mit dieser Zahl weiterrechnen. Setzen wir das mittlere Atomgewicht der Nebelmaterie $A = 4$, so ergibt sich für die Zahl der Atome je cm³ $N = 1{,}5 \cdot 10^3$. Daß diese Zahl sehr klein ist, zeigt noch deutlicher die Berechnung, daß dieser Atomzahl bei Zimmertemperatur ein Druck von $5 \cdot 10^{-14}$ mm Hg entspricht, also ein Druck, der etwa 100000 mal kleiner ist als das beste Vakuum, das wir mit den modernen Pumpen erreichen können.

Nehmen wir für den Atomdurchmesser den Wert $\sigma = 10^{-8}$ cm an, so ergibt sich für die freie Weglänge in den Nebeln

$$L = 2 \cdot 10^7\,\mathrm{km} = {}^1/_7\ \mathrm{Erdbahnradius.}$$

Sie nimmt also bereits kosmische Dimensionen an. Um hieraus die Zeit zwischen zwei Zusammenstößen berechnen zu können, müssen wir eine Annahme über die Temperatur der Nebelmaterie machen. Wir greifen sicher zu hoch, d. h. wir rechnen ungünstig, wenn wir $T = 10000^0$ ansetzen. Die mittlere Atomgeschwindigkeit ist dann $v = 8$ km/sec und die Zeit zwischen zwei Zusammenstößen

$$T = 2{,}5 \cdot 10^6\,\mathrm{sec} = 29\ \mathrm{Tage.}$$

Wir sehen also: die Spanne zwischen 29 Tagen und 1 sec ist so groß, daß die BOWENsche Annahme sicher zu Recht besteht. Daran ändert sich auch nichts, wenn wir berücksichtigen, daß die metastabilen Atome oder Ionen nicht nur beim Zusammenstoß mit einem atomaren Gebilde, sondern auch beim Zusammenstoß mit einem Elektron vernichtet werden können, obwohl dann die Zeiten zwischen zwei Zusammenstößen wesentlich kleiner werden. Zusammenfassend können wir also feststellen: Die Nebuliumlinien, die als verbotene, von metastabilen Zuständen ausgehende Linien bestimmter Atome und Ionen erkannt sind, können deshalb in den Nebeln mit großer Intensität erscheinen, weil in diesen die Dichten so gering und die Zeiten zwischen zwei Zusammenstößen so groß sind, daß die überwiegende Mehrzahl der metastabilen Atome oder Ionen das Ende ihrer Lebensdauer ungestört erreicht und mit einem Emissionsprozeß endet. Ergänzend möchten wir nicht unerwähnt lassen, daß es neuerdings gelungen ist, einige der verbotenen Nebellinien, und zwar die Hauptnebellinien, zwei rote Linien des neutralen Sauerstoffatoms, wie auch insbesondere die grüne Nordlichtlinie, die zu derselben Kategorie verbotener Linien gehört, in Laboratoriumslichtquellen in Emission zu erzeugen. Das scheint zunächst den eben aufgestellten Prinzipien zu widersprechen. Der Widerspruch löst sich jedoch, wenn man erstens bedenkt, daß manche metastabilen Atome viele Zusammenstöße mit anderen Atomen, insbesondere z. B. Edelgasatomen, überstehen können, ohne vernichtet zu werden, wenn man weiterhin bedenkt, daß auch während der gegenüber der mittleren Lebensdauer der metastabilen Atome kleinen Zeit zwischen zwei Zusammenstößen ein bestimmter Bruchteil der vorhandenen metastabilen Atome bereits zur Emission kommt. Ist die Gesamtzahl der vorhandenen metastabilen Atome sehr groß — und gerade das läßt sich in irdischen Lichtquellen durch geeignete Entladungsbedingungen erreichen —, so kann dieser kleine Bruchteil genügen, um eine beobachtbare Intensität der verbotenen Linie zu erzeugen.

10. Die Anregung und Helligkeitsverteilung der Nebellinien. Wodurch werden in den Nebeln die Atome und Ionen zur Emission sowohl der erlaubten wie der verbotenen Linien angeregt? Wie wir schon eingangs gesehen haben, kann als Energiequelle für die Lichtanregung nur die Strahlung der in die diffusen Nebel eingebetteten Sterne bzw. der Zentralsterne der planetarischen Nebel verantwortlich gemacht werden. Bei den Gasnebeln mit Linienspektrum kann aber natürlich das Nebelleuchten nicht durch Zerstreuung des Sternlichtes entstehen, sondern es müssen andere Prozesse wirksam sein.

Zanstra hat zuerst für die Wasserstofflinien eine Theorie der Linienemission entwickelt, die dann von Bowen auf die Anregung der Nebuliumlinien ausgedehnt und wiederum von Zanstra vertieft und verbessert worden ist. Wir können diese Theorie hier nur in großen Zügen skizzieren. Aus dem schon eingangs erwähnten Auftreten des an die Grenze der Balmerserie anschließenden kontinuierlichen Spektrums müssen wir schließen, daß eine große Zahl der Wasserstoffatome ionisiert ist, und daß die Emission der Balmerlinien anschließend an einen Wiedervereinigungsprozeß zwischen Proton und Elektron erfolgt. Es müssen also die Wasserstoffatome durch die Strahlung der anregenden Sterne primär ionisiert werden. Wie wir aus der Atomtheorie wissen, kann eine solche Photoionisation nur durch solche Strahlung erfolgen, deren Wellenlänge kürzer ist als die der Grenze der eigentlichen Absorptionsserie des betreffenden Atoms. Die Frequenz ν_G dieser Grenze hängt mit der Ionisierungsspannung V zusammen gemäß der Beziehung

$$h \cdot \nu_G = e \cdot V .$$

Nur durch Absorptionsfrequenzen $\nu > \nu_G$ können also die Atome ionisiert werden. Für Wasserstoff ist die ν_G entsprechende Wellenlänge die Grenze der sog. Lymanserie (s. Abb. 11) und liegt im extrem kurzwelligen Ultraviolett bei 912 ÅE. Nur der Teil der Sternstrahlung, der kurzwelliger ist als 912 ÅE, wird also von den Wasserstoffatomen absorbiert und zur Anregung der Linienemission des Wasserstoffs ausgenutzt. Zanstra konnte nun zeigen, daß die beobachtete Helligkeit der Balmerlinien tatsächlich durch diese Annahme erklärt werden kann.

Wesentlich ist dabei, daß die Sterne, die als lichtanregende in Frage kommen, zu den heißesten gehören, die wir kennen, umgekehrt verstehen wir auf Grund dieser Annahme, weshalb eine Linienemission nur dann zustande kommt, wenn die Temperatur der anregenden Sterne genügend hoch ist (siehe Tabelle auf S. 222), denn nur diese Sterne haben eine Intensitätsverteilung, die im extremen Ultraviolett genügend große Energien aufweist.

Für die Erklärung des Auftretens der Nebuliumlinien, die von einfach und zweifach geladenen Ionen emittiert werden, müssen wir die ZANSTRASche Annahme nach BOWEN dahin erweitern, daß die mehrfach geladenen Ionen durch sukzessive Photoionisation entstehen. D. h.: ein neutrales Atom absorbiert zunächst aus der Sternstrahlung ein Lichtquant geeigneter Frequenz, durch das das äußerste, am lockersten gebundene Elektron abgetrennt wird. Das entstandene einfach geladene Ion absorbiert seinerseits ein noch kurzwelligeres Lichtquant, durch das ein weiteres Elektron abgetrennt wird, so daß also ein zweifach geladenes Ion entsteht. Das geht so weiter bis zu einer Grenze des Ladungszustandes, der dadurch gegeben ist, daß die zur weiteren Ionisation erforderliche extrem kurzwellige Strahlung in der anregenden Sternstrahlung wegen des Intensitätsabfalls nach kurzen Wellen nicht mehr in genügender Intensität vorhanden ist. Die gebildeten Ionen erleiden nun Wiedervereinigungsprozesse mit freien Elektronen, und im Gefolge der Wiedervereinigung kommt es zur Emission der erlaubten und verbotenen Linien des betreffenden Spektrums. Dabei bildet sich ein Gleichgewichtszustand zwischen der Bildung und Wiedervereinigung von Ionen, bei dem ein bestimmter Bruchteil der Atome einfach, zweifach, dreifach usw. ionisiert ist.

Diese Vorstellung hat eine Konsequenz, die sich insbesondere an den planetarischen Nebeln prüfen läßt. Der maximale Ladungszustand einer bestimmten Atomsorte, z. B. des Sauerstoffs, ist, wie oben gezeigt wurde, bestimmt durch die Energieverteilung des Zentralsternspektrums, d. h. also die Temperatur des Zentralsternes. Der maximale Ladungszustand der Sauerstoffatome in einem bestimmten Nebel sei z. B. das vierfach geladene O^{++++}-Ion. Der extrem kurzwellige Teil des Zentralsternspektrums, durch dessen Absorption aus den dreifach geladenen O^{+++}-Ionen die vierfach geladenen O^{++++}-Ionen entstehen, wird also beim Durchgang der Sternstrahlung durch die innersten Teile des Nebels geschwächt. In einem bestimmten Abstande vom Zentralstern wird dieser Teil der Sternstrahlung praktisch verbraucht sein. Infolgedessen werden keine O^{++++}-Ionen mehr entstehen können, und die O^{+++}-Ionen sind die mit größtem Ladungszustande. In noch größerer Entfernung vom Zentralstern wird auch die weniger kurzwellige Strahlung, die aus den O^{++}-Ionen die O^{+++}-Ionen erzeugt, verbraucht sein, so daß von nun ab nur noch O^{++}-Ionen vorhanden sind. Wir kommen also zu der Vorstellung, daß die planetarischen Nebel, wie es in Abb. 19 schematisch dargestellt ist, in Zonen eingeteilt werden können in der Weise, daß der maximale Ionisationszustand von innen nach außen abnimmt. Entsprechend der Verteilung der Ionen müssen auch die Linien, die bei der Wiedervereinigung der Ionen emittiert werden, bevorzugt in den betreffenden Zonen auftreten.

Daß das tatsächlich der Fall ist, zeigen Aufnahmen der Nebel mit spaltlosen Spektrographen. Dann entstehen, wie Abb. 20 zeigt, auf der Platte monochromatische Bilder des betreffenden Nebels in den Wellenlängen der Nebellinien. Wie aus Abb. 20 deutlich zu erkennen ist, sind diese Bilder für die verschiedenen Linien verschieden, z. B. ist das der He^+-Linie 4686 entsprechende Bild kleiner als das den Hauptnebellinien $N_1 N_2$ entsprechende Bild, und dies ist wieder kleiner als das der Linie 3727 entsprechende Bild, das direkt ringförmigen Charakter hat. Diese Reihenfolge entspricht völlig dem, was wir nach den Vorstellungen der Zanstra-Bowenschen Theorie erwarten. Auch die genauere quantitative Untersuchung bestätigt dieselbe weitgehend.

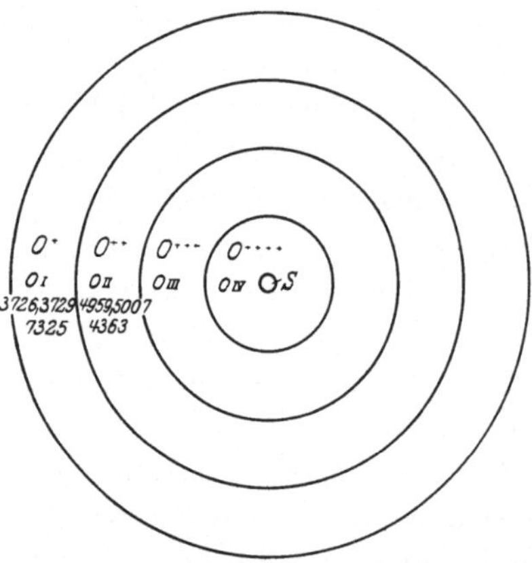

Abb. 19. Zoneneinteilung eines schematischen kugelförmigen planetarischen Nebels je nach dem Auftreten der Linien verschiedener Ionisationsstufen.

11. Die Temperatur und Klassifikation der Zentralsterne. Aus den vorangegangenen Darlegungen geht schon hervor, daß das Intensitätsverhältnis der Linien des Nebelspektrums wesentlich von der Temperatur des Zentralsternes abhängen muß. Je höher die Temperatur ist, um so mehr werden die Linien der hoch geladenen Ionen hervortreten und umgekehrt. Die Untersuchung der Linienintensitäten bildet demnach auch eine Methode, die Temperaturen der Zentralsterne zu bestimmen. Derartige Untersuchungen sind von Zanstra und Berman durchgeführt worden. Schon aus den Spektren der Zentralsterne konnte man schließen, daß ihre Temperaturen sehr hoch seien, jedoch war auf diesem Wege eine genaue Temperaturbestimmung nicht möglich. Aus den genannten Untersuchungen ergeben sich nun Temperaturen, die für die kühlsten Zentralsterne bei 30 000° liegen, für die heißesten aber den Wert von 100 000° übersteigen. Die höchste so bestimmte Temperatur ist 140 000°. Es handelt sich bei den Zentralsternen der planetarischen Nebel also um außergewöhnlich heiße und, wie wir sogleich sehen werden, auch in anderer Hinsicht ungewöhnliche Sterne.

Auf Grund der Struktur ihrer Spektren, die ein nach kurzen Wellen zunehmendes kontinuierliches Spektrum mit überlagerten hellen, zu Banden verbreiterten Linien zeigen, dokumentieren sich die Zentralsterne der planetarischen Nebel als Sterne vom O- oder WOLF-RAYET-Typ. Man sollte also erwarten, daß die Zentralsterne auch in ihren übrigen Eigenschaften mit den WOLF-RAYET-Sternen übereinstimmen. Diese sind, wie wir wissen, Sterne von großer Masse und großer absoluter Helligkeit, die im Mittel etwa $M = -4^{\mathrm{m}},0$ ist. Die WOLF-RAYET-Sterne werden dementsprechend im RUSSELL-Diagramm (s. Abb. 7, S. 273) über die O-Sterne an die Spitze des Hauptastes gesetzt. Analoges sollte man also auch für die Zentralsterne der planetarischen Nebel erwarten. Überraschenderweise ergibt sich nun aber, daß die absolute Helligkeit der Zentralsterne wesentlich kleiner, und zwar etwa $+5^{\mathrm{m}},0$, ist. Die Zentralsterne rücken damit im RUSSELL-Diagramm in eine ganz andere Gegend und kommen in die Nähe der Stelle, an der

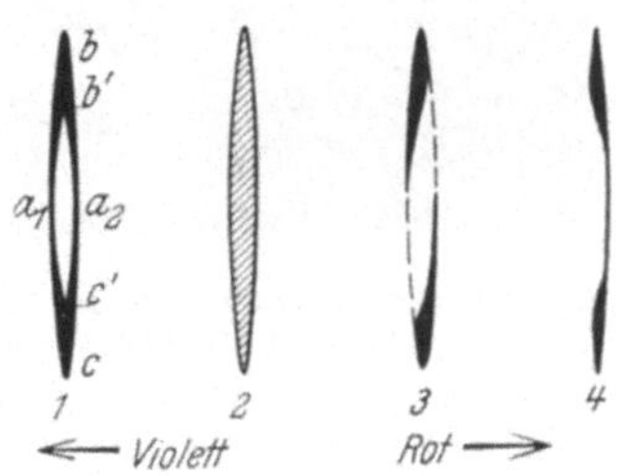

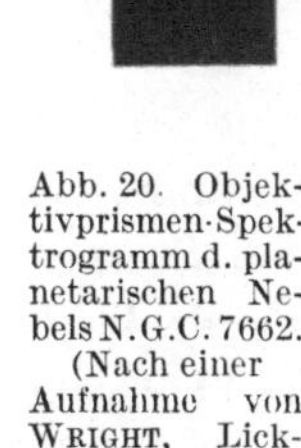

Abb. 20. Objektivprismen-Spektrogramm d. planetarischen Nebels N.G.C. 7662. (Nach einer Aufnahme von WRIGHT, Lick-Sternwarte.)

Abb. 21. Schematische Darstellung der Struktur der Spektrallinien in planetarischen Nebeln. (Nach ZANSTRA.)

die sog. weißen Zwerge (s. S. 68) eingeordnet werden, jene wenigen eigenartigen Sterne hoher Temperatur, aber geringer Ausdehnung und enorm hoher Dichte. Es ist zwar noch nicht völlig sicher, aber doch sehr wahrscheinlich, daß auch die Zentralsterne der planetarischen Nebel solche weiße Zwerge sind.

12. Die Expansion der planetarischen Nebel. Wie insbesondere CAMPBELL und MOORE gefunden haben, zeigen die Linien der planetarischen Nebel eigenartige Verdoppelungen bzw. Aufspaltungen, wie sie in Abb. 21 schematisch dargestellt sind. Zur Erklärung dieses Phänomens sind verschiedene Hypothesen diskutiert worden, jedoch scheint die von ZANSTRA neuerdings gegebene Deutung das Richtige zu treffen. ZANSTRA zeigt, daß man diese Aufspaltungen in allen ihren Einzelheiten zwanglos erklären kann durch die Annahme, daß dieselben durch Dopplereffekte infolge einer Expansion der Nebel entstehen. Aus der Größe der Aufspaltungen lassen sich die Expansionsgeschwindigkeiten berechnen. ZANSTRA erhielt Geschwindigkeiten, die bei der Mehr-

zahl der Nebel von der Größenordnung 10—20 km/sec sind. Das
sind so kleine Geschwindigkeiten, daß merkbare Änderungen der
Größe der Nebel in den der
Beobachtung zur Verfügung
stehenden Zeitepochen nicht
zu erwarten sind. Eine Ausnahme macht jedoch der in
Abb. 22 dargestellte sog.
Krebsnebel, dessen Expan-
sionsgeschwindigkeit   nach
Zanstra 1200 km/sec be-
trägt. An diesem Nebel sind
auch tatsächlich Änderungen
seiner Gestalt festgestellt
worden. Wir werden auf
dies Resultat in anderem Zusammenhange noch einmal
zurückkommen.

Abb. 22. Der Krebsnebel, N.G.C. 1952. (Nach einer
Aufnahme der Lick-Sternwarte.)

b) Die neuen Sterne.

1. Das Erscheinen eines neuen Sternes. Wir wenden uns nun der
Besprechung eines kosmischen Phänomens zu, das, wie es zunächst
scheinen möchte, mit den bisher behandelten Nebeln wenig zu tun
hat. Das Phänomen ist folgendes: Am Himmel steht bei eintretender
Dunkelheit ein heller, mit dem bloßen Auge erkennbarer Stern an einer
Stelle, an der in der vorhergehenden Nacht kein Stern zu erkennen
war. Mitunter kann die Helligkeit dieses Sternes die der hellsten Fixsterne erreichen oder gar übersteigen. Der Eindruck ist also der, als
sei am Himmel plötzlich ein neuer Stern entstanden, und diese Sterne
werden daher „neue Sterne“ oder Novae genannt. Die im Laufe der
Zeit beobachteten neuen Sterne werden nach dem Sternbild, in dem
sie auftreten, und dem Jahr ihres Erscheinens benannt, also z. B. Nova
Persei 1901, Nova Geminorum 1912, Nova Pictoris 1925. Durchschnitt-
lich tritt das Erscheinen eines Nova etwa einmal pro Jahr ein.

2. Die Lichtkurven. Die Bezeichnung dieser Sterne als „neue Sterne“
ist natürlich falsch und irreführend, denn in Wirklichkeit handelt es
sich selbstverständlich nicht um die Entstehung eines neuen Sternes,
sondern es ist so, daß ein schon vorhandener, bisher aber ganz lichtschwacher und nur teleskopisch feststellbarer Stern etwa 11. Größe
in kurzer Zeit, etwa im Laufe eines Tages, zu einem Stern, z. B. 1. Größe,
anwächst. Dem entspricht also eine Helligkeitssteigerung um das
10000fache. Der Anstieg erfolgt meist so schnell, daß er nur in den
seltensten Fällen messend verfolgt worden ist. Sofort nach der Ent-

deckung setzt dann natürlich eine intensive Beobachtungstätigkeit zahlreicher Sternwarten ein, so daß wir über den weiteren Ablauf des Phänomens viel besser orientiert sind.

Wie die in Abb. 23 dargestellten Lichtkurven dreier typischer Novae zeigen, folgt auf das sehr schnell erreichte Maximum der Helligkeit etwa in den ersten 20 Tagen ein nicht ganz so steiler Abfall, dann wird der Abfall langsamer, wobei sich meist nahezu periodische Helligkeitsschwankungen einstellen. Nach etwa 100—150 Tagen kommt der Stern in das Stadium, in dem die Helligkeit langsam mit unregelmäßigen Schwankungen mehr und mehr absinkt. Dies Stadium kann sich über Jahre hinziehen, wobei der Stern allmählich wieder ungefähr die Helligkeit annimmt, die er vorher besessen hatte.

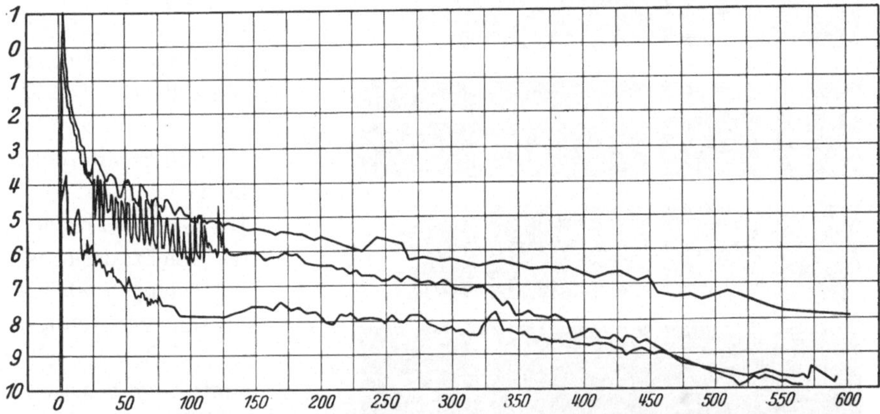

Abb. 23. Lichtkurven von drei neuen Sternen. Obere Kurve: Nova Aquilae 1918. Mittlere Kurve: Nova Persei 1901. Untere Kurve: Nova Geminorum 1912. Abszisse: Zeit in Tagen nach dem Ausbruch, Ordinate: Scheinbare Helligkeit in Größenklassen. (Nach L. CAMPBELL.)

3. Zugehörigkeit zum Milchstraßensystem. Die bisher bekannten Novae zeigen ihrer Verteilung am Himmel nach eine ausgesprochene Konzentration nach der Milchstraßenebene zu. Auch die Parallaxen ergeben Werte für die Entfernung der Novae, die deutlich für deren Zugehörigkeit zum Milchstraßensystem sprechen. Aus den Parallaxen lassen sich auch die absoluten Helligkeiten der Novae bestimmen, und daraus ergibt sich, daß die meisten Novae im Maximum ihrer Lichtkurve fast die gleiche, sehr hohe absolute Helligkeit von etwa $M = -6^m$ erreichen. Dies wie auch die Ähnlichkeit der Lichtkurven spricht dafür, daß sich bei den verschiedenen Novis ähnliche Vorgänge abspielen. Jedoch gibt es einige Novae, die wesentlich größere absolute Helligkeiten erreichen, z. B. die Nova Andromedae 1885 mit $M = -15{,}4$. Dieselben werden als Supernovae bezeichnet.

4. Die Spektren der neuen Sterne und ihre Deutung. Weitere wichtige Aufschlüsse über das Novaphänomen ergeben sich natürlich wieder aus der Untersuchung ihres Spektrums. Über die Spektren der Novae

vor dem Lichtanstieg läßt sich nur in einzelnen Fällen Bestimmtes
aussagen. Es darf als sichergestellt gelten, daß die Novae vor dem
Lichtanstieg gewöhnliche Sterne waren ohne irgendwelche erkennbare
Besonderheiten, z. B. hatte die Nova Aquilae 1918 vor dem Lichtanstieg
ein dem A-Typ ähnliches Spektrum. Auch im Helligkeitsmaximum ist
das Spektrum kontinuierlich mit Absorptionslinien, die etwa einem B- oder
A-Typ entsprechen. Jedoch sind diese Linien, wie Abb. 24 für die Nova
Geminorum 1912 zeigt, stark verbreitert und nach Violett verschoben.

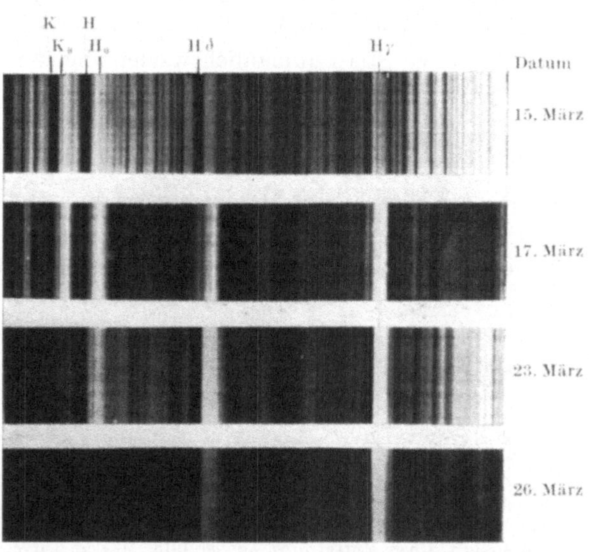

Abb. 24. Spektrum der Nova Geminorum 1912 kurze Zeit
nach dem Ausbruch am 14. März. (Nach Aufnahmen des
Astrophys. Observ. Potsdam.)

Indem wir diese Verschiebung als Dopplereffekt auffassen, kommen wir zu der Vorstellung, daß die Nova während des Lichtanstieges expandiert.

Da der Spektraltyp und damit auch die Temperatur der Novae sich während des Lichtanstieges nur wenig ändert, müssen wir schließen, daß der gesamte Lichtanstieg auf die Vergrößerung des Sterndurchmessers zurückzuführen ist.

Aus der Helligkeitsänderung um das 10000fache ergibt sich dann, daß
der Durchmesser des Sternes während des Lichtanstieges auf den
100fachen Betrag anwächst. Aus den Dopplerverschiebungen der Absorptionslinien lassen sich die Expansionsgeschwindigkeiten bestimmen,
es ergeben sich Werte von 100 bis 1000 km/sec. Die größte bei Nova
Geminorum 1912 beobachtete Geschwindigkeit betrug $v = 3420$ km/sec.
Aus diesen Zahlen ersehen wir, daß es sich bei einem Novaausbruch
um eine Sternkatastrophe von gigantischen Ausmaßen handelt.

Im allgemeinen treten einige Tage nach dem Helligkeitsmaximum bei
abnehmender Intensität des kontinuierlichen Spektrums neben den Absorptionslinien helle Emissionslinien auf (siehe Abb. 24). Zuerst erscheinen
die Linien der Balmerserie des Wasserstoffs, allmählich kommen andere
hinzu, insbesondere die des neutralen und auch des ionisierten Heliums,
wie auch Linien, die sich mit Funkenlinien des Sauerstoffs, Stickstoffs

und des Kohlenstoffs identifizieren lassen. Auch diese Emissionslinien zeigen starke Verbreiterungen, aber im allgemeinen keine einseitigen Dopplerverschiebungen. Das Auftreten der Emissionslinien bei gleichzeitiger Abnahme des kontinuierlichen Spektrums läßt sich dahin deuten, daß bei fortschreitender Expansion der Sternmaterie die Dichte abnimmt und sich nun um den verbliebenen Kern des Sternes eine nicht mehr kontinuierlich, sondern selektiv strahlende Gashülle bildet, deren Dimension wesentlich größer ist als die des kontinuierlich strahlenden Kernes. Es ist also so, als ob sich z. B. die Chromosphäre der Sonne auf das 100fache des Sonnendurchmessers, d. h. etwa auf die Hälfte des Abstandes Sonne—Erde, ausgedehnt hätte. Dann würden wir natürlich die Emissionslinien der Chromosphäre gegenüber dem kontinuierlichen Spektrum auch aus großen Entfernungen leicht beobachten können.

5. Das Auftreten der Nebellinien. Im weiteren Verlaufe der Entwicklung, und zwar im allgemeinen etwa nach einigen Monaten, gelegentlich früher, z. B. bei Nova Aquilae schon nach 11 Tagen, tritt das Stadium ein, das unser besonderes Interesse beansprucht. Das kontinuierliche Spektrum ist schwächer und schwächer geworden, aber außer den schon erwähnten Emissionslinien treten nun allmählich die Nebuliumlinien auf. Dies Stadium ist für Nova Geminorum 1912 in Abb. 25 dargestellt. Die oberste Aufnahme zeigt ein am 10. Mai aufgenommenes Spektrum. Hier sind wesentlich die Wasserstofflinien H_β, H_γ, H_δ, die He^+-Linie 4686 und die dem N^{++}-Ion zuzuordnende, zu einer Bande verarbeitete Linie 4641 zu erkennen. Ganz schwach erscheint aber rechts von H_γ bereits die Nebuliumlinie 4363. Die weiteren Spektren von Dezember bis Januar zeigen dann das Nebuliumstadium in vollster Entwicklung. Die Nebuliumlinien sind sehr stark, teilweise stärker als die Balmerlinien geworden. Auf dem von den Aufnahmen erfaßten Spektralbereich erkennt man in aller Deutlichkeit die beiden Hauptnebellinien und die ebenfalls vom O^{++}-Ion emittierte verbotene Linie $\lambda\,4363$ als starke, breite Banden. Die genauere Untersuchung der Novaspektren in diesem Stadium ergibt, daß alle von den Nebeln her bekannten Nebuliumlinien auftreten, zunächst meist mit sehr veränderten Intensitätsverhältnissen, die sich aber im Laufe der Zeit mehr und mehr den Intensitätsverhältnissen in den Nebeln angleichen.

6. Die Bildung der Nebelhülle. Die Beantwortung der Frage, was in diesem Stadium vor sich geht, liegt auf der Hand. Die Gashülle, die sich schon beim Auftreten der erlaubten Emissionslinien gebildet hat, dehnt sich weiter und weiter aus, bis schließlich die Dichte so klein und die Zeit zwischen zwei Zusammenstößen so groß geworden ist, daß die verbotenen Nebellinien emittiert werden können. Die Gashülle nimmt damit mehr und mehr den Charakter eines Nebels an. Daß das tatsäch-

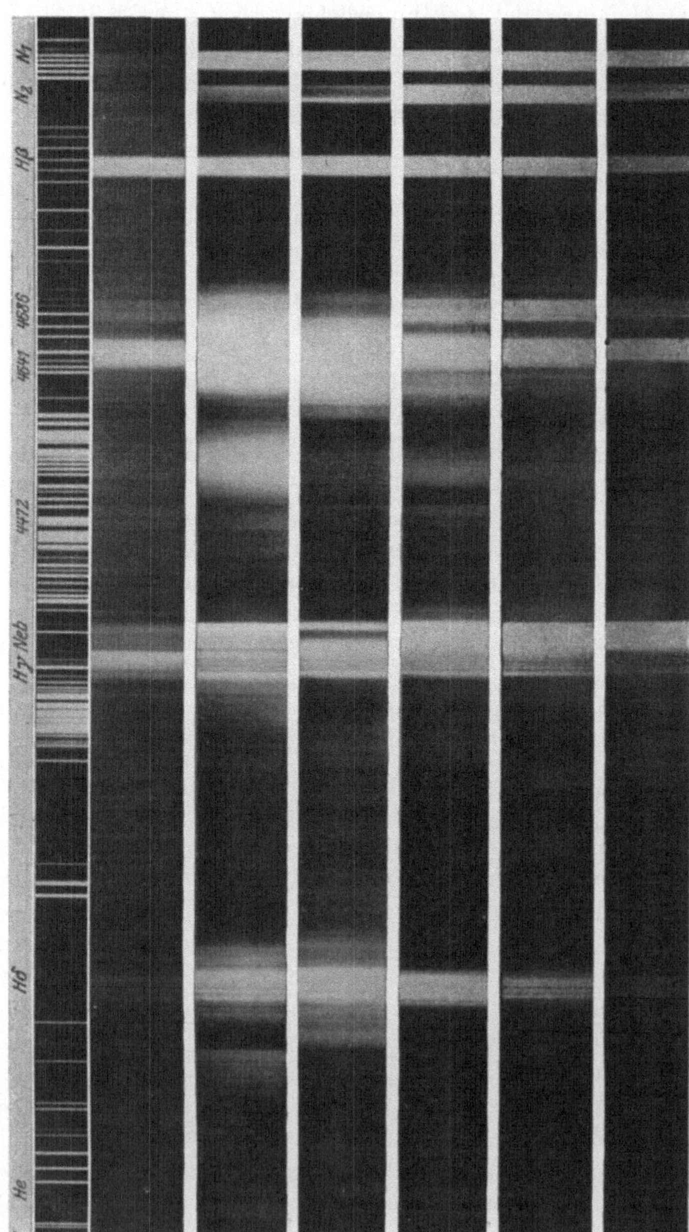

Abb. 25. Spektren der Nova Geminorum 1912 im Stadium der Nebellinien. (Nach Curtiss.)

lich so ist, wird in manchen Fällen direkt durch die Beobachtung bewiesen. Der Stern erscheint im Fernrohr nicht mehr punktförmig, sondern als Scheibe von endlichem Durchmesser. Im Laufe der Jahre

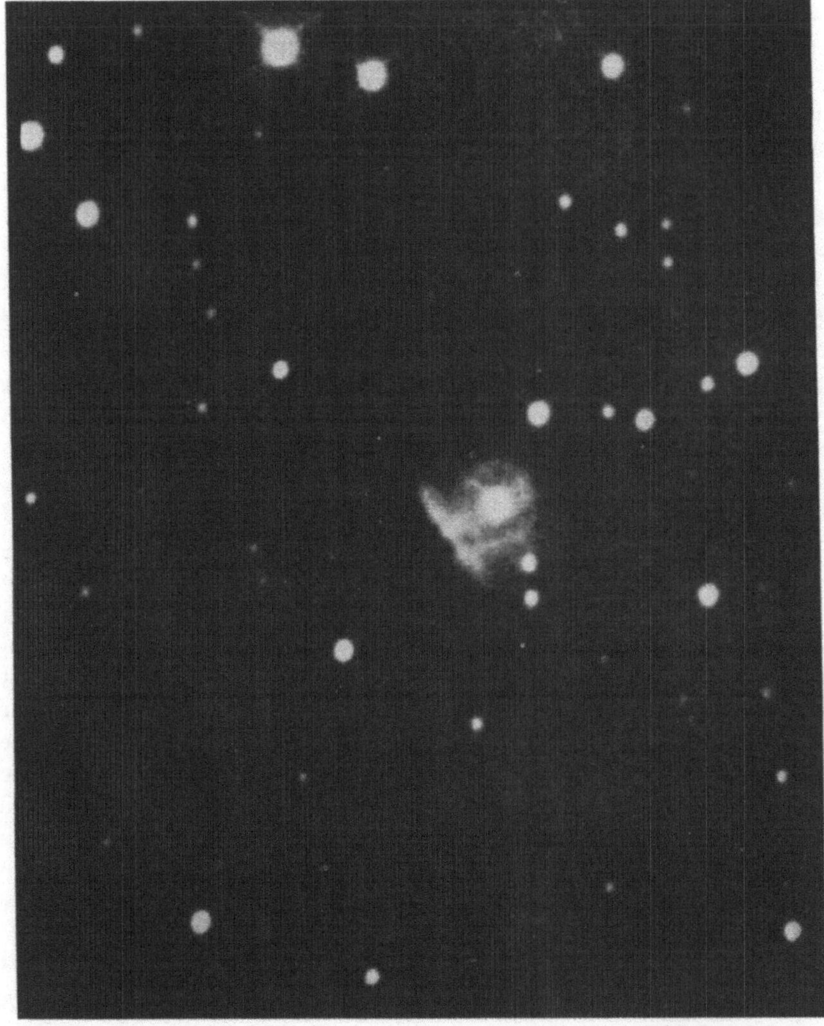

Abb. 26. Bildung einer Nebelhülle um die Nova Persei 1901, nach einer Aufnahme aus dem Jahre 1917 von RITCHEY, Mt.-Wilson-Sternwarte.

nach dem Ausbruch hat sich bei manchen Novis eine deutlich erkennbare Nebelhülle ausgebildet. Abb. 26 zeigt dies für die Nova Persei 1901 in dem Stadium 16 Jahre nach dem Ausbruch. Stern und Nebelhülle sind deutlich zu unterscheiden. In diesem Stadium gelingt es gelegentlich auch, das Spektrum der zusammengeschrumpften Nova von dem ihrer Nebelhülle zu trennen. Es ergibt sich, daß die Nova ein Spektrum vom Wolf-Rayet-Typ besitzt.

7. Novae und planetarische Nebel. Damit sind wir in unseren Darlegungen bei dem Punkt angekommen, in dem sich der Zusammenhang zwischen dem Novaphänomen und den planetarischen Nebeln als logische Konsequenz von selbst ergibt. Was liegt näher, als anzunehmen, daß die planetarischen Nebel alte Novae in ganz spätem Stadium ihrer Entwicklung sind? In der Tat ist das die Auffassung, die von den meisten Forschern vertreten wird. Als besonders schlagenden Beweis für die Richtigkeit dieser Anschauung können wir den Krebsnebel anführen. Wie schon vorher erwähnt, besitzt er die ungewöhnliche Expansionsgeschwindigkeit von 1200 km/sec. Dem entspricht eine scheinbare Vergrößerung seines Durchmessers von 20'' pro Jahrhundert. Daraus berechnet man leicht, daß der Zentralstern des Krebsnebels vor etwa 900 Jahren als Nova explodiert sein müßte, um bei der angegebenen Expansionsgeschwindigkeit die heutige Ausdehnung erreicht zu haben. Und in der Tat ist nun in chinesischen Annalen eine Nova beschrieben, die im Jahre 1054 beobachtet wurde und deren Ort innerhalb der Beobachtungsfehler mit dem des Krebsnebels übereinstimmt. Soll man da noch an der Richtigkeit dieses Entstehungsbildes zweifeln?

8. Die Ursache eines Novaausbruches. Zum Schluß unserer Betrachtungen über die Novae wollen wir wenigstens kurz die Frage nach der Ursache der Novakatastrophe eines Sternes streifen. Hierüber sind im Laufe der Zeit lebhafte Diskussionen geführt worden. Während man früher dazu neigte, äußere Einflüsse auf den Stern für den Eintritt des Novaphänomens verantwortlich zu machen, herrscht heute mehr die Ansicht vor, daß es innere Ursachen sind. Nach der insbesondere von Milne vertretenen Auffassung durchläuft jeder Stern im Gange seiner Entwicklung ein Stadium, in dem sein innerer Aufbau instabil wird. Dann kann es zu einer Katastrophe kommen, bei der die äußere Hülle des Sternes abgeschleudert wird und der Rest zu einem Stern hoher Dichte, d. h. einem weißen Zwerg, zusammenschrumpft. Für die Richtigkeit dieser Auffassung spricht z. B. die Feststellung, daß die Zentralsterne der planetarischen Nebel tatsächlich weiße Zwerge zu sein scheinen. Für die Auffassung, daß es sich bei dem Novaphänomen nicht um ein zufälliges, durch äußere Einflüsse bedingtes Ereignis, sondern um ein normales Durchgangsstadium der Sternentwicklung handelt, spricht das in dem 5. Vortrage (S. 189) schon erwähnte Auftreten zahlreicher Novae in den Spiralnebeln. Im Andromedanebel allein sind bisher 66 Novae beobachtet worden, von denen 34 in den zentralen Teilen des Nebels auftraten. 44 von diesen entfallen auf die Zeit von 1923—1927.

Wenn aber wirklich jeder Fixstern im Laufe seiner Entwicklung in das Stadium eintritt, in dem eine Novakatastrophe möglich wird, so ist nicht von der Hand zu weisen, daß auch die Sonne einen solchen Ausbruch erleben könnte. Was dabei mit der Erde geschehen würde, — das auszumalen, möge der Phantasie des Lesers überlassen bleiben.

c) Dunkle Wolken in der Milchstraße.

1. Scheinbare Sternleeren. Wir haben uns bisher ausschließlich mit den hell leuchtenden Nebeln beschäftigt, wobei wir zwei Klassen zu unterscheiden hatten, je nachdem ob das Nebellicht ein kontinuierliches oder ein Linienspektrum besitzt. Im letzteren Falle handelt es sich um Gasnebel, im ersteren vermutlich um Nebel aus kosmischem Staube, an deren Partikeln das von benachbarten Sternen kommende Licht reflektiert oder zerstreut wird. Derartige Wolken machen sich noch in anderer Weise im Raume bemerkbar.

Wenn wir die Bilder der großen diffusen Nebel betrachten, so fällt uns auf, daß in diesen ausgesprochen helle Stellen mit ganz dunklen abwechseln und daß, wie z. B. beim Amerikanebel (s. Abb. 2), die Zahl der Hintergrundsterne in der Nachbarschaft des Nebels wesentlich kleiner ist als in der weiteren Umgebung. Man könnte zunächst meinen, daß es sich um tatsächliche Sternleeren handelt. Man wird aber bald eines besseren belehrt, wenn man bestimmte Gegenden des Himmels, z. B. die in Abb. 27 dargestellten Nebel in der Umgebung von ζ Orionis, betrachtet. Niemand wird sich des unmittelbaren Eindruckes erwehren können, daß es sich bei dem dunklen Fleck, der pferdekopfartig von der linken in die rechte Bildhälfte hineinragt, nicht um eine Sternleere, sondern um eine dunkle, d. h. lichtabsorbierende Wolke handelt, die vor den Sternen wie auch vor den hellen Nebelstreifen steht, die von oben nach unten das Bild durchziehen. Es zeigt sich nun, daß dies Phänomen der dunklen Wolken eine sehr häufige Erscheinung in der Milchstraße ist. Genauere Untersuchungen derselben verdanken wir insbesondere BARNARD und WOLF.

Besonders häufig treten sie in der Nachbarschaft heller Nebel auf, wofür die in Abb. 5 S. 180 dargestellte Gegend bei ϱ Ophiuchi ein typisches Beispiel ist. Man erkennt deutlich, daß die Umgebung des hellen Nebels eine auffallend sternarme Gegend ist. Aber auch ohne helle Nebel sind solche scheinbaren Sternleeren an vielen Stellen der Milchstraße zu finden. Am bekanntesten ist der Kohlensack, eine ausgedehnte und auffallende Sternleere in der am Südhimmel besonders hellen Milchstraße. Abb. 28 zeigt den Dunkelnebel Barnard 72, der sich schlangenartig durch die Milchstraße im Sternbild des Ophiuchus hinzieht.

2. Absorption und Entfernung der Dunkelwolken. Aufschluß nicht nur über die absorbierende Wirkung der Dunkelwolken, sondern auch

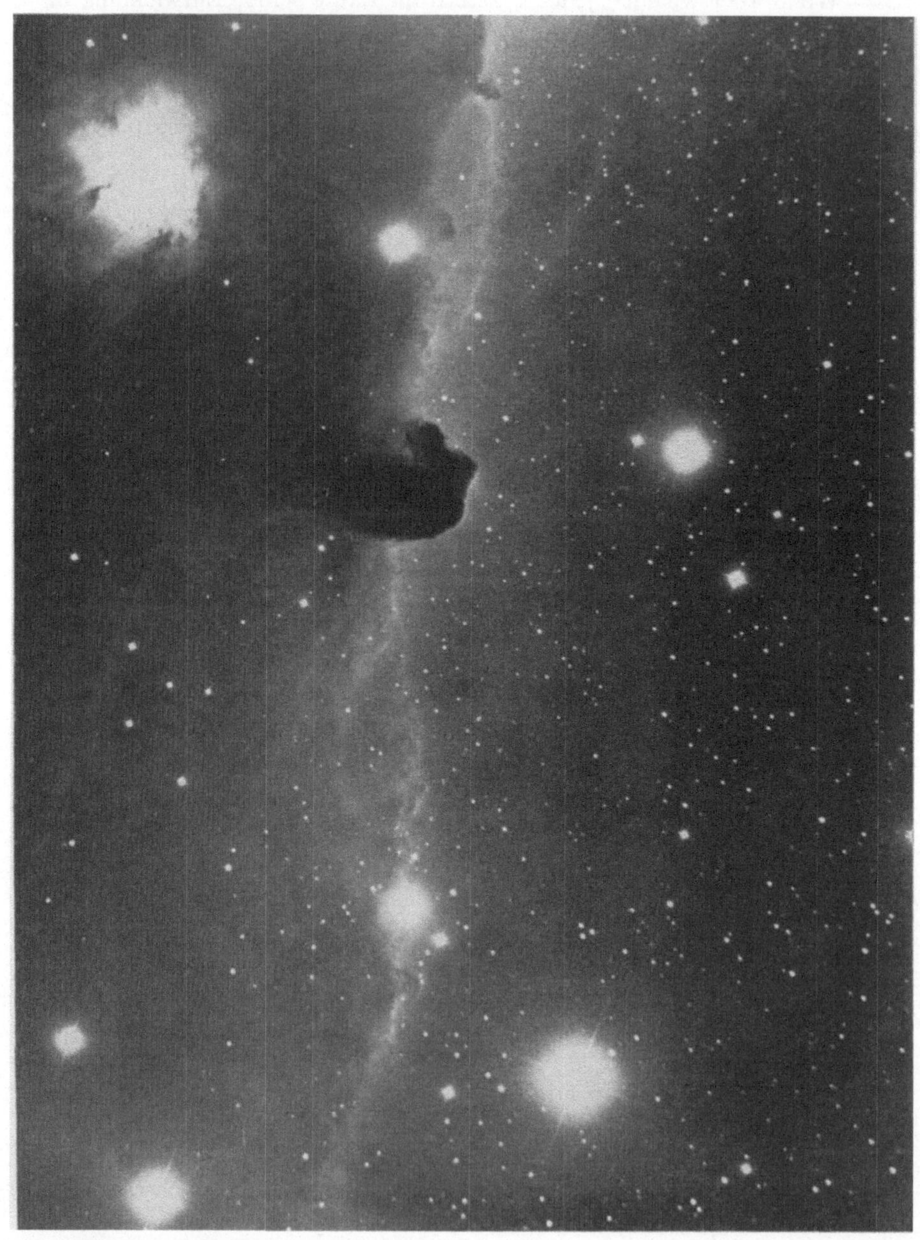

Abb. 27. Helle und dunkle Nebel in der Gegend von ζ Orionis. (Nach einer Aufnahme der Mt.-Wilson-Sternwarte.)

über ihre Entfernung erhalten wir aus Sternzählungen in diesen Wolken und dem Vergleich mit den Sternzahlen in benachbarten normalen Ge-

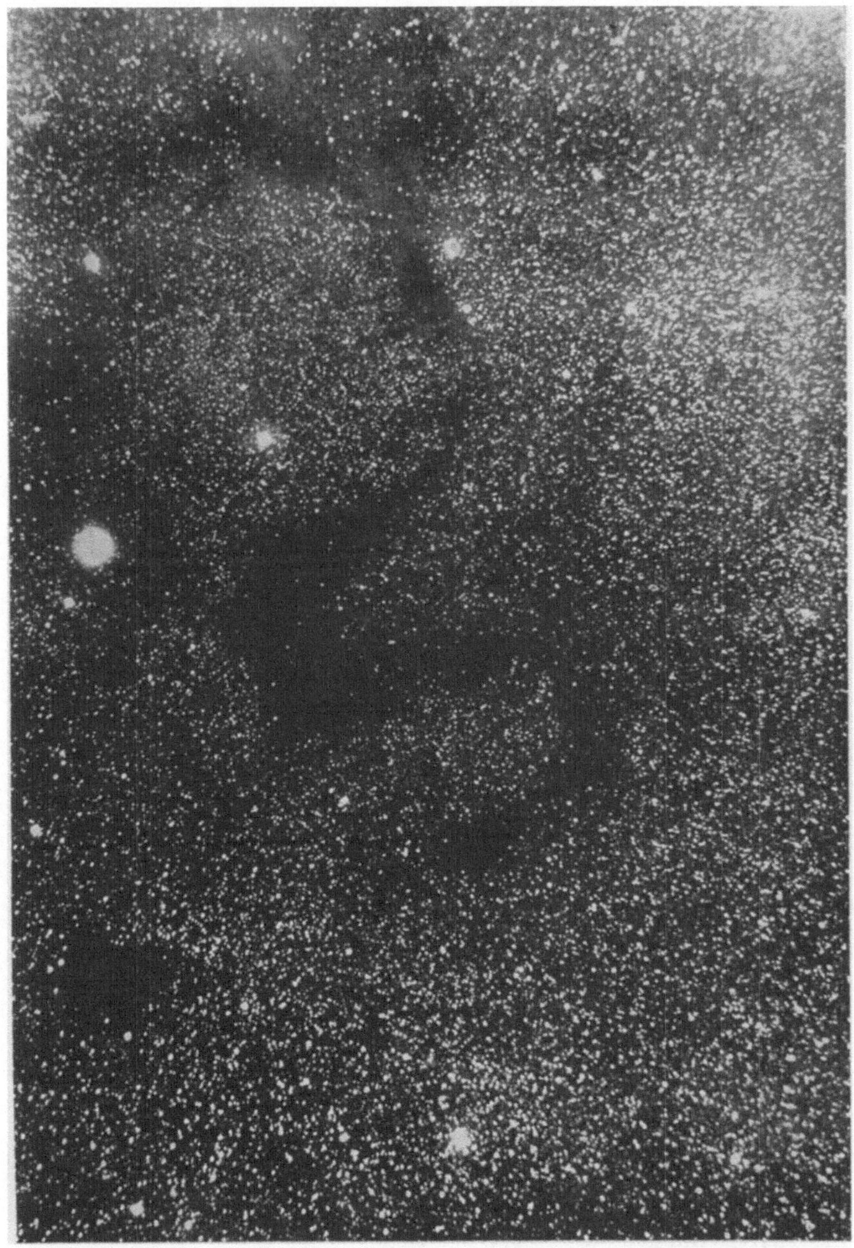

Abb. 28. Dunkelnebel Barnard 72 im Ophiuchus. (Nach einer Aufnahme von BARNARD.)

bieten der Milchstraßen, in denen keine Absorption stattfindet. Solche Zählungen sind zuerst von WOLF und neuerdings von verschiedenen andern Beobachtern durchgeführt worden. Die dabei anzuwendende Methodik ist bereits im 5. Vortrage S. 180 beschrieben und am Beispiel der Sternleere bei ϱ Ophiuchi erläutert worden. Wir wollen die dort gemachten Angaben noch durch ein weiteres Beispiel, die Sternleere bei ϑ Ophiuchi, ergänzen. Wie Abb. 29 in derselben Darstellung wie Abb. 6 auf S. 181 zeigt, stimmt die Zahl der Sterne bis zur 9. Größenklasse nahezu überein mit der wahrscheinlichsten Verteilung, dann aber biegt die untere Kurve ab und verläuft erst wieder von der 11. Größenklasse ab nahezu parallel zur Kurve t_p mit einer horizontalen Verschiebung von etwa $2^m,3$ Größenklassen. Dies Abbiegen ist offensichtlich so zu deuten, daß in der Entfernung der Sterne 9.—11. Größe eine dunkle Wolke steht, die das Licht der hinter ihr stehenden Sterne schwächer als

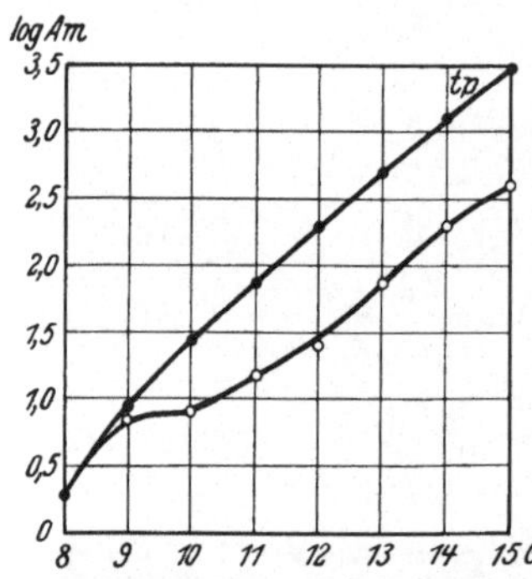

Abb. 29. Untere Kurve: Verlauf der Sternzahlen in der Dunkelwolke bei ϑ Ophiuchi. t_p: Nach den Wahrscheinlichkeitsgesetzen zu erwartender Verlauf in Gebieten ohne Absorption. (Nach R. Müller.)

11. Größe um 2,3 Größenklassen schwächt. Da die Sterne 9. Größe etwa in einer Entfernung von etwa 250, die 11. Größe in einer Entfernung von etwa 450 parsec stehen, hat die dunkle Wolke also eine mittlere Entfernung von etwa 350 parsec und eine Ausdehnung von etwa 200 parsec.

Derartige Untersuchungen sind nun bereits an einer Reihe von Sternleeren der Milchstraße durchgeführt worden. Aus denselben geht hervor, daß in einer Zone von etwa 20° zu beiden Seiten der galaktischen Zentralebene zahlreiche lokale, absorbierende Wolken vorhanden sind. Die stärkste bisher festgestellte Absorption beträgt etwas mehr als 4 Größenklassen. Das entspricht einer Lichtschwächung auf den 50. Teil.

3. Der physikalische Zustand der dunklen Wolken. Obwohl wir uns eingangs bereits auf den Standpunkt gestellt haben, daß diese absorbierenden Wolken sehr wahrscheinlich aus kosmischem Staube bestehen, bedarf natürlich die Frage nach dem physikalischen Zustande derselben eine eingehende Diskussion. Denkbar wäre es zunächst natürlich auch, daß es sich um Gaswolken handelt. Die Schwächung des Lichtes würde dann auf die Rayleighsche Streuung zurückzuführen sein. Dieser Annahme stehen aber zwei Schwierigkeiten im Wege. Man kann nämlich erstens ausrechnen, daß die Gasmassen, die die tatsächlich beobachteten Lichtschwächungen durch Rayleighsche Streuung hervorrufen würden, so große Massen enthalten müßten, daß sie sich durch ihre Gravitationswirkung auf die benachbarten Sterne bemerkbar machen würden. Solche Einflüsse haben sich aber nicht feststellen lassen. Bei der Annahme kosmischen Staubes, der aus kleinen, festen Partikeln besteht, kommt man dagegen mit viel geringeren Massen aus. Daß dem so ist, erkennt man ja leicht an der Tatsache, daß eine Regenwolke oder eine Rauchwolke das Sonnenlicht viel stärker schwächt als der Durchgang durch die ganze Erdatmosphäre. Zweitens müßte die durch RAYLEIGH-Streuung verursachte Schwächung entsprechend dem $1/\lambda^4$-Gesetz mit einer Rötung des Lichtes der hinter der Wolke stehenden Sterne verbunden sein. Ob eine solche Rötung vorhanden ist, blieb längere Zeit zweifelhaft. Neuerdings scheint sichergestellt, daß eine schwache Rötung vorhanden ist, jedoch keineswegs in dem Betrage, der dem RAYLEIGHschen Gesetz entspricht[1]. Alles spricht also bisher dafür, daß der wesentliche Bestandteil der dunklen Wolken staub- oder meteoritenartige feste Teilchen sind.

4. Die galaktische Absorptionszone. Eine viel allgemeinere Lichtabsorption im Milchstraßensystem hat R. TRÜMPLER entdeckt. TRÜMPLER untersuchte die sog. offenen Sternhaufen der Milchstraße. Die Entfernungen derselben wurden aus der Differenz $m - M = 5\,(\log r - 1)$ zwischen der scheinbaren und der absoluten Helligkeit einzelner Sterne des betreffenden Haufens, d. h. also unter der Annahme berechnet, daß die Helligkeit proportional $1/r^2$ abnimmt, wie es ohne jede Schwächung des Lichtes im Raume der Fall sein müßte. Aus der so ermittelten scheinbaren Ausdehnung der Sternhaufen ließen sich nun die wahren Ausdehnungen derselben berechnen. Dabei ergaben sich für Haufen, die ihrem Aussehen, d. h. der Anordnung der Einzelsterne nach, denselben Charakter zeigen, Durchmesser, deren Betrag systematisch mit wachsender Entfernung zunahm. Das ist ein sehr unplausibles Resultat, denn man wird erwarten, daß Haufen desselben Charakters auch nahezu dieselbe Ausdehnung haben. TRÜMPLER macht nun diese durchaus plausible Annahme und kommt damit zu der Feststellung, daß die aus $m - M$ berechneten Abstände r systematisch verfälscht sein müssen. Als Ursache dieser Verfälschung sieht er eine Schwächung des Lichtes beim Durchgang durch den interstellaren Raum an. Berücksichtigt man dieselbe, so ergeben sich nahezu gleiche Durchmesser für die gleichartigen Haufen, wenn man den Betrag der Lichtschwächung zu $0^{\mathrm{m}}{,}67\,\mathrm{m}$ Größenklassen pro 1000 parsec ansetzt. Dem entspricht eine Herabsetzung der Helligkeit auf etwa die Hälfte pro 1000 parsec oder 3260 Lichtjahre.

Diese Lichtschwächung ist also quantitativ viel geringer als die in den örtlich begrenzten dunklen Wolken; sie erstreckt sich dafür aber auch über viel größere Raumgebiete. Nach TRÜMPLER erfüllt dieses lichtschwächende Medium aber nicht den ganzen Raum, sondern ist

---

[1] Anm. b. d. Korr. In einer soeben erschienenen Arbeit kommt C. SCHALÉN zu dem Ergebnis, daß die Absorption und Rötung des Lichtes in den Dunkelwolken durch die Lichtstreuung an kugelförmigen, metallischen Teilchen mit einem Durchmesser von der Größenordnung 10^{-5} cm erklärt werden kann.

beschränkt auf eine schmale Zone von 100 parsec = 326 Lichtjahren Dicke beiderseits der Ebene der Milchstraße. Auf Grund ganz anderer Untersuchungen kommen auch Bottlinger und Schneller zur Annahme einer solchen Absorptionszone von ähnlicher Dicke. Auf die Bedeutung dieser Absorptionszone für die Bestimmung der wahren Ausdehnung des Milchstraßensystems ist bereits in dem 6. Vortrage S. 179 hingewiesen worden. Eine eindrucksvolle Bestätigung für die Existenz einer solchen Zone bedeutet die Tatsache, daß auch in manchen Spiralnebeln, wie Abb. 30 zeigt, schmale Absorptionszonen deutlich zu erkennen sind.

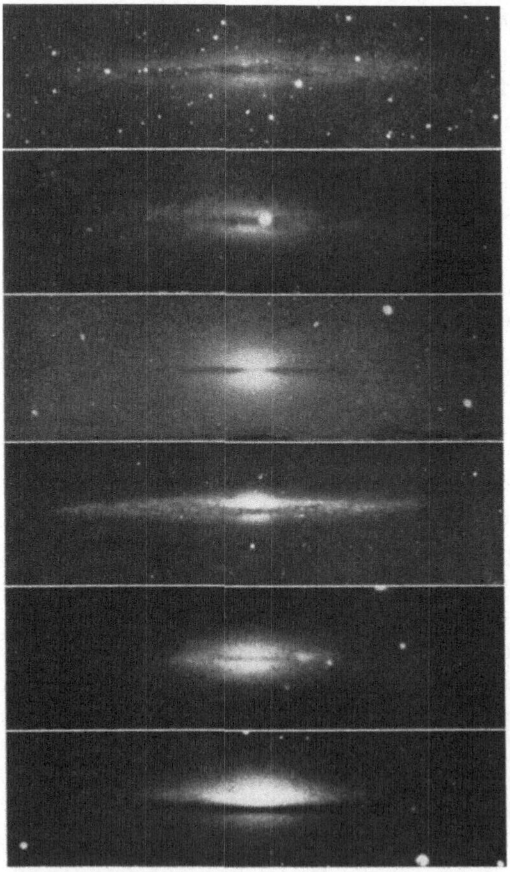

Zu erörtern bleibt nun noch die Frage nach dem vermutlichen physikalischen Zustande des absorbierenden Mediums. Auch hier stehen wieder kosmischer Staub oder Gas zur Diskussion. Trümpler stellt nun fest, daß die Sterne der Haufen eine mit wachsendem Abstande zunehmende Rötung ihrer Farbe zeigen, die dem

Abb. 30. Absorptionszonen in Spiralnebeln. (Nach Aufnahmen von H. D. Curtiss.)

Betrage nach übereinstimmt mit den Werten, die bei Annahme Rayleighscher Streuung zu erwarten sind. Dies Resultat ist inzwischen von verschiedenen anderen Autoren bestätigt worden. Es schließt die Möglichkeit eines aus größeren Partikeln bestehenden kosmischen Staubes aus, denn diese würden keine Rötung, sondern eine für alle Wellenlängen praktisch gleiche Schwächung des Sternlichtes bewirken. Es bleibt somit nur noch, wie insbesondere Schoenberg und

Gleissberg gezeigt haben, die Wahl zwischen ganz kleinen kugelförmigen festen Partikeln, deren Durchmesser kleiner als ein Viertel der Wellenlänge des durchgehenden Lichtes (also $\leq 10^{-4}$ mm) sein müßte, damit sie noch Rayleighsche Streuung ergeben, oder Gasmolekülen bzw. Atomen. Da man bei der ersten Annahme mit wesentlich kleineren räumlichen Dichten der interstellaren Materie auskommt, um die beobachteten Absorptions- und Rötungsaffekte zu erklären, als mit der Gasannahme, wird man geneigt sein, der Partikelhypothese den Vorzug zu geben, ohne damit aber das Vorhandensein von Gasmassen völlig ausschließen zu wollen.

d) Die interstellare Materie.

1. Die ruhenden Kalziumlinien. Über einen weiteren interstellaren Absorptionseffekt ganz anderer Art erhalten wir Aufschluß auf Grund von Beobachtungen, die, von einer Entdeckung J. Hartmanns ausgehend, sich zu einem der interessantesten Forschungsgebiete der Astrophysik entwickelt haben. Hartmann untersuchte im Jahre 1904 das Spektrum des spektroskopischen Doppelsternes δ Orionis und stellte fest, daß die K-Linie des Ca^+ (die H-Linie konnte wegen der Nachbarschaft von H_ε nicht gemessen werden) die durch die Bahnbewegungen bedingten periodischen Dopplerverschiebungen nicht mitmacht. Außerdem erschien die K-Linie überraschend scharf gegenüber den stark verbreiterten sonstigen Linien des Sternspektrums. Hartmann wies auch darauf hin, daß in dem Spektrum der Nova Persei 1901 ein ganz analoges Phänomen zu beachten sei, indem hier neben den stark verbreiterten und nach Violett verschobenen H- und K-Linien scharfe, unverschobene H- und K-Linien auftreten. Auch auf dem in Abb. 24 S. 240 dargestellten Spektrum der Nova Geminorum 1912 sind die mit H_0, K_0 bezeichneten scharfen Kalziumlinien deutlich zu erkennen. Hartmann kam auf Grund dieses Befundes zu der Auffassung, daß diese unverschobenen oder, wie man heute meist sagt, „ruhenden" Kalziumlinien nicht zu der Atmosphäre des betreffenden Sternes gehören könnten, sondern durch Absorption in einer irgendwo zwischen Stern und Erde gelegenen Wolke entstehen müßten.

Die Entdeckung von Hartmann fand zunächst wenig Beachtung; man war zeitweilig der Ansicht, daß es sich mehr um ein lokales Phänomen bei einigen in Kalziumwolken eingehüllten Sternen handelt. Mehr und mehr stellte sich dann, insbesondere durch Untersuchungen von J. S. Plaskett, heraus, daß die ruhenden Kalziumlinien keineswegs nur bei einigen Doppelsternen, sondern ganz allgemein bei allen Sternen der heißen Spektraltypen O bis $B3$ zu beobachten sind. Bei den Spektraltypen tieferer Temperatur als $B3$ können die ruhenden Kalziumlinien prinzipiell deshalb nicht beobachtet werden, weil sie von den stark verbreiterten H- und K-Linien der Sternatmosphären verdeckt sind. Außerdem wurde festgestellt, daß die kleinen auch bei den ruhenden Kalziumlinien festgestellten Dopplerverschiebungen sich zwanglos durch die Sonnenbewegung erklären lassen. Wichtig für die weitere Entwicklung war dann die Feststellung, daß außer den Linien H und K des Ca^+ auch die D-Linien des Na als ruhende Linien auftreten. Hartmann hatte das schon in seiner ersten Arbeit für die Nova Persei festgestellt, Miss Heger fand die ruhenden D-Linien in den Spektren einer Reihe von B-Sternen. Aus diesen Feststellungen war zu schließen, daß die absorbierenden Wolken weite Gebiete des Raumes erfüllen müßten und nicht nur Kalzium, sondern auch Natrium und damit wahrscheinlich auch noch andere Elemente enthalten; denn es läßt sich zeigen, daß sich auch bei einer Mischung zahlreicher Elemente Kalzium und Natrium durch ihre besonders günstig gelegenen starken Absorptionslinien bevorzugt bemerkbar machen würden.

2. Die Theorie Eddingtons. In diesem Stadium wurde die Entwicklung des Problems sehr wesentlich beeinflußt und gefördert durch das Eingreifen Eddingtons im Jahre 1926, der die ganze Frage von einem sehr allgemeinen Standpunkte theoretisch behandelte. Eddington legte sich die Frage vor: Ist der interstellare Raum, d. h. der Raum zwischen den Sternen, wirklich vollkommen leer oder haben wir Anhaltspunkte dafür, daß sich auch dort überall Materie, wenn auch in einer außerordentlich großen Verdünnung befindet? Indem Eddington den galaktischen interstellaren Raum als die äußersten Ausläufer der diffusen Nebel betrachtete, kam er zu der Auffassung, daß in unserem Milchstraßensystem der gesamte interstellare Raum von sehr verdünnter Materie erfüllt sein müßte und berechnete als oberen Grenzwert für die interstellare Materie eine Dichte $\varrho = 10^{-24}$ g/cm³. Bestände die gesamte interstellare Materie aus Wasserstoff, so würde also etwa 1 H-Atom pro cm³ vorhanden sein. Das gibt eine anschauliche Vorstellung von dem Grade der Verdünnung. Weiterhin fragt Eddington: Wie ist die Temperatur dieser interstellaren Materie? Man möchte zunächst wohl meinen, daß sie sehr niedrig ist und in der Tat würde auch ein im interstellaren Raume befindlicher kleiner schwarzer Körper eine Temperatur von etwa 3° abs. annehmen, die dadurch bedingt ist, daß die Energie der bei dieser Temperatur emittierten schwarzen Strahlung gleich der Energie des absorbierten Sternlichtes ist.

Bei Atomen ist die Sache aber ganz anders. Ein Atom absorbiert aus der auf ihn auftreffenden Sternstrahlung auch solche Frequenzen, die zur Ionisation führen. Dabei erhalten die abgetrennten Elektronen Geschwindigkeiten, die nicht von der Intensität, sondern nur von der Frequenz des absorbierten Lichtes abhängen. Dadurch entsteht also eine ungeordnete Bewegung der Elektronen, die sich durch Stöße auch auf die Atome überträgt. EDDINGTON berechnete, daß bei Annahme einer Gesamtstrahlung der Sterne gleich der von 2000 Sternen 1. Größe die Temperatur der interstellaren Materie 10—12000° sein sollte. Aus dieser Überlegung ersieht man auch, daß die interstellare Materie mehr oder weniger ionisiert sein muß. Der Ionisationsgrad ist bedingt durch das Gleichgewicht zwischen den ionisierenden Absorptionsakten der sehr verdünnten Sternstrahlung und den Wiedervereinigungsprozessen in der sehr verdünnten interstellaren Materie. EDDINGTON berechnet, daß das Ca im wesentlichen als Ca^{++}, Na im wesentlichen als Na^+ vorhanden sein müßte. Und zwar ist das auf Atomzahlen bezogene Konzentrationsverhältnis

$$\frac{Ca}{Ca^+} = \frac{1}{300\,000} \,, \quad \frac{Ca^+}{Ca^{++}} = \frac{1}{400} \,, \quad \frac{Na}{Na^+} = \frac{1}{1\,000\,000} \,.$$

Also nur der 400. Teil der vorhandenen Ca-Atome und der millionste Teil der vorhandenen Na-Atome ist in einem für Absorption der H- und K- bzw. D-Linien günstigen Zustande. Dagegen ist es leider wegen ungünstiger Lage der betreffenden Linien nicht möglich, die viel zahlreicheren Ca^{++}- und Na^+- Ionen spektroskopisch nachzuweisen.

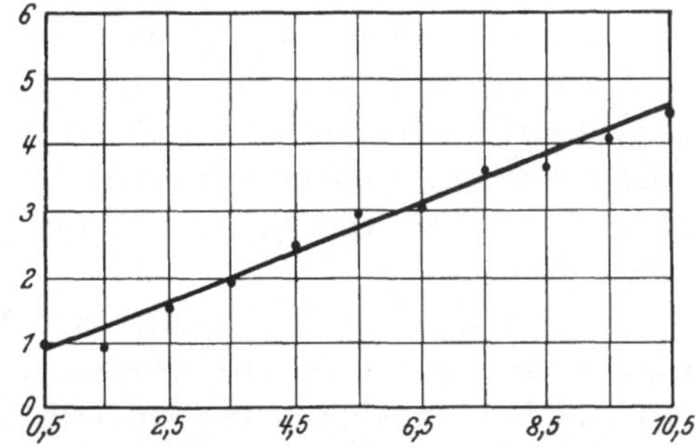

Abb. 31. Abszisse: Scheinbare Helligkeit der untersuchten Sterne in Größenklassen. Ordinaten: Geschätzte Intensität der ruhenden K-Linie. (Nach O. STRUVE.)

3. Verteilung und Dichte der interstellaren Materie. Die weiteren Untersuchungen beschäftigen sich nun wesentlich mit der Prüfung der durch die EDDINGTONsche Theorie gegebenen Gesichtspunkte. Wenn die interstellare Materie tatsächlich gleichmäßig über den ganzen Raum verteilt ist, so muß die Intensität der interstellaren Linien mit wachsendem Abstande der Sterne zunehmen. Diese Erwartung wurde an einem großen Beobachtungsmaterial von O. STRUVE geprüft. Allerdings wurden die Intensitäten der H- und K-Linien nicht gemessen, sondern nur nach einer Gedächtnisskala geschätzt. Abb. 31 zeigt, daß die Intensität der Linien mit wachsender scheinbarer Größe der Sterne, d. h. also wachsendem Abstande, linear ansteigt, wie es nach der Theorie EDDINGTONS zu erwarten ist. B. P. GERASIMOVIČ und O. STRUVE haben dies von O. STRUVE gesammelte Material einer theoretischen Diskussion unterzogen. Aus der beobachteten Intensität der H- und K-Linien und der aus der Atomphysik bekannten Übergangswahrscheinlichkeiten für die diesen Linien entsprechenden Übergänge berechnen sie die Zahl der Ca^+-Ionen pro cm^3 des interstellaren Raumes zu $N_{Ca^+} = 5,4 \cdot 10^{-10}$,

d. h. also: in einem Würfel von etwa 12 m Kantenlänge befindet sich im Durchschnitt ein absorptionsfähiges Ca^+-Ion. Dem entspricht eine Dichte von $\varrho = 3{,}6 \cdot 10^{-32}$ gr/cm³. Daß trotz dieser außerordentlich geringen Konzentration die im interstellaren Raume vorhandenen Ca^+-Ionen zur Erzeugung einer Absorptionslinie ausreichen, liegt daran, daß die vom Licht durchsetzte Schichtdicke außerordentlich große Dimensionen, eben die Dimensionen des interstellaren Raumes, hat. Man berechnet leicht, daß die in einer Säule von 1 cm² Querschnitt und 100 parsec = 326 Lichtjahren Länge enthaltene Zahl der Ca^+-Ionen $1{,}6 \cdot 10^{11}$ ist. Das ist noch immer nicht viel, denn die gesamte in dieser Säule enthaltene Masse der Ca^+-Ionen beträgt nur 10^{-8} mgr. Aber bei der hohen Empfindlichkeit der spektroskopischen Methoden reicht diese minimale Menge zur Erzeugung beobachtbarer Spektrallinien aus.

Unter Berücksichtigung der Ionisationsverhältnisse in der interstellaren Materie und unter der Annahme, daß die Elemente in der interstellaren Materie in demselben prozentualen Verhältnis vorhanden sind wie in der Erdkruste — die Berechtigung dieser Annahme mag dahingestellt bleiben — berechnen Gerasimovič und Struve die Dichte der gesamten interstellaren Materie zu $\varrho = 10^{-26}$ gr/cm³. Das ist also der 100. Teil der von Eddington als obere Grenze berechneten Dichte.

Um den Zustand der interstellaren Materie bei dieser Dichte etwas genauer zu illustrieren, berechnen wir noch einige charakteristische Zahlen. Bei Annahme eines mittleren Atomgewichtes $A = 20$ ist die Zahl der Atome pro cm³ $N = 3 \cdot 10^{-4}$. Bei der Temperatur von 10000⁰ entspricht dieser Atomzahl ein Druck $p = 3 \cdot 10^{-19}$ mm Hg. Bei Annahme eines Atomdurchmessers von $\sigma = 10^{-8}$ cm ist die freie Weglänge $L = 10^{19}$ cm = ca. 10 Lichtjahre. Bei einer mittleren Atomgeschwindigkeit von 3,2 km/sec ist die Zeit zwischen zwei atomaren Zusammenstößen 10^6 Jahre. Für die Zeit zwischen zwei Zusammenstößen zwischen einem Elektron und einem Atom ergeben sich etwa 5000 Jahre. Man sieht also, daß es sicher sehr lange dauern wird, bis sich ein Gleichgewichtszustand in der interstellaren Materie hergestellt hat. Aber dem kosmischen Geschehen stehen ja auch lange Zeiträume zur Verfügung.

Für die gleichmäßige Verteilung der interstellaren Materie spricht schließlich auch folgende insbesondere von Plaskett und Pearce festgestellte Tatsache: Sehr sorgfältige Messungen der kleinen Dopplerverschiebungen, die auch bei den ruhenden Kalziumlinien vorhanden sind, lassen sich zwanglos dahin deuten, daß das interstellare Kalzium die von Oort gefundene und im 6. Vortrage S. 200 behandelte Rotation der Milchstraße mitmacht. Aus diesen Untersuchungen läßt sich die mittlere Entfernung der absorbierenden Kalziumwolken bestimmen. Es ergibt sich stets die Hälfte der Entfernung des betreffenden Sternes, in dessen Spektrum die ruhenden Linien beobachtet werden. Der Schwerpunkt der absorbierenden Wolke liegt also stets in der Mitte zwischen Stern und Erde. Das spricht sehr für eine gleichmäßige Verteilung der interstellaren Materie. Demgegenüber soll nicht verschwiegen werden, daß Unsöld, Struve und Elvey Andeutungen für eine nicht ganz gleichmäßige Verteilung gefunden zu haben glauben, jedoch bedarf dies Resultat noch genauerer Nachprüfung.

Nicht endgültig entschieden ist auch die Frage, ob die interstellare Materie auf eine der Trümplerschen Absorptionszone ähnliche oder gar gleiche Zone zu beiden Seiten der Milchstraßenebene beschränkt ist. Die Beobachtungen sind durch die Auswahl der Sterne im wesentlichen auf eine solche Zone beschränkt. Es gibt jedoch auch einige Sterne in hohen galaktischen Breiten, die die ruhenden Kalziumlinien zeigen. Das spricht natürlich für ein Vorhandensein der interstellaren Materie im ganzen Raum des Milchstraßensystems. Damit würde jeder Zusammenhang mit der Trümplerschen Absorptionszone hinfällig werden. Der Zusammenhang zwischen beiden Phänomenen würde aber auch sonst bestenfalls nur ein äußerlicher oder sagen wir örtlicher sein, denn es läßt sich leicht zeigen, daß die aus der Untersuchung der ruhenden Linien erschlossene Dichte der interstellaren Materie nicht im entferntesten ausreicht, um infolge Rayleighscher Streuung oder Streuung an freien Elektronen Schwächungen des Sternlichtes in dem von Trümpler gefundenen Betrage zu ergeben.

Die Dichte der interstellaren Materie ist auch viel zu gering, als daß diese irgendwelche dynamische Einflüsse auf die Bewegungen der Sterne ausüben könnte. Man berechnet leicht, daß in 1 kubicparsec 0,00015 Sonnenmassen = 50 Erdmassen an interstellarer Masse enthalten sind, während sich in demselben Volumen nach Kapteyn 0,045 Sterne befinden. Das Verhältnis der interstellaren Masse zur stellaren Masse je Volumeneinheit ist also 1 : 300. Die Dichte der interstellaren Materie ist auch so gering, daß sie der Bewegung der Sterne keinen merkbaren Reibungswiderstand entgegensetzt.

Zum Schluß sei wenigstens kurz auf die von Millikan vertretene Auffassung hingewiesen, daß die interstellare Materie für die Entstehung der sog. kosmischen Strahlung verantwortlich zu machen sei. Es ist dies die Strahlung von außerordentlicher Durchdringungsfähigkeit, deren Untersuchung heute im Vordergrunde des physikalischen Interesses steht und fortlaufend die überraschendsten Resultate ergibt. Wieweit die Millikansche Hypothese zu Recht besteht, läßt sich schwer sagen. Völlig andersartig ist die von Baade und Zwicky neuerdings ausgesprochene Vermutung, daß der auf S. 239 erwähnte Supernova-Prozeß zur Entstehung der kosmischen Strahlung führt. Aus der beobachteten enormen Helligkeit der Supernovae berechnet man leicht, daß offensichtlich die gesamte Masse des ursprünglich vorhandenen Sternes in Strahlung verwandelt wird. Ein solcher Prozeß pro Jahrtausend in jedem galaktischen System würde genügen, um die beobachtete Intensität der kosmischen Strahlung zu erklären.

Literatur.

Zusammenfassende Darstellung des Gebietes aus neuerer Zeit.

Becker, F., u. W. Grotrian: Ergebnisse der exakten Naturwissenschaften 7, 8. Berlin: Julius Springer 1928.

Handbuch der Astrophysik 5, 2. Hälfte, 1. Teil, 5. u. 7. Kap.; 6, 2. Teil, 3. Kap. Berlin: Julius Springer.

Müller u. Pouillet: Lehrbuch der Physik, 11. Aufl., 5, 2. Hälfte, 8. Kap. Braunschweig: F. Vieweg 1928.

Publications of the Lick Observatory 13, 3., 4. u. 6. Teil. 1918.

Achter Vortrag.

Die Entwicklung der Sterne.

Von P. ten Bruggencate, Greifswald.

Mit 11 Abbildungen.

Jeder Astronom hat sich wohl in der einen oder anderen Richtung bemüht, die Fragen: wie entwickelt sich ein Stern, ja wie entsteht überhaupt ein Stern? zu beantworten. Trotzdem ist es eine wenig dankbare Aufgabe, die Entwicklung der Sterne zu behandeln, denn wir müssen zugeben, daß wir außerordentlich wenig positive Resultate über die Entwicklung oder gar die Entstehung der Sterne kennen. Wenn wir wüßten, wie bei einem Stern gegebener Masse Temperatur, Dichte und Druck von der Oberfläche bis zum Zentrum zunehmen, wenn wir außerdem wüßten, durch welche physikalischen Prozesse der Stern in seinem Innern die Energie erzeugt, die er ununterbrochen in den Raum hinaussendet, so hätten wir alle Daten zur Verfügung, um, wenigstens prinzipiell, auszurechnen, wie sich sein innerer Aufbau und damit auch seine für uns beobachtbaren Eigenschaften (effektive Temperatur und Gesamtstrahlung) im Laufe der Zeit infolge des Ausstrahlungsprozesses ändern. Dann ließe sich ein vollständiges Bild über die Entwicklung eines solchen Sternes gewinnen. Aber wie weit sind wir noch von diesem Wissen, das wir voraussetzen müßten, entfernt; wie wenig wissen wir über die Prozesse der Energieerzeugung und wie wenig über den inneren Aufbau der Sterne.

Die Entwicklung der Astrophysik in den letzten Jahren hat immer wieder gezeigt, wie ungeheuer kompliziert die Untersuchungen über den inneren Aufbau der Sterne werden, wenn man nicht von ganz speziellen Annahmen ausgehen will. Und so stehen wir heute den verschiedenen Anschauungen über die Entwicklung der Sterne sehr viel skeptischer gegenüber als vor wenigen Jahren. Unsere heutigen Vorstellungen können in kurzer Zeit überholt sein, denn letzten Endes hängen sie vollkommen davon ab, wieweit unsere Annahmen über die physikalischen Prozesse, die der Energieerzeugung im Sterninnern zugrunde liegen, zutreffen. Was wir wohl mit Sicherheit aussagen können, ist, daß diese Prozesse sich im Innern der Atomkerne abspielen müssen. So kann jeder entscheidende Fortschritt auf dem Gebiet der Kernphysik völlig neue und andersartige Ergebnisse auf dem Gebiet der Kosmogonie zur Folge haben. Es soll deshalb im folgenden der Hauptwert auf das Methodische und Problematische des Gebietes gelegt werden.

a) Doppelsternsysteme, mehrfache Sternsysteme und Systeme vom Typus des Planetensystems.

I. Doppelsterne und mehrfache Sternsysteme.

1. Beobachtungsergebnisse, die für eine Entstehung der Doppelsterne durch Teilung eines Muttersterns sprechen. Die große Häufigkeit der visuellen und spektroskopischen Doppelsternsysteme spricht entschieden dafür, daß die Ursache für die Bildung solcher Systeme keine zufällige sein kann. Deshalb ist die Anschauung, ein Doppelstern entstünde dadurch, daß bei einer zufälligen Begegnung zweier Sterne die beiden Komponenten sich infolge ihrer gegenseitigen Anziehung einfangen, nicht haltbar. Aber es gibt noch eine weitere Beobachtungstatsache, die auf eine Teilung eines Muttersterns als Entstehungsursache für Doppelsternsysteme hinweist. Es ist das Verdienst RUSSELLS[1], darauf aufmerksam gemacht zu haben, daß die Bahndimensionen bei dreifachen Sternsystemen ganz deutlich erkennen lassen, daß ein solches System durch Teilung eines Muttersterns und darauffolgende abermalige Teilung einer der Komponenten entstanden sein muß.

Man geht aus von dem Satz der Mechanik, daß bei einem System, auf das keine äußeren Kräfte wirken, das gesamte Rotationsmoment des Systems erhalten bleiben muß. Bei einem Doppelsternsystem setzt sich das gesamte Rotationsmoment zusammen aus dem Moment, das von der Bahnbewegung der Komponenten herrührt und aus den Momenten, die von der Rotation jeder der beiden Komponenten um ihre Achsen herstammen. Dabei sind natürlich stets die Rotationsmomente jeder der beiden Komponenten um ihre Achsen *klein* im Vergleich zum Rotationsmoment der Bahnbewegung. Findet nun eine abermalige Teilung einer der beiden Komponenten in zwei nahezu gleiche Massen

---

[1] Astrophysical Journal **31**, 185 (1910).

statt, so ist das gesamte Rotationsmoment, das dem neuen sekundären
System zur Verfügung steht, offenbar gleich dem Rotationsmoment
der Mutterkomponente um ihre Achse. Dieses ist aber stets klein im
Vergleich zum gesamten Rotationsmoment des primären Systems.
Daraus folgt, daß das sekundäre System bedeutend kleinere Bahn-
dimensionen besitzen muß als das primäre System. Russell konnte auf
etwas verfeinerte Weise abschätzen, daß die Dimensionen des sekundären
Systems nie größer sein können als $^1/_{10}$ der Dimensionen des primären
Systems, vorausgesetzt, daß die jeweilige Teilung nicht in sehr ungleiche
Massen $\left(1 \geqq \dfrac{m_2}{m_1} > \dfrac{1}{3}\right)$ erfolgt. Bei kreisförmigen Bahnen bilden die
Bahnradien ein Maß für die Bahndimensionen, bei elliptischen Bahnen
die Parameter $a(1 - e^2)$. Diese theoretischen Folgerungen, die nur auf
der Annahme beruhen, daß bei der Bildung von Doppelsternsystemen
und mehrfachen Sternsystemen keinerlei äußere Kräfte wirksam sind,
lassen sich mit Beobachtungen vergleichen. Zwar sind die wirklichen
Bahndimensionen des primären und des sekundären Systems nur bei
ganz wenigen Systemen bekannt. Und dann ist stets der Wert von
$a(1 - e^2)$ für das primäre Paar sehr unsicher bestimmt wegen der großen
Umlaufszeit des Paares. Trotzdem gibt es einen Weg, um eine Aussage
über das *Verhältnis* der *wirklichen* Bahndimensionen l_2/l_1 des sekundären
und primären Paares zu machen. Für alle dreifachen Systeme kann nämlich das Verhältnis der *scheinbaren* Bahndimensionen s_2/s_1 ohne weiteres
bestimmt werden. Aber l_2/l_1 wird im allgemeinen nicht mit s_2/s_1 übereinstimmen, weil die Bahnebenen eine beliebige Neigung i gegen die
Gesichtslinie besitzen können, und weil die Exzentrizitäten e der Bahnen
ganz verschieden sein können. Es besteht aber kein Grund dafür, daß
die sekundäre Bahn z. B. stets exzentrischer ist oder eine stärkere
Neigung zur Gesichtslinie besitzt als die primäre. Vielmehr können wir
annehmen, daß die Verteilung der i- und e-Werte bei den primären und
sekundären Bahnen die gleiche ist. Dann wird aber s_2/s_1 im Durchschnitt ebenso häufig größer als auch kleiner sein wie l_2/l_1. Mit Hilfe
von Wahrscheinlichkeitsüberlegungen läßt sich dann ausrechnen,
wieviel Paare mit einem bestimmten s_2/s_1 unter einer größeren Anzahl
von Paaren mit einem fest gegebenen l_2/l_1 beobachtet werden müssen,
wenn die Bildung der dreifachen Systeme durch doppelte Teilung erfolgt.

Um den Vergleich zwischen Theorie und Beobachtung zu ermöglichen,
sind in der Tabelle 1 die Paare in vier Gruppen A, B, C, D eingeteilt. Die Einteilung erfolgte nach den wahrscheinlichen *wirklichen*
Dimensionen der Paare, so daß Gruppe A im Durchschnitt die Paare
mit den kleinsten wirklichen Dimensionen, Gruppe D diejenigen mit den
größten wirklichen Dimensionen enthält. Die Zahlen in den aufeinanderfolgenden Spalten A—D geben die Anzahl der Systeme an, deren

s_2/s_1 zwischen den in der ersten Spalte angegebenen Grenzen liegen. Die Zahlen der Spalte ABC sind die Summen der Zahlen der ersten drei Spalten. Sie sind zu vergleichen mit den Angaben der letzten Spalte. Diese sind aus Wahrscheinlichkeitsbetrachtungen erhalten, wenn man 45 Paare mit $l_2/l_1 = 0{,}09$ zugrunde legt und ausrechnet, wie viele dieser Paare am Himmel als Paare mit s_2/s_1 zwischen den in der ersten Spalte angegebenen Grenzen beobachtet werden müßten. Es ergibt sich, wenn wir uns auf Paare mit $s_2/s_1 > 0{,}05$ beschränken, eine

Tabelle 1. Verteilung der dreifachen Sternsysteme nach dem Verhältnis der Bahndimensionen.

s_2/s_1	A	B	C	D	ABC	Theorie
$> 0{,}40$	0	0	1	5	1	1
$0{,}40{-}0{,}30$	0	1	1	0	2	2
$0{,}30{-}0{,}20$	2	1	0	0	3	3
$0{,}20{-}0{,}15$	$2^1/_2$	$2^1/_2$	0	0	5	$4^1/_2$
$0{,}15{-}0{,}10$	4	3	1	3	8	$9^1/_2$
$0{,}10{-}0{,}05$	$8^1/_2$	4	5	2	$17^1/_2$	16
$0{,}05{-}0{,}025$	1	$8^1/_2$	5	2	$14^1/_2$	8
$< 0{,}025$	0	4	9	7	13	1

sehr gute Übereinstimmung zwischen Beobachtung (Spalte ABC) und Theorie. Die Abweichungen für *kleinere* Werte von s_2/s_1 bedeuten nur, daß noch zahlreiche Paare mit $l_2/l_1 < 0{,}09$ existieren. Dies ist aber nicht im Widerspruch mit der Theorie, denn diese verlangt nur, daß bei doppelter Teilung l_2/l_1 stets kleiner bleibt als 0,1. Die Übereinstimmung ließe sich also auch für $s_2/s_1 < 0{,}05$ mühelos erzielen, wenn zu dem Ausgangsmaterial von 45 Paaren mit $l_2/l_1 = 0{,}09$ einige Paare mit einem noch kleineren Verhältnis der wirklichen Bahndimensionen hinzugefügt worden wären. Dagegen versagen diese Überlegungen bei der Erklärung der 5 Paare der Gruppe D mit $s_2/s_1 > 0{,}40$. Wir können also aus diesem Vergleich schließen, daß für alle dreifachen Systeme, deren wirkliche Bahndimensionen nicht zu groß sind (Gruppen A, B, C), als Entstehungsprozeß eine doppelte Teilung in Frage kommt. Das gilt aber nicht mehr für alle Systeme mit sehr großen wirklichen Bahndimensionen (Gruppe D). Hier muß wahrscheinlich für einige Systeme eine andere Entstehungsart herangezogen werden, sei es nun ein zufälliges Einfangen einer dritten Komponente, ein zufälliges Aufspalten des Muttersterns in mehrere Komponenten infolge starker Gezeitenwirkung eines nahe vorbeigehenden Sterns oder ein unabhängiges Entstehen der drei Komponenten aus drei Kondensationskernen in einem Mutternebel. Auch bei Gruppe C macht sich schon eine Teilung in zwei Arten von dreifachen Systemen bemerkbar, in solche, die nur durch doppelte Teilung entstanden sein können ($s_2/s_1 < 0{,}2$) und in solche, die vielleicht eine andere Entstehungsursache besitzen ($s_2/s_1 > 0{,}3$).

2. Das inkompressible Modell. a) Das Rotationsproblem. Nachdem wir gesehen haben, daß Doppelsternsysteme mit Komponenten von nahezu gleicher Masse durch Teilung eines Muttersterns entstanden sein

dürften, wollen wir versuchen, einen solchen Prozeß einigermaßen zu
verfolgen. Da die Teilung ohne Einwirkung äußerer Kräfte erfolgen
soll, so ist der natürliche Ausgangspunkt der Untersuchungen wieder
der Satz, daß eine frei im Raum rotierende Masse ihr Rotationsmoment
um eine beliebige Achse, die durch ihren Schwerpunkt geht, beibehält.
Die Masse gibt durch Strahlung Wärme nach außen ab und wird sich
infolgedessen zusammenziehen, und zwar so lange, bis ihre Wärme-
abgabe durch innere Energiequellen gedeckt wird. Denn wir haben
Grund anzunehmen, daß die Energiequellen im Innern erst in Tätigkeit
treten, wenn durch die ursprüngliche Kontraktion Dichte und Temperatur im Innern genügend hohe Werte erreicht haben. Das Rotationsmoment kann aber während der Kontraktion nur dann konstant bleiben,
wenn gleichzeitig die Rotationsgeschwindigkeit zunimmt. Es entsteht
dann die Frage, ob die rotierende Masse sich bei genügend rascher
Rotation teilen kann. Wenn man aber versucht, die Zustandsänderungen
zu verfolgen, die eine strahlende Masse im thermodynamischen und
mechanischen Gleichgewicht mit zunehmender Rotationsgeschwindigkeit durchläuft, so stößt man bald auf unüberwindliche Schwierigkeiten
physikalischer und mathematischer Art. Wir sind also zu einer sehr
weitgehenden Idealisierung des Problems gezwungen, und zwar zu einer
so weitgehenden, daß wir keineswegs ganz sicher sind, ob wir nicht einen
wesentlichen Zug des Problems dadurch verlieren werden.

Wir führen die Aufgabe auf die klassische Theorie der Gleichgewichtsfiguren rotierender Himmelskörper zurück, die von Darwin, Poincaré, Liapounoff, Schwarzschild und Jeans entwickelt worden ist.
Dazu machen wir die folgenden Annahmen: erstens vernachlässigen wir
die Strahlung, wodurch das thermodynamisch-mechanische Gleichgewichtsproblem auf ein rein mechanisches Gleichgewichtsproblem
reduziert wird; zweitens soll die Dichte innerhalb der betrachteten Masse
konstant sein, wir rechnen also mit einer inkompressiblen Flüssigkeit,
weil sich dann das Potential der wirkenden Kräfte in geschlossener
Form ausdrücken läßt; drittens soll diese Masse eine genügend starke
innere Reibung besitzen, so daß auftretende Strömungen ausgeglichen
werden und jedes Teilchen der Masse mit der gleichen Winkelgeschwindigkeit um eine gemeinsame Achse rotiert. Das Problem besteht dann
darin, zu untersuchen, welche Reihe von Gleichgewichtsfiguren eine
solche inkompressible Flüssigkeitsmasse bei konstant bleibendem Rotationsmoment und zunehmender Dichte durchläuft, und welche dieser
Figuren mechanisch stabil sind. Es zeigt sich aber — und das bedeutet
den Anschluß der mathematischen Theorie der Gleichgewichtsfiguren
an die Kosmogonie —, daß man die gleichen Reihen von Gleichgewichtsfiguren auf mathematisch sehr viel einfachere Weise erhält, wenn man
die Dichte ϱ konstant hält und dafür das Rotationsmoment μ wachsen

läßt. Durch eine reine Maßstabsänderung der einzelnen Figuren läßt sich die „mathematische" Reihe (ϱ konstant und μ zunehmend) in die „natürliche" Reihe (ϱ zunehmend und μ konstant) überführen[1]. Was die Einheiten von Masse, Länge und Zeit betrifft, so wählt man sie zweckmäßig so, daß die betrachtete Flüssigkeitsmenge die Masse 1 und das Volumen 1 besitzt, und daß gleichzeitig die GAUSSsche Gravitationskonstante den Wert 1 erhält. Alle folgenden Zahlenangaben beziehen sich auf diese Einheiten.

Den Ausgangspunkt der Reihe bildet die Kugel, die zum Rotationsmoment $\mu = 0$ gehört. Die Anordnung der Materie ist hier symmetrisch zum Mittelpunkt. Beginnt μ vom Werte Null an zu wachsen, d. h. denken wir uns die Flüssigkeitsmasse in schwache Rotation versetzt, so zeigt die Materie alsbald die Tendenz, sich symmetrisch zu einer Ebene, die senkrecht auf der Rotationsachse steht, anzuordnen, der Äquatorebene. Aus der Kugel entstehen mit zunehmendem Rotationsmoment immer stärker abgeplattete Rotationsellipsoide. Die Reihe von Rotationsellipsoiden zunehmender Abplattung hört aber auf, sobald das Rotationsmoment in den hier gewählten Einheiten den Wert $\mu = 0{,}30375$ erreicht. Dann erweist sich eine symmetrische Anordnung der Materie in bezug auf die Äquatorebene als nicht mehr stabil. Die Materie ordnet sich von nun an mehr und mehr längs einer in der Äquatorebene liegenden Richtung an. Die Reihe der Rotationsellipsoide wird bei $\mu = 0{,}30375$ durch die Reihe der dreiachsigen Ellipsoide abgelöst. Aber auch diese Reihe kann nicht bis zu beliebig großen Werten von μ fortgesetzt werden. Vielmehr verliert sie schon bei $\mu = 0{,}3898$ ihre Stabilität und macht einer Reihe von birnförmigen Figuren Platz. In Abb. 1 geben die Schnitte „a" durch die Rotationsachse der Figuren die Formen schematisch wieder, die eine inkompressible Flüssigkeitsmasse bei konstanter Dichte und zunehmendem Rotationsmoment oder auch bei zunehmender Dichte und konstantem Rotationsmoment nacheinander durchläuft. Wir wollen noch die Verzweigungsfiguren durch Angabe der Achsen (a, b, c) in Bruchteilen des Radius (r) der volumgleichen Kugel charakterisieren.

Tabelle 2. Verzweigungsfiguren.

μ	a/r	b/r	c/r	Ausgangsfigur der
0	1	1	1	Rotationsellipsoide
0,30375	1,1972	1,1972	0,6977	dreiachsigen Ellipsoide
0,3898	1,8858	0,8150	0,6507	birnförmigen Figuren.

---

[1] Es gilt der Satz: Die Gleichgewichtsfiguren der Masse 1, die zu zunehmender Dichte ϱ und konstantem Rotationsmoment μ_0 gehören, sind gleich den im Verhältnis $1 : \sqrt[3]{\varrho}$ verkleinerten Figuren der Masse 1, der konstanten Dichte 1 und dem zunehmenden Rotationsmoment $\mu = \sqrt[6]{\varrho} \cdot \mu_0$ (SCHWARZSCHILD: Neue Annalen d. Sternw. München **3**, 231 [1898]).

Die Stabilitätsuntersuchungen bilden den schwierigsten Teil in der Theorie der Gleichgewichtsfiguren rotierender Flüssigkeiten. Mit diesen hängt wieder die Berechnung der Verzweigungsfiguren zusammen. Beschränkt man sich auf reibende Flüssigkeiten, so ist für die Stabilität einer Figur notwendig und hinreichend, daß ein gewisser Ausdruck*, den wir kurz die Energie der Figur nennen wollen, ein absolutes Minimum wird. D. h. eine Gleichgewichtsfigur, die zu einem fest gegebenen Rotationsmoment μ gehört, wird dann und nur dann stabil sein, wenn alle durch beliebige aber *kleine* Deformationen aus der Figur hervorgehenden Nachbarfiguren *größere* Energie besitzen. Eine beliebige kleine Deformation der Ausgangsfigur läßt sich eindeutig dadurch charakterisieren, daß man für jeden Punkt der Oberfläche der Ausgangsfigur angibt, wie weit man sich senkrecht zur Oberfläche nach innen oder nach außen bewegen muß, um auf die Oberfläche der deformierten Figur zu stoßen. Von der Gesamtheit dieser kleinen Wege, die mathematisch durch eine Funktion des Ortes auf der Oberfläche der Ausgangsfigur gegeben sind (Deformationsfunktion), hängt die Energiedifferenz δU zwischen der deformierten Figur und der Ausgangsfigur ab, die für alle möglichen Deformationen *positiv* sein muß, wenn die Ausgangsfigur stabil sein soll. Die in hohem Grade willkürliche Deformationsfunktion $\zeta(P)$, wo P einen Ort auf der Oberfläche der Ausgangsfigur bedeutet, kann stets nach den zur Oberfläche der Ausgangsfigur gehörenden (durch Integralgleichungen definierten) Orthogonalfunktionen $\eta_n(P)$ entwickelt werden:

$$\zeta(P) = \sum_{n=1}^{\infty} y_n \cdot \eta_n(P) \; **.$$ Es zeigt sich schließlich, daß die für die

Stabilität maßgebende Energiedifferenz δU in erster Näherung — und dadurch ist das Vorzeichen von δU festgelegt — in der Form dargestellt

werden kann: $\delta U = \frac{1}{2} \sum_{n=1}^{\infty} (1 - s_n)\, y_n^2$. Die Koeffizienten dieser Reihe

$(1 - s_n)$ nennt man die Stabilitätskoeffizienten, und die Ausgangsfigur wird dann und nur dann stabil sein, wenn alle $1 - s_n$ positiv sind. Die Stabilitätskoeffizienten hängen in einfacher Weise mit den Eigenwerten der Eigenfunktionen $\eta_n(P)$ zusammen. Für die Theorie der Gleich-

---

* Nämlich $U = \dfrac{\mu^2}{2J} - \Omega$ (μ das Rotationsmoment, J das Trägheitsmoment in bezug auf die Rotationsachse, $-\Omega$ die potentielle Energie der Figur).

** Im Falle der Kugel sind die Orthogonalfunktionen η_n identisch mit den allgemeinen Kugelfunktionen $Y_n(\vartheta, \psi)$; im Falle der dreiachsigen Ellipsoide sind es die Laméschen Funktionen $M(\mu) \cdot N(\nu)$. Bei Rotationsellipsoiden hat man auch die allgemeinen Kugelfunktionen zu benützen, denn dann geht die Funktion $N(\nu)$ über in $\cos p\psi$ und die Funktion $M(\mu)$ in die zugeordnete Kugelfunktion $X_n^p\left(\sqrt{\dfrac{a^2 - \mu^2}{a^2 - b^2}}\right)$.

gewichtsfiguren ist es deshalb ein glücklicher Umstand, daß für die Kugel und die Ellipsoide die vollständigen Systeme von Eigenfunktionen η_n (P) und ihre Eigenwerte in Gestalt der Kugelfunktionen und der LAMÉschen Funktionen bekannt sind. Anders ist dies für die Reihe der birnförmigen Figuren, die sich bei $\mu = 0,3898$ an die dreiachsigen Ellipsoide anschließen. Deshalb haben auch Untersuchungen über deren Stabilität zunächst zu widersprechenden Ergebnissen geführt, weil man dabei auf numerische Methoden angewiesen ist und es auf den Grad der Näherung ankommt, bis zu dem man die Rechnungen durchführt. Heute wissen wir, daß die birnförmigen Figuren instabil sind.

Der Übergang von den Rotationsellipsoiden zu den dreiachsigen Ellipsoiden tritt dadurch ein, daß die Oberfläche des Rotationsellipsoids in eine Schwingung gerät, die durch die Deformation $\zeta(\vartheta, \psi) \sim \cos 2\,\psi \cdot X_2^2 (\cos \vartheta)$ (ψ Azimut, ϑ Winkelabstand von der Rotationsachse) gekennzeichnet ist. Die Reibungskräfte zehren jedoch bald die Amplitude der Schwingung auf, so daß ein dreiachsiges Ellipsoid als neue, stabile Gleichgewichtsfigur entsteht. Die Schwingung, die das dreiachsige Ellipsoid in die birnförmige Nachbarfigur über-

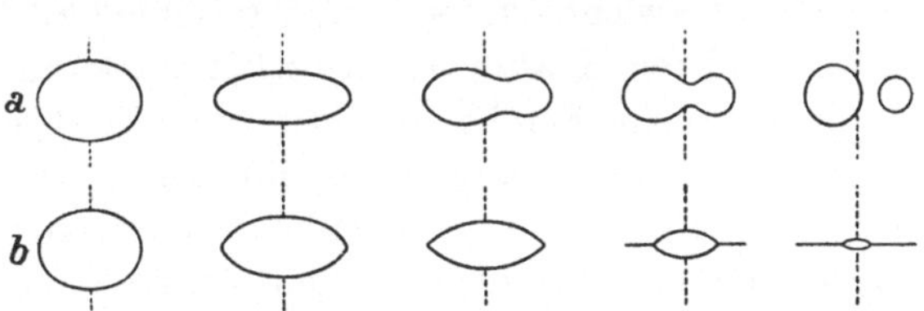

Abb. 1. Gleichgewichtsfiguren beim Rotationsproblem. a Das inkompressible Modell. b Das Modell von ROCHE: massiger Kern, masselose Atmosphäre. (Aus JEANS, Astronomy and Cosmogony.)

führt, ist gekennzeichnet durch die Deformation $\zeta(\mu, \nu) \sim M_{(3)}(\mu) \cdot N_{(3)}(\nu)$ (μ, ν die elliptischen Koordinaten eines Punkts auf der Oberfläche des dreiachsigen Ellipsoids), wo $M_{(3)}$ und $N_{(3)}$ spezielle LAMÉsche Funktionen dritter Ordnung sind. Bei dieser Art der Deformation bildet sich *eine* Furche auf der Oberfläche des Ellipsoids. Würde eine Deformation nach LAMÉschen Funktionen höherer Ordnung erfolgen, so würden sich mehrere Furchen auf der Oberfläche des Ellipsoids ausbilden. Aber im Gegensatz zum Übergang zwischen dem Rotationsellipsoid und dem dreiachsigen Ellipsoid nimmt nun die Amplitude der Schwingung exponentiell zu, die Furche vertieft sich immer mehr, bis schließlich wahrscheinlich eine Teilung in zwei getrennte, ungefähr gleich große Massen erfolgt.

Um die ganze Reihe der dreiachsigen Ellipsoide zu durchlaufen, muß das Rotationsmoment der Gleichgewichtsfigur bei konstant bleibender Dichte zunehmen von 0,30 auf 0,39. Halten wir umgekehrt das Rotationsmoment fest und lassen die Dichte wachsen, so findet man, daß die Verzweigungsfigur zwischen dreiachsigem Ellipsoid und Birne die 4,8fache Dichte der Verzweigungsfigur zwischen Rotationsellipsoid und dreiachsigem Ellipsoid besitzt.

Zusammenfassend können wir sagen, daß das reine Rotationsproblem inkompressibler Flüssigkeiten die Entstehung von Doppelsternen, deren Komponenten vergleichbare Massen haben, durch Teilung eines Muttersterns als möglich erscheinen läßt. Unter allem Vorbehalt können wir dies auch erwarten, wenn es sich um strahlende Massen handelt, deren Dichteverteilung im Innern wenigstens angenähert dem Falle konstanter Dichte entspricht.

Wir wissen heute, daß im Innern der Sterne hohe Drucke und hohe Temperaturen herrschen. Erst wenn uns bekannt ist, wie sich die Materie unter solchen extremen Bedingungen verhält, können wir entscheiden, ob ein inkompressibles Modell eine sinnvolle Annäherung, wenigstens für den inneren Kern einiger Sterne, bildet. Fortschritte auf diesem Gebiet der Kosmogonie sind also aufs engste mit Fortschritten in der Theorie der Gasentartung verknüpft.

b) Das Gezeitenproblem. Solange wir uns auf das statische Problem der Gleichgewichtsfiguren einer rotierenden Masse beschränken, die keinen äußeren Kräften unterworfen ist, kann sich auf der Oberfläche nie mehr als *eine* Furche ausbilden, weil die Masse keine Möglichkeit hat, über den ersten Verzweigungspunkt, der durch eine Lamésche Funktion dritter Ordnung charakterisiert ist, hinauszugelangen. Anders wird dies, wie wir nun kurz skizzieren wollen, wenn ein vorübergehender Stern eine starke Gezeitenwirkung bei der zu untersuchenden Masse hervorruft.

Die störende Masse werde punktförmig angenommen; sie besitze die Masse M' und den Abstand R von der durch sie gestörten Masse M. Ihre Bahn relativ zu M sei eine Hyperbel, so daß eine merkliche Störung nur relativ kurze Zeit, während M' sich in großer Nähe von M befindet, andauere. Als Gleichgewichtsfiguren von M unter dem Einfluß von M' kommen, wenn eine Rotation von M vernachlässigt wird, nur verlängerte Rotationsellipsoide in Betracht. Dabei weist die große Achse des Ellipsoids stets sehr nahe nach M'. Mit Annäherung von M' an das Periastron durchläuft M eine Reihe von immer mehr und mehr verlängerten Rotationsellipsoiden (vorausgesetzt, daß M' nicht zu nahe an M herankommt), die wieder rückwärts durchlaufen wird, wenn M' das Periastron überschritten hat. Die Rolle, die das Rotationsmoment μ im Rotationsproblem als charakteristischer Parameter spielt, spielt im Gezeitenproblem die Größe M'/R^3. Es gibt einen kritischen Wert von M'/R^3, nämlich $M'/R^3 = 0{,}125\,504\,\pi\varrho$, wo ϱ die Dichte der homogenen Masse M ist, der nicht überschritten werden darf, wenn M nicht durch Instabilität die Reihe der verlängerten Rotationsellipsoide verlassen soll. Mit Hilfe von $M = \dfrac{4\,\pi}{3}\,\varrho\,r^3$, wo r den Radius der ungestörten, kugelförmigen Masse M bedeutet, ergibt sich daraus der kritische Abstand $R_0 = 2{,}1984 \left(\dfrac{M'}{M}\right)^{\frac{1}{3}} \cdot r$, bei dessen Unterschreitung die Masse M instabil wird. Das Achsenverhältnis von M beträgt dann $17 : 8 : 8$, was einer Exzentrizität $e = \sqrt{\dfrac{a^2 - b^2}{a^2}} = 0{,}88$ entspricht. Wird zur Abschätzung $M'/M = 10$ angenommen, so wird $R_0 = 4{,}75\,r$. Benützt man r als Einheit der Entfernung, so wird $R_0 = 4{,}75$, während gleichzeitig die große Achse des verlängerten Rotationsellipsoids den Wert $a = 1{,}65$ besitzt. Man erhält also $R_0 = 2{,}9\,a$; der kritische Abstand R_0 entspricht somit einer sehr bedeutenden Annäherung von M' an M.

Nähert sich M' im Periastron der Masse M bis auf einen Abstand R, der nur wenig kleiner als R_0 ist, so hat M noch die Möglichkeit, ellipsoidförmig zu bleiben bis $e = 0{,}95$ wird. Hier liegt der erste Verzweigungspunkt zwischen Ellipsoid und Birne, der wieder durch eine LAMÉsche Funktion dritter Ordnung, also *eine* Furche gekennzeichnet ist. Wenn dagegen M' den Abstand R_0 wesentlich unterschreitet, so hört das Problem auf, ein statisches zu sein, und im dynamischen Problem besteht nun für M die Möglichkeit, den ersten Verzweigungspunkt zu überschreiten; die Oberflächenänderung von M geht dann so rasch vor sich, daß keine Zeit zur Vertiefung der

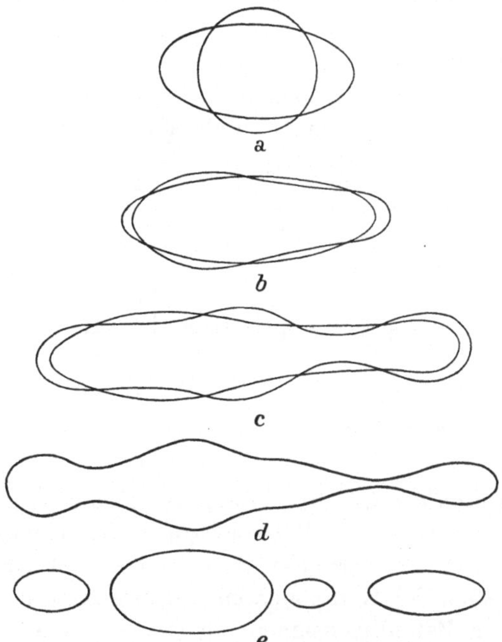

Abb. 2. Gleichgewichtsfiguren einer inkompressiblen Masse im Gezeitenproblem. (Aus JEANS, Astronomy and Cosmogony.)

ersten Furche da ist, und es wird darauf ankommen, welchen Verzweigungspunkt M im Moment des Periastrons von M' erreicht hat. Die durch diesen Punkt charakterisierte Schwingung höherer Ordnung hat die Möglichkeit, exponentiell anzuwachsen. Das Ergebnis wird eine Teilung von M in mehrere Teile von annähernd gleicher Masse sein, wie es der Ordnung der Schwingung entspricht. In Abb. 2 sind die Verhältnisse schematisch dargestellt für den Fall einer Schwingung nach einer LAMÉschen Funktion vierter Ordnung. Durch einen hinreichend nahen Vorübergang einer störenden Masse an einem Stern, dessen Dichteverteilung im Innern nicht allzusehr von einem inkompressiblen Modell verschieden ist, kann dieser also in mehrere Einzelteile aufgebrochen werden. Es ist möglich, daß auf diese Weise einige der dreifachen Sternsysteme entstanden sind, die sich, wie Russell gezeigt hat, nicht durch Teilung eines Muttersterns in zwei Komponenten und abermalige Teilung einer der Komponenten erklären lassen. Die Zahl der so entstehenden Systeme wird aber klein sein, weil hinreichend nahe Vorübergänge zwischen zwei Sternen zur Auslösung einer Schwingung höherer Ordnung sehr selten sind.

Andererseits sprechen die in Tabelle 3 zusammengestellten Bahnverhältnisse von spektroskopischen und visuellen Doppelsternen entschieden dafür, daß nahe Vorübergänge zwischen Sternen und ein damit verbundener Energieaustausch[1] stattgefunden haben müssen. Auf andere Weise ist der große Bereich, über den sich die Perioden und Exzentrizitäten bei den Doppelsternen verteilen, nicht zu erklären, wenn diese durch Zweiteilung eines Muttersterns entstanden sein sollen.

Tabelle 3. Bahnverhältnisse bei Doppelsternen.

Sterntypus	Anzahl	Mittlere Periode	Mittlere Exzentrizität
Spektroskopische Doppelsterne	46	2,75 Tage	0,047
	19	7,8 ,,	0,147
	25	23 ,,	0,324
	29	545 ,,	0,350
Visuelle Doppelsterne	30	31,3 Jahre	0,423
	20	74,4 ,,	0,514
	18	170 ,,	0,539

Durch die Gezeitenreibung in einem neu gebildeten Doppelsternsystem wird zwar der Bahnbewegung der Komponenten um ihren gemeinsamen Schwerpunkt Rotationsmoment zugeführt auf Kosten der Rotation der Komponenten um ihre Achsen. Dies hat eine Vergrößerung der Bahndimensionen, also auch der Umlaufsperiode zur Folge und kann auch eine Vergrößerung der Exzentrizität der Bahn zur Folge haben. Da aber, wie wir schon früher bemerkten, der Teil des Gesamtrotationsmoments des Systems, der von der Rotation der Komponenten um ihre Achsen herrührt, immer sehr klein sein wird im Vergleich zum Moment der Bahnbewegung, kann die durch Gezeitenreibung verursachte Bahnvergrößerung keine bedeutende sein.

Von dem Standpunkt aus, daß die wirkliche Welt eine expandierende Welt ist, ein Standpunkt, der durch die Beobachtungen der großen positiven Radialgeschwindigkeiten der Spiralnebel naheliegt, und daß diese Welt vor rund 10^9 oder 10^{10} Jahren eine sehr viel geringere Ausdehnung als heute hatte, so daß vor einem solchen Zeitraum die Sterne

---

[1] Ein Austausch zwischen Translationsenergie und Energie der Bahnbewegung, in Analogie zur Gastheorie mehratomiger Moleküle.

im Raum sehr viel dichter beieinander standen, erscheint es nicht mehr so unwahrscheinlich, daß ein Energieaustausch in früheren Zeiten stattgefunden hat. Allerdings dürften auch damals Begegnungen innerhalb einer Entfernung von wenigen Sterndurchmessern eine Seltenheit gewesen sein.

II. Systeme vom Typus des Planetensystems.

Systeme vom Typus des Planetensystems sind durch die folgenden Haupteigenschaften charakterisiert: a) Die Masse aller Planeten zusammengenommen ist klein im Vergleich zur Masse des Zentralkörpers. (Im Falle des Sonnensystems beträgt sie nur 0,0013 der Sonnenmasse.) b) Die Planeten bewegen sich alle in nahezu der gleichen Ebene und in der gleichen Richtung um den Zentralkörper. (Im Sonnensystem besitzt die Bahnebene des Merkur die größte Neigung gegen die Ebene der Erdbahn, nämlich 7⁰.) c) Die Rotation des Zentralkörpers erfolgt in derselben Richtung wie der Umlauf der Planeten; sie kann jedoch eine sehr langsame sein, so daß die Abplattung außerordentlich klein sein kann. (Ein Punkt des Sonnenäquators vollendet eine Umdrehung in 25 Tagen; die Abplattung der Sonne ist unmerklich klein.) d) Die Äquatorebene des Zentralkörpers braucht nicht zusammenzufallen mit der mittleren Bahnebene der Planeten. (Der Sonnenäquator besitzt eine Neigung von rund 7⁰ gegen die Erdbahnebene.).

Bei dem heutigen Stand der Theorie können wir nicht erwarten, daß genauere Einzelheiten, wie sie sich in unserem Planetensystem vorfinden, richtig wiedergegeben werden. Um überhaupt einen Fortschritt zu erzielen, werden wir uns von den angeführten hauptsächlichsten Merkmalen eines Systems vom Typus unseres Planetensystems leiten lassen müssen.

Wenn wir uns auf Massen beschränken, deren Dichteverteilung im Innern wenigstens annäherungsweise durch ein Modell konstanter Dichte dargestellt werden kann, können wir mit Sicherheit behaupten, daß weder das reine Rotationsproblem noch das Gezeitenproblem die Bildung von Systemen möglich erscheinen lassen, die in ihren wesentlichen Zügen einem Planetensystem gleichen. Man versucht deshalb zweckmäßig, einen extrem entgegengesetzten Fall zu behandeln: nämlich das Rotationsproblem und das Gezeitenproblem bei einer Masse, die eine sehr starke Konzentration der Materie gegen das Zentrum hin aufweist. Durch Vernachlässigung der Strahlung führen wir die Aufgabe wieder zurück auf ein rein mechanisches Gleichgewichtsproblem; durch die Annahme, daß die Gesamtmasse M im Zentrum konzentriert sei und darüber eine praktisch masselose Atmosphäre lagere (Modell von ROCHE), erreichen wir, daß sich das Potential der wirkenden Kräfte in geschlossener Form ausdrücken läßt; abermals sollen Reibungskräfte bewirken, daß alle Teilchen der Atmosphäre einheitlich mit der Winkelgeschwindigkeit ω um eine gemeinsame Achse rotieren.

1. Das Rotationsproblem. Die Äquipotentialflächen, die alle rotationssymmetrisch in bezug auf die z-Achse sind, sind dann gegeben durch den Ausdruck $\dfrac{M}{r} + \dfrac{\omega^2}{2}(x^2 + y^2) = C$, $(r = \sqrt{x^2 + y^2 + z^2})$, und besitzen die in Abb. 3 wiedergegebenen Meridianschnitte. Die Numerierung der Kurven entspricht abnehmenden Werten von C. Im folgenden interessiert vor allem die kritische Fläche (3), die einen scharfen Rand in der xy-Ebene aufweist. An den Punkten dieses Randes hält die Zentrifugalkraft der Gravitationskraft genau das Gleichgewicht. Daraus bestimmt sich der Zusammenhang zwischen der Winkelgeschwindigkeit der Rotation, der Masse M und dem äquatorialen Radius R dieser Fläche zu $\omega^2 = \dfrac{M}{R^3}$. Betrachtet man Volumen und Masse des Modells als gegeben, so ist mit Hilfe dieser Beziehung leicht einzusehen, daß die Rotation eine bestimmte Winkelgeschwindigkeit ω_0 nicht überschreiten darf, wenn die kritische Fläche (3) das vorgeschriebene Volumen nicht unterschreiten soll, d. h. wenn das Modell

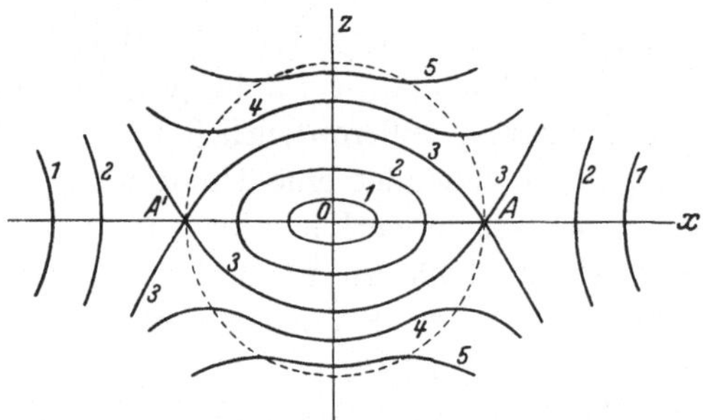

Abb. 3. Meridianschnitte durch die Äquipotentialflächen beim Rocheschen Modell im Falle des Rotationsproblems. (Aus Poincaré, Leçons sur les hypothèses cosmogoniques.)

nicht Materie längs des Äquators verlieren soll. Ersetzt man die Masse des Modells durch das Produkt aus Volumen und mittlerer Dichte $\bar{\varrho}$, so findet man als kritische Winkelgeschwindigkeit $\omega_0^2 = 0{,}36 \cdot 2\pi\bar{\varrho}$. Das Modell durchläuft also mit zunehmender Winkelgeschwindigkeit eine Reihe von Gleichgewichtsfiguren, die mit der Kugel beginnt, immer abgeplattetere, rotationsellipsoidähnliche Figuren enthält, und deren Grenzfigur bei der oben angegebenen Winkelgeschwindigkeit erreicht ist und eine flache, linsenförmige Gestalt mit scharfem äquatorialem Rand besitzt. Für größere Winkelgeschwindigkeiten gibt es keine anderen stabilen Gleichgewichtsfiguren, sondern das Modell wird stets durch Materieverlust längs des Äquators instabil. Meridianschnitte der Gleichgewichtsfiguren sind schematisch in Abb. 1, b dargestellt.

Durch eine derartige Instabilität scheint die Bildung eines Ringes wahrscheinlich zu sein. Laplace hatte die Vorstellung, daß ein solcher Ring sich zu einem einzigen Planeten kondensieren müßte, und daß die Planeten auf diese Weise aus schrittweise abgespaltenen Ringen entstanden seien. Diese Vorstellung begegnet aber, wie wir heute wissen und noch kurz andeuten wollen. unüberwindlichen Schwierigkeiten, so daß wir nicht länger an der LAPLACEschen Theorie festhalten können.

Eine physikalische Schwierigkeit ist die notwendige Konzentration der Gesamtmasse im Zentrum des Modells. Besitzt nämlich die Atmosphäre eine merkliche Masse, so nehmen die Äquipotentialflächen die in Abb. 4 skizzierte Gestalt an, und auf die geschlossene Fläche ABC läßt sich der POINCARÉsche Satz anwenden, daß Gleichgewicht nur herrschen kann, wenn $2\pi\bar{\varrho}_R > \omega^2$ ist, wo $\bar{\varrho}_R$ die mittlere Dichte im Ring ABC bedeutet. Durch Vergleich mit der Instabilitäts-

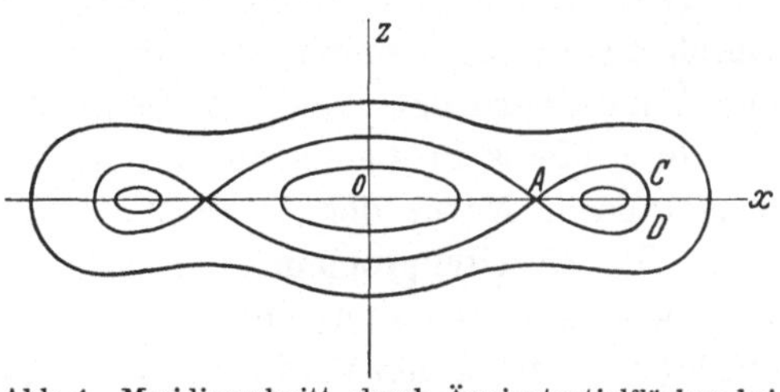

Abb. 4. Meridianschnitt durch Äquipotentialflächen bei endlicher Masse der Sternatmosphäre. (Aus POINCARÉ, Leçons sur les hypothèses cosmogoniques.)

bedingung kommt man dann aber zur Folgerung, daß die Materie des Rings sich nach der Abspaltung stark kondensiert haben muß, was physikalisch unmöglich sein dürfte. Im speziellen Fall des Sonnensystems kann man durch numerische Abschätzungen aus Gesamtmasse und Gesamtrotationsmoment des Systems in seinem jetzigen Zustand ebenfalls schließen, daß der Urnebel eine ungeheuer starke zentrale Kondensation hat aufweisen müssen. Etwas Derartiges erscheint vom physikalischen Standpunkt aus wenig befriedigend.

Eine weitere Schwierigkeit ist die notwendige Annahme *gleichförmiger* Rotation der Atmosphäre. Wenn die Rotationsverhältnisse in der Atmosphäre diesem Fall nicht sehr nahe kommen, sondern wenn jedes Teilchen

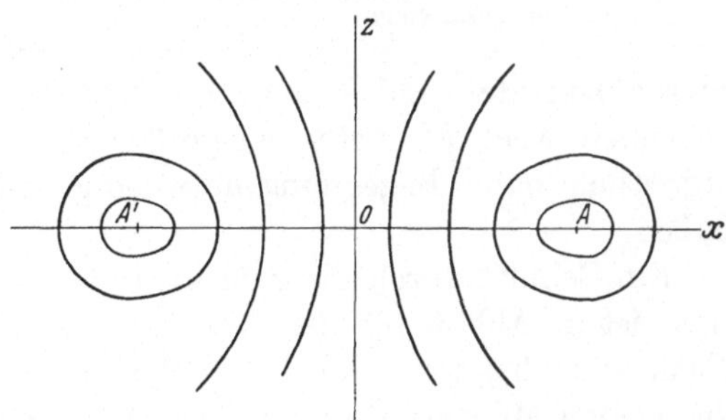

Abb. 5. Meridianschnitt durch Äquipotentialflächen bei ungleichförmiger Rotation der Atmosphäre. (Aus POINCARÉ, Leçons sur les hypothèses cosmogoniques.)

mehr oder weniger unabhängig von den anderen mit einer eigenen Winkelgeschwindigkeit ω um die Rotationsachse rotiert, so nehmen die Äquipotentialflächen die in Abb. 5 angegebene Form an; d. h. die Gesamtatmosphäre gestaltet sich ringförmig, und eine schrittweise Ablösung von Ringen ist unmöglich.

Schließlich soll noch erwähnt werden, daß die schrittweise Ablösung der Ringe, selbst wenn der Urnebel die notwendige zentrale Kondensation und seine Atmosphäre die notwendige gleichförmige

Rotation aufweist, nur durch sehr gekünstelte Annahmen über die Abkühlungsprozesse im Nebel erreicht werden kann.

Im speziellen Fall des Sonnensystems bildet die Tatsache, daß die Äquatorebene der Sonne nicht mit der mittleren Bahnebene der Planeten zusammenfällt, eine erhebliche Schwierigkeit.

Wenn die Strahlung nicht länger vernachlässigt wird, dürften sich die Verhältnisse in der Atmosphäre des Modells weitgehend ändern. Durch Strahlungsreibung wird die Bewegung der einzelnen Teilchen der Atmosphäre entscheidend beeinflußt werden. Zur genaueren Behandlung dieses Problems sind dann aber spezielle Annahmen über die physikalische Natur der Atmosphäre unerläßlich.

2. Das Gezeitenproblem. Wesentlich anders werden die Verhältnisse, wenn wir untersuchen, welche Reihe von Gleichgewichtsfiguren ein Stern mit starker, zentraler Verdichtung durchläuft, wenn eine beträchtliche, störende Masse auf ihm während eines nahen Vorübergangs Gezeitenwirkungen hervorruft. Wieder existiert, wie beim inkompressiblen Modell, ein kritischer Abstand zwischen den beiden Massen, bei dessen Unterschreitung Instabilität einsetzt. Dieser kritische Abstand R ist — der Größenordnung nach — gegeben durch den Wert $R = 2{,}28\,(M'/M)^{\frac{1}{3}}\cdot r$, wo M' wieder die Masse des störenden Sterns, M diejenige des gestörten

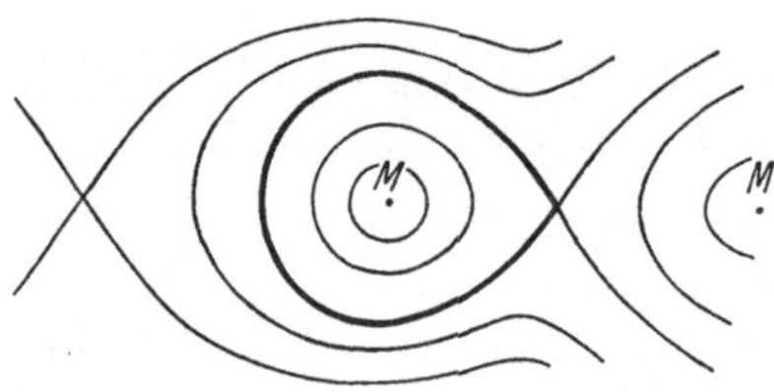

Abb. 6. Schnitt durch die Äquipotentialflächen beim Rocheschen Modell im Falle des Gezeitenproblems.   (Aus Jeans, Astronomy and Cosmogony.)

Sterns bedeutet und r dessen ungestörten Radius darstellt. Im allgemeinen, wenn M' nicht sehr groß gegenüber M ist, ist also eine außerordentlich nahe Begegnung notwendig, um Instabilität zur Folge zu haben.

Ein Schnitt durch die zum kritischen Abstand R gehörende Grenzfigur ist in Abb. 6 für den Fall $M' = 2\,M$ dargestellt. Die räumliche Figur entsteht, wenn die Schnittkurve um die Verbindungslinie MM' der beiden Massenzentren rotiert. An Stelle des scharfen äquatorialen Randes im Falle des reinen Rotationsproblems ist eine auf die störende Masse zu gerichtete Spitze getreten. Wird bei größter Annäherung der beiden Massen der kritische Abstand R unterschritten, so wird die Instabilität dadurch eintreten, daß die gestörte Masse M Materie an der Spitze verliert. Nur wenn M' außerordentlich groß gegenüber M ist, kann beim reinen Gezeitenproblem auch auf der M' abgewandten Seite von M ein Materieverlust eintreten. Der Gesamtverlust wird aber stets klein bleiben im Vergleich zur Masse M des gestörten Sterns. Es erscheint möglich, daß die abgerissene Materie sich je nach ihrer Masse und Ausdehnung in einzelne Teile kondensiert. Jedenfalls scheint nach unserem heutigen Wissen ein solcher Vorgang am ehesten zur Bildung von Planeten zu führen.

Kosmogonisch ist diese Schlußfolgerung deshalb von besonderem Interesse, weil wir annehmen müssen, daß ein zufälliges Element, nämlich die sehr nahe Begegnung zweier Sterne, als *notwendige* Bedingung für die Bildung eines Planetensystems hinzukommen muß. Planetensysteme werden deshalb im Vergleich zu Doppelsternsystemen selten sein. Denn selbst, wenn wir uns auf den naheliegenden Standpunkt stellen, daß vor 10^9 Jahren die Sterndichte im Raum sehr viel größer war als heute, dürfte eine Begegnung innerhalb weniger Sterndurchmesser Abstand auch damals nur selten eingetreten sein.

Wir haben bisher die Fragen nach der Entstehung von Doppelsternsystemen und Planetensystemen als rein mechanische Probleme behandelt. Es bleibt übrig, noch einige ergänzende Worte über den Einfluß der Strahlung zu sagen. Wir haben bereits erwähnt, daß wir es bei Berücksichtigung der Strahlung mit einem kombinierten thermodynamischen und mechanischen Gleichgewichtsproblem zu tun haben. Ein wesentliches Resultat, das man VON ZEIPEL[1] und JEANS[2] verdankt, ist, daß bei einer rotierenden, strahlenden Gasmasse nicht alle Teilchen mit der gleichen Winkelgeschwindigkeit rotieren können. Die Winkelgeschwindigkeit nimmt vielmehr zu von außen nach innen. Das Auftreten von Zirkulationsströmen wird dadurch unvermeidbar. Eine starke Änderung der Stabilitätsbedingungen ist ebenfalls zu erwarten, sobald eine Energieerzeugung im Innern der Sterne angenommen wird. Hier sind vor allem neuere Untersuchungen von ROSSELAND[3] zu erwähnen. Aber man wird kaum große Erfolge auf diesem schwierigen Gebiet erwarten dürfen, ehe nicht der innere Aufbau nichtrotierender Sterne und die Fragen nach der Energieerzeugung besser geklärt sind.

b) Die Entwicklung eines einzelnen Sterns.

I. Beobachtungsdaten.

Wir wollen nun von einer ganz anderen Seite an die Frage nach der Entwicklung der Sterne herantreten. Wir haben bisher spezielle theoretische Modelle an die Spitze gestellt, um durch rein mechanische Untersuchungen spezielle beobachtete *Formen* von Stern*systemen* — Doppelsterne, Planetensysteme — zu erklären. Mechanische Gleichgewichtsbetrachtungen sollen nun ganz außer acht gelassen werden. Wir versuchen vielmehr jetzt ein rein thermodynamisches Problem zu behandeln; aber nicht dadurch, daß wir wieder bestimmte theoretische Annahmen

---

[1] Monthly Notices **84,** 665 (1924).
[2] Astronomy and Cosmogony, Cambridge 1928.
[3] Publ. Observ. Oslo, N. 1 (1931) und Nr. 2 (1932).

machen und daraus alle damit verträgliche Folgerungen ziehen, sondern dadurch, daß wir einen möglichst engen Anschluß an Beobachtungsdaten bewahren.

1. Was ist ein Stern? Was, physikalisch gesprochen, ein Stern eigentlich ist, wurde im zweiten und dritten Vortrag ausführlich auseinandergesetzt. Auf die dortigen Ausführungen soll hier verwiesen werden; insbesondere auf Tabelle 6 (S. 67), die beobachtete Daten einzelner charakteristischer Sterne enthält. Von besonderem Interesse sind die Zahlen, die die Gesamtstrahlung der verschiedenen Sterne angeben [M_b, oder besser $L = 2{,}512^{(4{,}85 - M_b)}$]. Während die effektiven Temperaturen, Massen und Radien, wie die Tabelle zeigt, in relativ engen Grenzen schwanken, gibt es Sterne, die 200000mal mehr Licht aussenden als die Sonne, und solche, die nur 0,00016 der Sonnenstrahlung in den Raum schicken. Offenbar können diese riesigen Unterschiede nur von der verschiedenen Art herrühren, auf die in den einzelnen Sternen die Energie erzeugt wird, welche die Sterne ununterbrochen in den Raum hinaussenden. Es muß Sterne geben (letzte Spalte der Tabelle), denen im Durchschnitt pro Gramm Materie und pro Sekunde sehr viel mehr Energie zur Verfügung steht als der Sonne, und solche, die sehr viel sparsamer mit ihrem Energievorrat umgehen. Die Frage nach der Art der Energiequellen im Innern der Sterne bildet in der Tat, wie wir noch sehen werden, das Kernproblem der heutigen Kosmogonie, dessen Lösung aufs engste von Fortschritten in der Physik der Atomkerne abhängt.

2. Das Russell-Diagramm. Von einer großen Zahl von Sternen sind Leuchtkraft und Temperatur bekannt. Man kann die Verteilung dieser Größen unter den Sternen am besten übersehen, wenn man Leuchtkraft und Temperatur oder Spektraltypus als Koordinaten in einem Diagramm aufträgt. In Abb. 7 sind auf diese Weise ungefähr 2000 Sterne eingezeichnet. Abszissen sind Spektraltypen, die von links nach rechts abnehmenden effektiven Temperaturen entsprechen. Ordinaten sind absolute Leuchtkräfte, wobei die Ordinate $+ 5$ der Leuchtkraft der Sonne entspricht. Das Charakteristische dieser Verteilung ist, daß offenbar nicht alle Kombinationen von Leuchtkraft und effektiver Temperatur in der Natur verwirklicht sind, die Sterne sich vielmehr, grob gesprochen, in zwei Reihen anordnen: in eine zwischen den absoluten Helligkeiten -2 und $+2$ von F bis M nahezu horizontal verlaufende Reihe der Riesensterne und in eine schräg von links oben nach rechts unten verlaufende Hauptreihe. Die sog. weißen Zwerge sind in dem Diagramm nicht eingezeichnet. Sie bilden eine dritte Reihe, die wahrscheinlich horizontal zwischen den absoluten Größen $+ 10$ und $+ 12$ und zwischen den Spektraltypen B und F verläuft. Abb. 7 gibt zwar eine Darstellung der möglichen Kombinationen

von Leuchtkraft und effektiver Temperatur, aber sie gibt ein ver-
fälschtes Bild von der relativen Häufigkeit dieser Kombinationen. Denn
die benutzten 2000 Sterne sind nach bestimmten Gesichtspunkten aus-
gewählt, die mit dem vorliegenden Problem nichts zu tun haben. Ver-

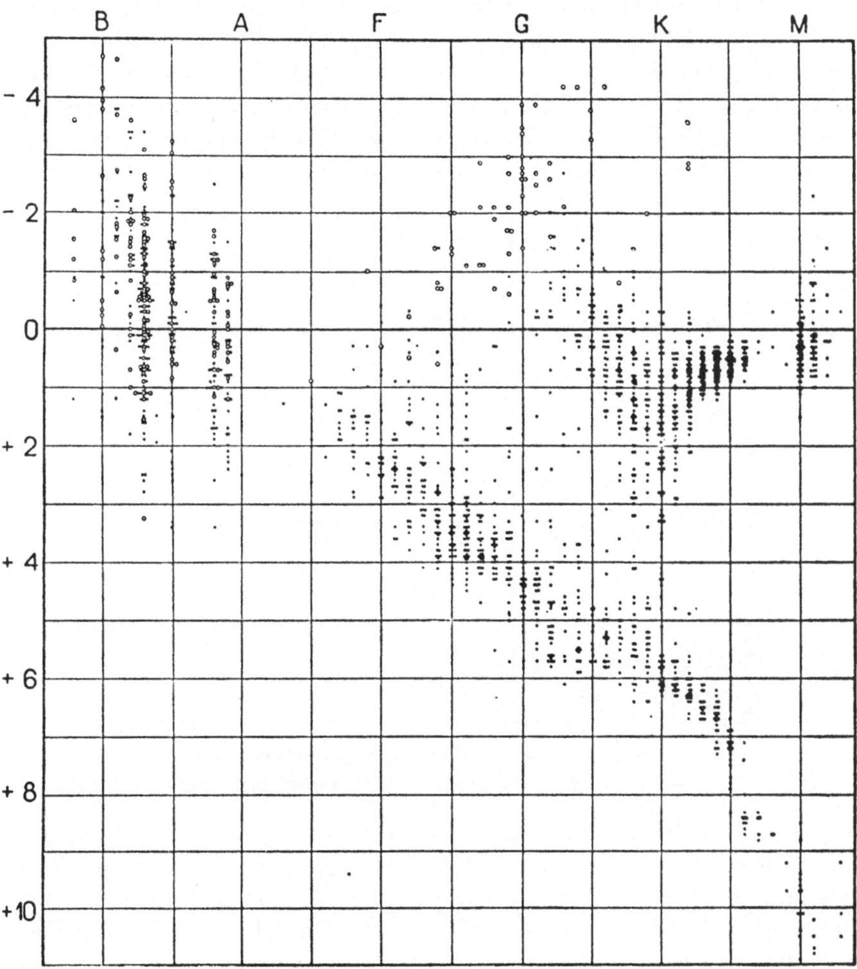

Abb. 7. Verteilung von etwa 2000 Sternen nach Leuchtkraft und Spektraltypus. Abszissen:
Spektraltypen, Ordinate: absolute Größen. (Aus EDDINGTON, Der innere Aufbau der Sterne.)

sucht man die statistische Echtheit wieder herzustellen, was nur in
ziemlich grober Weise gelingt, so erkennt man, daß die Zahl der Sterne
längs der Hauptreihe mit abnehmender Leuchtkraft sehr rasch anwächst,
und daß man mit einer ebenfalls sehr großen Zahl von weißen Zwergen
zu rechnen hat. Sterne der Hauptreihe mit großer Leuchtkraft und
Riesensterne (also alle Sterne, die in Abb. 7 oberhalb der Ordinate
+ 2 liegen) sind im Vergleich dazu als Ausnahmen zu betrachten.

3. Die Massen-Leuchtkraft-Beziehung. Wenn man die in der angeführten Tabelle 6 des zweiten Vortrags angegebenen Werte der Massen mit den Werten der Leuchtkräfte vergleicht, so erkennt man, daß ein Zusammenhang zwischen diesen Größen besteht. In Abb. 8 sind deshalb für zahlreiche Sterne die Logarithmen der Massen gegen die Logarithmen der mittleren Energieerzeugung pro Gramm-Sekunde eingezeichnet. Um gleichzeitig bei Sternen gleicher Masse den Einfluß verschiedener effektiver Temperaturen auf die mittlere Energieerzeugung überblicken zu können, wurden die Sterne je nach ihrer effektiven Temperatur mit ausgefüllten und nichtausgefüllten Zeichen in das Diagramm eingetragen.

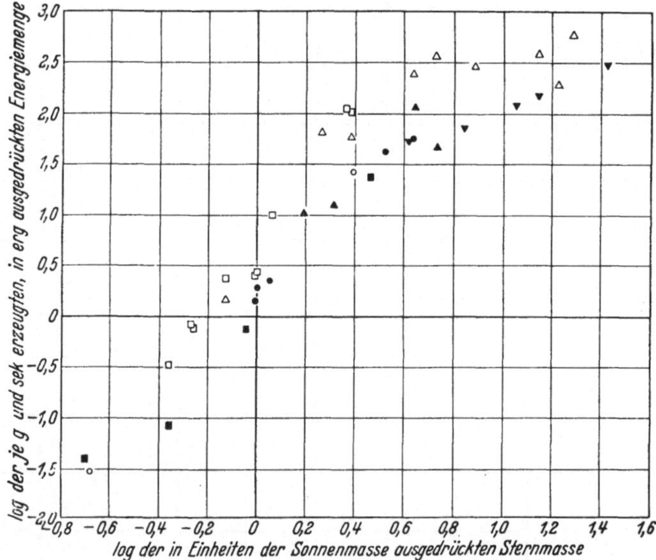

Abb. 8. Die Massen-Leuchtkraft-Beziehung nach Vogt, Veröffentl. d. Sternw. Jena Nr. 3.

Unausgefüllte Zeichen beziehen sich auf Sterne, deren effektive Temperatur höher ist als die durchschnittliche effektive Temperatur von Sternen der gleichen Masse, und ausgefüllte Zeichen auf solche Sterne, deren effektive Temperatur niedriger ist. Man sieht auf diese Weise, daß für Sterne gleicher Masse aber ganz verschiedener effektiver Temperatur die mittlere Energieerzeugung in relativ engen Grenzen schwankt. Die effektive Temperatur tritt also nur als eine Korrektionsgröße auf; die Masse ist daher ziemlich genau bekannt, wenn man die Leuchtkraft eines Sternes kennt. Das hat zur Folge, daß die Orte gleicher Masse im Russell-Diagramm auf Linien liegen, die nahezu parallel zur Temperaturachse, also der Abszissenachse verlaufen. Abb. 9 gibt das Russell-Diagramm mit den drei Reihen von Sternen schematisch wieder; die Linie SS' verbindet Orte gleicher Masse.

Wir haben damit alle empirischen Daten zusammengestellt, die etwas aussagen über die physikalischen Zustände einzelner Sterne. Wir stehen nun vor der Aufgabe, zu untersuchen, wie die große Mannigfaltigkeit der beobachteten Daten und die Anordnung der Sterne im Russell-Diagramm in drei Reihen zustandekommt. Besitzen verschiedene Sterne von vornherein und für immer ganz verschiedene Eigenschaften? Oder bedeutet die Verschiedenheit der Sterne nur eine Verschiedenheit ihres Alters, also ihres Entwicklungszustandes? War unsere Sonne vor Millionen von Jahren einmal ein Riesenstern und wird sie nach Millionen von Jahren ein weißer Zwergstern geworden sein? Oder aber hat sie nie ein typisches Riesenstadium durchgemacht und wird nie in das Stadium eines weißen Zwerges gelangen? Die Antwort ist beim heutigen Stand der Astrophysik keine eindeutige. Wir können nur feststellen, welche Entwicklungswege unter gegebenen Voraussetzungen möglich sind.

Die Hauptschwierigkeiten von Untersuchungen über die Entwicklung der Sterne beruhen darin, daß wir keinerlei direkten Aufschluß über den inneren Aufbau der Sterne haben (auch selbst die Massen-Leuchtkraft-Beziehung sagt nichts darüber aus), und daß unser Wissen über subatomare Energiequellen (nur solche kommen zur Deckung der Riesenbeträge von Energie in Frage, die die Sterne ununterbrochen in den Raum senden) noch ganz in den Anfängen steckt.

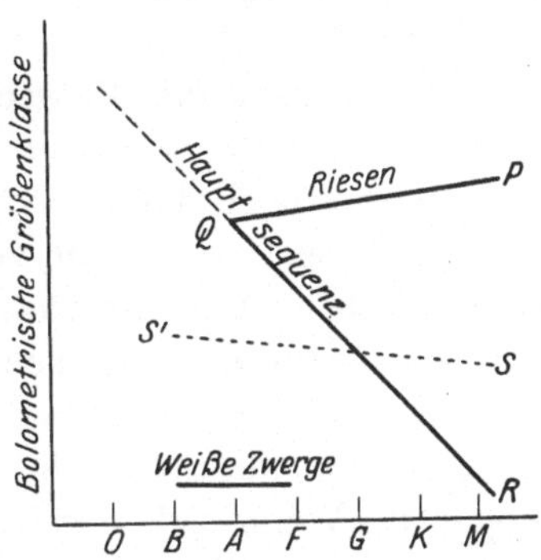

Abb. 9. Schematisches Russell-Diagramm. (Aus Eddington, Der innere Aufbau der Sterne.)

II. Kosmogonische Deutungsversuche.

1. Die Deutung des Russell-Diagramms. Unter der Deutung des Russell-Diagramms verstehen wir die Beantwortung der Fragen: Welche durch die Bildpunkte des Russell-Diagramms charakterisierten Zustände durchläuft ein Stern gegebener Masse während seiner Entwicklung, und was ist der Grund dafür, daß die Sterne die in Abb. 9 schematisch angedeutete Verteilung im Russell-Diagramm aufweisen? Da wir so wenig darüber wissen, wie im Innern der Sterne Energie befreit wird, kann auch die Deutung des Russell-Diagramms keine eindeutige sein, sondern sie wird von den Annahmen abhängen, die wir über die Prozesse der Energieerzeugung im Sterninnern machen.

Solange die Existenz von weißen Zwergsternen und die Massen-Leuchtkraft-Beziehung unbekannt waren, war es möglich mit ganz wenigen Annahmen alle Beobachtungsergebnisse befriedigend zu deuten. Die damalige Lockyer-Hertzsprung-Russellsche Riesen-Zwerg-Theorie (1913) ging von der Anschauung aus, daß ein Stern sein Leben als Riesenstern niedriger effektiver Temperatur beginnt, wobei seine große Leuchtkraft der Größe seiner Oberfläche zugeschrieben wurde. Durch Kontraktion nimmt seine Oberfläche ab, wobei gleichzeitig jedoch die effektive Temperatur steigt, so daß die Leuchtkraft (die nach dem Stefan-Boltzmannschen Gesetz proportional dem Produkt aus Oberfläche und vierter Potenz der Temperatur ist) nahezu konstant bleibt. Der Bildpunkt des Sterns bewegt sich im Russell-Diagramm längs des Riesenastes. Ist die Kontraktion so weit fortgeschritten, daß die Gesetze idealer Gase ihre Gültigkeit verlieren, so biegt der Lebensweg des Sterns um in den Zwergast. Seine effektive Temperatur und damit seine Leuchtkraft beginnt zu sinken. Der Endzustand des Sterns (ehe er völlig erkaltet) wird ein Zwergstern niedriger effektiver Temperatur sein. Unter Berücksichtigung der Massen-Leuchtkraft-Beziehung läßt sich aber ein entwicklungsmäßiger Zusammenhang zwischen Riesen- und Zwergsternen nur noch dann aufrechterhalten, wenn man annimmt, daß ein Stern während seiner Entwicklung dauernd an Masse verliert. Der kontinuierliche Massenverlust ist zwar notwendig, aber natürlich nicht hinreichend für einen solchen Deutungsversuch. Wir wollen deshalb im folgenden noch etwas näher auf Überlegungen von Russell[1] über die Entwicklung der Sterne bei konstanter und bei abnehmender Masse eingehen. Wenn sich inzwischen auch manches in den Anschauungen vom inneren Aufbau der Sterne geändert hat, so behalten doch wohl Russells Überlegungen wegen ihrer großen Allgemeinheit ihren Wert als Leitgedanken für spätere verfeinerte Untersuchungen. Wir machen die folgenden Annahmen: Die Energieerzeugung im Innern eines Sterns soll nur abhängen von der Art des aktiven Materials, der Temperatur und der Dichte. Wir kombinieren diese Annahme mit der beobachteten Verteilung der Sterne im Russell-Diagramm und postulieren deshalb zwei Arten von aktivem Material, Riesenmaterial und Zwergmaterial, also zwei Arten von Energiequellen, die vom Stern im allgemeinen nicht gleichzeitig angezapft werden sollen. In den Abb. 10 und 11 verbinde die Kurve BB die Bildpunkte von Sternen mit der gleichen Menge aktiven Riesenmaterials, wobei sich aber längs BB-Temperatur und Dichte im Sterninnern kontinuierlich ändern. Ebenso verbinde AA die Bildpunkte von Sternen mit der gleichen Menge aktiven Zwergmaterials. Die Bildpunkte von Sternen, in denen Energie durch den gleichen Prozeß erzeugt wird, die aber eine immer kleinere Menge aktiven Materials enthalten, werden auf Kurven $B'B'$, $B''B''$ ... bzw. $A'A'$, $A''A''$ ... liegen, die den Kurven BB bzw. AA nahezu parallel verlaufen und einen relativ schmalen

---

[1] Russell-Dugan-Stewart: Astronomy 2. New York: Ginn Co.

Bereich im Russell-Diagramm überdecken, gemäß der beobachteten
Verteilung der Bildpunkte im Russell-Diagramm. Der einfachste Fall
ist nun der, daß das aktive Material jeweils nur einen ganz kleinen Teil
der Gesamtmasse eines Sternes ausmacht, so daß durch dessen Verbrauch
die Masse praktisch nicht geändert wird. Entsteht ein Stern durch
allmähliche Kontraktion eines Nebels sehr großer Verdünnung, so wird
die Strahlungsenergie zunächst nur durch Gravitationsenergie gedeckt
werden, bis die innere Temperatur und Dichte so weit gestiegen sind,
daß subatomare Energie auf irgendeine nicht näher bekannte Weise
befreit werden kann. Die Kontraktion wird aufhören, wenn der Stern

in einen Gleichgewichtszustand gekommen ist, in welchem die subatomaren Quellen genau den Betrag
an ausgestrahlter Energie hergeben.
Für einen Stern großer Masse möge
dieser Zustand durch den Punkt G
auf der Linie konstanter Masse M_1M_2
in Abb. 10 angegeben werden. In diesem Falle wird nun im Sterninnern zuerst das Riesenmaterial angezapft, der
Stern wird mit der Zeit ärmer und ärmer
an dieser Art von aktivem Material.
Da dieses aber nur einen sehr kleinen
Teil der Gesamtmasse ausmacht, so entfernt sich sein Lebensweg im Russell-
Diagramm nur wenig von der Linie
M_1M_2. Hat der Stern den Zustand G_2
erreicht, so ist sein Vorrat an Riesenmaterial aufgebraucht. Er beginnt sich

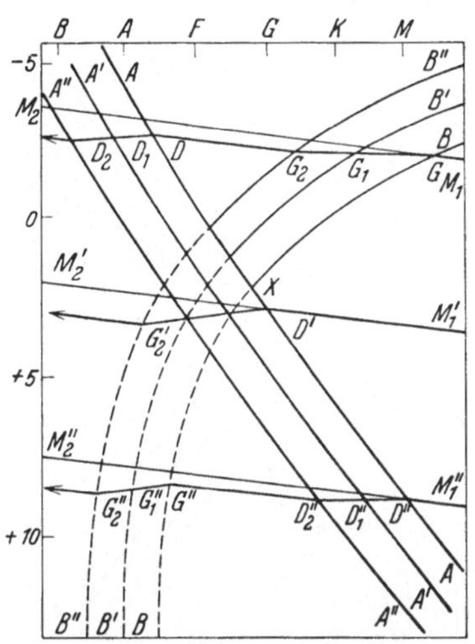

Abb. 10. Mögliche Entwicklungswege
von Sternen bei nahezu konstant bleibender Masse. (Aus Russell-Dugan-
Stewart, Astronomy II.)

wieder rasch zu kontrahieren bis bei D, einem Zustand höherer innerer
Temperatur und größerer Dichte, der noch unverbrauchte Vorrat an
Zwergmaterial angezapft wird. Bei D_2 ist auch dieses aufgebraucht, der
Stern verläßt durch weitere rasche Kontraktion den beobachteten
Bereich des Russell-Diagramms. $D'G_2'$ und $D''G_2''$ stellen die entsprechenden Lebenswege für Sterne kleinerer Masse dar. Was die Zeit-
dauer der verschiedenen Entwicklungsstadien betrifft, so ist die Zeit,
die der Stern braucht, um aus einem Zustand großer Verdünnung in den
Gleichgewichtszustand G zu kommen, ebenso wie die Zeit, die er zwischen
G_2 und D verbringt, sehr klein im Vergleich zu den Zeiten, die der Stern
zum Durchlaufen der Zustände GG_2 und DD_2 nötig hat. Das folgt
unmittelbar aus der sehr viel größeren Ergiebigkeit subatomarer Energiequellen im Vergleich zur frei werdenden Kontraktionsenergie. Die
charakteristische Häufung der Bildpunkte im Russell-Diagramm in

engen Bereichen würde also von der verschiedenen Verweilzeit der
Sterne in verschiedenen Zuständen herrühren. Dem Russell-Diagramm
kommt nur eine statistische Bedeutung zu.

Etwas anders gestaltet sich die Entwicklung, wenn das aktive
Material nahezu die Gesamtmasse des Sterns ausmacht. Die Lebenswege
können dann im Russell-Diagramm ungefähr so verlaufen, wie es in
Abb. 11 skizziert wurde. Solange die Ausstrahlung nur durch Gravitationsenergie gedeckt wird, verläuft der Lebensweg jeweils nahezu
parallel zu den Linien konstanter Masse $M_1 M_2$. Wird dagegen das
aktive Material angezapft, so verliert der Stern beträchtlich an Masse.
Ein Stern, der im Punkte G nach ursprünglich rascher Kontraktion
in einen Gleichgewichtszustand gelangt,
wird ganz allmählich nach D wandern,
wo dann auch sein Zwergmaterial angezapft wird, bis dies in D_2 völlig er-
schöpft ist, während der Stern noch
einen kleinen Vorrat Riesenmaterial
übrigbehalten hat. Dieser kann dann
nach erneuter Kontraktion wieder bei
G_2 angezapft werden. Abermals ist die
verschiedene Häufigkeit der Sterne in
einzelnen Gebieten des Russell-Diagramms durch die verschiedene Verweilzeit in den einzelnen Zuständen bedingt.
Jedoch kann nun die Entwicklung eines
Sternes normaler Masse vom Riesenstern über einen roten Zwergstern zu
einem weißen Zwerg erfolgen. In diesem Sinne kann dann das Russell-

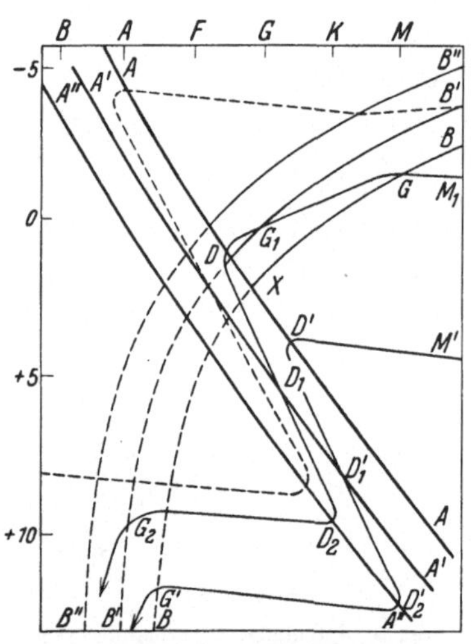

Abb. 11. Mögliche Lebenswege bei abnehmender Sternmasse. (Aus Russell-
Dugan-Stewart, Astronomy II.)

Diagramm als Entwicklungsdiagramm angesehen werden. Aber eine
Deutung des Russell-Diagramms ist nicht vollständig, wenn es nicht
gelingt, die Seltenheit der Riesensterne im Vergleich zur Zahl der roten
und weißen Zwerge zu erklären. Eine besondere Schwierigkeit bietet
diese Frage, wenn man an einem Entwicklungszusammenhang zwischen
Riesen und Zwergen festhält. Denn dann muß man auf Untersuchungen
über das Alter des Sternsystems eingehen und begegnet all den Schwierigkeiten, die mit der Deutung der starken Rotverschiebungen in den
Spektren der Spiralnebel zusammenhängen.

2. Die Energieerzeugung im Innern der Sterne. Die Frage, welcher
Bruchteil der Sternmaterie als aktives Material im Sinne der Energieerzeugung angesehen werden muß, bildet das Kernproblem, wenn es
sich darum handelt, den Lebensweg der Sterne im Russell-Diagramm
anzugeben. Im folgenden soll deshalb noch näher auf die verschiedenen

Arten von Energiequellen eingegangen werden. Allerdings kann sich durch Fortschritte auf dem Gebiet der Kernphysik an diesen Untersuchungen manches ändern. Schlußfolgerungen sind deshalb nur mit allem Vorbehalt zu ziehen; denn es gibt wohl kein Gebiet der Astrophysik, das so eng mit physikalischen Fragen, die ihrer Lösung harren, verknüpft ist.

Wir wissen, daß die Sonne, was die Energieerzeugung angeht, durchaus durchschnittliche Verhältnisse aufweist. Wenn es also gelingt, Energiequellen ausfindig zu machen, die die von der Sonne ausgestrahlten Energiemengen zu decken vermögen, so wäre damit schon ein großer Fortschritt erzielt. Da die Sonne keinen extremen Fall darstellt, brauchen wir nicht zu fürchten, daß unsere Überlegungen nicht ohne weiteres auf andere Sterne zu übertragen sind.

Wir schätzen zuerst das Alter der Sonne ab. Ein Minimalalter liefert offenbar das Alter der Erdkruste; denn die Gesetzmäßigkeiten, welche im Planetensystem herrschen, lassen darauf schließen, daß die Erde von Anfang an zur Sonne gehört hat und nicht etwa als ein Fremdkörper von der Sonne eingefangen wurde. Das Alter der Erdkruste aber läßt sich mit großer Genauigkeit aus dem Alter von Felsmassen bestimmen, die radioaktive Mineralien enthalten. Auf diese Weise wird man auf ein Alter der ältesten Sedimentgesteine von $1,3 \cdot 10^9$ Jahren geführt. Das Alter der Sonne muß also mindestens von der Größenordnung $2 \cdot 10^9$ Jahre sein. Diese Angabe ist gleichzeitig die einzig zuverlässige, die wir über das Alter stellarer Materie machen können. Da die Sonne pro Jahr $1,2 \cdot 10^{41}$ erg an Strahlungsenergie in den Raum sendet, so hatten die Energiequellen der Sonne, wenn wir ihr Alter zu 10^{10} Jahren ansetzen, einen Mindestbetrag von $1,2 \cdot 10^{51}$ erg zu decken. Denn es besteht keinerlei Grund, anzunehmen, daß die Leuchtkraft der Sonne in früheren Zeiten wesentlich geringer gewesen ist als heute. Wir wollen nun die verschiedenen Möglichkeiten diskutieren, die nach dem heutigen Stand der Physik zur Deckung eines so ungeheuren Energiebetrags herangezogen werden können.

Die einzige Energiequelle, die sich mit den heutigen Mitteln der Physik, was ihre Ergiebigkeit betrifft, vollständig übersehen läßt, ist die im Stern enthaltene Gravitationsenergie. Sie wird befreit und zum Teil zur Ausstrahlung verwandt, wenn ein Stern sich durch Abkühlung zusammenzieht. Jedoch vermag diese Kontraktionsenergie die Sonnenstrahlung nur für einen Zeitraum von rund 10^7 Jahren zu decken, der viel zu klein ist, um mit dem Alter der Erdkruste vereinbar zu sein. Um die Ausstrahlung der Sterne während des größten Teiles ihres Lebens zu decken, müssen wir also unsere Zuflucht zu Energiequellen subatomarer Natur nehmen. Die heutige Physik kennt die folgenden Atomprozesse, bei denen Energie erzeugt wird:

a) Die Radioaktivität. Bei radioaktiven Umwandlungen werden bekanntlich (wenn wir von der γ-Strahlung absehen) Elektronen und α-Teilchen mit großen Geschwindigkeiten aus den Kernen der radioaktiven Elemente herausgeschleudert. Offenbar bilden also diese Prozesse eine bedeutende Energiequelle. Aber es läßt sich leicht abschätzen, daß selbst eine ganz aus Uran bestehende Sonne nur etwas mehr als die Hälfte ihrer heutigen Ausstrahlung durch radioaktive Zerfallsprozesse zu decken imstande wäre. Diese Art der Energieerzeugung kommt also nicht ernstlich in Frage.

b) Der sukzessive Aufbau der Elemente. Eine Energiequelle großer Ergiebigkeit stellt der sukzessive Aufbau der Atomkerne der verschiedenen Elemente aus Wasserstoff dar. So wird z. B. bei der Bildung eines Heliumkerns aus vier Protonen und zwei Elektronen eine Energie von $42{,}3 \cdot 10^{-6}$ erg befreit. Dieser Betrag entspricht dem sog. Massendefekt, der die Differenz zwischen der Gesamtmasse der sechs Einzelbausteine und der wirklichen gemessenen Masse des Heliumkerns angibt. Er beträgt $0{,}7\%$. Wir schließen daraus, daß durch diesen Prozeß im Maximum ein Betrag von $0{,}7\%$ der Sternmasse in Strahlung umgesetzt werden kann. Im Falle der Sonne wären das $1{,}4 \cdot 10^{41}$ g, was einer Energie von $1{,}25 \cdot 10^{52}$ erg entspricht. Da die Sonne jährlich $1{,}2 \cdot 10^{41}$ erg ausstrahlt, so könnte durch sukzessiven Aufbau der schwereren Atomkerne aus Wasserstoff die Strahlung der Sterne für Zeiträume von rund 10^{11} Jahren gedeckt werden. Allerdings ist zu bemerken, daß noch nicht zu übersehen ist, wie die Entdeckung des Neutrons, eines weiteren Elementarbausteines der Materie, sich auf unsere Vorstellungen vom Bau der Atomkerne auswirken wird. Man kann jedoch mit Sicherheit behaupten, daß sich an der Größenordnung der Massendefekte nichts ändern wird, und daß deshalb die eben gemachte Abschätzung richtig bleiben wird.

c) Die restlose Verwandlung von Protonen und Elektronen in Strahlung. Ein sehr viel radikalerer Prozeß als die Überführung von $0{,}7\%$ der Sternmasse in Strahlung wäre die restlose Verwandlung von Protonen und Elektronen in Strahlung. Zwar haben wir keinerlei Anhaltspunkte, ob überhaupt und wie ein solcher Vorgang vor sich geht. Die Summe der Massen eines Protons und eines Elektrons beträgt $1{,}662 \cdot 10^{-24}$ g, was einer Energie von rund $1{,}5 \cdot 10^{-3}$ erg entspricht. Wenn die gesamte Masse der Sonne in Strahlungsenergie umgesetzt wird, so wird ein Betrag von $1{,}79 \cdot 10^{54}$ erg frei. Dieser Energievorrat würde also bei konstant bleibender Ausstrahlung der Sonne für einen Zeitraum von der Größenordnung von 10^{13} Jahren ausreichen.

d) Die Bildung von Neutronen. Da ein Stern, wenn seine Energieabgabe aus subatomaren Quellen gespeist wird, dauernd Wärme abgibt, ohne sich zu kontrahieren, so kann seine Entwicklung, wenn man sie während einer hinreichend langen Zeit verfolgt, als ein zwar sehr langsamer, aber kontinuierlicher Abkühlungsprozeß aufgefaßt werden. Alle Reaktionen chemischer oder physikalischer Art werden also im Mittel über eine hinreichend lange Zeit häufiger in der Weise verlaufen, daß bei der Reaktion Wärme frei wird, als in der umgekehrten Weise. Man wird deshalb erwarten können, daß es häufiger vorkommt, daß aus einem Proton und einem Elektron ein Neutron gebildet wird, als daß ein Neutron in seine beiden Bestandteile zerfällt. Die Bildung eines Neutrons liefert die Energie $1,5 \cdot 10^{-6}$ erg. Um die Sonnenstrahlung von $1,2 \cdot 10^{41}$ erg/Jahr zu decken, müßten also pro Jahr $0,8 \cdot 10^{47}$ Neutronen gebildet werden. Die Zahl der in der Sonne enthaltenen Protonen beträgt rund $1,2 \cdot 10^{57}$. Man sieht daraus, daß Neutronenbildung eine hinreichend ergiebige Energiequelle für die Sterne darstellen kann.

3. Allgemeine Bemerkungen. Vom Standpunkt des Physikers aus muß gesagt werden, daß der unter b genannte Prozeß des sukzessiven Aufbaus der schwereren Atomkerne aus Wasserstoff die sympathischste Art der Energieerzeugung im Sterninnern darstellt, denn es ist der einzige Vorgang, der sich mit den heutigen Mitteln, insbesondere mit den Methoden der Wellenmechanik, einigermaßen quantitativ erfassen läßt. Durch die Entdeckung des Neutrons, von dem wir annehmen müssen, daß es im Bau der Atomkerne eine große Rolle spielt, bestehen gerade für diese Untersuchungen neue Möglichkeiten. Denn für ein ungeladenes Teilchen wie das Neutron ist es offenbar sehr viel leichter, in einen positiv geladenen Atomkern einzudringen, als für ein selbst positiv geladenes Proton. Außerdem sind diese Prozesse des Eindringens von Elementarteilchen in Atomkerne stark abhängig von der Temperatur des Materials, eine Eigenschaft, die der Astronom bis zu einem gewissen Grad notwendig von den Energiequellen der Sterne verlangen muß.

Die Astronomen werden trotzdem geteilter Meinung über die Brauchbarkeit dieses Prozesses sein und zwar vor allem aus zwei Gründen: einerseits liefert der Prozeß einen genügenden Energievorrat „nur“ für ungefähr 10^{11} Jahre und andererseits gehört er zu der Art der Energiequellen, bei denen nur ein kleiner Teil (nämlich 0,7 %) der Sternmasse als aktives Material im Sinne der Russellschen Vorstellungen bezeichnet werden kann. Im Gegensatz dazu glauben manche Astronomen, das Alter der Sterne als mindestens von der Größenordnung von 10^{12} Jahren ansetzen zu müssen, und dann zwingt der geringe Massenverlust, der mit diesem Prozeß verbunden ist, zu der in Abb. 10 skizzierten Deutung des Russell-Diagramms, bei der kein Entwicklungszusammenhang zwischen Riesen- und Zwergsternen besteht. Diese Astronomen geben deshalb der vollständigen Verwandlung von Materie in Strahlung als

Energiequelle der Sterne den Vorzug. Sie läßt einmal ein Alter der Sterne bis zu 10^{13} Jahren zu und macht, da nun die gesamte Masse des Sternes als aktives Material anzusprechen ist, eine Deutung des Russell-Diagramms als Entwicklungsdiagramm möglich. Wir möchten noch einige Worte dazu sagen, ob diese Gründe wirklich so zwingend sind, um die für den Physiker sympathischste Lösung zu verwerfen. Betrachten wir zuerst die Forderung von 10^{12} Jahren für das Alter der Sterne. Die Schätzung dieses Alters fußt auf Überlegungen über den Austausch von Bewegungsenergie zwischen einzelnen Sternen bei nahen Vorübergängen. Insbesondere lassen sich die Bahnverhältnisse bei spektroskopischen und visuellen Doppelsternen nur dann ungezwungen erklären, wenn ein solcher Austausch stattgefunden hat, d. h. wenn während Zeiträumen von der Größenordnung des Alters der Sterne jeder Stern wenigstens einige Vorübergänge mit andern Sternen erlebt. Bei der gegenwärtigen mittleren Entfernung der Sterne in der Sonnenumgebung sind solche Vorübergänge aber so selten, daß man auf ein sehr großes Alter der Sterne schließen muß, vorausgesetzt, daß die mittleren Entfernungen der Sterne in früheren Zeiten nicht wesentlich kleiner waren. Gegen diese Voraussetzung sprechen aber ganz entschieden die systematisch von uns weggerichteten Bewegungen der Spiralnebel, die heute als eine allgemeine Expansion der Welt gedeutet werden. Aus der Geschwindigkeit dieser Expansion läßt sich schließen, daß die Sterne vor rund 10^9 Jahren am dichtesten zusammenstanden und seither sich dauernd sehr erheblich voneinander entfernt haben. Im selben Maße müssen also auch nahe Vorübergänge und damit ein gegenseitiger Energieaustausch seltener geworden sein. Der heutige Zustand des Sternsystems erlaubt also keine weiteren Schlüsse auf das Alter der Sterne. Die einzige zuverlässige Angabe bleibt die, daß das Alter der Erdkruste 10^9 Jahre beträgt und daß deshalb das Alter der Sonne nicht gut kleiner sein kann. Die Annahme, daß das Planetensystem zu einer Zeit entstand, als nahe Vorübergänge von Sternen an der Sonne besonders häufig waren, entspricht durchaus den Vorstellungen, die wir heute von der Entstehung dieses Systems haben.

Weniger leicht dürfte ein Verzicht auf die Deutung des Russell-Diagramms als Entwicklungsdiagramm sein. Denn wenn der sukzessive Aufbau schwerer Atomkerne aus Protonen, Neutronen und Elektronen die wesentliche Energiequelle der Sterne darstellt, so kann die Sonne nie ein typischer Riesenstern gewesen sein und wird nie ein roter Zwerg oder gar ein weißer Zwerg werden können. Dann hat sich der physikalische Zustand der Sonne während des größten Teils ihrer Vergangenheit nur wenig von ihrem heutigen Zustand unterschieden. Der Zeitabschnitt, während dessen die Sonne merklich andere Eigenschaften hatte, dürfte dann nicht mehr als ein Zehntausendstel des Zeitraums betragen, während dessen die Sonne nahezu konstant in ihrem heutigen Zustand verharrt. Aber ist es wirklich so wesentlich, einen Entwicklungszusammenhang zwischen Riesen- und Zwergsternen anzunehmen? Halten wir da nicht zu konservativ an einem Zug der ursprünglichen LOCKYER-HERTZSPRUNG-RUSSELLschen Riesen-Zwerg-Theorie fest, ohne einen triftigen Grund dafür zu haben? Wir dürfen nicht vergessen, daß damals (1913) noch nichts über die relative Häufigkeit von Riesen- und Zwergsternen bekannt war. Heute dagegen wissen wir, daß Riesensterne als große Ausnahmen zu betrachten sind. Und wir behalten ein Gefühl der Unsicherheit darüber, ob wir uns nicht in neue und tieferliegende Schwierigkeiten verwickeln, wenn wir auf dem Boden einer modifizierten Riesen-Zwerg-Theorie durch Untersuchungen über das Alter des Sternsystems die Seltenheit der Riesensterne erklären wollen.

Literatur.

JEANS, J. H.: Problems of cosmogony and stellar dynamics. Cambridge 1919. — Astronomy and cosmogony. Cambridge 1928.

KIENLE, H.: Kosmogonie. Encyklopädie d. mathematischen Wissensch. **6,** 2, 28. 1934.

NÖLKE, F.: Der Entwicklungsgang unseres Planetensystems. Berlin-Bonn 1930.

POINCARÉ, H.: Leçons sur les hypothèses cosmogoniques. Paris 1911.

Sachverzeichnis.